教育部产学合作协同育人项目
四川省高等学校省级“课程思政”
示 范 课 程 配 套 教 材

中国轻工业“十三五”规划教材

食品安全与检测
（第二版）

黄玉坤　陈祥贵　主　编
王周平　车振明　主　审

中国轻工业出版社

图书在版编目（CIP）数据

食品安全与检测 / 黄玉坤，陈祥贵主编．— 2版．— 北京：中国轻工业出版社，2025. 1

ISBN 978-7-5184-3745-0

Ⅰ．①食…　Ⅱ．①黄…　②陈…　Ⅲ．①食品安全—食品检验—研究　Ⅳ．①TS207. 3

中国版本图书馆 CIP 数据核字（2021）第 233183 号

责任编辑：马　妍
策划编辑：马　妍　　责任终审：劳国强　　封面设计：锋尚设计
版式设计：砚祥志远　　责任校对：朱燕春　　责任监印：张　可

出版发行：中国轻工业出版社（北京鲁谷东街 5 号，邮编：100040）
印　　刷：三河市万龙印装有限公司
经　　销：各地新华书店
版　　次：2025 年 1 月第 2 版第 2 次印刷
开　　本：787×1092　1/16　印张：21. 5
字　　数：500 千字
书　　号：ISBN 978-7-5184-3745-0　定价：52. 00 元
邮购电话：010-85119873
发行电话：010-85119832　　010-85119912
网　　址：http://www. chlip. com. cn
Email：club@ chlip. com. cn

242361J1C202ZBQ

本书编审人员

主　　编　黄玉坤　陈祥贵

副 主 编　王力均　吴世嘉　刘　平

参编人员　(按姓氏笔画为序)

马　嫄　叶　华　朱秀灵　刘　燕
孙伟峰　李书慧　杨群华　陈　奇
陈秀娟　郑悄然　郝丽玲　段　诺
唐　洁

主　　审　王周平　车振明

第二版前言 | Preface

众所周知，“食品安全学”“食品分析”是高等学校食品科学与工程类专业的主干课程，《食品安全与检测》是国内首部对食品工程实践中食品安全因素及其检测技术的基本原理和应用实例进行较系统阐述的教科书，其内容体系的新颖性和学科适用性均比较强，因此受到国内同行和学界的关注。《食品安全与检测》第一版自 2007 年出版以来，受到了广大读者的喜爱，反响良好。该教材出版至今已 15 年，食品安全检测领域有了新的研究进展，出现一些新的研究成果和新标准、新方法、新应用，亟须更新。鉴于此，为适应专业培养目标要求，有必要根据学科发展和人才培养需求，对教材进行修订，更正教材使用中发现的一些错误、缺陷和不足，同时吸收、借鉴国内外最新的研究成果。

本书主要介绍食品安全的物理危害及其检测方法、食品安全的化学危害及其检测方法、食品安全的生物危害及其检测方法、食源性疾病、食品污染控制的对策、国际组织和发达国家的食品安全保障制度以及食品安全面临的机遇与挑战等。以食品安全为主，结合食品卫生学、食品分析的相关知识，在讲述各种食品安全危害的同时，介绍控制措施和检测方法，重点介绍工程实践中食品安全与检测技术的基本原理和应用实例。另外，在第一版的基础上，将涉及的法规、标准等全面更新，并把学科前沿知识和新成果、新技术以通俗易懂的语言、结合实际监管应用案例等方式进行讲解，以便将基础内容与学科发展前沿相衔接。

本书编写的指导思想：

第一，坚持第一版的框架，包括食品安全学、食品卫生学、食品分析三门课程相关知识点，保证课程的条理性和全面性。以食品安全为核心，融入食品安全学、食品分析的相关基本概念、基本技术原理等基础知识，帮助学生了解各种食品安全危害的同时，也掌握控制措施和检测方法。

第二，理论与实践相结合，以基础知识结合工程实践中食品安全与检测技术的应用实例，体现教材内容的实用性，让学生对理论知识和实践应用之间的关系有清楚的认识，以培养学生运用所学知识分析和解决实际问题的能力。

第三，在第一版的基础上，吸收新形势下先进的教学思想，继续将学科的前沿技术、新研究成果等介绍给学生，将一些基本概念、基本理论和技术进行更新，结合当前的研究热点和发展趋势，增强内容的拓展性，使学生学习基础内容的同时了解学科前沿发展，实践社会主义核心价值观，以培养创新型人才。

第四，要求内容编写方面通俗易懂，授学生以“渔”，让学生能够触类旁通，活学活用。同时要能够激发学生的兴趣，让学生乐于主动探索，培养学生的自学能力。

本书由西华大学黄玉坤、陈祥贵担任主编，西华大学王力均、刘平、江南大学吴世嘉担任副主编，参加编写的还有江南大学段诺、陈秀娟，西华大学马嫄、唐洁，江苏科技大学叶华，上海理工大学郝丽玲，长江师范学院郑悄然，衡阳师范学院孙伟峰，安徽工程大学朱秀灵，宜宾学院刘燕，海南大学陈奇。全书由黄玉坤、陈祥贵统稿，王周平、车振明主审。

中国轻工业出版社有限公司组织专家对本书进行了审阅并为本书及其系列教材的出版做了大量卓有成效的工作，在此表示衷心的感谢。同时也对本书第一版的全体作者以及第二版作者所在学校各级领导的大力支持表示诚挚的谢意。在本书修订过程中，参考了一些国内外出版的文献资料，在此向有关作者表示谢意，尤其要感谢车振明教授在本书修订过程中对修订大纲和书稿内容进行的指导和帮助。最后还要感谢西华大学的学生王雪梅、王冲、魏启明、李亚隆等，他们为本书的文字和图表处理工作付出了辛勤劳动。

本书可作为高等学校食品科学与工程、食品质量与安全、检验检疫等相关本科专业的教学用书，也可供相关专业的研究生和科研人员查阅参考。

由于编者水平有限，加之时间仓促，缺点和错误在所难免，敬请广大读者和同行专家提出宝贵意见。

编　者

2022 年 1 月

第一版前言 | Preface

众所周知，“食品卫生学”“食品分析”是食品科学与工程专业传统教学计划中的经典课程，2000年以后，随着食品安全越来越引起人们的重视，各高校相继开设了食品安全学课程，有的学校还增设了食品安全专业。但是，这些课程有很强的学科关联性，在实际教学中往往因重复讲授浪费了课时，也不利于学生对知识和技能的掌握。西华大学承担的四川省重点教改项目“食品科学与工程专业人才培养模式和课程体系改革的研究与实践”提出了将传统教学计划中的“食品卫生学”“食品安全学”“食品分析（危害检测部分）”整合成“食品安全与检测”一门课程，以食品安全为主线，在保留原课程知识点的前提下，合理避免了课程之间的重复与交叉，经过两年的试点，取得了良好的效果，得到了学生和同行专家的认可。本书就是在此基础上邀请了沈阳农业大学、河南工业大学、湖北工业大学、武汉工业学院等高校多年从事上述课程教学的专家共同编写而成的。

本书编写过程中按照以下几个方面的指导思想编排：

第一，以食品安全为主线，将“食品卫生学”“食品分析”的相关内容穿插其中，在介绍各种食品安全危害的同时，介绍控制措施和检测方法，保证了“食品安全学”“食品卫生学”“食品分析”三门课程的基本概念、基本技术原理等基础知识的介绍，所有知识点不因课程整合而减少。

第二，在介绍基础知识的过程中，重点介绍工程实践中食品安全与检测技术的基本原理和应用实例。力争做到理论与实际相结合，以培养学生运用所学知识分析和解决实际问题的能力。

第三，内容上突出“新”字，尽量把学科前沿知识和新成果、新技术介绍给学生，拉近学生与现代学科发展的距离。用现代眼光对基本概念、基本理论和基本技能进行审视和更新，并以适当的方式让基础内容与学科发展前沿相接，使学生了解本学科当前发展的趋势、研究的热点以及争论的问题，有助于创新型人才的培养。

第四，编写形式上，力求通俗易懂，便于自学，注意授“鱼”和“渔”的关系，有利于学生巩固知识，触类旁通，举一反三，活学活用。

本书由西华大学车振明任主编，西华大学李玉锋、武汉工业学院肖安红、河南工业大学金华丽、哈尔滨学院王继伟任副主编，参加编写的还有沈阳农业大学的张琦、李斌，湖北工业大学的石勇，石河子大学的詹萍，大连民族学院的胡文忠，安徽工程科技学院的朱秀灵、戴清源，西华大学的焦士蓉、唐洁，哈尔滨学院的赵全，乐山师范学院的王燕，平顶山工业技术学院的张税丽，全书由车振明、李玉锋负责统稿。

中国轻工业出版社对本书进行了审阅，并为本书及其系列教材的出版做了大量卓有成效的工作，在此表示衷心的感谢。同时也对西华大学及上述参编老师所在学校各级领导的大力支持表示谢意。

本书可作为食品科学与工程、食品安全、检验检疫等相关本科专业的教学用书，也可供相关专业的研究生和科研、工程技术人员查阅参考。

由于编者水平有限，加之时间仓促，缺点和错误在所难免，敬请广大读者和同行专家提出宝贵意见。

编　者

2007 年 4 月

目录 Contents

第一章 绪论

CHAPTER 1

《中华人民共和国食品安全法》（2021年修订本）第一百五十条规定："食品安全，指食品无毒、无害，符合应当有的营养要求，对人体健康不造成任何急性、亚急性或者慢性危害"。这里所讲的"无毒、无害"，就是指食品的安全性。安全、营养、适宜是食品的三个基本要素，安全位于首位，是食品必备的基本要求。

第一节　食品安全概念与内涵

1996年，世界卫生组织（WHO）将食品安全界定为"对食品按其原定用途进行制作、食用时不会使消费者健康受到损害的一种担保"。这种损害包括消费者本身发生急性或慢性疾病，同时也包括造成其后代健康存在隐患。食品安全的科学内涵主要体现在以下几个方面。

第一，食品安全是个综合概念。作为概念，食品安全包括食品卫生、食品质量、食品营养等相关方面的内容和食品（食物）种植、养殖、加工、包装、贮藏、运输、销售、消费等环节。而作为属概念的食品卫生、食品质量、食品营养等（通常被理解为部门概念或者行业概念）均无法涵盖上述全部内容和全部环节。1996年，世界卫生组织将食品卫生界定为"为确保食品安全性和适用性，在食物链的所有阶段必须采取的一切条件和措施"。食品质量则是指食品满足消费者明确的或者隐含的需要的特性。显然，食品安全、食品卫生和食品质量三者之间的关系，绝不是相互平行，也绝不是相互交叉。食品安全包括食品卫生与食品质量，而食品卫生与食品质量之间存在着一定的交叉。以食品安全的概念涵盖食品卫生和食品质量的概念，并不是否定或者取消食品卫生和食品质量的概念，而是在更加科学的体系下，以更加宏观的视角来看待食品卫生和食品质量工作。

第二，食品安全是个社会概念。与卫生学、营养学、质量学等学科概念不同，食品安全是个社会治理概念。不同国家以及不同时期，食品安全所面临的突出问题和治理要求有所不同。随着社会的进步，食品安全所关注的主要问题逐渐由生产条件和技术不完善以及市场经济发育不成熟所引发的问题，向因科学技术发展所引发的问题转变。我国的食品安全问题则包括上述全部内容。

第三，食品安全是个责任概念，是企业和政府对社会最基本的责任和必须做出的承诺。食品安全与生存权紧密相连，具有唯一性和强制性，通常属于政府保障或者政府强制的范畴。而食品质量等往往与发展权有关，具有层次性和选择性，通常属于商业选择或者政府倡导的范畴。近年来，国际社会逐步以食品安全的概念替代食品卫生和食品质量的概念，更加凸显了食品安全的政治责任。

第四，食品安全是个法律概念。20 世纪 80 年代以来，一些国家以及有关国际组织从社会系统工程建设的角度出发，逐步以食品安全的综合立法替代卫生、质量、营养等要素立法。1990 年英国颁布了《食品安全法》，2000 年欧盟发表了具有指导意义的《食品安全白皮书》，2003 年日本制定了《食品安全基本法》。2015 年我国第十二届全国人民代表大会常务委员会第十四次会议修订通过了《中华人民共和国食品安全法》，现行《中华人民共和国食品安全法》于 2021 年 4 月 29 日修正。部分发展中国家也制定了《食品安全法》。

第五，食品安全是个经济学概念。在经济学上，“食品安全”指的是有足够的收入购买安全的食品。有人曾对农村消费环境做过调查。结果指出，如今广大农村已经成了问题食品的重灾区，假冒伪劣食品出现的频率高、流通快、范围广，不法商人制假售假的手段和形式也更高明、更隐蔽。农村消费者的经济收入有限，自我保护意识不强，维权能力较弱，而且随着我国城市化进程加快，这一现象已经扩大到一些城市的城乡结合部和城市下岗失业人群。

不难看出食品安全既包括生产安全，也包括经营安全；既包括结果安全，也包括过程安全；既包括现实安全，也包括未来安全。

食品安全可分为绝对安全与相对安全两个概念，绝对安全是指不会因食用发生危及健康的问题，即食品绝对没有风险；相对安全是指一种食物或食物成分在合理食用和正常食量的情况下不会导致对健康的损害。在实际生活中，影响食品安全的因素是多方面的，绝对安全或称零风险几乎不可能实现。任何食物或食物成分，尽管对人体有益或其毒性微乎其微，但如食用过量或食用方法不当，都可能危害健康，甚至危及生命。另一方面，生物体存在着较大的个体差异，某些食品如鱼、蟹、蛋、乳等对大多数人是鲜美可口的佳肴，而对某些敏感型个体，则是过敏反应的诱发因素，对这些个体来说，上述食物就是不安全或者安全性较差的。因此，一种食品是否安全，不仅取决于食品及其原料本身所固有的性质，还与制作和食用方法紧密联系，同时，还与接受方的内在因素有关。所以，一般情况下，食品安全仅指食品的相对安全，食用过量、食用方法不当以及人的个体差异等因素不在本书范围内讨论。

第二节　食品安全的重要性

食品安全是保障人们身心健康的需要，也是提高食品在国内外市场上竞争力的需要，同时也是保护和恢复生态环境，实现可持续发展的需要。

人类社会的发展和科学技术的进步，正在使人类的食物生产与消费活动经历巨大的变化。一方面是现代饮食水平与健康水平普遍提高，反映了食品的安全性状况有较大的甚至是质的改善，另一方面则是人类食物链环节增多和食物结构复杂化，这又增添了新的饮食风险和不确定因素。社会的发展提出了在达到温饱以后如何解决吃得好、吃得安全的要求，食品安全性问题正是在这种背景下被提出，而且涉及的内容与方面也越来越广，并因国家、地区和人群的不同而有不同的侧重。

食品安全日渐受到重视。如今，食品安全的责任也不再单是政府在立法和执法方面的责任，而是每位参与食物供应链的人员的责任。由此看来，食品安全问题是一个系统工程，需要全社会各方面积极参与才能得到全面解决。

第三节　食品危害的概念与类别

国际食品法典委员会（CAC）于1997年将“危害”定义为：会对食品产生潜在的健康危害的生物、化学或物理因素或状态。

国际食品微生物标准委员会（ICMSF）在危害的定义里将安全性和质量都包括进去。

食品中的危害从来源上可分为自源性和外源性。自源性危害是原料本身所固有的危害，如原料自身的腐败、天然毒素及其生长环境中受到污染等；外源性危害是指在加工过程中引入食品中的危害，包括从原料采购、运输、加工直至储存、销售过程中引入食品中的危害。

一、生物危害

生物危害包括有害的细菌、真菌、病毒、寄生虫及由它们所产生的毒素（有的教科书将毒素归为化学危害）。食品中的生物危害既有可能来自原料，也有可能来自食品的加工过程。

微生物种类繁多分布广泛，食品中重要的微生物种类包括酵母、霉菌、细菌、病毒和原生动物。某些有害微生物在食品中存活时，可以通过活菌的摄入引起人体感染或预先在食品中产生的毒素导致人类中毒。前者称为食品感染，后者称为食品中毒。由于微生物是活的生命体，需要营养、水、温度以及空气条件（需氧、厌氧或兼性），因此通过控制这些因素，就能有效地抑制、杀灭致病菌，从而把微生物危害预防、消除或减少到可接受水平——符合规定的卫生标准，例如，控制温度和时间是常用且可行的预防措施——低温可抑制微生物生长；高温可杀灭微生物。

寄生虫是需要有寄主才能存活的生物，生活在寄主体表或其体内。世界上存在几千种寄生虫。只有约20%的寄生虫能在食物或水中发现，所知的通过食品感染人类的不到100种。通过食物或水感染人类的寄生虫有线虫（Nematodes/Round Worms）、绦虫（Cestodes/Tape Worms）、吸虫（Trematodes/Flukes）和原生动物。多数寄生虫对人类无害，但是可能让人感到不舒服，少数寄生虫对人类有严重危害。寄生虫感染通常与生的或未煮熟的食品有关，因为彻底加热食品可以杀死食品所带的所有寄生虫。在特定情况下，冷冻可以被用来杀死食品中的寄生虫。消费者生吃含有感染性寄生虫的食品会造成危害。

误食有毒动植物或将有毒动植物当作原料加工食品也是常见的食品生物危害。此外，新资源食品、转基因食品的安全性也引起人们的高度重视。总之，生物危害是危及食品安全的第一杀手。

二、物理危害

食品中存在的可能使人致病或致伤的任何非正常的物理材料都称为食品的物理危害。物理危害是最常见的消费者投诉的问题，因为伤害立即发生或吃后不久发生，并且伤害的来源是容易确认的。

常见的物理危害有玻璃、金属、棉纱、塑料等，尤其是金属，最为常见。食品与金属的接触，特别是机器的切割和搅拌操作及使用中部件可能破裂或脱落的设备，如金属网眼皮带，可使金属碎片进入产品，此类碎片对消费者构成危害。物理危害可通过对产品采用金属探测装置或经常检查可能损坏的设备部位予以控制。

三、化学危害

通常指生长、收获、加工、贮藏和销售过程中加到食品或原料中的化学物质，这些化学物质只有发生误用或超出限量时才会危害食品。食品中常见的化学危害物质有化学清洁剂、农药残留、有毒金属元素、兽药残留物、食品化学添加剂、包装迁移物、亚硝酸盐、硝酸盐和亚硝基氮化物以及其他违法添加物。

近年来，“致癌农药”“氟化物”“亚硝酸盐”等化学名词频现报端，化学污染已经成为危及我国食品安全的一大因素。化学农药、兽药、激素残留污染，除了可造成人体的急性中毒外，还会通过污染食品、食物链富集对人体产生慢性损害。

根据我国食源性疾病监测网统计，在食源性疾病中，生物危害引起的中毒占 61.1%，化学危害引起的中毒占 24.2%。

第四节　食品安全概况

一、国外食品安全现状

自 20 世纪 90 年代以来，世界范围内的食品安全事件时有发生，随着全球经济一体化，食品安全问题已经变得没有国界，世界上任何一个地方的食品安全事件很快会波及全球，还常常引发双边或多边国际食品贸易争端。因此，各国都加强了食品安全工作，包括机构设置、制定法规、加大监管和执法力度、增加科技投入等。

二、中国食品安全现状

根据国家市场监督管理总局《关于 2020 年上半年食品安全监督抽检情况分析的通告》，发现检出不合格的项目类别主要是：农兽药残留超标、超范围/超限量使用食品添加剂、微生物污染、质量指标不达标、重金属等元素污染、有机物污染等，分别占不合格样品总量的 36.42%、20.03%、18.78%、7.77%、6.18%、5.26%。这是现阶段最主要的六类食品安全风险。从总体上分析，食品安全现状主要包括以下几个层面。

第一，生态友好型技术相对落后。污染严重的常规肥料、农药、兽药和饲料添加剂等市场份额占到95%以上。多年来，我国在开发生态友好型农用生产资料方面基本处于跟踪国外和仿制的水平，其中以常规品种开发居多，自主创新品种相对较少。产品普遍存在有效含量偏低、质量良莠不齐、效果不太稳定、适用范围较窄、使用不够简便、市场竞争力差的问题。

第二，全程安全控制技术应用有待普及，源头控制相对不足。现有不少数量的生产厂家，未形成完整有效的农产品质量安全全程监控和管理体系，导致出现了许多农兽药残留、土壤重金属污染、畜禽疫病等问题，已对农产品及其加工品的出口前景产生影响。除此之外，多数生产商尚未全面应用危险性评估技术和食品加工质量控制技术体系（如 GMP、HACCP 等），尚未完全建立食品污染物基础数据库和监测体系以及食源性疾病的主动监测体系和预警系统。

第三，产品检测技术与手段仍有待加强。国内已有的检测技术和各种设备重点针对生产后商品的安全性检测，普遍忽视生产过程的质量控制。我国食品中农药和兽药残留以及生物毒素等的污染状况相关系统监测资料在不断更新，一些对健康危害大而国际贸易中又十分敏感的污染物，如二噁英及其类似物（包括多氯联苯）、农药残留等污染系统监测数据仍在逐年积累，虽然近年来国内的化学检测和生物检测技术不断革新进步，实验室内可以完成精准的检测，但还缺乏现场监督使用的快速筛检方法。

第四，食品质量标准体系在不断适应新形势的需要。我国制定的主要农产品及其加工品标准在追赶国际同类标准，但有部分仍不能打破国际贸易技术壁垒的限制，不能满足安全监督、提高国际竞争力的需要。我国现有标准和技术规程尚未全面参与国际食品安全标准制定，具有 167 个成员的国际食品法典委员会（CAC）所制定的食品标准是世界贸易组织（WTO）的《实施动植物卫生检疫措施的协议》（SPS 协议）承认的国际标准，在解决 WTO 贸易争端中起仲裁作用，我国长期以来没有全面参与这些国际规则的制定。

我国的食品安全形势总体稳定向好发展，但也应该看到，随着我国逐渐进入人口老龄化时期，人民对健康的期望越发提高，使得我国食品安全的提高仍面临挑战。我国食品安全水平的提高主要表现在以下几个方面。

第一，构建了绿色食品、有机食品的技术、质量、认证全程质量监控标准体系，深入推进农业供给侧结构性改革与实践，形成了符合我国国情的安全食品生产和加工体系。

自 20 世纪 90 年代，我国的有机食品产业发展迅猛，21 世纪初，国家质检总局结合我国国情，构建了绿色食品质量标准、检测检验、商标管理等产业发展体系，制定了《有机产品认证管理办法》，形成了以“标准体系-质量认证-标志管理”为主线的运行模式。粮油、蔬菜、水果、茶叶、畜禽产品、乳制品、水产品和中药材等已列入国家《有机产品认证目录》。有机食品到如今已实现了有法可依，并且其行业前景广阔，产品除国内销售外，还出口到日本、欧盟等国家和地区。

有机食品目前在国内外的市场前景良好，在农业供给侧结构性改革的背景下，我国已成为世界第四大有机食品消费大国，我国有机食品的产量也在每年逐步上升，2019 年中国有机产品认证证书全年发放量已经达到 21764 张，中国有机码备案情况已经达到了 21.2 亿枚。因此为管理我国的有机食品市场，国家环境保护总局（现中华人民共和国生态环境部）制定了《有机食品生产和加工技术规范》和《有机食品标准》，通过认证的有机食品包括粮食、蔬菜、水果、畜禽产品等几大类上百个品种，完善了我国的安全食品生产和加工体系。

第二，产业整体水平显著提高，食品卫生检测合格率大幅度上升。

2013年以前，食品安全检测由卫生部管理，在2005年检测样本是230万个，食品卫生合格率为87.49%，其中粮食、酒类、罐头、食糖、水产品、植物油、乳制品等13类产品抽样合格率超过90%。2019年，经过政府的改革调整，由国家市场监督管理总局负责的食品安全监督抽检总样本数为473.6万，食品卫生合格率达到了97.7%。其中粮食加工品，肉制品，蛋制品，乳制品，食用油、油脂及其制品的合格率均接近99%。检测指标上，农兽药残留、微生物污染、超范围/超限量使用食品添加剂、质量指标、重金属、非食用物质这些项目已经从曾经的专项抽检变成了现在的常规检测指标。从食品安全监督抽检情况来看，我国的食品安全水平已经有了很大的提高。随着政府对食品安全问题的越发重视，以及食品加工水平和检测水平的不断提高，我国食品正稳步向着健康、安全的方向前进。

出口食品质量稳定较高，市场份额逐年增大。2016年，根据国家质检总局提供的数据，我国出口食品合格率多年来保持在99.94%以上，处于国际先进水平。随着出口食品质量的不断提高，我国食品出口额逐年增长，在国际市场上所占的份额逐年增大。

从国内市场需求来看，中国经济的快速发展和城乡居民收入水平迅速提高，引发了农产品市场需求的变化，安全优质的绿色食品日益受到消费者的欢迎。近年来，中国绿色食品开发以年均30%的速度增长。此外，中国西部地区开发战略的推进也将加快西部地区农业生态环境建设和绿色食品开发。目前，中国西部绿色食品有效生产企业占全国的20.36%，发展潜力还很大。

注重学习国外食品质量控制技术。中国在安全食品产业发展的过程中，采取技术引进和技术创新两条腿走路，推行以“技术标准为基础、质量认证为形式、商标管理为手段”的发展模式，注重学习国外食品质量控制技术，将危害分析与关键控制点（Harard Analysis Critical Control Point，HACCP）和良好操作规范（Good Manufacture Practice，GMP）等质量安全体系引入中国食品加工行业。

第三，《食品生产许可管理办法》与“SC”标志开始实施。

现行的《食品生产许可管理办法》是经国家市场监督管理总局2019年第18次局务会议审议通过，于2020年3月1日起施行。它规范了食品、食品添加剂生产许可活动，加强了食品生产监督管理，保障了食品安全。根据管理办法的第二条规定：在中华人民共和国境内，从事食品生产活动，应当依法取得食品生产许可。食品生产许可实行一企一证原则，对获得食品生产许可证的会拥有由“SC”和14位阿拉伯数字组成的许可证编号。这样一个许可证编号可以达到识别、查询的目的，更好地规范了食品企业的生产安全。

第四，食品质量与安全教育人才培养体系已逐步形成。

中国食品安全方面专业人才的培养主要分为短期培训、本科教育和研究生教育。短期培训由政府和企业组织，主要面向生产一线的生产和经营者。截至2021年，全国有238所高校招收食品质量与安全专业本科生。全国食品专业食品安全方向的研究生已经数以万计，各地的食品行业以及监管部门中都有食品安全方面专业人才，食品质量与安全方面研究已取得诸多成绩，至此中国食品质量与安全教育体系成果显著。

三、主要食品安全事件及其影响

2008年，三鹿集团生产的乳粉被查出添加三聚氰胺，随后国家质检总局在多个乳粉生产厂家的产品中都检出了三聚氰胺，引起极大的社会反响，中国乳制品行业在国内外的信誉一时间受到了重创，此后三聚氰胺也被纳入了乳粉等理化指标检测的项目。不仅如此，苏丹红、“瘦肉精”等非法添加物在国内市场中也被不断查出，食品中非法添加物的检测也越来越严格。

在农业和养殖业等生产中农兽药是不可缺少的生产要素，但同时也导致了目前国内外在食品中存在许多农兽药残留超标的问题。《发布在食品动物中停止使用洛美沙星、培氟沙星、氧氟沙星、诺氟沙星4种兽药的决定》（农业部公告第2292号）中规定自2016年12月31日起，停止经营、使用用于食品动物的洛美沙星、培氟沙星、氧氟沙星、诺氟沙星4种原料药的各种盐、酯及其各种制剂。但是在国家市场监督管理总局的统计情况来看，这四种兽药在食品中残留量超过最高残留限量（MRL）的问题却被频繁查出，例如2019年山西省临汾万佳福仓储超市有限公司家兴店销售的牛肉，生产者为山西牧标牛业股份有限公司，结果氧氟沙星检出值为11.7μg/kg，明显高出国家标准。此外2019年下半年的食品安全监督抽检，其中农兽药残留超标的食品样品占总数的31.9%，为不合格项目中占比最大的项目。农兽药残留问题在国外也同样严重，尤其是食品安全体系不健全、检测技术不够的发展中国家，农兽药残留问题相较之下更加严重。

2015年，我国国家卫生计生委办公厅关于全国食物中毒事件情况进行了通报，食物中毒类突发公共卫生事件报告169起，中毒5926人，死亡121人。其中微生物性食物中毒人数最多，占全年食物中毒总人数的53.7%，造成的危害相当严重。非洲猪瘟、H7N9型禽流感、大肠杆菌等一系列问题都引起了食品危害，造成了许多公共食品安全问题。世界卫生组织称目前有关食品安全事件的报道只是“冰山一角”，发达国家的漏报率为90%，而发展中国家的漏报率为95%，可见问题的严重性。

第五节 食品安全卫生控制发展趋势

第一，指导思想与文件。中国是食品生产大国，也是食品消费大国。因此需要高度重视食品安全。坚持以人民为中心的发展思想，从党和国家事业发展全局、实现中华民族伟大复兴中国梦的战略高度，把食品安全工作放在“五位一体”总体布局和“四个全面”战略布局中统筹谋划部署，在体制机制、法律法规、产业规划、监督管理等方面采取了一系列重大举措。2017年，国务院批准实行的《“十三五”国家食品安全规划》是目前食品安全发展重要的指导文件。2019年，中共中央、国务院专门印发《关于深化改革加强食品安全工作的意见》，进一步明确新时代食品安全工作的新形势、新目标、新任务和新要求。

第二，发展思路与原则。“十三五”时期是全面建成小康社会的决胜阶段，也是全面建立严密高效、社会共治的食品安全治理体系的关键时期。尊重食品安全客观规律，坚持源头治理、标本兼治，确保人民群众“舌尖上的安全”，是全面建成小康社会的客观需要，是公共安全体系建设的重要内容，必须下大力气抓紧抓好。并且在规划中明确了以预防为主，加强风险管理，全程控制，实现社会共治的四大基本原则。

第三，主要任务和相关工程计划。首要的两大任务是全面落实企业主体责任和加快食品安全标准与国际接轨。其次国家为完成两大任务开展了许多相关工程和计划。一是关于实施食品安全国际标准提高行动计划，首先要制定、修订食品安全国家标准，其次要加强食品安全国家标准专业技术机构能力建设，并完善法律法规制度，深入开展严格源头治理的行动，切实改善国内食品安全现状。二是关于食用农产品源头治理工程，有五大已规划的工程：农药残留治理工程、兽药残留治理工程、测土配方施肥推广工程和农业标准化推广工程和农产品质量安全保障工程。三是食品安全监管行动计划，包括食品安全监督抽检工程、特殊食品审评能力建设、进出口食品安全监管提升计划、餐饮业质量安全提升工程、严厉处罚违法违规行为以及提升技术支撑能力。四是食品安全重点科技工作，主要有五个方向：建立科学高效的过程控制技术体系，建立全覆盖、组合式、非靶向检验检测技术体系，建立科学合理的食品安全监测和评价评估技术体系，研发急需优先发展的冷链装备关键技术和整合现有资源加强食品安全监督执法智慧工作平台研发。目前相关的科技创新发展也为这几大方向的发展提供了强劲的前进动力，国外的诸多技术壁垒正在被打破。

第六节　食品污染物检测技术研究进展

分析方法标准是影响检验结果的关键因素，是检验食品污染的依据和尺度，因此是食品安全监督管理的重要依据，也是进行污染物监测及总膳食研究的基础。国际社会非常重视食品污染物检测技术研究，并以此为基础制定先进、科学的分析方法标准。

一、中国食品污染物检测技术研究进展

经过我国食品安全检验实验科研人员的多年努力，尤其在食品安全关键技术专项的资助下，截至 2021 年，我国在农药残留检测、兽药残留检测、重要有机污染物的痕量与超痕量检测、食品添加剂、饲料添加剂与违禁化学品检验方法、生物毒素和中毒控制常见毒物检测、食品中重要人畜疾病病原体检测技术等方面的研究取得了很大进展。

在农药残留检测技术方面，重点研究比色传感器阵列检测技术、免疫分析法、生物传感器技术和仪器分析等技术和方法。其中胶体金试纸条、酶抑制-比色法速测试剂盒等快速检测产品已经研制成功。食品中有机磷农药等一系列农药的国家标准检测方法已经确立并实行。

在兽药残留检测技术方面，主要开展多残留仪器分析和验证方法的研究。完成了气相/液相色谱-质谱的联用技术研究，完成了 β-兴奋剂类、玉米赤霉烯醇、氯霉素、硝基呋喃、孔雀石绿等药物的检测研究。

在重要有机污染物的痕量与超痕量检测技术方面，完成了二噁英、多氯联苯和氯丙醇的痕量与超痕量检测技术的研究；建立了 12 种具有二噁英活性共平面 PCBs 单体同位素稀释高分辨质谱方法；建立了以稳定性同位素稀释技术同时测定食品中氯丙醇方法；建立了食品中丙烯酰胺、有机锡、灭蚊灵、六氯苯的检测技术。

在食品添加剂、饲料添加剂与违禁化学品检验技术方面，开展了纽甜、三氯蔗糖、防腐剂的快速检测，番茄红色素、辣椒红色素、甜菜红色素、红花色素、饲料添加剂虾青素、白

梨芦醇等的检测研究；建立了阿力甜、TBH、姜黄素、保健食品中的红景天苷、15 种脂肪酸测定方法，番茄红素和叶黄素、红曲发酵产物中 Monacolin K 开环结构与闭环结构的定量分析方法，食品焦糖色素、酱油中 4-甲基咪唑含量的毛细管气相色谱分析方法，芬氟拉明、杂氟拉明、杂醇油快速检验方法，磷化物快速检验方法。在生物毒素检测技术方面，完成了真菌毒素、藻类毒素、贝类毒素 ELISA 试剂盒和检测方法，建立了果汁中展青霉素的高效液相色谱检测方法。

在食品中重要人兽疾病病原体检测技术方面，建立了水泡性口炎病毒、口蹄疫病毒、猪瘟病毒、猪水泡病毒的实时荧光定量 PCR 检测技术；建立了从猪肉样品中分离伪狂犬病毒和口蹄疫病毒的方法和程序。

二、国际食品安全检测方法标准概述

国际上制定有关食品安全检测方法标准的组织有国际食品法典委员会（CAC）、国际标准化组织（ISO）、国际分析化学家协会（AOAC）、国际兽疫局（OIE）等。

CAC 有一些食品安全通用分析方法标准，包括污染物分析通用方法、农药残留分析的推荐方法、预包装食品取样方案、分析和取样推荐性方法、用化学物质降低食品源头污染的导向法、果汁和相关产品的分析和取样方法、涉及食品进出口管理检验的实验室能力评估、测定符合最高农药残留限量时的取样方法、分析方法中回复信息的应用、食品添加剂纳入量的抽样评估导则、在食品中使用植物蛋白制品的通用导则、乳过氧化酶系保藏鲜乳的导则等。通则性食品安全分析方法标准是建立专用分析方法标准及指导使用分析方法标准的基础和依据。而且建立这样的综合标准对于标准体系的简化和标准的应用十分方便。

三、中国食品安全检测方法标准的国际接轨方向和策略

我国食品安全的检验检测方法标准虽然不少，但一些标准技术水平比较落后，而且比较分散，缺乏系统性和配套性，为标准的应用和实施带来一定的障碍。例如我国部分重点发展和监管急需的食品安全危害物的检验方法标准尚属空白；农药、兽医的多残留检验方法不足；方法的灵敏度、准确度、特异性等方面有待提高。因此我国在食品安全检测方法标准水平提高及国际接轨方面应重视以下几个方面。

第一，尽快将食品污染物检测技术的研究成果转化为分析方法标准。

方法标准水平的提高一定是以技术进步为前提的。我国应加快研究和开发具有自主知识产权的检测设备和检测方法。同时借鉴国际标准制定组织制定的先进方法标准，如借鉴 CAC、ISO、AOAC、OIE 等国际组织的方法标准。同时加快将食品污染物检测技术的研究成果转化为分析方法标准的速度。

第二，继续完善食品安全标准体系，实施风险评估和标准制定专项行动。

国务院食品安全委员会关于食品安全重点工作安排，制定、修订一批产业发展和监管急需的食品安全基础标准、产品标准、配套检验方法标准，主要包括重点急需的重金属污染、有机污染物、婴幼儿配方食品、特殊医学用途配方食品、保健食品等食品安全国家标准及其检测方法。仍要持续关注微生物检验技术的研究及微生物检验标准的制定。研究表明，微生物污染造成的食源性疾病是我国食品安全的首要问题。我国需要制定一些应用特定技术的检验方法标准，如食源性致病微生物检验中检样的制备技术等。

第三，提高标准检测方法与相关限量要求的配套性，提升与市场监管需求的相符性。

目前，在现行的 GB 2763—2021《食品安全国家标准　食品中农药最大残留限量》中，有的推荐检测方法存在残留物定义覆盖范围不足、定量限偏高等问题。未来的国家标准修订应该重点围绕提高限量的配套性问题，不断提高残留限量标准的检测方法配套性。此外，还应积极发展标准方法中快速筛查检测技术的发展，切实满足市场监管的实际需求。

第四，注重分析方法的国际认可，采用国际先进的分析方法进行标准验证。

分析方法的不同将直接影响监测数据和监测研究的结果。要重视分析方法的国际认可，注重采用国际先进的分析方法标准。CAC 要求各国提交农药残留监测数据的同时要提交相应的 GAP 和残留分析方法；在提交总膳食研究数据时要注明分析方法。所以要全面验证我国现有的分析方法标准是否符合 CAC 对分析方法标准的 7 个特性的要求，即可特定性、准确性、可重复性（可再现性）、有测定限值性、敏感性、适用性、可操作性。验证方法是经合作研究发展起来的成熟方法。通常至少包括 5 种试验材料、8 个实验室参与、具有有效数据报告，包括空白重复、偏离水平、实验室重复再现性参数评价等。

第七节　本教材研究内容、教学目标和要求

本教材主要是为高等学校食品科学与工程、食品质量与安全专业学生编写的。鉴于食品专业学生的知识背景和教学目的，我们以介绍食品安全危害及其检测、控制方法为主线，主要安排了物理危害及检测方法、化学危害及检测方法、生物危害及检测方法、食品安全控制与保障、国际组织和发达国家的食品安全保障制度、食品安全面临的机遇与挑战等内容。

本教材的特色在于将食品安全危害的来源、种类、性质、危害程度及其控制、检测方法的相关知识点整合在一起，避免了独立设课的重复，使学生在学习各种食品安全危害的同时，掌握其控制与检测方法，从而使食品安全性、食品卫生学、食品分析等学科的知识有机地融合在一起，为毕业后从事相关工作奠定坚实的基础。

食品安全与检测是高等学校食品科学与工程、食品质量与安全专业的一门重要专业基础课。通过理论与实验教学，学生应首先全面理解和掌握各种食品安全危害的来源、种类、性质、危害程度与其控制、检测方法；其次，掌握 GMP、SSOP、HACCP 等食品安全保障体系的原理和在食品工业中应用；第三，了解国内外食品安全与检测技术学科发展趋势，关注这些领域的新成果、新技术，同时也关注不断出现的形形色色的食品安全危害，为发展我国食品产业作出应有的贡献。

第二章

CHAPTER 2

非食源性物质

非食源性物质通常描述为从外部来的物体或异物，包括在食品中非正常性出现的能引起疾病或容易造成人身伤害的任何物理物质，非食源性物质也称为物理危害物质。

第一节　食品中非食源性物质的种类和污染途径

食品中的物理危害物质来源有：被污染的材料（原料、水等）、设计或维护不良的粉碎设备和加工设备、设施、加工过程中错误的操作、建筑材料和雇员本身等。

常见的物理危害物质来源或原因如下：

玻璃——可来源于瓶、罐、灯具、温度计、仪表表盘等；

石头——可来源于原料、建筑材料等；

金属——可来源于原料、钢丝、螺钉、螺母、鱼钩、针头、机器、电线、员工等（如食品与金属的接触，特别是机器的切割和搅拌操作及使用中部件可能破裂或脱落的设备，如金属网眼皮带，可使金属碎片进入产品）；

塑料——可来源于原料、货盘、加工等；

骨头——可来源于原料、不恰当的加工过程等；

木屑——可来源于原料、货盘、盒子、建筑材料等；

绝缘体——可来源于建筑材料；

昆虫及其他污秽——原料、工厂内。

另外还有头发、尘埃、油漆及其碎片、铁锈、机油、垃圾和纸等。

由此可见几乎所有能想象到的东西都有可能被混入到食品中导致物理危害。

第二节　食品中非食源性物质的危害

食品中物理危害包括任何在食品中发现的不正常的有潜在危害的外来物。食品中物理危害物质夹杂在食品中，可能对消费者造成人体伤害，如卡住咽喉或食道、划破人体组织和器官特别是消化道器官、损坏牙齿、堵住气管引起窒息等，或其他不利于健康的后果。

食品中常见的物理危害物质的危害如下：

玻璃——割伤、流血，或需要外科手术查找并去除危害物；

石头——窒息、损伤牙齿；

金属——割伤、窒息，或需要外科手术查找并去除危害物；

塑料——窒息、割伤、感染，或需要外科手术查找并去除危害物；

骨头——窒息、外伤；

木屑——割伤、感染、窒息，或需要外科手术查找并去除危害物；

绝缘体——窒息，若异物是石棉则会引起长期不适；

昆虫及其他污秽——疾病、外伤、窒息。

物理危害是最常见的消费者投诉的问题。因为伤害立即发生或吃后不久发生，并且通常情况下伤害的来源容易确认。以下国内外有关对夹杂在食品中物理危害物质的投诉和安全事件就说明了这个问题。

1991 年，美国食品与药物管理局（FDA）下属的一个投诉机构共收到 10923 项对有关食品的投诉。投诉最多的一项占总数的 25%，涉及的内容是食品中存在异物，即物理危害。在所有关于食品中存在异物的投诉中，有 387 次（14%）导致了疾病的伤害。这类投诉中最多的异物是玻璃。表 2-1 列出了消费者投诉最多的几种食品含有异物的统计结果。

表 2-1　　一年中 8 种最常食用的食品中发生物理危害的频率

食品种类	投诉次数/次	危害发生的百分比/%	食品种类	投诉次数/次	危害发生的百分比/%
焙烤食品	227	10. 2	水果	183	6. 7
软饮料	228	8. 4	谷类食品	180	6. 6
蔬菜	226	8. 3	鱼制品	145	5. 3
婴儿食品	187	6. 9	巧克力及其制品	132	4. 8

第三节　工业上常用的非食源性物质检验和剔除方法

一、非食源性物质的检验

（一）粮食、油料非食源性物质的检验

在粮食、油料中夹杂没有食用价值而又影响粮食、油料品质的物质，或异种粮粒，称为杂质。杂质按其性质可以分为以下三类：筛下物、无机杂质和有机杂质。所谓无机杂质就是指夹杂在粮食、油料中的泥土、砖瓦块及其他无机杂质。即物理危害物质。因此，可通过对粮食、油料的杂质检测，来检测粮食、油料物理性危害物质。方法按照 GB/T 5494—2019《粮油检验　粮食、油料的杂质、不完善粒检验》，如下所示。

1. 仪器和用具

感量为0.01g、0.1g、1g天平；谷物选筛；电动筛选器；分样器或分样板；分析盘；镊子等。

2. 试样

检验杂质的试样分为大样、小样两种。大样是用于检验大样杂质，包括大型杂质和绝对筛层的筛下物；小样是从检验过大样杂质的样品中分出少量试样，检验与粮粒大小相似的并肩杂质。检验杂质的试样用量如表2-2所示。

表2-2　杂质、不完善粒检验试样用量规定表

粮食、油料名称	大样用量/g	小样用量/g
小粒：如粟、芝麻、油菜籽等	约500	约10
中粒：如稻谷、小麦、高粱、小豆、棉籽等	约500	约50
大粒：如大豆、玉米、豌豆、葵花籽、小粒蚕豆等	约500	约100
特大粒：如花生果、仁、蓖麻籽、桐籽、茶籽、文冠果，大粒蚕豆等	约1000	约200
其他：甘薯片、大米中带壳稗粒和稻谷粒检验	用量为500~1000g	

3. 筛选

（1）电动筛选器法　按质量标准中规定的筛层套好（大孔筛在上，小孔筛在下，套上筛底），按规定称取试样放入筛上，盖上筛盖，放在电动筛选器上，接通电源，打开开关，选筛自动地向左向右各筛1min（110~120r/min），筛后静置片刻，将筛上物和筛下物分别倒入分析盘内，卡在筛孔中间的颗粒属于筛上物。

（2）手筛法　按照上法将筛层套好，倒入试样，盖好筛盖，然后将选筛放在玻璃板或光滑的桌面上，用双手以110~120次/min的速度，按顺时针方向和反时针方向各筛动1min。筛动的范围掌握在选筛直径扩大8~10cm。筛后的操作与上法同。

4. 大样杂质检验

（1）操作方法　从平均样品中，按表2-2的规定称取试样（m），精确至1g，按规定的筛选法分两次进行筛选（特大粒粮食、油料分四次筛选），然后拣出筛上大型杂质和筛下物合并称重（m_1），精确至0.01g（小麦大型杂质在4.5mm筛上拣出）。

（2）结果计算　大样杂质含量（M）以质量分数（%）表示，按式（2-1）计算：

$$M = \frac{m_1}{m} \times 100 \tag{2-1}$$

式中　m_1——大样杂质质量，g；

m——大样质量，g。

在重复性条件下，获得的两次独立测试结果的绝对误差不大于0.3%，求其平均数，即为检验结果，检验结果取小数点后一位。

5. 小样杂质检验

（1）操作方法　从检验过大样杂质的试样中，按照表2-2中的规定用量称取试样

（m_2），小样用量不大于 100g 时，精确至 0.01g；小样用量大于 100g 时，精确至 0.1g，倒入分析盘中，按质量标准的规定拣出杂质，称重（m_3），精确至 0.01g。

（2）结果计算　小样杂质含量（N）以质量分数（%）表示，按式（2-2）计算：

$$N = (100 - M) \times \frac{m_3}{m_2} \tag{2-2}$$

式中　m_3——小样杂质质量，g；

m_2——小样质量，g。

在重复性条件下，获得的两次独立测试结果的绝对误差不大于 0.3%，求其平均数，即为检验结果。检验结果取小数点后一位。

6. 矿物质检验

（1）操作方法　质量标准中规定有矿物质指标的（不包括米类），从拣出的小样杂质中拣出矿物质，称重（m_4），精确至 0.01g。

（2）结果计算　矿物质含量（A）以质量分数（%）表示，按式（2-3）计算：

$$A = (100 - M) \times \frac{m_4}{m_2} \tag{2-3}$$

式中　m_4——矿物质质量，g；

m_2——小样质量，g。

在重复性条件下，获得的两次独立测试结果的绝对误差不大于 0.1%，求其平均数，即为检验结果。检验结果取小数点后两位。

7. 杂质总量计算

杂质总量（B）以质量分数（%）表示，按式（2-4）计算。

$$B = M + N \tag{2-4}$$

计算结果取小数点后一位。

（二）米类中非食源性物质的检验

米类中所含的杂质有糠粉、矿物质、其他杂质等，其检验方法按照 GB/T 5494—2019《粮油检验　粮食、油料的杂质、不完善粒检验》，如下所示。

1. 检验糠粉

从平均样品中，分取试样约 200g（m），精确至 0.1g，分两次放入直径 1.0mm 圆孔筛内，按规定的筛选法进行筛选，筛后轻拍筛子使糠粉落入筛底，全部试样筛完后，刷下留存在筛层上的糠粉，合并称重（m_1），精确至 0.01g，按式（2-5）计算糠粉百分比（E）。

$$E = \frac{m_1}{m} \times 100 \tag{2-5}$$

式中　m_1——糠粉质量，g；

m——试样质量，g。

在重复性条件下，获得的两次独立测试结果的绝对误差不大于 0.04%，求其平均数，即为检验结果，检验结果取小数点后两位。

2. 检验矿物质

从检验过糠粉的试样中拣出矿物质，称重（m_2），精确至 0.01g。矿物质含量（A）以质量分数（%）表示，按式（2-6）计算：

$$A = \frac{m_2}{m} \times 100 \tag{2-6}$$

式中 m_2——矿物质质量，g；

m——试样质量，g。

在重复性条件下，获得的两次独立测试结果的绝对误差不大于0.005%，求其平均数，即为检验结果。检验结果取小数点后两位。

（三）粉类含砂量的测定

粉类粮食中所含的无机砂尘的量，称为含砂量，以砂尘占试样总质量的质量分数表示（%）。

粉状粮食中含有细砂是难以清除的，当粉状粮食中含有细砂达到0.03%~0.05%时，食用制品就会产生牙碜感觉，不仅降低食用品质，而且也危害人体健康。为了保障人民健康，维护消费者的利益，在制粉加工和贮藏过程中严格控制含砂量，力求降低到最低指标。因此，我国粉类的质量标准中对各等级粉的含砂量都做了严格限制，规定各类、各等级粉含砂量都不允许超过0.02%。

含砂量的测定方法是四氯化碳法，具体根据GB/T 5508—2011《粮油检验 粉类粮食含砂量测定》。

（1）原理 由于粉类粮食与砂尘的相对密度不同，将粉类试样放入相对密度介于二者之间的有机试剂——四氯化碳中并搅拌，然后静置，粉类相对密度小，漂浮在四氯化碳表层，砂尘相对密度大于四氯化碳，则沉于四氯化碳底部，从而将粉类粮食与砂尘分开。倾出漂浮的粉类，将沉淀物进行洗涤、烘干、称重，从而测出粉类含砂量。

（2）试剂 四氯化碳，分析纯。

（3）仪器和用具 万分之一分析天平；百分之一天平；100mL量筒；30mL坩埚；500W电炉；内置有效变色硅胶的干燥器；细砂分离漏斗；玻璃棒、石棉网、漏斗架等。

（4）操作方法 量取70mL四氯化碳注入细砂分离漏斗内，加入试样（m）10g±0.01g，轻轻搅拌三次（每5min搅拌一次，玻璃棒要在漏斗的中上部搅拌），静置30min，将浮在四氯化碳表层的粉类粮食用角勺取出，再将分离漏斗中的四氯化碳和沉于底部的砂尘放入100mL烧杯中，再用少许四氯化碳冲洗漏斗两次，收集四氯化碳于同一烧杯中，静置30s后，倒出烧杯内的四氯化碳，然后用少许四氯化碳将烧杯底部的砂尘转移至已恒质（m_0，±0.0001g）的坩埚内，再用吸管小心将坩埚内的四氯化碳吸出，将坩埚放在有石棉网的电炉上烘约20min，然后放入干燥器，冷却至室温后称量，得坩埚及砂尘质量（m_1，±0.0001g）。

（5）结果计算 粉类粮食含砂量按式（2-7）计算：

$$X = \frac{m_1 - m_0}{m} \times 100 \tag{2-7}$$

式中 X——粉类粮食含砂量，以质量分数计，%；

m_1——坩埚和砂尘质量，g；

m_0——坩埚质量，g；

m——试样质量，g。

在重复性条件下，获得的两次独立测试结果的绝对误差不大于0.005%，求其平均数，即为检验结果。测定结果取小数点后两位。

（四）粉类磁性金属物的测定

制粉原料中没有完全除尽的金属杂质经过机器磨制后，常碾成大小不一的颗粒状或针刺状，混存于粉状粮食中。金属杂质的危害性很大，当它进入消化器官时，可能刺破食道、胃壁或肠壁，损害人体健康。所以粉类粮食中磁性金属杂质的测定有重要意义。我国小麦粉、玉米粉国家标准中规定每千克粉中磁性金属物含量不得超过0.003g。

粉类磁性金属物测定方法是磁性金属物测定器法，具体根据GB/T 5509—2008《粮油检验　粉类磁性金属物测定》。

（1）原理　采用电磁铁或永久磁铁，通过磁场的作用将具有磁性的金属物从试样中粗分离，再用小型永久磁铁将磁性金属物从残留试样的混合物中分离出来，计算磁性金属物的含量。

（2）仪器和用具　磁性金属物测定仪：磁感应强度不小于120mT（毫特斯拉）；分离板：210mm×210mm×6mm，磁感应强度不小于120mT；天平：分度值0.0001g；天平：分度值1g，最大称量大于1000g；称量纸：硫酸纸或不易吸水的纸；白纸：约200mm×300mm；毛刷；大号洗耳球；称样勺等。

（3）操作方法

①从平均样品中称取试样（m）1kg，精确至1g，开启磁性金属物测定仪的电源，将试样倒入测定仪盛粉斗，按下通磁开关，调节流量控制板旋钮，控制试样流量在250g/min左右，使试样匀速通过淌样板进入储粉箱内。待试样流完后，用洗耳球将残留在淌样板上的试样吹入储粉箱，然后用干净的白纸接在测定仪淌样板下面，关闭通磁开关，立即用毛刷刷净吸附在淌样板上的磁性金属物（含有少量试样），并收集到放置的白纸上。

②将收集有磁性金属物和残留试样混合物的纸放在事先准备好的分离板上，用手拉住纸的两端，沿分离板前后左右移动，使磁性金属物和分离板充分接触并集中在一起，然后用洗耳球轻轻吹弃纸上的残留试样，最后将留在纸上的磁性金属物收集到称量纸上。

③将第一次分离后的试样，再按照上述①、②的方法重复分离，直至分离后在纸上观察不到磁性金属物，将每次分离的磁性金属物合并到称量纸上。

④将收集磁性金属物的称量纸放在分离板上，仔细观察是否还有试样粉粒，如有试样粉粒则用洗耳球轻轻吹弃。

⑤将磁性金属物和称量纸一并称量（m_1），精确至0.0001g，然后弃去磁性金属物再称量（m_0），精确至0.0001g。

（4）结果计算　磁性金属物含量（X）按式（2-8）计算。

$$X = \frac{m_1 - m_0}{m} \times 1000 \tag{2-8}$$

式中　X——磁性金属物含量，g或kg；

m_1——磁性金属物和称量纸质量，g；

m_0——称量纸质量，g；

m——试样质量，g。

双试验测定值以高值为该试验测定结果。

（五）油脂中非食源性物质检测

油脂中含不溶于石油醚等有机溶剂的残留物，主要是泥土、沙石、饼屑、碱皂等。其中泥土、沙石、饼屑等就是物理危害物质。

1. 方法原理

利用杂质不溶于有机溶剂的性质，用石油醚溶解油样（蓖麻籽油用95%乙醇溶解），应用过滤或抽提的方法使杂质与油脂分离，然后将杂质烘干、称量，即可计算出杂质的含量。

2. 试剂

沸程60~90℃石油醚；95%乙醇；酸洗石棉；脱脂棉、定量滤纸等。

3. 仪器和用具

抽气泵；抽气瓶；安全瓶；2号玻璃沙芯漏斗；称量皿；万分之一、十分之一天平；胶管；镊子；量筒；玻璃棒等。

4. 操作方法

（1）抽滤装置准备　用胶管连接抽气泵、安全瓶和抽气瓶。用水将石棉分成粗、细两部分；先用粗的、后用细的石棉铺垫玻璃沙芯漏斗（约3mm厚），先用水沿玻棒倾入漏斗中抽洗，后用少量乙醇和石油醚先后抽洗，待石油醚挥净后，将漏斗送入105℃烘箱中，烘至前后两次质量差不超过0.001g为止。

（2）抽滤杂质　称取混匀试样15~20g（mL）于烧杯中，加入20~25mL石油醚（蓖麻油用95%乙醇），用玻棒搅拌使试样溶解，倾入漏斗中，用石油醚将烧杯中的杂质全部洗入漏斗内，再用石油醚分数次抽洗杂质，洗至无油迹为止。

（3）烘干杂质　用脱脂棉揩净漏斗外部，在105℃温度下烘至恒重（m_1）。

5. 结果计算

杂质含量按式（2-9）计算。

$$杂质百分率 = \frac{m_1}{m_2} \times 100\% \tag{2-9}$$

式中　m_1——杂质质量，g；

m_2——试样质量，g。

双试验结果允许差不超过0.04%，求其平均数，即为测定结果，测定结果取小数点后两位。

二、食品中非食源性物质的剔除方法

（一）在发酵酱油生产中非食源性物质的控制和剔除方法

在国内，现有小型发酵酱油厂都没有过滤这一工序过程，但随着人们对食品安全问题的日益重视，一些大型发酵酱油生产厂家都将此工序列入发酵酱油的生产工艺过程，此工序的目的是防止一些物理性的危害发生，在成品酱油中可能会存在一些细铁丝、铁钉、碎玻璃等杂质，含有这些杂质的酱油，如果被食用则对人体存在潜在的危害。采取的措施是用小于1mm的筛过滤。

（二）水产品加工过程中非食源性物质剔除方法

水产品（鱼贝类）加工过程中，水产品验收加工步骤中存在的物理危害物主要是泥沙等异物，可通过反复冲洗剔除。

（三）火腿类熟食肉制品加工过程中非食源性物质及剔除方法

火腿类熟食肉制品加工过程中，存在非食源性物质的加工步骤及剔除方法如表2-3所示。

表 2-3　　火腿类熟食肉制品存在非食源性物质的加工步骤及剔除方法

加工步骤	非食源性物质	剔除方法
接收原料肉	金属、猪碎骨等	①后工序金属探测消除 ②原料肉解冻后自检剔除
接收辅料	沙子、小石子等	①使用前过滤或过筛 ②香辛料用多道细小网布包裹后下锅 ③姜蒜等辅料清洗后使用 ④严格按照企业辅料采购标准采购
绞制、搅拌	设备锈蚀、设备维修等带入	①设备维修后严格检查 ②停产后，开工前设备彻底清洗
贴标、装箱	金属污染、表面杂质	①贴标前用金属探测器检测 ②感官检查合格

（四）超高温灭菌乳产品加工过程中物理危害物质及剔除方法

超高温灭菌乳产品加工过程中，存在非食源性物质的加工步骤及剔除方法如表 2-4 所示。

表 2-4　　超高温灭菌乳存在非食源性物质的加工步骤及剔除方法

加工步骤	非食源性物质	剔除方法
接收原料乳	杂草、牛毛、乳块、昆虫灰尘等	①挤乳过程按标准操作车间有防蝇防虫措施 ②净乳机过滤
接收包装材料	膜的薄厚，避光性、印刷图案清晰度不符合要求	①接受检验 ②后工序车间操作工即使反馈膜的质量稳定性
净乳	杂草、乳块、泥土等	①过滤器过滤，离心机定时排渣 ②抽样检验净乳效果，杂质≤2mg/kg
储存	环境污染物	封闭容器
标准化	杂物、质量不达标	①根据检测结果调整鲜乳质量达标准要求 ②按工艺要求将原料乳与辅料混合
脱气	空气含量超标	保证空气含量小于标准要求

（五）热罐装果汁加工过程中非食源性物质及剔除方法

热罐装果汁加工过程中，存在非食源性物质的加工步骤及剔除方法如表 2-5 所示。

表 2-5　　热罐装果汁存在非食源性物质的加工步骤及剔除方法

加工步骤	非食源性物质	剔除方法
接收浓缩果汁	杂质	对原料进行检验，合格接收
接收包装材料	杂质，变形，破损	对原料进行检验，合格接收
调配	杂质	在灭菌前进行过滤
过滤	杂质	清理或更换过滤设备
水处理	导电、浊度不合格	①每小时自动检测 ②按要求更换元件
空气过滤	过滤效率低，空气含杂超标	及时更换元件

（六）粮食及其制品中非食源性物质及剔除方法

粮食及其制品中非食源性物质是指在粮食及其制品中存在着非正常的具有潜在危害的外来异质，常见的有玻璃、铁钉、铁丝、铁针、石块、鱼钩、铅块、骨头、鱼刺、贝壳和蛋壳碎片、金属碎片等。粮食及其制品中非食源性物质的来源于以下几个方面。首先是由原材料中引入的非食源性物质，谷物原料在收获过程中混入的异物有铁钉、铁丝、钢丝、石头、玻璃、陶瓷、塑料、橡胶、泥土等碎片。其次是加工过程中混入的异物，加工设备上脱落的螺母、螺栓、螺钉、金属碎片、不锈钢丝、玻璃、陶瓷碎片、工具、灯具、温度计、包装材料、纽扣、首饰等。

粮食及其制品中物理危害的控制主要靠预防及利用适当仪器和手段进行甄别和筛选。粮食及其制品中非食源性物质常用的剔除方法有以下几条。

（1）原材料中物理危害的控制　建立完整供货商保证体系，利用金属探测、磁铁吸附、过筛、水选、人工挑选等方法在生产前对原料筛选。

（2）在生产过程中的关键过程　根据实际情况制定和实施甄别和筛选工序，如对有可能混入金属碎片的半成品采用金属探测器检查。

（3）对可能成为食品中物理危害来源的因素进行控制　经常检修设备、生产用具以保证其安全和完整性；对生产场所的周边环境进行控制，清除可能带来危害的物质；对职工加强教育和培训，提高职工的安全卫生意识，制定相关的规章制度以减少人为因素造成的物理危害。

三、食品中非食源性物质危害的预防措施

食品中物理危害物质的危害预防一般可采取以下措施。

（1）包装材料中的外来物　由供应商保证质量，加强出厂前的检验等；如列出生产原料明细表和验证卖方的证书及保证。

（2）原料中的外来物　由原料供应商保证质量，加强原料的进厂检验等；同样可列出生产原料明细表和验证卖方的证书及保证。

（3）不当加工过程引入的外来物　目视检查，用金属探测器检查，加强加工设备的保养等。如许多金属检测器能发现食品中含铁和不含铁的金属微粒，X 射线技术能发现食品中各

种异物，特别是骨头碎片。总之，要保证各项检测和除去某些物理危害的预防措施是有效的，从而保证在食品生产过程中有效地控制物理危害，及时除去异物。

必须坚持预防为主，保持厂区和设备的卫生，要充分了解一些可能引入物理危害的环节，如运输、加工、包装和贮藏过程以及包装材料的处理（特别是一些玻璃包装材料）等过程中加以防范。

在雇员的教育和学习中，应包括有关物理危害的知识和预防措施两方面。提高职工的安全卫生意识，制定相关的规章制度，以减少人为因素造成的物理性危害。

“民以食为天”，食品是人们生存必不可少的物质。如何确保食品的卫生质量和安全，一直是生产加工企业和卫生主管部门重点关注的问题。要真正达到食品的低风险或零风险，必须从源头开始，在采用如 HACCP 体系对从种植或饲养到餐桌的全过程进行控制的同时，还应该建立独立的追溯系统或者将追溯系统纳入 HACCP 体系中并形成文件化管理。实现从零售追溯到运输、包装、加工、农场或牧场、种植或饲养，甚至到单个植物或动物，并要求出示确保产品无各类危害物质存在的记录、地方法规及检测报告。并采用电子系统收集和整理追溯信息（动植物的出产时间及地点、种植和饲养和管理的法规、加工地点、分级信息、出货时间、包装商、零售方式），建立一套自动化的追溯管理系统，以增大追溯的信息量和提高查阅的速度，才能最有效地防止食品污染。

本章小结

非食源性物质通常描述为从外部来的物体或异物，包括在食品中非正常性出现的能引起疾病或容易造成人身伤害的任何物理物质。本章主要论述了食品中非食源性物质的来源、种类、检测方法和预防措施，分析了不同非食源性物质的剔除方法。本章应该重点掌握非食源性物质的检测和剔除方法，了解可能造成食品非食源性物质污染的途径和预防措施。

思考题

1. 简述食品中非食源性物质的概念、来源与危害。
2. 常用的食品中非食源性物质的检测方法有哪些？
3. 食品中非食源性物质的剔除方法有哪些，如何预防？

第三章 辐射与放射性物质

CHAPTER 3

第一节 放射性对食品安全性的影响

随着核能的发展，放射性物质对环境的污染已越来越引起人们的注意。造成放射性物质污染主要原因是现代核动力工业有了较大程度的发展和人工裂变核素的广泛应用；其次，一些国家的核试验也成为放射性污染的另一来源。环境中放射性物质的存在，最终将通过食物链进入人体。因此，放射性污染对食品安全性的影响已成为一个重要的研究课题。

一、食品中放射性物质的来源

食品中放射性物质来源于天然放射性物质和人工放射性物质。

（一）食品中的天然放射性物

食品天然放射性核素指的是食品中含有的自然界本来就存在的放射性核素本底。由于外环境与生物进行着物质的自然交换，所以地球上的生物（包括食物）存在着天然放射性核素。天然放射性核素分成两大类：一是地球外的外层空间的宇宙射线；二是地球辐射。

宇宙射线的粒子与大气中稳定性元素的原子核作用而产生放射性核素，这些核素有^{14}C、^{3}H、^{32}P、^{35}S等。

地球辐射是地球在形成过程中存在的核素及其衰变产物。这部分核素有铀系、钍系及锕系元素，还有这三系以外的核素等，如^{238}U、^{235}U、^{232}Th和^{40}K、^{87}Rb。这些核素皆存在于地球的土壤、岩石、大气和水体，构成了地球辐射。

（二）食品中的人工放射性物质

食品中的人工放射性物质来源于核试验、核工业生产过程、核事故以及其他科学实验中采用的核元素。

1. 核试验的降沉物

核试验爆炸使地球表面明显地增加了人工放射性物质。核试验爆炸沉降灰是食品的放射性污染的一个重要来源。自从1945年太平洋核爆炸试验以来，已进行的几百次核爆炸试验产生了大量核分裂产物，同时，核爆炸所释放的中子与核体材料、土壤或水作用而产生的感生放射性核素，随同高温气流被带到不同的高度，大部分（称早期落下灰）在爆点的附近地区沉降下来，形成沉降灰。较小的粒子能进入对流层甚至平流层，绕地球运行，经数天、数月或数年缓慢地沉降到地面，因此，核试验的污染带有全球性。且为放射性环境污染的主要来源。

含大量放射性核素的沉降灰可以污染空气、土壤和水。土壤污染放射性核素后，该核素可进入植物体，使食品污染放射性物质，沉降灰中的放射性核素有三种：一种是裂变产物或裂变元素，它们是^{235}U分裂形成的放射性碎片或元素，如^{90}Sr、^{137}Cs、^{95}Zr、^{95}Nb、^{103}Ru、^{103}Rh、^{131}I等。另一种是诱变产物或诱变元素，它们是核武器爆炸时形成的大量中子轰击空气或核武器弹壳等原来不带放射性的物质（元素）而形成的，有^{14}C、^{65}Zn、^{55}Fe、^{60}Co等，又称中子活化产物。最后一种是原子弹或氢弹爆炸时未起反应的一些^{235}U、^{238}U等残渣。

2. 核电站和核工业废物的排放不当

核工业中的一系列生产环节、核装置材料的运输和废物的储存、释放以及放射性核素的生产方面，均有放射性物质排入环境中，特别是核燃料再生处理装置。核废物一般来自原子反应堆、原子能工厂、核动力船以及核实验室等处。对核废物的处理，有陆地埋藏和深海投放两种方式。陆地埋藏或向深海投弃固体放射性废物时，如包装处理不严或者储存废物的钢罐、钢筋混凝土箱出现破痕，都可以造成对环境乃至对食品的污染。

3. 意外事故造成核泄漏

意外事故泄漏造成局部性核污染，不容忽视。如苏联切尔诺贝利的核事故、放射性核素的丢失等。2011年日本的福岛核电站发生事故，大量放射性沉降灰飘落以及含放射性物质的污水的泄露，对日本福岛及周边一些地区的土地、水源、植物、农作物和周边海洋中的水产品造成了污染。

4. 应用排放

放射性核素在工农业、医学和科研上的应用也会向外界环境排放一定量的放射性物质。如农业上含铀等放射性元素的磷肥，常使放射性核素在农作物中累积，并通过食物链进入人体，影响食品的安全。

二、放射性物质的危害

环境中的放射性物质，大部分会沉降或直接排放到地面，导致地面土壤和水源的污染，然后通过作物、水产品、饲料、牧草等进入食品，最终进入人体。进入人体的放射性物质，在人体内继续发射多种射线引起内照射。一般来说，放射性物质主要经消化道进入人体（其中食物占94%~95%，饮用水占4%~5%），而通过呼吸道和皮肤进入的较少。在核试验和核工业泄漏事故时，放射性物质经消化道、呼吸道和皮肤这三条途径均可进入人体而造成危害。

当放射性物质达到一定浓度时，便能对人体产生损害，其危害性因放射性物质的种类、人体差异、浓集量等因素而有所不同，它们或引起恶性肿瘤，或引起白血病，或损坏其他器官。而且放射性污染的危害具有影响或危害程度大，消除影响的时间长等特点。

各种放射性物质经食物链进入人体的转移过程，会受到诸如放射性物质的性质、环境条件、动植物的代谢情况和人的膳食习惯等因素的影响。

天然放射性物质在自然界中的分布很广，存在于矿石、土壤、天然水、大气和动植物的组织中。由于核素可参与环境与生物体间的转移和吸收过程，所以可通过水及土壤，污染农作物、水产品、饲料等，进入生物圈，成为动植物组织的成分之一，并且可通过食物链转移。特别是鱼贝类等水产品对某些放射性核素有很强的富集作用，使得食品中放射性核素的含量可能显著地超过周围环境中存在的该放射性核素。到目前为止，已确定的食品天然放射性核素已超过 40 种，人体卫生学意义较大的天然放射性核素主要为^{40}K、^{226}Ra。另外，^{210}Po、^{131}I、^{90}Sr、^{89}Sr、^{137}Cs 等也是污染食品的重要放射性核素。一般认为，除非食品中的天然放射性核素含量很高，基本不会影响食品的安全。如^{226}Ra 的半衰期为 1.6×10^3 年，它的代谢途径与钙相似，^{226}Ra 在动植物组织中含量略有差别，植物比动物含量略偏高。它主要通过食品进入人体，以蔬菜类和谷类为主，80%～85%沉积于骨中。^{40}K 在自然界分布很广，半衰期为 1.3×10^9 年，它是天然放射性核素中通过食品进入人体最多的一种核素，主要储存于软组织中，骨中钾的含量只有软组织的 1/4。食品中坚果类含^{40}K 最多，叶菜类和豆类次之，肉类也含有一定量的^{40}K。

核废料在向深海投放时，如投放地点未达到应有的海洋深度，则由于深海本身并非静止不动，因此容易污染海产品。浮游生物可以从海水中浓集放射性核素，其浓集力可达 4000 倍。某些鱼类能蓄积^{55}Fe，海产软体动物能蓄积^{90}Sr，牡蛎能蓄积大量^{65}Zn，贻贝吸收^{65}Zn 后约有一半蓄积在肾脏，青蟹和泥蚶蓄积较多的^{137}Cs。

放射性物质的食物表面污染，可通过清洗等方法清除一部分。对核试验后放射性碘的污染调查表明，青菜经清洗后可去除放射性碘 50%，消毒后的牛乳可大大减少其含量。

甲状腺对碘的蓄积能力较强，经调查，在远离核试验场几千公里的地方，羊甲状腺仍可富集到 1000 pCi/g 鲜重以上的放射性碘。

放射性物质在植物中的分布取决于植物的种类、组织，也和植物的生长期有关。以^{90}Sr 为例，叶部含量最多，而果实和种子部分较少，^{137}Cs 分布要比^{90}Sr 均匀。在谷类中的外壳要比可食部分^{90}Sr 含量要高。植物在不同生长期放射性物质的含量也有一定的差异。

地球上水域面积占地球面积的 2/3 以上，是核试验放射性物质的主要受纳体，也是核动力工业放射性物质的受纳体。水体中的水生生物对放射性核素有明显的富集作用，浓集系数可达 10^3。如海洋生物体内^{210}Po 的含量要比海水中高几百倍甚至上千倍。Lowmen 等认为浮游生物对放射性核素的富集能力最强，如紫菜对^{106}Ru 的吸收能力最强，其次是蛤蜊，且难排出体外。在我国淡水鱼为 12～16 锶单位，较海鱼中的 0.4～1.7 锶单位高。海鱼可食部分中对^{90}Sr 的吸收，明显比藻类、甲壳类、软体动物低。

据国际原子能机构 2017 年年度报告显示，截至 2017 年年底全世界核电站已达 448 座。从一座核电站排放出的放射性物质，虽然其极微量的浓度几乎检不出来，但核电站的污水排放量很大，经过水生生物的生物链，被成千上万倍地浓缩，成为水产食品放射性物质污染的一个来源。如美国某核燃料厂在运转前曾估计，在再生产中，每天将释放约 7400 GBq（200 Ci）^{3}H，其中 65%排入水体，运转后的水质监测表明，附近河流^{3}H 的浓度高出纽约地面水的 10 倍。核燃料设备排出的^{3}H 和^{85}Kr 与其他物质不同，在环境中很难清除。^{3}H 被广泛稀释于水中污染水源，其中一部分有给遗传因子带来诱变的隐患；^{85}Kr 虽不与动植物组织结合，但能混入空气中，进入人体或在体外形成放射线浴。

自从人类利用核物质以来，人为（核爆炸）核污染和核污染事故已发生不少。苏联的切尔诺贝利核电站核泄漏事故是最严重的核污染事故，其危害是令人触目惊心的。据白俄罗斯政府 1997 年公布的资料，切尔诺贝利核事故所泄漏的放射性粉尘有 70%飘落在白俄罗斯境内。在事故发生初期，白俄罗斯大部分公民都受到了不同程度的核辐射，大约 6000km^2 的土地无法使用，400 多个居民点成为无人区，政府不得不关闭了 600 多所学校、300 多个企业和

54个大型农业联合体。事后，瑞典国家食品管理局和其他的官方及非官方机构分析了瑞典的全部食品，发现食物^{137}Cs活性与当地放射性沉降灰的剂量间呈密切的正相关。凡吃了受放射性沉降灰污染的草的羊以及生长在该污染水域的鱼类，其肉中^{137}Cs的活性均较高。

切尔诺贝利核事故严重影响了人们健康，尤其是对儿童的健康造成了无法弥补的灾难。白俄罗斯儿童甲状腺癌、白血病的数量迅速增加，新生儿生理残疾者剧增。白俄罗斯戈梅利地区的儿童甲状腺癌的比例，在发生核事故前为1∶200万，与其他国家相差无几。但到1994年为1∶1万，上升了200倍，某些地区甚至高达1∶1000，上升了2000倍。1997年，白俄罗斯卫生部门对距切尔诺贝利约400km处的一所学校的数百名学生进行体检，几乎没有一个是健康的，都患有不同程度的慢性疾病。据专家估计，完全消除事故影响需要800年的时间，将经过整整40代人。

三、控制食品放射性污染的措施

食品放射性污染对人体的危害在于长时期体内小剂量的内照射作用，控制污染措施是加强对污染源的控制，严格遵守操作规程监督及监测以及严格执行国家的卫生标准。

食品加工厂和食品仓库应建立在从事放射性工作单位的防护监测区以外的地方。对产生放射性废物、废水的单位，应加强监督，对单位周围的农、牧、水产品等都应定期进行对放射性物质的监测。

凡包装密闭的食品，其包装物受到放射性物质灰尘的污染时，可用擦洗或吸灰方式予以去除。如果放射性核素已进入食品内部，则应予以销毁。禁止向食品中加入放射性核素作为食品保藏剂。此外，应用电离辐射的方法保藏食品时，应严格遵守照射剂量和照射源的各项规定。

1958年，国际放射防护委员会（ICRP）推荐“人体最大容许量”。一些国家根据这一建议，划定了空气、水和食品的放射性核素最大容许浓度或最大容许摄入量。我国制定的GB 14882—1994《食品中放射性物质限制浓度标准》和《辐照食品卫生管理办法》，这些都应作为食品放射性卫生监督的依据。

第二节　辐射

一、食品辐射

GB 18524—2016《食品安全国家标准　食品辐照加工卫生规范》将食品辐射定义为：利用电离辐射在食品中产生的辐射化学与辐射微生物学效应而达到抑制发芽、延迟或促进成熟、杀虫、杀菌、灭菌和防腐等目的的辐照过程。

根据食品辐射的目的以及所需要的剂量，FAO/IAEA/WHO把应用于食品中的辐射分为三个大类。

（一）辐射耐储杀菌

辐射耐储杀菌的主要目的是降低食品中的腐败微生物及其他微生物，抑制鳞茎和块茎作物的发芽，延长新鲜食品的后熟期和贮藏期。辐射耐储杀菌一般辐射剂量在 5 kGy 以下。

（二）辐射巴氏杀菌

辐射巴氏杀菌能够将食品中的无芽孢形成的特异性活致病菌（如沙门氏菌）的量减少到不能检出的水平。辐射巴氏杀菌的辐射剂量范围一般在 5~10kGy。这种辐射处理类似于商业上的热处理杀菌，有时也称辐射杀菌。辐射杀菌一个特别的应用是香料灭虫，因为加热消毒会挥发所需的香味，而通常用氧化乙烯处理会留下不良的残留物。

（三）辐射阿氏杀菌

辐射阿氏杀菌能够将食品中的微生物的数量减少至零或者有限个数。经过这种辐射处理的食品，在无再次污染的条件下，能够达到长时间甚至无期限的贮藏。辐射阿氏杀菌的辐射剂量范围一般在 10~50kGy。

辐射阿氏杀菌广泛应用于对火腿、腌肉、牛肉等产品彻底杀菌的加工，在 65~75℃ 加热使酶钝化，采用紧密、防潮、防火、不透过微生物的容器进行真空封口包装，在适当剂量下进行辐射杀菌。

二、辐射线的类型

按照辐射粒子能否引起传播介质的电离，把辐射分为两大类：电离辐射和非电离辐射。

（一）电离辐射

电离辐射能够使物质产生电离作用，其能量和频率都很高，波长很短。食品加工采用的多是电离辐射，如 β、γ 等辐射线。

β-粒子或射线是高能电子，也称阴极射线。可用电子发生器，如：Van deGraf 静电发生器，或通过一个射线加速器有效地产生。β-粒子或电子有较大的穿透力，但会被一张铝箔所阻止。因此 β-粒子能在某些范围内使用。

γ-射线或光子可通过人工生产的放射性元素，如 ^{60}Co、^{137}Cs 获得。有很大的穿透力，能够穿过一块相当厚的铅板，因此可深入到食品深处，内部均能受到辐射处理，最大程度地杀死食品表面的微生物。

（二）非电离辐射

非电离辐射之能量较电离辐射弱。非电离辐射不会电离物质，而会改变分子或原子的旋转、振动或价层电子轨态。非电离辐射主要是热效应辐射，波长一般大于 100nm，如微波、可见光、各种无线电波、声波、超声波、家电辐射、紫外线、激光等都属于非电离辐射。不同的非电离辐射可产生不同的生物学作用，因此非电离辐射在食品中的应用不尽相同，如微波用于食品加热，紫外线用于食品的杀菌等。

三、辐照对食品安全的影响

正如人们所期待的那样，辐照食品杀灭在食品保藏或卫生方面有害的微生物和病虫害，以便保藏，并提供不经高温处理而保持新鲜状态食品的效果，也能为饮食生活的合理化，为搞好食品卫生创造有利条件。目前对辐照食品安全性，研究结果基本上是肯定的。然而，辐射食品逐渐进入实用阶段时，食品在加工过程中的安全性和有关辐照食品安全性的进一步研究，是食品安全和公共卫生方面不可忽视的问题。

剂量过大的放射线照射食品所产生的变化，因食物的种类、品种及照射的条件不同，在食品中所生成的有害成分和微生物变性所带来的种种危害是不同的。关于辐照食品的安全性，有以下几方面的问题值得考虑。

（一）营养成分的破坏

照射处理的食品，食品中的大量营养素和微量营养素都受到影响，蛋白质、脂肪、碳水化合物和纤维素被破坏或变性，存在营养价值降低的问题，特别是对维生素 A、维生素 E、和维生素 K 及维生素 C 的破坏，同时也涉及感官的变化。对于食用量不大，营养成分和生物利用率变化小的辐照食品，与每天大量食用的混合膳食相比，影响更小些，而对那些只有单一品种作为主要食品的地区来说，可能问题的严重性要大些。但如果在人们的膳食中增加更多的辐照食品的比例，就应确保食品不因辐射引起某些营养成分的损失而造成营养不足的积累作用，以保证膳食的安全性。而事实上，辐射作用在规定剂量的条件下，不会使食品的营养质量有显著下降。

1. 对蛋白质的影响

一般认为在要求的剂量下辐射，除了特异蛋白质的抗原性变化外，对生物学反应影响很小，在高剂量辐射下尤其是这样。辐射对蛋白质会产生严重的影响，主要变化是影响色、香、味。低剂量辐射可能引起蛋白质分子伸直、凝聚、伸展甚至使分子断裂并使氨基酸分裂出来。

2. 对糖类的影响

一般来说，在食品辐射过程中简单的糖不会出现戏剧性变化，特别是有关它们的新陈代谢能量。辐射导致复杂的糖类的解聚作用：如对小麦的研究说明，在 0.02～1.00 Mrad 的辐射剂量下，水溶性还原糖的含量与对照样品相比增加了 5%～9%。这种还原糖的普遍增加是淀粉逐步不规则地降解作用的结果。

3. 对类脂质的影响

高剂量辐射对类脂质具有趋向性和易感性。一般来说会出现过氧化作用，而这种作用又影响维生素 E 和维生素 K 等一些不稳定的维生素。这些作用与在加热杀菌中发现的趋势是相同的。Merrit 和 Nawav 已经报道了过氧化物和挥发性化合物的形成以及产生酸败和异味。

谷物中的类脂质似乎仅在高剂量辐射下降解，小麦面粉类脂质的碘值、酸度或色泽强度没有明显的影响。Rao 等证明辐射处理后小麦类脂质总量没有明显的变化。但在 1Mrad 剂量的辐射下，游离类脂化合物的总量明显地增加了 20%，而结合的类脂质降低了 46%。在建议使用的辐射剂量下，无论如何不会引起任何明显的、不理想的变化。

焙烤制品中很重要的类脂蛋白质复合物在低剂量辐射情况下也不会受到明显的作用。

Rao 等评价了由辐射小麦制成的面包：当小麦受低剂量辐射时，对小麦粉及其产品来说是可行的，而且在 0.2Mrad 剂量下辐射增加了面包的体积。

4. 对维生素的影响

食品在辐射时维生素会发生某些破坏。维生素 C、维生素 E 和维生素 K 被破坏的程度取决于所使用的剂量。维生素 B_1 对辐射也极不稳定，但其损失类似于食品加热杀菌中所经受的损失。

5. 对肉色素的影响

肉类的辐射杀菌导致色素的变化。一般认为，这些变化伴随着正铁血红素还原为亚铁的形式。

（二）有害物质的生成

经过照射处理的食品是否生成有害成分或带来有害作用的问题，特别是慢性病害和致畸的问题，有过高剂量（大于10^4 Gy）照射生成有害物质的报道，而低剂量（小于10^4 Gy）的照射却不曾发生过这种情况。

1. 致癌物质的生成

实验研究的结果使研究者对辐照食品的致癌性有了一般的看法：食品在推荐和批准的条件下辐射时，不会产生危害水平的致癌物。由食品中正常发现的固醇化合物产生的致癌物的研究已经证明了不会产生致癌物质。

2. 诱变物质的生成

食品辐照可能生成具有诱变和细胞毒性的少量分解产物，这些产物可能诱导遗传变化，包括生物学系统中的染色体的畸变。由于有这样的可能性，已经用能在辐射过的培养基上生长的各种生物学系统做了很多体外的研究。

实验表明，用经过照射的培养基来饲育果蝇突变率增加，数代后死亡率增加。

蔗糖辐射的分解产物会抑制胡萝卜组织培养系统的生长。

1966年，Shaw和Hayes发现对培养物加入最终浓度大于0.2%的辐射蔗糖后，人体白细胞培养物中有丝分裂速率严重降低，而染色体的碎块增加，因为蔗糖是许多食品的一种天然组分，并可加至其他食品中，例如腌制肉的盐水中，这就引出了对辐射食品更普遍的关注。

在记载的突变中，有在紫外线照射过的营养肉汤中生长的金黄色葡萄球菌的突变和经辐射过的培养基上培养的果蝇的突变。

在经辐射过的马铃薯泥上生长的大麦胚芽显示出小核数增多。

不同研究者对这一问题有很多不同研究论点，应该引起足够关注。

（三）食品中的诱导放射性

经过照射处理的食品，由于处理过程中不与放射源直接接触，所以一般不会沾染放射性物质。

现在食品辐射采用的射线和实用的放射剂量，被认为诱导放射不会引起健康危害。事实上所有食品都是放射性的。食品的背景放射性随着农业来源而变化。然而，放射性水平的变化很大，有时相差10倍以上。

放射性可以用超过2.3 MeV的电子能量在食品中进行诱导，但这样的活性是短寿命的。当然，25 MeV或大于25 MeV的更高的能量将引起诱导，但也要比食品中一般存在的天然背景放射性本身要低得多，即诱导的放射量不会超过物料中的背景放射量。所以，诱导放射不会引起健康危害。

（四）伤残微生物的危害

已有实验证实，在完全杀菌剂量［$(4.5\sim5.0)\times10^{-2}$ Gy］以下，微生物出现耐放射性，而且反复照射，其耐性成倍增长。这种伤残微生物菌丛的变化，生成与原来腐败微生物不同的有害生成物，可能造成新的危害，这方面的安全性也有待研究确认。

虽然人们还没有普遍认可辐射食品，但是，在这方面有经验的工作者，根据现有的数据，得出了关于辐射食品卫生和安全性的一般结论：①辐射食品是卫生和安全的，既没有报告过由于辐射食品本身而发生慢性毒性，也无致癌性；②食品中的营养成分确实发生了某些破坏，但一般认为这些破坏同食品的加热杀菌所导致的破坏属于相同的类型且在同样的范围之内。

本章小结

食品中放射性物质来源于天然放射性物质和人工放射性物质，各种放射性物质经食物链进入人体而对人体造成危害。控制污染措施是加强对污染源的控制，严格遵守操作规程监督及监测以及严格执行国家的卫生标准。

辐照对食品安全性影响主要表现在对营养成分的破坏和生成有毒物质，已有的研究证实，在通常使用的杀菌剂量下，其危害在可接受范围以内。特殊食品、高剂量辐照食品的安全性有待深入研究。

思考题

1. 控制食品放射性污染的措施主要有哪些？
2. 辐照作用对食品营养素的破坏体现在哪些方面？

第四章

农药及兽药残留

农药残留是指农药施用后，残存在生物体、农副产品和环境中的微量农药原体、有毒代谢产物、降解物和杂质的总称。而兽药残留主要来源于动物性食品原料，其药物分子的原形或代谢产物可能过量的蓄积、储存于动物的细胞、组织器官或可食性产品中。

第一节　农药残留

食品中农药残留的来源有三个方面：施用农药对农作物的直接污染；农作物从污染的环境中吸收农药；通过食物链，生物富集污染及其他来源的污染。当农药直接应用于农作物、畜禽或环境介质（包括水、空气、土壤等）时，或者间接通过挥发、漂移、径流、食物或饲料等方式接触到上述受体时，就产生了农药残留。过高的农药残留量一般是使用化学性质稳定、不易分解的农药品种，或者是不合理地过量使用农药造成的。当用有农药残留的饲料饲喂家畜，或者在农药污染的土壤种植作物，就出现农药残留向家畜、作物的转移并蓄积，这种现象是农药残留的间接来源。

一、农药种类、结构和理化性质

农药品种很多，迄今为止，在全世界各国注册的已有 2000 多种，目前全世界实际生产和使用的农药的品种为 500 多种，其中常用的达 300 余种，主要由化学合成生产。我国现有主要农药合成企业近 400 家，已建成年产 70 万 t 以上原药生产装置，可常年生产 250 多种原药、农药，产量居世界第一位，农药产量呈逐年增长的趋势。我国已由农药进口国变成农药出口国。

（一）种类

为了研究和使用的方便，常常从不同角度把农药进行分类。常见的有以下三种分类方法。

1. 按主要用途分类

包含有杀虫剂、杀螨剂、杀鼠剂、杀软体动物剂、杀菌剂、杀线虫剂、除草剂、植物生长调节剂等。

2. 按来源分类

可分为矿物源农药、生物源农药及化学合成农药三大类。

3. 按化学结构分类

有机合成农药的化学结构类型有数十种之多，主要有：有机磷（膦）、氨基甲酸酯、拟除虫菊酯、有机氯、有机硫、酰胺类、脲类、醚类、酚类、苯氧羧酸类、三氮苯类、苯甲酸类、脒类、三唑类、杂环类、香豆素类、有机金属化合物等。常用的有：有机氯、氨基甲酸酯、拟除虫菊酯和有机磷农药四类。下面简单介绍几类农药的结构与理化性质。

（二）结构和理化性质

1. 有机氯农药的结构及理化性质

有机氯农药曾广泛用于杀灭农业、林业、牧业和卫生害虫。常用的包括 DDT、BHC（六六六）、林丹、艾氏剂、狄氏剂、氯丹、七氯和毒杀酚等。绝大部分有机氯农药因其残留严重，并具有一定的致癌活性而被禁止使用。目前仅有少数有机氯农药用于疾病（如疟疾）的预防。但由于这类农药在环境中具有很强的稳定性，不易降解，易于在生物体内蓄积，目前仍对人类的食物造成污染，是食品中最重要的农药残留物质。

（1）六六六　六六六（Benzene Hexachl Oride，BHC）分子式为 $C_6H_6Cl_6$，化学名为六氯环已烷、六氯化苯。BHC 有多种异构体，其常见的异构体化学结构式如图 4-1 所示。

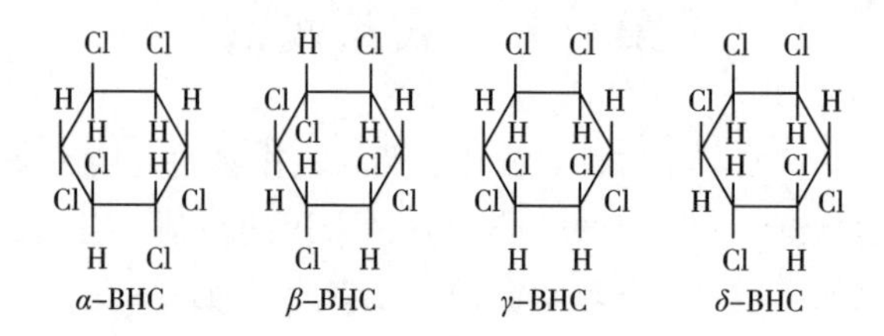

图 4-1　BHC 的异构体结构图

BHC 为白色或淡黄固体，纯品为无色无臭晶体，工业品有霉臭气味，在土壤中半衰期为 2 年，不溶于水，易溶于脂肪、丙酮、乙醚、石油醚及环已烷等有机溶剂。BHC 对光、热、空气、强酸均很稳定，但对碱不稳定（β-BHC 除外），遇碱能分解（脱去 HCl）。

（2）滴滴涕　滴滴涕（Dichlorodiphenyl Trichloroethane，DDT）分子式为 $C_{14}H_9Cl_{15}$，化学名为 2，2-双（对氯苯基）-1，1，1-三氯乙烷、二氯二苯三氯乙烷，简称二二三。根据苯环上 Cl 的取代位置不同形成如图 4-2 所示的几种异构体。

DDT 产品为白色或淡黄色固体，纯品 DDT 为白色结晶，熔点 108.5~109℃，在土壤中半衰期 3~10 年（在土壤中消失 95%需 16~33 年）。不溶于水，易溶于脂肪及丙酮、CCl_4、苯、氯苯、乙醚等有机溶剂。DDT 对光、酸均很稳定，对热也较稳定，但温度高于本身的熔点时，DDT 会脱去 HCl 而生成毒性小的 DDE，对碱不稳定，遇碱也会脱去 HCl。

2. 有机磷农药的结构及理化性质

有机磷（Organophosphate）农药是人类最早合成而且仍在广泛使用的一类杀虫剂。也是目前我国使用最主要的农药之一，被广泛应用于各类食用作物。有机磷农药早期发展的大部分是高效高毒品种，如对硫磷（Parathion）、甲胺磷（Methamidophos）、毒死蜱（Cholorpyrifos）和甲拌磷（Phorate）等；而后逐步发展了许多高效低毒低残留品种，如乐果（Dime-

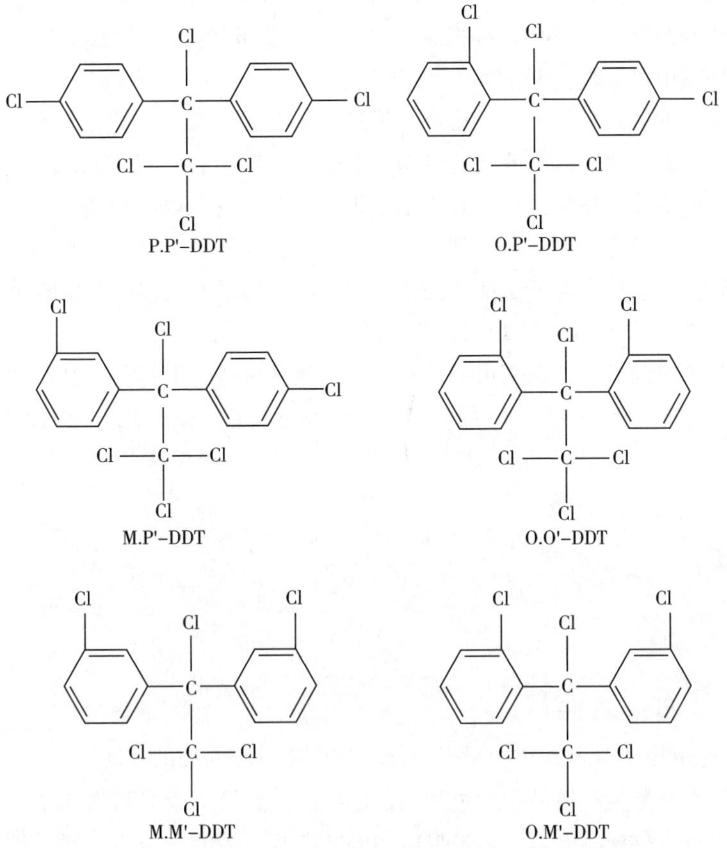

Cl
Cl—C—Cl
Cl—C—Cl
Cl
P.P'–DDT

Cl
Cl
C—Cl
Cl—C—Cl
Cl
O.P'–DDT

Cl
Cl
C—Cl
Cl—C—Cl
Cl
M.P'–DDT

Cl　Cl
Cl
C
Cl—C—Cl
Cl
O.O'–DDT

Cl　Cl
Cl
C
Cl—C—Cl
Cl
M.M'–DDT

Cl　Cl
Cl
C
Cl—C—Cl
Cl
O.M'–DDT

图 4-2　DDT 的异构体结构图

thoate)、敌百虫（Trichlorfon)、马拉硫磷（Malathion)、二嗪磷（Diaxinon）和杀螟松（Cyanophos）等，成为农药的一大家族。部分有机磷农药的结构如图 4-3 所示。

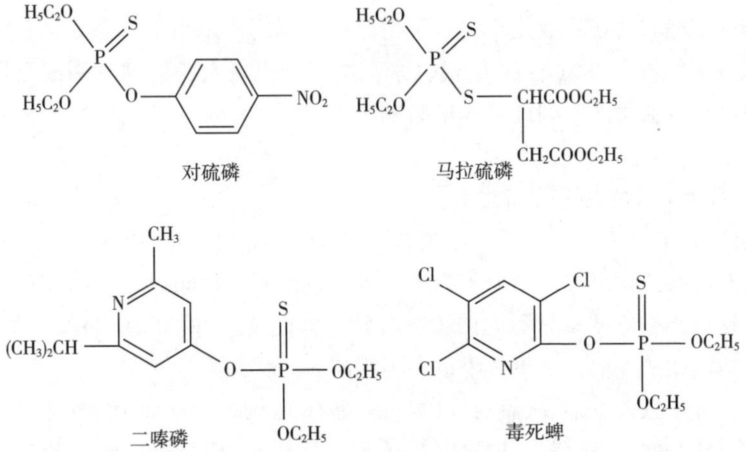

H_5C_2O　S　P　H_5C_2O　O　NO_2
对硫磷

H_5C_2O　S　P　H_5C_2O　S—$CHCOOC_2H_5$　$CH_2COOC_2H_5$
马拉硫磷

CH_3　N　$(CH_3)_2CH$　O—P—OC_2H_5　S　OC_2H_5
二嗪磷

Cl　Cl　Cl　N　O—P—OC_2H_5　S　OC_2H_5
毒死蜱

图 4-3　有机磷杀虫剂结构图

有机磷农药中，除敌百虫、乐果为白色晶体外，其余有机磷农药的工业品均为棕色油状。有机磷农药有特殊的蒜臭味，挥发性大，对光、热不稳定。有机磷农药的溶解性较好，易被水解，在环境中可被很快降解，在动物体内的蓄积性小，具有降解快和残留低的特点，目前成为我国主要的取代有机氯的杀虫剂。但是由于有机磷农药的使用量越来越大，而且对农作物往往要反复多次使用，因此，有机磷对食品的污染比 DDT 还要严重。有机磷农药污染食品主要表现在植物性食品中残留，尤其是水果和蔬菜最易吸收有机磷，且残留量高。近年来，有机磷农药的慢性毒性作用也得到确认并逐渐引起人们的重视。有机磷农业药虽然蓄积性差，但具有较强的急性毒性，目前我国的急性食物中毒事件大多由有机磷引起。

3. 氨基甲酸酯类农药的结构与性质

氨基甲酸酯类农药可视为氨基甲酸的衍生物，氨基甲酸极不稳定，会自动分解为 CO_2 和 H_2O，但氨基甲酸的盐和酯均相当稳定，该类农药通常具有以下通式，如图 4-4 所示。

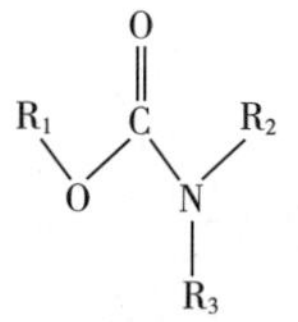

O
R_1 C R_2
O N
R_3

图 4-4 氨基甲酸酯类农药的结构图

通式中 R_2 是氢原子或者是一个易于被化学或生物方法断裂的基团。

大多数氨基甲酸酯类的纯品为无色和白色晶状固体，易溶于多种有机溶剂中，但在水中溶解度较小，只有少数如涕灭威、灭多虫等例外。氨基甲酸酯一般没有腐蚀性，其储存稳定性很好，只是在水中能缓慢分解，提高温度和碱性时分解加快。常见的氨基甲酸酯农药有：甲萘威（Carbaryl）、戊氰威（Nitrilacarb）、呋喃丹（Carbofuran）、仲丁威（Fenobucarb）、异丙威（Isoprocarb）、速灭威（Metolcarb）、残杀威（Propoxur）、涕灭威（Aldicarb）、抗蚜威（Pirimicarb）、灭虫威（Methiocarb）、灭多威（Methomyl）、恶虫威（Bendiocarb）、硫双灭多威（Thiodicarb）、双甲脒（Amitraz）等。

这些氨基甲酸酯农药在农业生产与日常生活中主要用作杀虫剂、杀螨剂、除草剂、杀软体动物剂和杀线虫剂等。20 世纪 70 年代以来，由于有机氯农药受到禁用或限用，且抗有机磷农药的昆虫品种日益增多，因此氨基甲酸酯的用量逐年增加，这就使得氨基甲酸酯的残留情况备受关注。

4. 拟除虫菊酯类农药的结构与性质

拟除虫菊酯（Pyrethroids）是近年来发展较快的一类重要的合成杀虫剂。拟除虫菊酯在化学结构上具有的共同特点之一是分子结构中含有数个不对称碳原子，因而包含多个光学和立体异构体。这些异构体又具有不同的生物活性，即使同一种拟除虫菊酯，总酯含量相同，若包含的异构体的比例不同，杀虫效果也大不相同。

拟除虫菊酯分子较大，亲脂性强，可溶于多种有机溶剂，在水中的溶解度小，在酸性条件下稳定，在碱性条件下易分解。拟除虫菊酯具有高效、广谱、低毒和生物降解等特性，拟除虫菊酯和除虫菊酯杀虫剂在光和土壤中的微生物的作用下易转变成极性化合物，不易造成污染。多是中等毒或低毒，神经毒性，对皮肤有刺激或致敏作用。常见的拟除虫菊酯有：烯丙菊酯（Allethrin）、胺菊酯（Tetramethrin）、醚菊酯（Ethofenprox）、苯醚菊酯（Phenothrin）、甲醚菊酯（Methothrin）氯菊酯（Permethrin）、氯氰菊酯（Cypermethrin）、溴氰菊酯（Dehamethrin）、氰菊酯（Fenpropanate）、杀螟菊酯（Phencyclate）、氰戊菊酯（Fenvalerate）、氟氰菊酯（Flucythrin）、氟胺氰菊酯（Fluvalinate）、氟氰戊菊酯（Flucythtinge）、溴氟菊酯（Bmthrinate）等。

拟除虫菊酯主要应用在农业上，如防治棉花、蔬菜和果树的食叶和食果害虫，特别是在有机磷、氨基甲酸酯出现抗药性的情况下，其优点更为明显。除此之外，拟除虫菊酯还作为家用杀虫剂被广泛应用，可防治蚊蝇、蟑螂及牲畜寄生虫等。

二、农药残留的危害

人畜以及有益生物若摄入或长时间重复暴露于农药残留将产生急性中毒或慢性毒害现象，如DDT对人的慢性毒性危害表现在其对肝、肾和神经系统的损伤，不仅可引起肝脏和神经系细胞的变性，而且常伴有不同程度的贫血、白细胞增多等病变。DDT对生殖系统、免疫和内分泌系统也有明显的影响。DDT可引起动物的性周期和胚胎发育障碍，可引起子代死亡和发育不良。研究表明，早产婴儿血液中DDT代谢产物DDE的浓度明显高于足月婴儿。对DDT是否具有致癌性人们仍有争议。有些研究表明，以800mg/kg体重的大剂量DDT饲喂大鼠可诱发肝癌，而低剂量不能诱导癌的发生。DDT对小鼠的致癌活性较强。用3mg/kg体重的低剂量DDT饲喂小鼠，第二代和第三代小鼠肿瘤和白血病发病率明显增加，而第五代小鼠肺癌发病率增加25倍。目前尚未看到DDT等有机氯杀虫剂和人体恶性肿瘤关系的确切数据。鉴于种种原因，FAO/WHO、FDA和国际癌症研究中心对大多数有机氯农药，包括DDT的致癌性未作出最终的结论。

全世界每年都有300万农药中毒者，我国每年有数万人，其中70%为有机磷农药中毒。由有机磷农药残留超标而引起的中毒事件屡有发生。1930年美国有2万多人饮用了掺有三邻甲苯磷酸酯（TOCP）的牙买加姜酒，十几天后许多饮酒者下肢瘫痪，即TOCP引起的所谓“姜酒事件”。1975年埃及使用溴苯磷防治棉花害虫时也发生类似人畜中毒事件，在美国佛罗里达州46%的农药中毒事件是对硫磷引起的。在南得克萨斯州有98%的农药中毒事件是对硫磷造成的。1988年福建莆田卫生学校在学校食堂就餐的126人发生食物中毒，为有机磷中毒所致。1993年陕西省岚皋县溢河中学150名学生因使用的水源受到敌百虫、敌敌畏、杀虫霜等农药污染而引起中毒。1999年1月，广东省46名学生食物中毒；同年6月，某省一医院接受了34人中毒事件，中毒原因都是食用带有甲胺磷农药残留的“蔬菜”。2003年5月，广西苍梧县龙圩镇恩义村33人因当天吃了从市场买的空心菜，出现头晕、呕吐、恶心等中毒症状。经过抽血检查，医务人员诊断为有机磷农药中毒。同年6月19~20日，江门市连续发生两宗蔬菜残留甲胺磷农药引致中毒事件。江门市群兴制衣厂30多名中毒职工在江门五邑中医院接受治疗，江门市北郊某建筑工地食堂10多人食用含有残留农药的蔬菜中毒。2002年中国产冷冻蔬菜农药残留超标事件，检测出毒死蜱（毒死蜱属中等杀虫剂）残留超标，导致中国产冷冻蔬菜对日出口急剧下滑，其中冷冻菠菜从2001年的4.6万t减少到2003年的0.46万t。农药残留超标事件对中国产冷冻蔬菜的进口和日本冷冻蔬菜进口企业经营状况产生了很大影响。近几年蔬菜被农药污染的情况明显上升，甚至人们吃蔬菜、水果时提心吊胆。“香港菜心中毒事件”“上海鸡毛菜中毒事件”，都是有机磷农药中毒引起的。

因食物中的过量农药残留引起急性中毒的现象一般是高毒农药违规施用造成的。这类农药如有机磷杀虫剂甲胺磷、对硫磷、氧化乐果、氨基甲酸酯杀虫剂涕灭威、克百威等。1970年，我国浙江金华、绍兴等地区的农民因食用有机汞杀菌剂西力生处理的小麦而发生群体中毒，对这一事件的重视和调查揭开了我国农药残留研究的序幕。一些国家和地区对这类高毒农药已陆续作出停止或限制使用的规定。

除了高毒农药外，构成突出残留毒性的农药有以下一些类型：化学性质稳定、难以生物降解、脂溶性强、容易在生物体富集的农药，有机氯杀虫剂的许多品种都属于这一类，如滴滴涕、六六六；农药亲体及其有毒的代谢物、降解物和杂质具有三致性（致癌、致畸、致突变）的农药，如杀虫脒的代谢产物 *N*-4-氯邻甲苯胺，代森类杀菌剂的代谢产物乙撑硫脲，其他品种如敌枯双、2,4,5-T、三环锡、二溴氯丙烷等。在这一类农药中，有些品种在动物毒性试验中发现有明确或潜在的致畸作用，或具有类似生物体激素性质扰乱生物体内分泌系统的作用，近年来人们将这些农药称之为“环境激素化合物”或“内分泌干扰化合物”（endocrine disrupting chemicals，EDC_S）。

为了防止食品中的农药残留危害人体健康，人们在农药残留的安全性评价的基础上，制定了每种农药在每种农产品中的最大残留限量（maximum residue limits，MRL_S）。最大残留限量是指农畜产品中农药残留的法定最大允许量，其单位是 mg/kg。随着科学技术的发展和社会进步，消费者对食品质量和安全性的意识越来越强，各国政府管理部门对农药残留量最大限量标准，也在不断修改和降低，要求越趋严格，这就对农药残留分析提出更高的技术要求和更迫切的社会需要。

三、农药残留的分析检测方法

农药残留的检测手段随着化学分析技术的不断提高和社会发展需求的变化而发生很大变化。传统的农药残留检测，最主要使用的是气相色谱（GC）、高效液相色谱（HPLC）、毛细管区带电泳技术（CZE）、薄层色谱（TLC）等。这些方法的综合使用，通过对农药组分的分离，可以实现具体农药的实验室检测，但实验室检测周期过长，另外，上述方法还不能进行准确的结构确证。因此，随着现代化学分析技术的发展，农药残留检测正朝着两个方向发展。首先是发展快速筛选检测技术，如农药检测专用试剂盒，可以对某些农药进行快速筛选检测；其次，采用酶抑制法的速测卡法、检测箱法、pH 测量法、传感器法及酶催化动力学光度法等，可以实现对有机磷及氨基甲酸酯类农药的快速筛选检测。这些快速筛选检测方法的优点是可以进行现场原位的粗筛检测，具有很强的使用价值。但不足的是，有可能出现假阳性结果。因此，通过粗筛方法检测出阳性的，需要进行结构确证检测，一般通过气/液质联用技术（GC-MS，HPLC-MS）进行阳性确证实验。

通过上述各种分析技术可以实现对农药残留量的检测，下面介绍几种常见农药残留量的检测方法。

（一）食品中有机磷农药残留量的气相色谱-质谱法测定

1. 范围

本标准适用于清蒸猪肉罐头、猪肉、鸡肉、牛肉、鱼肉中 10 种有机磷农药残留量（敌敌畏、二嗪磷、皮蝇磷、杀螟硫磷、马拉硫磷、毒死蜱、倍硫磷、对硫磷、乙硫磷、蝇毒磷）的气相色谱-质谱检测的测定和确证。其他食品可参照执行。

2. 主要原理

试样用水-丙酮溶液均质提取，二氯甲烷液-液分配，凝胶色谱柱净化，再经石墨化炭黑固相萃取柱净化，气相色谱-质谱检测，外标法定量。

3. 主要仪器

气相色谱-质谱仪：配有电子轰击源；电子天平：感量 0.01g 和 0.0001g；凝胶色谱仪：配有单元泵；馏分收集器；均质器；旋转蒸发器；具塞锥型瓶：250mL；分液漏斗：250mL；浓缩瓶：250mL；离心机：4000r/min 以上。

4. 试样制备和保存

取代表性样品约 1kg，样品取样部位按 GB 2763—2021《食品安全国家标准 食品中农药最大残留限量》附录 A 执行，经捣碎机充分捣碎均匀，装入洁净容器，密封，标明标记。试样于-18℃保存。在抽样及制样的操作过程中，应防止样品受到污染或发生残留物含量的变化。

5. 提取

称取解冻后的试样 20g（确到 0.01g）于 250mL 具塞锥形瓶中，加入 20mL 水和 100mL 丙酮，均质提取 3min。将提取液过滤，残渣再用 50mL 丙酮重复提取一次，合并滤液于 250mL 浓缩瓶中，于 40℃水浴中浓缩至约 20mL。将浓缩提取液转移至 250mL 分液漏斗中，加入 150mL 氯化钠水溶液和 50mL 二氯甲烷，振摇 3min，静置分层，收集二氯甲烷相。水相再用 50mL 二氯甲烷重复提取两次，合并二氯甲烷相。经无水硫酸钠脱水，收集于 250mL 浓缩瓶中，于 40℃水浴中浓缩至近干。加入 10mL 环己烷-乙酸乙酯溶解残渣，用 0.45μm 滤膜过滤待凝胶色谱（GPC）净化。

6. 凝胶色谱（GPC）净化

①凝胶色谱条件。凝胶净化柱：Bio Beads S-X3，700mm×25mm（i. d.），或相当者；流动相：乙酸乙酯-环己烷（1∶1，*v/v*）；流速：3.7mL/min；样品定量环：10mL；预淋洗时间：10min；凝胶色谱平衡时间：5min；收集时间：23~31min。

②凝胶色谱净化步骤。将 10mL 待净化液进行净化，收集 23~31min 的组分，于 40℃下浓缩至近干，并用 2mL 乙酸乙酯-正己烷溶解残渣，待固相萃取净化。

③固相萃取（SPE）净化。将石墨化炭黑固相萃取柱（对于色素较深试样，在石墨化炭黑固相萃取柱上加 1.5cm 高的石墨化炭黑）用 6mL 乙酸乙酯-正己烷预淋洗，弃去淋洗液；将 2mL 待净化液倾入上述连接柱中，并用 3mL 乙酸乙酯-正己烷分 3 次洗涤浓缩瓶，将洗涤液倾入石墨化炭黑固相萃取柱中，再用 12mL 乙酸乙酯-正己烷洗脱，收集上述洗脱液至浓缩瓶中，于 40℃水浴中旋转蒸发至近干，用乙酸乙酯溶解并定容至 1.0mL，供气相色谱-质谱测定和确证。

7. 测定

（1）气相色谱-质谱参考条件 色谱柱：30m×0.25mm（i. d.），膜厚 0.25μm，DB-5 MS 石英毛细管柱，或相当者；色谱柱温度：从 50℃（2min）以 30℃/min 升至 180℃（10min）再以 30℃/min 升至 270℃（10min）；进样口温度：280℃；色谱-质谱接口温度：270℃；载气：氦气，纯度≥99.999%，流速 1.2mL/min；进样量：1μL；进样方式：无分流进样，1.5min 后开阀；电离方式 EI；电离能量：70 eV；测定方式：选择离子监测方式；选择监测离子（m/z）如表 4-1 和表 4-2 所示；溶剂延迟：5min；离子源温度：150℃；四级杆温度：200℃。

表 4-1　　选择离子监测方式的质谱参数表

通道	时间/（tR/min）	选择离子/amu
1	5.00	109，125，137，145，179，185，199，220，270，285，304
2	17.00	109，127，158，169，214，235，245，247，258，260，261，263，285，286，314
3	19.00	153，125，384，226，210，334

表 4-2　　10 种有机磷农药的保留时间、定量和定性选择离子及定量限表

农药名称	保留时间/min	特征碎片离子/amu			定量限/（μg/g）
		定量	定性	丰度比	
敌敌畏	6.57	109	185，145，220	37∶100∶12∶07	0.02
二嗪磷	12.64	179	137，199，304	62∶100∶29∶11	0.02
皮蝇磷	16.43	285	125，109，270	100∶38∶56∶68	0.02
杀螟硫磷	17.15	277	260，247，214	100∶10∶06∶54	0.02
马拉硫磷	17.53	173	127，158，285	07∶40∶100∶10	0.02
毒死蜱	17.68	197	314，258，286	63∶68∶34∶100	0.01
倍硫磷	17.80	278	169，263，245	100∶18∶08∶06	0.02
对硫磷	17.90	291	109，261，235	25∶22∶16∶100	0.02
乙硫磷	20.16	231	153，125，384	16∶10∶100∶06	0.02
蝇毒磷	23.96	362	226，210，334	100∶53∶11∶15	0.10

（2）气相色谱-质谱测定与确证　根据样液中被测物含量情况，选定浓度相近的标准工作溶液，对标准工作溶液与样液等体积参插进样测定，标准工作溶液和待测样液中每种有机磷农药的响应值均应在仪器检测的线性范围内。如果样液与标准工作溶液的选择离子色谱图中，在相同保留时间有色谱峰出现，则根据表 4-2 中每种有机磷农药选择离子的种类及其丰度比进行确证。在上述气相色谱-质谱条件下，10 种有机磷农药标准物的参考保留时间和气相色谱-质谱选择离子色谱图如表 4-2 所示。

8. 结果计算

试样中每种有机磷农药残留量按式（4-1）计算：

$$X_i = \frac{A_i \times c_i \times V}{A_{is} \times m} \tag{4-1}$$

式中　X_i——试样中每种有机磷农药残留量，mg/kg；

A_i——样液中每种有机磷农药的峰面积（或峰高）；

A_{is}——标准工作液中每种有机磷农药的峰面积（或峰高）；

c_i——标准工作液中每种有机磷农药的浓度，μg/mL；

V——样液最终定容体积，mL；

m——最终样液代表的试样质量，g。

计算结果须扣除空白值，测定结果用平行测定的算术平均值表示，保留两位有效数字。

9. 精密度

（1）在重复性条件下获得的两次独立测定结果的绝对差值与其算术平均值的比值（百分比），应符合 GB 23200. 93—2016《食品安全国家标准　食品中有机磷农药残留量的测定　气相色谱-质谱法》附录 D 的要求。

（2）在再现性条件下获得的两次独立测定结果的绝对差值与其算术平均值的比值（百分比），应符合 GB 23200. 93—2016《食品安全国家标准　食品中有机磷农药残留量的测定　气相色谱-质谱法》附录 E 的要求。

10. 定量限和回收率

（1）定量限　本方法对食品中 10 种有机磷农药残留量的定量限见附录 B。

（2）回收率

①清蒸猪肉罐头中 10 种有机磷农药在 0. 02～1. 00mg/kg 时，回收率为 70. 0%～93. 9%；

②猪肉中 10 种有机磷农药在 0. 02～1. 00mg/kg 时，回收率为 71. 2%～97. 1%；

③鸡肉中 10 种有机磷农药在 0. 02～1. 00mg/kg 时，回收率为 73. 3%～93. 8%；

④牛肉中 10 种有机磷农药在 0. 02～1. 00mg/kg 时，回收率为 70. 6%～96. 9%；

⑤鱼肉中 10 种有机磷农药在 0. 02～1. 00mg/kg 时，回收率为 76. 3%～93. 3%。

（二）乳及乳制品中多种氨基甲酸酯类农药残留量的测定液相色谱-质谱法

1. 范围

本方法适用于纯乳、酸乳、乳粉、乳酪和果乳中杀线威、灭多威、抗蚜威、涕灭威、速灭威、噁虫威、克百威、甲萘威、呋线威、异丙威、乙霉威、仲丁威、残杀威和甲硫威残留量的测定和确证，其他食品可参照执行。

2. 原理

试样用乙腈提取，提取液经固相萃取柱净化后，甲醇洗脱，用液相色谱-串联质谱仪检测和确证，外标法定量。

3. 主要仪器

微孔过滤膜：13mm×0. 22μm，有机系；C18 固相萃取柱：ENVI™-18 1000mg，6mL，或相当者；液相色谱-串联质谱仪：配备电喷雾离子源（ESI）；天平：感量 0. 01g 和 0. 0001g；均质器；离心机：4000r/min；旋转蒸发器；聚丙烯离心管：50mL；烧瓶：100mL。

4. 提取

（1）纯乳、酸乳、果乳、乳酪等　称取试样 5g（精确到 0. 01g）于 50mL 离心管中，加入 20mL 乙腈以及 5g 无水硫酸钠，均质提取 1min，加入 2g 氯化钠，振荡，于 4000r/min 离心 3min。吸取上清液，残渣再用 10mL 乙腈重复提取 1 次，合并上清液，于 40℃水浴中旋转蒸发浓缩至近干，加 5mL 甲醇溶解，待净化。

（2）乳粉等　称取试样 3 g（精确到 0. 01g）于 50mL 离心管中，加入 5mL 水，30℃水浴振荡 10min。再加入 20mL 乙腈以及 5g 无水硫酸钠，均质提取 1min，加入 2g 氯化钠，振荡，于 4000r/min 离心 3min。吸取上清液，残渣再用 10mL 乙腈重复提取 1 次，合并上清液，于 40℃水浴中旋转蒸发浓缩至近干，加 3mL 甲醇溶解，待净化。

5. 净化

用10mL甲醇活化ENVI-18固相萃取柱后，弃去活化液，吸取2mL提取液上样。用15mL甲醇进行洗脱（流速不超过1mL/min）。收集上样液和全部洗脱液于100mL烧瓶中，于40℃水浴中旋转蒸发浓缩至近干。用氮气吹干，甲醇-水溶液（3∶2，*v/v*）溶解并定容至1.0mL，过滤膜，供液相色谱-串联质谱仪测定和确证。

6. 测定

（1）液相色谱参考条件　色谱柱：Thermo Hypersil GOLD C18，150mm×2.1mm（i.d.），5μm，或相当者；柱温：30℃；ENVITM-18固相萃取柱；流速：0.25mL/min；进样量：10μL；流动相及梯度洗脱条件如表4-3所示。

表4-3　流动相及梯度洗脱条件

时间/min	流速/（μL/min）	甲醇/%	0.1%甲酸水溶液/%
0.00	250	30.0	70.0
1.00	250	40.0	60.0
2.00	250	60.0	40.0
3.00	250	80.0	20.0
5.00	250	95.0	5.0
9.00	250	95.0	5.0
9.10	250	30.0	70.0
12.00	250	30.0	70.0

（2）质谱参考条件　电离方式：电喷雾电离（ESI）；扫描方式：正离子扫描；检测方式：多反应监测（MRM）；电喷雾电压：4.2 kV；鞘气、辅助气均为高纯氮气，碰撞气为高纯氩气，鞘气压力：0.276 MPa、辅助气压力：0.138 MPa、碰撞气压力：0.20 Pa。使用前应调节各气体流量以使质谱灵敏度达到检测要求；离子源温度：350℃；定性离子对、定量离子对、透镜补偿电压及碰撞能量等参数如表4-4所示。

表4-4　14种氨基甲酸酯类农药的质谱参数（多反应监测条件）

被测物名称	母离子/（m/z）	子离子/（m/z）	透镜补偿电压/V	碰撞能量/eV	保留时间/min
杀线威	242.1	72.3*	95	20	2.10
		112.2	95	15	
灭多威	163.1	88.1*	63	6	2.41
		106.1	63	11	
抗蚜威	239.1	72.4	64	20	3.97
		182.2*	64	15	

续表

被测物名称	母离子/(m/z)	子离子/(m/z)	透镜补偿电压/V	碰撞能量/eV	保留时间/min
涕灭威	213.1	89.3*	78	16	5.36
		116.3	78	12	
速灭威	166.1	94.3	74	31	5.61
		109.3*	74	8	
噁虫威	224.1	109.2	76	17	5.85
		167.2*	76	7	
克百威	222.1	123.2	77	21	5.85
		165.2*	77	11	
甲萘威	202.1	127.2	80	28	6.04
		145.2*	80	10	
呋线威	383.1	195.0*	77	17	7.94
		252.1	77	11	
异丙威	194.0	95.2*	80	15	6.34
		137.2	80	9	
乙霉威	268.1	124.2*	72	32	6.59
		226.2	72	6	
仲丁威	208.1	77.3*	80	34	6.70
		152.2	80	6	
残杀威	210.1	111.2*	68	14	5.79
		168.1	68	5	
甲硫威	226.0	121.2	74	19	6.79
		169.1*	74	10	

注：加“*”的离子为定量离子。

（3）色谱测定与确证　根据样液中被测物含量情况，选定浓度相近的基质混合标准工作溶液，基质混合标准工作溶液和待测样液中 14 种氨基甲酸酯类农药的响应值均应在仪器检测的线性范围内。基质混合标准工作溶液与样液等体积参插进样测定。标准溶液及样液均按规定的条件进行测定，如果样液中与标准溶液相同的保留时间有峰出现，则对其进行确证。经确证分析被测物质量色谱峰保留时间与标准物质相一致，并且在扣除背景后的样品谱图中，所选择的离子均出现；同时所选择离子的丰度比与标准样物质相关离子的相对丰度一致，相似度在允许偏差之内，如表 4-5 所示，则可判定样品中存在对应的被测物。采用基质溶液标准曲线外标法定量。

表 4-5　　定性确证时相对离子丰度的最大允许偏差

	相对离子丰度			
	>50%	20%~50%	10%~20%	≤10%
允许的相对偏差	±20%	±25%	±30%	±50%

（4）空白试验　除不称取试样外，均按上述步骤进行。

7. 结果计算

按式（4-2）计算试样中 14 种氨基甲酸酯类农药残留量：

$$X_i = \frac{A_i \times c_i \times V \times 1000}{A_{is} \times m \times 1000} \quad (4-2)$$

式中　X_i——试样中农药 i 残留量，mg/kg；

A_i——样液中氨基甲酸酯类农药的峰面积（或峰高）；

c_i——标准工作液中农药 i 的浓度，g/mL；

V——样液最终定容体积，mL；

A_{is}——标准工作液中农药 i 的峰面积（或峰高）；

m——最终样液所代表的试样质量，g。

计算结果应扣除空白值，测定结果用平行测定的算术平均值表示，保留两位有效数字。

8. 精密度

（1）在重复性条件下获得的两次独立测定结果的绝对差值与其算术平均值的比值（百分比），应符合 GB 23200. 90—2016《食品安全国家标准　乳及乳制品中多种氨基甲酸酯类农药残留量的测定　液相色谱-质谱法》附录 C 的要求。

（2）在再现性条件下获得的两次独立测定结果的绝对差值与其算术平均值的比值（百分比），应符合 GB 23200. 90—2016《食品安全国家标准　乳及乳制品中多种氨基甲酸酯类农药残留量的测定　液相色谱-质谱法》附录 D 的要求。

（三）蔬菜中有机磷及氨基甲酸酯农药残留量的简易检验方法（酶抑制法）

1. 范围

适用于蔬菜中有机磷和氨基甲酸酯类农药残留量的测定。

2. 原理

有机磷农药及氨基甲酸酯类农药对胆碱酯酶的活性有抑制作用，在一定条件下，其抑制率取决于农药种类及其含量。

在 pH 7~8 的溶液中，碘化硫代乙酰胆碱被胆碱酯酶水解，生成硫代胆碱。硫代胆碱具有还原性，能使蓝色的 2，6-二氯靛酚褪色，褪色程度与胆碱酯酶活性正相关，可在 600nm 比色测定，酶活性越高时，吸光度值越低。当样品提取液中有一定量的有机磷农药或氨基甲酸酯类农药存在时，酶活性受到抑制，吸光度值则较高。据此，可判断样品中有机磷农药或氨基甲酸酯类农药的残留情况。样品提取液用氧化剂氧化，可提高某些有机磷农药的抑制率，因此可提高其测定灵敏度，过量的氧化剂再用还原剂还原，以免干扰测定。

3. 试剂或材料

（1）底物溶液　2%碘化硫代乙酰胆碱水溶液，1g 碘化硫代乙酰胆碱，加缓冲液溶解并定容至 50mL。

（2）缓冲液　pH 7.71 磷酸盐缓冲液：A 液 1/15mol/L，磷酸氢二钠溶液：称取磷酸氢二钠（$Na_2HPO_4 \cdot 12H_2O$）2.3876g 加水定容至 100mL。B 液 1/15mol/L 磷酸二氢钾溶液：称取磷酸二氢钾 0.9078g 加水定容至 100mL。取 A 液 90mL、B 液 10mL 混合，即得 pH 7.71 磷酸盐缓冲液。

（3）显色剂　0.04% 2，6-二氯靛酚水溶液。

（4）氧化剂　0.5%次氯酸钙水溶液。

（5）还原剂　10%亚硝酸钠水溶液。

（6）胆碱酯酶液　0.2g 酶粉加 10mL 缓冲液溶解。胆碱脂酶粉的制备方法见 GB/T 18630—2002《蔬菜中有机磷及氨基甲酸酯农药残留量的简易检验方法（酶抑制法）》附录 A。

（7）脱色剂　活性炭。

（8）丙酮　分析纯。

（9）碳酸钙　分析纯。

4. 装置

分光光度计。

5. 分析步骤

以下操作可在 15~30℃下进行。

（1）试样的制备　蔬菜样品擦去表面泥水，取代表性食部，剪碎，取 2g 置于 10mL 烧杯中，加 5mL 丙酮浸泡 5min，不时振摇，加 0.2g 碳酸钙（对于番茄等酸性较强的样品可加 0.3~0.4g）。若颜色较深，可加 0.2g 活性炭，摇匀，过滤。

（2）氧化　取 0.5mL 丙酮滤液于 5mL 烧杯中，吹干丙酮后，加 0.3mL 缓冲液溶解。加入氧化剂 0.1mL，摇匀后放置 10min。再加入还原剂 0.3mL，摇匀。

（3）酶解　加入酶液 0.2mL 摇匀，放置 10min，再加入底物溶液 0.2mL，显色剂 0.1mL，放置 5min 后测定。

（4）测定　分光光度计波长调至 600nm，其他按常规操作，读取测定值。

6. 结果的表述

（1）测定结果的使用　当测定值在 0.7 以下时，为未检出；当测定值在 0.7~0.9 时，为可能检出，但残留量较低；当测定值为 0.9 以上时，为检出。

测定值与农药残留量正相关，测定值越高时，说明农药残留量越高。

（2）方法最低检出浓度　本方法最低检出浓度如表 4-6 所示。

表 4-6　最低检出浓度　单位：mg/mL

农药	番茄	黄瓜	茼蒿	生菜	甘蓝
抗蚜威	0.1	0.2	0.1	0.1	0.3
伏杀磷	0.3	0.6	0.2	0.5	0.5
敌敌畏	1.0	0.8	0.8	1.0	1.3
内吸磷	0.5	1.0	0.5	1.0	1.0

续表

农药	番茄	黄瓜	茼蒿	生菜	甘蓝
辛硫磷	0.5	0.4	0.4	0.5	1.0
西维因	1.0	1.0	0.5	0.5	0.5
甲拌磷	1.0	1.0	0.5	0.2	0.5
敌百虫	0.3	0.8	0.3	0.4	1.0
乐果	0.5	0.5	0.4	0.4	1.5
甲基对硫磷	0.5	0.3	0.3	0.1	0.1
乙酰甲胺磷	0.5	1.0	0.2	0.1	0.5
对硫磷	2.1	1.0	5.0	4.5	4.5
氧化乐果	0.1	0.3	0.1	0.1	0.1
呋喃丹	3.0	3.0	2.0	2.0	3.0
甲胺磷	10	15	12	15	15
二嗪磷	1.0	3.5	3.0	2.0	3.0

（四）乳及乳制品中多种有机氯农药残留量的气相色谱-质谱/质谱测定法

1. 范围

规定了乳及乳制品中多种有机氯农药残留量气相色谱-质谱/质谱检测方法。本标准适用于液态乳、奶乳、酸奶（半固态）、冰淇淋、奶糖等乳及乳制品中α-六六六、β-六六六、林丹、δ-六六六、o，p’-滴滴涕、p，p’-滴滴涕、o，p’-滴滴伊、p，p’-滴滴伊、o，p’-滴滴滴、p，p’-滴滴滴、甲氧滴滴涕、七氯、环氧七氯、艾氏剂、狄氏剂、异狄氏剂、异狄氏剂醛、异狄氏剂酮、顺式-氯丹、反式-氯丹、氧化氯丹、α-硫丹、β-硫丹、硫丹硫酸盐、六氯苯、四氯硝基苯、五氯硝基苯、五氯苯胺、甲基五氯苯基硫醚、灭蚁灵等30种有机氯农药残留量的测定和确证，其他食品可参照执行。

2. 主要原理

试样中的有机氯农药残留用正己烷-丙酮（1∶1，*v/v*）溶液提取，提取液经浓缩后，经凝胶渗透色谱和弗罗里硅土柱净化，用气相色谱-质谱/质谱仪测定和确证，外标峰面积法定量。

3. 主要仪器

气相色谱-质谱/质谱仪：配电子轰击源（EI）；凝胶渗透色谱仪；电子天平：感量0.01g和0.0001g；旋涡混匀器；离心机：最大转速可达5000r/min；旋转蒸发仪；氮吹仪；具塞离心管：聚四氟乙烯，50mL。

4. 试样制备与保存

液态乳、酸乳、冰淇淋：取有代表性样约100g，装入洁净容器作为试样，密封并做好标识，于0~4℃冰箱内保存。乳粉、奶糖：取有代表性样约100g，装入洁净容器作为试样，密封并做好标识，于常温下干燥保存。在制样操作过程中必须防止样品受到污染或发生残留物含量的变化。注：以上样品取样部位按 GB 2763—2021《食品安全国家标准　食品中农药最大残留限量》附录 A 执行。

5. 提取

准确称取 10g 试样（精确到 0.01g）于 50mL 具塞离心管中（乳粉、奶糖加 10mL 水溶解），加 5g 氯化钠，再加入 10mL 提取液，用旋涡混匀器振荡 1min，4000r/min 离心 3min，将有机相转移 100mL 旋蒸瓶中，残渣再分别用 10mL 提取液提取两次，离心合并有机相，在 40℃下旋转蒸发浓缩至近干，用 10mL 环己烷-乙酸乙酯混合溶液充分溶解残渣，过 0.45μm 滤膜，待净化。

6. 净化

（1）凝胶渗透色谱净化

①参考条件：净化柱：400mm×25mm（i. d.），内装 Bio-Beads，S-X3，38~75μm 填料，或性能相当者。流动相环己烷-乙酸乙酯（1∶1，*v/v*）；流速：5mL/min；进样量：5mL；开始收集时间：10min；结束收集时间：22min。

②净化步骤：将待净化溶液转移至 10mL 试管中，用凝胶渗透色谱仪净化，收集 10~22min 的淋洗液，在 40℃下减压浓缩至约 2mL，待弗罗里硅土固相萃取柱净化。

（2）固相萃取净化　将上述样液转移到已活化的弗罗里硅土固相萃取柱内，收集流出液，用 8mL 二氯甲烷-正己烷溶液洗脱，收集洗脱液于 40℃旋转蒸发浓缩至近干，用 1mL 正己烷溶解残渣，过 0.45μm 滤膜，供测定。

7. 测定

（1）仪器参考条件　色谱柱：TR-35 ms，30m×0.25mm×0.25μm，或性能相当者；柱温：55℃保持 1min，以 40℃/min 速率升至 140℃，保持 5min，以 2℃/min 速率升至 210℃，以 10℃/min 速率升至 280℃，保持 10min；进样口温度：250℃；离子源温度：250℃传输线温度：250℃；离子源：电子轰击离子源；测定方式：选择反应监测模式（SRM）；监测离子（m/z）：各种有机氯农药的定性离子对、定量离子对、碰撞能量及离子丰度比如表 4-7 所示；载气：氦气，纯度不低于 99.999%；流速：1.2mL/min；进样方式：不分流；进样量：1μL；电离能量：70 eV。

表 4-7　30 种有机氯农药的保留时间、CAS、定性离子对、定量离子对及碰撞能量

时间窗口/min	化合物	保留时间/min	CAS	母离子/(m/z)	子离子/(m/z)	碰撞能量/eV	定性/定量离子丰度比/%
13.0~25.0	四氯硝基苯	15.9	117-18-0	259	201	15	81
				261	203*	15	
	六氯苯	19.6	608-73-1	284	214	20	96
				286	251*	20	
	α-六六六	20.5	319-84-6	181	145*	15	48
				219	183	15	
	五氯硝基苯	23.2	82-68-8	237	143	25	22
				295	237*	20	
	林丹	24.0	58-89-9	181	145*	15	22
				219	183	15	

续表

时间窗口/min	化合物	保留时间/min	CAS	母离子/（m/z）	子离子/（m/z）	碰撞能量/eV	定性/定量离子丰度比/%
25.0~33.0	β-六六六	26.3	319-85-7	181 219	145* 183	15 15	67
	七氯	27.1	76-44-8	272 274	237* 239	15 15	63
	五氯苯胺	27.8	527-20-8	265 265	158* 192	30 30	74
	δ-六六六	28.8	319-86-8	181 219	145* 183	15 15	85
	艾氏剂	29.9	309-00-2	263 263	193* 228	32 26	26
	甲基五氯苯基硫醚	31.3	1825-19-0	296 298	263* 265	20 20	61
	氧化氯丹	34.1	27304-13-8	387 387	263* 323	15 15	74
	环氧七氯	35.2	28044-83-9	353 353	253* 289	15 15	58
	反式-氯丹	37.2	5103-74-2	373 375	266* 268	18 18	46
	顺式-氯丹	38.3	5103-71-9	373 375	266* 268	18 18	41
	o，p’-滴滴伊	38.4	72-55-9	246 248	176* 176	25 20	41
	α-硫丹	38.4	959-98-8	241 272	206* 237	20 18	74
39.5~45.3	p，p’-滴滴伊	40.5	72-55-9	246 248	176* 176	25 20	52
	狄氏剂	40.5	60-57-1	277 263	205 193*	20 26	19
	o，p’-滴滴滴	41.1	53-19-0	235 237	165* 165	20 20	64
	异狄氏剂	41.9	72-20-8	263 281	193* 245	26 12	40
	o，p’-滴滴涕	42.6	789-02-6	235 237	165* 165	20 20	66

续表

时间窗口/min	化合物	保留时间/min	CAS	母离子/(m/z)	子离子/(m/z)	碰撞能量/eV	定性/定量离子丰度比/%
39.5~45.3	p，p’-滴滴滴	43.0	72-54-8	235	165*	20	65
				237	165	20	
	β-硫丹	43.0	33213-65-9	241	206*	20	97
				272	237	18	
	p，p’-滴滴涕	43.9	789-02-6	235	165*	20	65
				237	165	20	
	异狄氏剂醛	43.9	7421-93-4	345	317*	10	41
				347	319	10	
	硫丹硫酸盐	44.5	1031-07-8	272	237*	15	54
				274	239	15	
45.3~48.0	甲氧滴滴涕	46.1	72-43-5	227	212	15	68
				227	169*	20	
	异狄氏剂酮	46.2	53494-70-5	315	279	10	75
				317	281*	10	
	灭蚁灵	46.6	2385-85-5	270	235	15	60
				272	237*	15	

注：加“*”的离子为定量离子。

（2）色谱测定与确证　测定样液和标准工作溶液，外标法测定样液中的有机氯农药残留量。样品中待测物残留量应在标准曲线范围之内，如果残留量超出标准曲线范围，应进行适当稀释。在上述色谱条件下，各种有机氯质量色谱峰保留时间如表 4-7 所示。在相同实验条件下，样品与标准工作液中待测物质的质量色谱峰相对保留时间在±2.5%以内，并且在扣除背景后的样品质量色谱图中，所选择的离子对均出现，同时与标准品的相对丰度允许偏差不超过表 4-7 规定的范围，则可判断样品中存在对应的被测物。

（3）空白试验　除不称取试样外，按上述测定步骤进行。

8. 结果计算和表述

按照式（4-3）计算样品中有机氯农药的残留量。

$$X_i = \frac{c_i \times V \times 1000}{m \times 1000} \tag{4-3}$$

式中 X_i——试样中 i 组分农药的残留量，μg/kg；

c_i——由标准曲线得到的样液中 i 组分农药的浓度，μg/L；

V——样液最终定容体积，mL；

m——最终样液所代表的试样质量，g。

计算结果须扣除空白值，测定结果用平行测定的算术平均值表示，保留两位有效数字。

9. 精密度

（1）在重复性条件下获得的两次独立测定结果的绝对差值与其算术平均值的比值（百分比），应符合 GB 23200.86—2016《食品安全国家标准　乳及乳制品中多种有机氯农药残留量的测定　气相色谱-质谱/质谱法》附录 B 的要求。

（2）在再现性条件下获得的两次独立测定结果的绝对差值与其算术平均值的比值（百分比），应符合 GB 23200.86—2016《食品安全国家标准　乳及乳制品中多种有机氯农药残留量的测定　气相色谱-质谱/质谱法》附录 C 的要求。

10. 定量限和回收率

（1）定量限　本方法中各种有机氯农药的定量限均为 0.8μg/kg。

（2）回收率　方法的平均回收率为 62.2%~116.8%。

（五）乳及乳制品中多种拟除虫菊酯农药残留量的气相色谱-质谱法测定

1. 范围

本方法适用于液体乳、乳粉、炼乳、乳脂肪、干酪、乳冰淇淋和乳清粉中 2，6-二异丙基萘、七氟菊酯、生物丙烯菊酯、烯虫酯、苄呋菊酯、联苯菊酯、甲氰菊酯、氯氟氰菊酯、氟丙菊酯、氯菊酯、氟氯氰菊酯、氯氰菊酯、氟氰戊菊酯、醚菊酯、氰戊菊酯、氟胺氰菊酯、溴氰菊酯 17 种农药残留量的检测和确证，其他食品可参照执行。

2. 主要原理

试样采用氯化钠盐析，乙腈匀浆提取，分取乙腈层，分别用 C18 固相萃取柱和氟罗里硅土固相萃取柱净化，洗脱液浓缩溶解定容后，供气相色谱-质谱仪检测和确证，使用外标法定量。

3. 主要仪器

气相色谱-质谱仪：配有电子轰击源（EI）；分析天平：感量为 0.01g；分析天平：感量为 0.0001g；匀浆机：转速不低于 10000r/min；离心机：转速不低于 4000r/min；氮吹仪；涡流混匀机。

4. 试样制备与保存

取样品约 500g，取样部位按 GB 2763—2021《食品安全国家标准　食品中农药最大残留限量》附录 A 执行，用粉碎机粉碎，混匀，装入洁净容器，密封，标明标记。试样于 0~4℃保存。在制样的操作过程中，应防止样品受到污染或发生残留物含量的变化。

5. 提取

准确称取液体乳、冰淇淋试样 2.0g（精确至 0.01g），加 0.5g 氯化钠、10.0mL 乙腈，于 10000r/min 匀浆提取 60s，再以 4000r/min 离心 5min，准确移取 5.0mL 乙腈，于 40℃氮吹至约 1mL，待净化。准确称取干酪、乳粉、乳清粉、炼乳、乳脂肪试样 2.0g（精确至 0.01g），加 0.5g 氯化钠，5mL 水，10.0mL 乙腈，于 10000r/min 匀浆提取 60s，再以 4000r/min 离心 5min，准确移取 5.0mL 乙腈，于 40℃氮吹至约 1mL，待净化。

6. 净化

（1）C18 固相萃取净化　将所得样品浓缩液倾入预先用 5mL 乙腈预淋洗的 C18 固相萃取柱，用 4mL 乙腈洗脱，收集洗脱液，于 40℃氮吹至近干，用 0.5mL 正己烷涡流混合溶解残渣，待用。

（2）氟罗里硅土固相萃取净化　将（1）所得洗脱液倾入预先用 5mL 正己烷-乙酸乙酯

（9∶2，$v+v$）预淋洗的氟罗里硅土固相萃取柱，用5.0mL正己烷-乙酸乙酯（9∶2，$v+v$）洗脱，收集洗脱液，于40℃氮吹至近干，用0.5mL正己烷涡流混合溶解残渣，供气相色谱-质谱联用仪测定。

7. 测定

（1）气相色谱-质谱参考条件　色谱柱：TR-5MS石英毛细管柱，30m×0.25mm（内径）×0.25μm，或性能相当者；色谱柱温度：50℃开始以20℃/min上升至200℃（1min）再以5℃/min升至280℃（10min）；进样口温度：250℃；色谱-质谱接口温度：280℃；电离方式：EI；离子源温度：250℃；灯丝电流：25μA；载气：氦气，纯度≥99.999%，流速1mL/min；进样方式：无分流，0.75min后打开分流阀；进样量：1μL；测定方式：选择离子监测；选择监测离子（m/z）：每种农药选择一个定量离子，3个定性离子，每种农药的保留时间、定量离子、定性离子及定量离子与定性离子丰度比值见附录B；溶剂延迟：8.5min。

（2）色谱测定与确证　根据样液中待测物含量情况，选定浓度相近的标准工作溶液，标准工作溶液和待测样液中2，6-二异丙基萘等17种农药的响应值均应在仪器检测的线性范围内。标准工作溶液与样液等体积参插进样测定，如果样液中与标准溶液相同的保留时间有峰出现，则对其进行确证。经确证被测物质色谱峰保留时间与标准物质相一致，并且在扣除背景后的样品谱图中，所选择的离子均出现，同时所选择离子的丰度于标准物质相关离子的相对丰度一致，或相似度在允许偏差之内，被确证的样品可判定为阳性检出。

（3）空白实验　除不加试样外，均按上述测定步骤进行。

8. 结果计算和表述

按式（4-4）计算试样中17种农药残留量：

$$X_i = \frac{A_i \times c_i \times V \times 1000}{A_{is} \times m \times 1000} \tag{4-4}$$

式中　X_i——试样中i农药残留量，mg/kg；

A_i——样液中i农药的峰面积（或峰高）；

c_i——标准工作液中i农药的浓度，μg/mL；

V——样液最终定容体积，mL；

A_{is}——标准工作液中i农药的峰面积（或峰高）；

m——最终样液所代表的试样质量，g。

计算结果须扣除空白值，测定结果用平行测定的算术平均值表示，保留两位有效数字。

9. 精密度

（1）在重复性条件下获得的两次独立测定结果的绝对差值与其算术平均值的比值（百分比），应符合GB 23200.86—2016《食品安全国家标准　乳及乳制品中多种有机氯农药残留量的测定　气相色谱-质谱/质谱法》附录E的要求。

（2）在再现性条件下获得的两次独立测定结果的绝对差值与其算术平均值的比值（百分比），应符合GB 23200.86—2016《食品安全国家标准　乳及乳制品中多种有机氯农药残留量的测定　气相色谱-质谱/质谱法》附录F的要求。

第二节　兽药残留

兽药在防治动物疾病、提高生产效率、改善畜产品质量等方面起着十分重要的作用。然而，由于养殖人员对科学知识的缺乏以及一味地追求经济利益，滥用兽药现象在当前畜牧业中普遍存在。兽药残留（Residues of Veterinary Drug）是“兽药在动物源食品中的残留”的简称，根据联合国粮农组织和世界卫生组织（FAO/WHO）食品中兽药残留联合立法委员会的定义，兽药残留是指动物产品的任何可食部分所含兽药的母体化合物及（或）其代谢物，以及与兽药有关的杂质。因此，兽药残留既包括原药，也包括药物在动物体内的代谢产物和兽药生产中所伴生的杂质。一般以 μg/mL 或 μg/g 计量。

一、兽药种类、作用和残留特点

截至 2010 年，《中国兽药典》收载兽药品种总计 1800 余种，其中化学药品、抗生素、生化药品及药用辅料近 600 种；药材和饮片、植物油脂和提取物、成方制剂和单味制剂共 1100 余种；生物制品 100 余种。

（一）兽药的种类

1. 按主要用途分类

包含抗生素药、抗病毒药、抗寄生虫药、激素类、其他生长促进剂等。

2. 按来源分类

可分为中兽药、生物制品兽药及化学合成兽药三大类。

（二）几种常见残留的兽药

常见残留的兽药有：抗生素类、磺胺类、激素类兽药等，下面简单的介绍几类兽药的作用和特点。

1. 抗生素

抗生素（Antibiotics）是由细菌、霉菌或其他微生物经次级代谢所产生的具有抗病原体或其他活性物质的一类代谢产物，能在低微浓度下有选择性地抑制或杀灭其他微生物或肿瘤细胞的有机物质。目前，抗生素的生产主要用微生物发酵法进行生物合成。很少数抗生素如氯霉素、磷霉素等也可用化学合成法生产。此外，还可将生物合成法制得的抗生素用化学或生化方法进行分子结构改造而制成各种衍生物，称半合成抗生素，如氨苄西林（Ampicillin）就是半合成青霉素的一种。

（1）抗生素的发展　相传在 2500 年前我们的祖先就用长在豆腐上的霉菌来治疗疮疖等疾病。19 世纪 70 年代，法国的 Pasteur 发现某些微生物对炭疽杆菌有抑制作用。他提出了利用一种微生物抑制另一种微生物现象来治疗一些由于感染而产生的疾病。1928 年英国细菌学家 Fleming 发现污染在培养葡萄球菌的双碟上的一株霉菌能杀死周围的葡萄球菌。由此霉菌分离纯化后得到的菌株经鉴定为点青霉（*Penicillium notatum*），并将这种菌所产生的抗生素命名为青霉素。1940 年英国 Florey 和 Chain 进一步研究此菌，并从培养液中制出了干燥的青霉素制品。经实验和临床试验证明，它毒性很小，并对一些革兰氏阳性菌所引起的许多疾病有卓越的疗效。在此基础上 1943—1945 年发展了新兴的抗生素工业。以通气搅拌的深层培养法大规模发酵生产青霉素。随后链霉素、氯霉素、金霉素等品种相继被发现并投产。

从 20 世纪 50 年代起许多国家还致力于农用抗生素的研究，如杀稻瘟素（Blasticidin A），春日霉素（Kasugamycin），灭瘟素 S、井岗霉素等高效低毒的农用抗生素相继出现。20 世纪 70 年代以来，抗生素品种飞跃发展。到目前为止，从自然界发现和分离了 4300 多种抗生素，并通过化学结构的改造，共制备了三万余种半合成抗生素。目前世界各国实际生产和应用于医疗的抗生素 120 多种，连同各种半合成抗生素衍生物及盐类 350 余种。其中以青霉素类、头孢菌素类、四环素类、氨基糖苷类及大环内酯类为最常用。

新中国成立前我国没有抗生素工业。自 1953 年建立了第一个生产青霉素的抗生素工厂以来，我国抗生素工业得到迅速发展。不仅能够基本保证国内医疗保健事业的需要，而且还有相当数量出口。目前国际上应用的主要抗生素，我国基本上都有生产，并研制出国外没有的抗生素——创新霉素。

（2）抗生素的分类　根据抗生素的生物来源可将抗生素分为放线菌抗生素（如链霉素、四环素）、真菌抗生素（如青霉素、头孢菌素）、细菌抗生素（如多黏菌素）和动植物抗生素（如蒜素、鱼素）；根据抗生素的化学结构不同，可分为 β-内酰胺类抗生素（如青霉素类）、氨基糖苷类抗生素（如链霉素）、大环内酯类抗生素（如红霉素）、四环类抗生素（如四环素）以及多肽类抗生素（如多黏菌素）；根据抗生素的作用机制不同，可分为抑制细胞壁合成的抗生素（如青霉素）、影响细胞膜功能的抗生素（如多烯类抗生素）、抑制病原菌蛋白质合成的抗生素（如四环素）、抑制核酸合成的抗生素（如丝裂霉素 C）、抑制生物能作用的抗生素（如抗霉素）；还可以根据抗生素的生物合成途径分为氨基酸、肽类衍生物（如青霉素）、糖类衍生物（如链霉素糖苷类抗生素）、以乙酸、丙酸为单位的衍生物（如红霉素）等。

（3）抗生素类兽药的作用　抗革兰氏阳性菌，如青霉素类、红霉素、林可霉素等。抗革兰氏阴性菌，如链霉素、卡那霉素、庆大霉素、新霉素和多黏菌素等。广谱抗生素，如四环素类和氟苯尼考等。抗真菌，如制霉菌素、灰黄霉素、两性霉素等。抗寄生虫，如伊维菌素、潮霉素、越霉素、莫能菌素、盐霉素、马杜霉素等。抗肿瘤，如放线菌素、丝裂霉素、柔红霉素等。促进动物生长，提高生产性能的作用，如杆菌肽锌、弗吉尼亚霉素等。

（4）污染食品特点　抗生素类常常在短期内服用，主要是通过注射、口服、饮水等方式进入动物体内。在休药期结束前注射部位的肌肉和乳中会残留超量的抗生素。另外，在临床用药时，将不同的抗生素联合起来使用，也容易造成抗生素类药物在动物体内残留，导致动物性食品的污染。有些抗生素类还被作为药物添加剂，用来预防动物细菌性疾病和促进动物生长而长期使用这类抗生素。短时间内不能完全排出，极易在体内蓄积，造成动物性食品中的抗生素残留。

蔬菜等植物性食品吸收累积土壤中的抗生素导致的抗生素残留事件已有研究报道，如受污染动物粪肥导致蔬菜基地土壤中喹诺酮类抗生素对蔬菜的污染均较为普遍，最高含量达几百 μg/kg。

2. 磺胺类

磺胺类药物（Sulfonamides，SAs）是具有对氨基苯磺酰胺结构的一类药物总称。目前，合成的磺胺类药物有 8000 多种，临床上常用的有 20 多种。磺胺类药物一般为白色或微黄色结晶性粉末，无臭，味微苦，遇光易变质，色渐变深，相对分子质量 170~300，大多数此类药物在水中溶解度极低，易溶于乙醇和丙酮。

人工合成的一类抗菌药物。1932 年 G. J. P. 多马克发现百浪多息能控制链球菌感染。具有抗菌谱广、性质稳定、体内分布广、制造不需粮食作原料、产量大、品种多、价格低、使用简便、供应充足等优点。磺胺类药物于 20 世纪 30 年代后期开始用于治疗人的细菌性疾病，1940 年其广泛用于畜牧业生产。磺胺类药物曾经在临床上逐渐被取代，但由于甲氧苄啶、二甲氧苄啶、甲黎嘧啶这 3 种增效剂与磺胺类药物联合使用后，使磺胺类药物的抗菌谱扩大，抗菌活性增大，从原来的抑菌作用转变为杀菌作用，因此磺胺类药物又被广泛应用于畜禽抗感染治疗。随着畜牧养殖业生产的发展，磺胺类药物在生产中被大量使用。

（1）磺胺类药物的分类　吸收代谢较快型：如磺胺噻唑、磺胺甲嘧啶、磺胺二甲氧嘧啶、氨苯磺胺、磺胺嘧啶和磺胺异噁唑等，这类磺胺药物经口服后，在小肠和胃被快速吸收，一般血液峰值会在服药 3~4h 后出现。磺胺类药物经口服后分布于全身各组织器官，其中肾脏中含量最高，脂肪组织、神经、皮肤及骨骼中含量低。大多数药物会经肾脏排出体外，小部分经消化道、乳汁、胆汁代谢，并且可以通过胎盘进入胎儿体内；吸收迅速，排泄缓慢型：如磺胺甲氧哒嗪、磺胺二甲氧嘧啶，可在口服后迅速吸收，几小时后血药浓度到达峰值，代谢缓慢，并且该类药物与蛋白质的结合率可以达到 90%；肠道难吸收类型：这类难吸收的磺胺药物常用的有酞磺醋胺、琥珀酰磺胺噻唑、磺胺胍等，该类药物多用来治疗肠道疾病，血药浓度低，多数经粪便排泄。

（2）磺胺类兽药的作用　磺胺类药对许多革兰氏阳性菌和一些革兰氏阴性菌、诺卡氏菌属、衣原体属和某些原虫（如疟原虫和阿米巴原虫）均有抑制作用。在革兰氏阳性菌中高度敏感者有链球菌和肺炎球菌；中度敏感者有葡萄球菌和产气荚膜杆菌。革兰氏阴性菌中敏感者有脑膜炎球菌、大肠杆菌、变形杆菌、痢疾杆菌、肺炎杆菌、鼠疫杆菌。对病毒、螺旋体、锥虫无效。对立克次氏体不但无效，反能促进其繁殖。普遍认为不同的磺胺类药物，其抗菌力的差别是在量的方面，而不在质的方面。对某一种类型细菌效价最高的化合物，对其他类型的菌效价也高。

（3）污染食品特点　磺胺类药物在动物体内的代谢时间较长，过量使用会导致食用动物产品中有残留，从而在人体内蓄积，会出现急性或慢性中毒。磺胺类药物几乎可以残留在动物体的各种组织中，并且可以进入蛋中、乳汁中。磺胺类药物大部分以原形从机体排出，且在自然环境中不易被生物降解，从而容易导致再次污染。Romvary 等通过给蛋鸡饲喂磺胺类药物研究了鸡蛋中磺胺类药物的残留与消除规律，他们将试验分为两组，一组只饲喂单一药物磺胺喹噁啉，质量浓度为 400mg/L，另一组饲喂质量浓度为 390mg/L 的磺胺类混合药物，各药物比例为：磺胺甲基嘧啶：磺胺二甲基嘧啶：磺胺喹噁啉 = 9：5：3，连续给药 3d，结果表明，在用药当天所产的蛋中就检测出了磺胺药物，蛋清中药物浓度在给药第 3d 后到达峰值，蛋黄中的峰值是在停药后的第 3d 出现的，通过检测结果发现蛋黄中磺胺类药物的残留量低于蛋清，蛋黄中的浓度为蛋清中浓度的 13%~16%，但是磺胺类药物在蛋黄中的半衰期时间长，几乎是蛋清的 2 倍。2016 年徐维等用添加了磺胺对甲氧嘧啶的饲料连续喂养肉鸡 10d，磺胺对甲氧嘧啶添加质量浓度为 1000mg/kg，研究结果表明磺胺对甲氧嘧啶在肉鸡体内各组织中均有残留，在肾脏中最高检出值为 564μg/kg，肝脏中为 344μg/kg，肌肉组织中为 157μg/kg，皮脂中为 147μg/kg，直至停止给药的第 9d，磺胺对甲氧嘧啶的检出值才小于最高残留限量。

此外，磺胺类药物还常以小剂量的方式，连续或者间断式的通过饲料或者饮用水进入动物体内，来防治动物的细菌或球虫感染。磺胺类药物大部分以原形从动物体内排出，在自然中不易被微生物降解，动物与被污染的垫草、污水和粪土接触后，再次引起体内磺胺类药物的残留。

3. 激素类

激素是由体内特定器官产生，通过血液运输到其他器官，以极其微小的量来产生调节生物体代谢、平衡作用的生理化学物质的总称。

（1）激素类兽药的分类　根据激素的结构分：常见的激素类物质主要包括类固醇激素和非类固醇激素类物质。类固醇激素可根据其类固醇母核的不同分为雄激素、雌激素、孕激素和糖皮质激素等，其中前3类属于性激素，糖皮质激素属于肾上腺皮质激素；根据激素来源分为内源性天然激素和合成（包括半合成）类激素。合成的非类固醇激素类物质如二苯乙烯类衍生物，包括己烷雌酚、己烯雌酚、双烯雌酚等；此外，植物源性的雷索酸内酯类雌激素类似物如玉米赤霉醇等通常也涵盖在兽用激素的范围内。

（2）激素类兽药的作用　在畜牧业中使用激素类药物主要是用来防治疾病、调整生殖和加快生长发育速度。激素类物质可增加骨密度、肌肉质量和红细胞，极微量即可产生非常显著的生长调节作用，大大提高经济效益，此外它还能提高饲料转化率和药理作用人工化（如人为地抑制动物发情、增强食欲）等，此外，激素对肉质的嫩感参数如胶原的水平和溶解性等有影响。目前激素类兽药的使用方式主要有两种：一种是合并使用天然的内源性激素（降低可能产生的副作用，增加同化效果，尤其是针对阉割后的动物），在国外这种复方的埋植剂或预混剂被称为“同化激素鸡尾酒”；另外一种是使用合成的激素类物质（降低其激素样效应而增强其同化作用），如目前在牛养殖中使用的群勃龙是同化作用最强的合成类生长促进剂，其同化作用是睾酮的8~10倍（对雌性动物的效果更为明显）。

（3）污染食品的特点　由于对动物使用激素类药物带来的巨大经济效益，因此，无论是在允许或禁止使用激素类物质作为促生长剂的国家和地区，经济利益的驱动通常会导致激素类物质的滥用。激素通过代谢残留于动物的肝、肾等组织器官中，其含量非常低（ng/kg~μg/kg）。并且，目前仍有一些国家允许将同化激素（特别是内源性激素）用于动物尤其是牛的促生长，如美国、加拿大、澳大利亚、新西兰等。常用激素类物质有孕酮、睾酮、玉米赤霉醇、群勃龙乙酸酯和美仑孕酮乙酸酯，这些物质常作为埋植剂用于牛的促生长，且目前多数商品化的埋植剂是“复方”制剂。埋植剂作为可以使用的促生长剂一方面有滥用的风险，另一方面其常见的“复方”组合给残留检测带来了较大挑战，因为“复方”制剂中单种物质的含量较低，其残留需要更高灵敏度和选择性的仪器才能检测，而且“复方”制剂中若混合使用内源性激素类物质，将使其残留分析更将困难。除了埋植剂外，也有将这些物质掺入饲料中给动物进行喂食的情况存在。

二、食品中兽药残留的来源与危害

随着人们生活水平的日益提高，人们膳食结构不断改善，肉、蛋、乳、水产品等动物性食品所占比例在不断增加，但集约化的养殖与管理之间的不协调，造成了大量疫病的流行、暴发以及其他不利于动物健康的因素出现。为了解决这些矛盾，达到既能促进生长又能防病治病的目的，大量的、种类繁多的兽药被应用于畜禽生产的许多环节。但是人们滥用兽药的行为使兽药严重超标，致使兽药在发挥有效作用的同时，也为人类的健康带来潜在的危害。世界各国限制进口的新标准不断出台，如在欧盟严格规定了抗生素在食品中的最大残留量（MRL）。如在牛乳中氨基糖苷类抗生素庆大霉素（Gentamicin）、卡那霉素（Kanamycin）、链霉素（Streptomycin）、双氢链霉素（Dihydrostrep tomycin）、新霉素（Neomycin）分别是100ng/mL，150ng/mL，200ng/mL，200ng/mL 和 500ng/mL；邻氯青霉素（Cloxacillin）的MRL：30ug/kg；四环素类抗生素的 MRL 则规定为：在肝脏中必须在 600μg/kg 以下，在肌肉中必须在 100μg/kg 以下；氯霉素（Chloramphenicol，CAP）在动物源食品中最大残留量0. 3μg/kg，而在蜂蜜制品中要求低于 0. 1μg/kg。并且随着各个国家检测手段的进步，相应的标准也越来越严格，从而促使药物残留相应检测方法需要不断改进。我国目前也加强了对动物性食品中兽药残留的监测、检查工作以及对各种违法犯罪行为的打击力度。

（一）食品中兽药残留的来源

目前，食品中兽药残留主要来源于动物性食品原料，如畜禽类、水产类，其兽药残留的原因主要有以下几个方面：

（1）滥用、非法使用违禁或淘汰药物　我国原农业部在 2003 年（265）号公告中明文规定，不得使用不符合《兽药标签和说明书管理办法》规定的兽药产品，不得使用《食品动物禁用的兽药及其他化合物清单》（2002 年农业部第 193 号公告）所列 21 类药物及未经农业部批准的兽药，不得使用进口国明令禁用的兽药，畜禽产品中不得检出禁用药物。但事实上，养殖户为了追求最大的经济效益，将禁用药物当作添加剂使用的现象相当普遍，如饲料中添加盐酸克仑特罗引起的毒猪肉事件等。

（2）不遵守休药期规定　休药期指畜禽最后一次食用某种药物到其许可屠宰或者其蛋乳制品许可上市的间隔时间。休药期的长短与药物在动物体内的消除率和残留量有关，而且与动物种类，用药剂量和给药途径有关。根据《兽药管理规定》，国家对有些兽药特别是药物饲料添加剂都规定了休药期，但是大部分养殖场（户）使用含药物添加剂的饲料时很少按规定施行休药期。

（3）滥用药物　在养殖过程中，普遍存在长期使用药物添加剂，随意使用新或高效抗生素，大量使用医用药物等现象。此外，还大量存在不符合用药剂量、给药途径、用药部位和用药动物种类等用药规定以及重复使用几种商品名不同但成分相同药物的现象。

（4）药企违背有关标签规定用法　《兽药管理条例》明确规定，标签必须写明兽药的主要成分及其含量等。可是有些兽药企业为了逃避报批，在产品中添加一些化学物质，但不在标签中进行说明，从而造成用户盲目用药。这些违规做法均可造成兽药残留超标。

（5）环境污染　消毒剂对养殖场消毒时会造成消毒剂的残留，药厂废弃的废渣、废水含有一定量的药物，这些环境中的药物又会继续污染饲料、饮水，导致动物性食品的污染。

（二）食品中兽药残留的危害

（1）兽药残留对人体的影响

①毒性反应：长期食用兽药残留超标的食品后，在体内蓄积的药物浓度达到一定量后会对人体产生多种急慢性中毒。国内外已有多起有关人食用盐酸克仑特罗（瘦肉精）超标的猪肺脏而发生急性中毒事件的报道。人体特别是婴幼儿对氯霉素更敏感，氯霉素的超标可引起婴幼儿致命的“灰婴综合征”反应，严重时还会造成人的再生障碍性贫血。四环素类药物能

够与骨骼中的钙结合，抑制骨骼和牙齿的发育。红霉素等大环内酯类可致急性肝毒性。氨基糖苷类的庆大霉素和卡那霉素能损害前庭和耳蜗神经，导致眩晕和听力减退。磺胺类药物能够破坏人体造血机能等。食用了性激素含量超标的动物源性食品会造成人体激素紊乱，引起胎儿畸形、性早熟等，对青少年发育产生严重影响。

②过敏反应：经常食用如青霉素、四环素类、磺胺类和氨基糖苷类等超标的食物能使部分人群发生过敏反应甚至休克，并在短时间内出现血压下降、皮疹、喉头水肿、呼吸困难等严重症状。青霉素类药物具有很强的致敏作用，轻者表现为接触性皮炎和皮肤反应，重者表现为致死的过敏性休克。四环素药物可引起过敏和荨麻疹。磺胺类则表现为皮炎、白细胞减少、溶血性贫血和药热。喹诺酮类药物也可引起变态反应和光敏反应。食用氨基糖苷类药物会损害耳部的前庭和耳蜗神经，造成眩晕和听力衰退的症状。

③耐药菌株的产生：动物机体长期反复接触某种抗菌药物后，其体内敏感菌株受到选择性的抑制，从而使耐药菌株大量繁殖；此外，抗药性 R 质粒在菌株间横向转移使很多细菌由单重耐药发展到多重耐药。耐药性细菌的产生使得一些常用药物的疗效下降甚至失去疗效，如青霉素、氯霉素、庆大霉素、磺胺类等药物在畜禽中已大量产生抗药性，临床效果越来越差。

④“三致”作用：许多药物具有致癌、致畸、致突变作用。如丁苯咪唑、丙硫咪唑和苯硫苯氨酯具有致畸作用；雌激素、克球酚、砷制剂、喹噁啉类、硝基呋喃类等已被证明具有致癌作用；喹诺酮类药物的个别品种已在真核细胞内发现有致突变作用；磺胺二甲嘧啶等磺胺类药物在连续给药中能够诱发啮齿动物甲状腺增生，并具有致肿瘤倾向；链霉素具有潜在的致畸作用。这些药物的残留量超标无疑会对人类产生潜在的危害。

⑤菌群失调：研究表明，长期食用有抗微生物药物残留的动物源食品可对人类胃肠的正常菌群产生不良的影响，使一些非致病菌被抑制或死亡，造成人体内菌群的平衡失调，从而导致长期的腹泻或引起维生素的缺乏等反应。菌群失调还容易造成病原菌的交替感染，使具有选择性作用的抗生素及其他化学药物失去疗效。

（2）兽药残留对环境和加工的影响

①对环境的影响：动物用药以后，一些性质稳定的药物以原形或代谢物的形式随粪便、尿被排泄到环境中后仍能稳定存在，从而造成环境中的药物残留。喹乙醇对甲壳细水蚤的急性毒性最强，对水环境有潜在的不良作用。阿维菌素、伊维菌素和美倍霉素在动物粪便中能保持 8 周左右的活性，对草原中的多种昆虫都有强大的抑制或杀灭作用。另外，己烯雌酚、氯羟吡啶在环境中降解很慢，能在食物链中高度富集而造成残留超标。激素污染对人类以外的其他动物影响更为显著，鱼、鸟和哺乳动物的大量死亡、雌雄异变生育和发育紊乱免疫力下降等现象可能均与此有关。20 世纪 80 年代，美国一造纸厂废水排出口下游的雌性鱼雄性化且雄性化后的鱼与原先正常雌性鱼进行交尾，原来正常雄性鱼出现超雄化并表现为攻击性交尾行为。

长期滥用药物严重制约着畜牧业的健康持续发展。如长期使用抗生素易造成畜禽机体免疫力下降，影响疫苗的接种效果；还可引起畜禽内源性感染和二重感染；使得以往较少发生的细菌病（大肠杆菌、葡萄球菌、沙门氏菌）转变成为家禽的主要传染病。耐药菌株的增加，使有效控制细菌疫病变得越来越困难，如根据对广州肉品市场的 200 例食用猪肝进行病理学分析，68%的猪肝存在着各种各样的病变，病变种类多达 25 种，有肝细胞的萎缩和各种变性、水肿、囊肿、出血、坏死和钙化等。

②对食品加工工艺的危害：例如乳制品的加工，由于含有抗生素的乳无法制成酸乳、乳酪等一些高质量牛乳产品，易造成大量原料乳的浪费，给乳品企业造成经济损失。

三、食品中兽药残留的检测方法

食品中兽药残留对人体存在巨大潜在的毒性及危害，我们必须加强对乳、肉、蛋、水产品中兽药残留的检验工作必须加强，如发现动物性食品中抗生素、激素等残留量超过国家食品卫生标准限量者，均应严格执法，禁止上市销售和出口，以确保消费者的健康和出口的信誉。同时，必须切实做好管理与防范工作。加强食品中药物残留的检测，具有指导生产、保障人民健康及提高出口信誉的重要意义。兽药残留的检测手段随着化学分析技术的不断提高和社会发展需求的变化而发生很大变化。兽药残留检测，最主要使用的有微生物检测分析法、仪器分析法和免疫学分析方法，其中仪器分析方法应用广泛，包括气相色谱（GC）、高效液相色谱（HPLC）、液相色谱-质谱联用法（LC-MS）、气相色谱-质谱联用法（GC-MS）等。随着现代化学分析技术的发展，兽药残留检测朝着快速筛选检测技术发展，如兽药检测专用试剂盒，可以对某些兽药进行快速筛选检测；其次，采用纳米金、核酸适配体等研发的新型电化学传感器、比色法传感器，酶催化动力学光度法传感器等技术可以实现对氟喹诺酮等抗生素及激素类兽药的快速筛选检测。这些快速筛选监测方法的优点是可以进行现场原位的检测，具有很强的使用价值。为了最大限度地减少对食品中特别是动物源食品中的脂肪、蛋白质等的干扰，减少样本处理过程中的损失，需要通过复杂的样本提取处理方法，如超声波提取法、超临界流体萃取技术（SFE）、固相萃取技术（SPE）、固相微萃取技术（SPME）等。其他还需要对样本进行纯化（如柱层析、液液分配法）和浓缩（真空旋转蒸发等）等。

充分利用各种处理方法和检测技术，可以实现对食品中兽药残留的检测，下面介绍几种国家标准或行业标准规定的食品中兽药残留的检测方法。

（一）鲜乳中抗生素残留量的检测

牧场内经常应用抗生素治疗奶牛的各种疾病，特别是奶牛的乳腺炎，有时用抗生素直接注射乳房部位进行治疗，因此凡经抗生素治疗过的奶牛，其乳中在一定时期内仍残存着抗生素。对抗生素有过敏体质的人服用后就会发生过敏反应，也会使某些菌株对抗生素产生抗药性。因此，检查乳中有无抗生素残留已成为一项急需开展的常规检验工作。TTC（氯化三苯四氮唑）试验是用来测定乳中有无抗生素残留的较简易方法。

1. 范围

适用于鲜乳中抗生素残留和能抑制嗜热链球菌的各种常用抗生素残留的检测。

2. 原理

鲜乳中如有残留抗生素，则在鲜乳中加入菌液培养时细菌不增殖，指示剂 TTC（氯化三苯四氮唑）不被还原，无颜色反应，否则，TTC 被还原而显红色。

3. 菌种、培养基和试剂

菌种：嗜热链球菌；脱脂乳：经 113℃ 灭菌 20min；4% 的 2，3，5-氯化三苯四氮唑（TTC）水溶液：称取 1.0g TTC，溶于 5mL 灭菌蒸馏水中，装褐色瓶内于 7℃ 冰箱保存，临用时用灭菌蒸馏水稀释至 5 倍，如遇溶液变为玉色或淡褐色，则不能再用。

4. 检测程序

鲜乳中抗生素残留检测程序如图 4-5 所示。

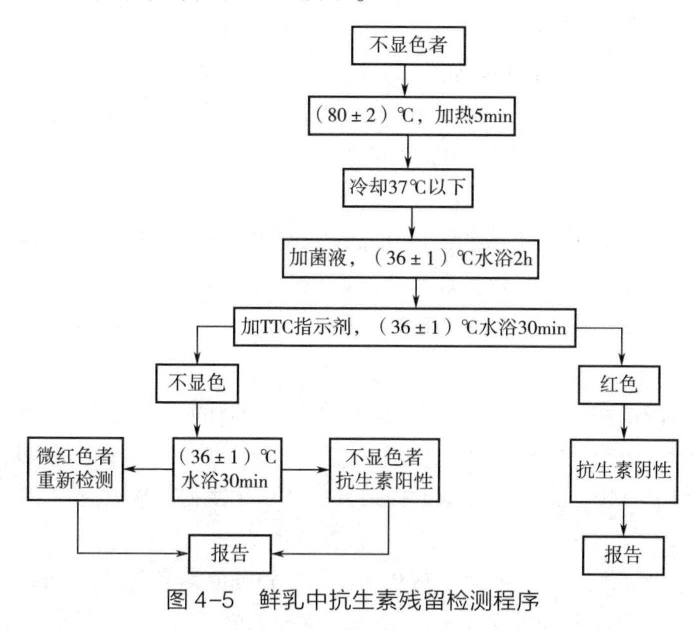

图 4-5　鲜乳中抗生素残留检测程序

5. 操作步骤

（1）活化菌种　取一接种环嗜热链球菌菌种，接种在 9mL 灭菌脱脂乳中，置（36±1）℃恒温培养箱中培养 12~15h 后，置 2~5℃ 冰箱保存备用，每 15d 转种一次。

（2）测试菌液　将经过活化的嗜热链球菌菌种接种灭菌脱脂乳，(36±1)℃培养（15±1）h 后，加入相同体积的灭菌脱脂乳混匀稀释成为测试菌液。

（3）培养　取样品 9mL 置于 18mm×180mm 试管内，每份样品另外做一份平行样，同时再做阴性和阳性对照各一份。阳性对照管用 9mL 青霉素 G 参照溶液，阴性对照用 9mL 灭菌脱脂乳，所用试管置于（80±2)℃水浴加热 5min，取出冷却 37℃以下，加测试菌液 1mL，轻轻旋转试管混匀，(36±1)℃培养 2h，加 4% TTC 水溶液 0. 3mL，在旋涡混匀器上混合 15s 或振荡试管混匀，(36±1)℃水浴避光培养 30min，观察颜色变化，如果颜色没有变化，于水浴中继续避光培养 30min 做最后观察，观察时要迅速，避免光照过久出现干扰。

6. 判断方法

在白色背景前观察，试管中样品呈乳的原色时，指示剂中有抗生素存在，为阳性结果；试管中样品呈红色为阴性结果。如最终观察现象仍为可疑，则建议重新检测。

7. 报告

最终观察时，样品为红色，报告为抗生素残留阴性，样品依然呈乳的原色，报告为抗生素残留阳性。本方法检测几种常见抗生素的最低检出限为：青霉素 0. 004U，链霉素 0. 5U，庆大霉素 0. 4U，卡那霉素 5U。

（二）蜂蜜中 16 种磺胺残留量的 LC-MS 测定方法

1. 范围

本方法为蜂蜜中 16 种磺胺残留量 LC-MS 的测定方法，适用于蜂蜜中磺胺甲噻二唑、磺胺醋酰、磺胺嘧啶、磺胺吡啶、磺胺二甲异噁唑、磺胺甲基嘧啶、磺胺氯哒嗪、磺胺-6-甲氧嘧啶、磺胺邻二甲氧嘧啶、磺胺甲基异噁唑、磺胺噻唑、磺胺甲氧哒嗪、磺胺间二甲氧嘧啶、磺胺甲氧嘧啶、磺胺二甲嘧啶、磺胺苯吡唑 16 种磺胺残留量的测定。

2. 原理

蜂蜜中磺胺类药物残留用磷酸溶液（pH 2）提取，过滤后，经阳离子交换柱和 Oasis HLB 或相当的固相萃取柱净化，用甲醇洗脱并蒸干，残渣用乙腈-乙酸铅溶液（0.1mol/L）溶解。样品溶液供 LC-MS 仪测定，外标法定量。

3. 主要仪器

LC-MS 谱仪：配有电喷雾离子源；固相萃取真空装置；旋转蒸发器；液体混匀器；分析天平：感量 0.1mg 和 0.01g 各一台；真空泵；移液器：1mL 和 2mL；鸡心瓶：150mL；样品瓶：2mL，带聚四氟乙烯旋盖；玻璃储液器：50mL；pH 计：测量精度±0.02。

4. 试样的制备

对无结晶的实验室样品，将其搅拌均匀。对有结晶的样品，在密闭情况下，置于不超过 60℃的水浴中温热，振荡，待样品全部融化后搅匀，冷却至室温。分出 0.5kg 作为试样。制备好的试样置于样品瓶中，密封，并做上标记。将试样于常温下保存。

5. 样品处理

（1）提取　称取 5g 试样，精确至 0.01g。置于 150mL 三角瓶中，加入 25mL 磷酸溶液（pH 2），于液体混匀器上快速混匀 1min，使试样完全溶解。

（2）净化　将塞有玻璃棉塞的玻璃储液器连到苯磺酸型阳离子交换柱上，把样液倒入玻璃储液器中，在减压情况下使样液以≤3mL/min 的流速通过苯磺酸型阳离子交换柱，待样液完全流出后，分别用 5mL 磷酸溶液和 5mL 水洗柱，弃去全部流出液。最后用 40mL 磷酸盐缓冲溶液（pH 8）洗脱，收集洗脱液于 100mL 平底烧瓶中。在洗脱液中加人 1.5mL 庚烷磺酸钠溶液，然后用磷酸调至 pH 6。

按上述方法将调好 pH 的洗脱液过 Oasis HLB 或相当的固相萃取柱，调节流速≤3mL/min，待洗脱液完全流出后，再用 3mL 水洗柱，弃去全部流出液。在 65kPa 负压下，减压抽干 5min，最后用 10mL 甲醇洗脱，洗脱液收集于 150mL 鸡心瓶中用旋转蒸发器于 45℃水浴中减压蒸发至干。准确加入 1.0mL 流动相溶解残渣，供 LC-MS 仪测定。

6. 色谱测定

（1）液相色谱条件　色谱柱：Lichrospher® 100 RP-18，5μm 250mm×4.6mm（i.d）或相当者；流动相：乙腈-乙酸铵溶液（0.01mol/L）(12∶88)；流速：0.8mL/min；柱温：350℃；进样量：40μL；分流比：1∶3。

（2）质谱条件　离子源：电喷雾离子源；扫描方式：正离子扫描；检测方式：多反应检测；电喷雾电压：5500V；雾化气压力：0.076MPa；气帘气压力：0.069MPa；辅助气流速：6L/min；离子源温度：350℃；定性离子对、定量离子对、碰撞气能量和去簇电压，如表 4-8 所示。

表 4-8　　16 种磺胺的定性离子对、定量离子对、碰撞气能量和去簇电压

名称	定性离子对/（m/z）	定量离子对/（m/z）	碰撞气能量/V	去簇电压/V
磺胺醋酰	215/156	215/156	18	40
	215/108		28	45

续表

名称	定性离子对/（m/z）	定量离子对/（m/z）	碰撞气能量/V	去簇电压/V
磺胺甲噻二唑	271/156 271/107	271/156	20 32	50 50
磺胺二甲异噁唑	268/156 268/113	268/156	20 23	45 45
磺胺氯哒嗪	285/156 285/108	285/156	23 35	50 50
磺胺嘧啶	251/156 251/185	251/156	23 27	55 50
磺胺甲基异噁唑	254/156 254/147	254/156	23 22	50 45
磺胺噻唑	256/156 256/107	256/156	22 32	55 47
磺胺-6-甲氧嘧啶	281/156 281/251	281/156	25 25	65 50
磺胺甲基嘧啶	265/156 265/172	265/156	25 24	50 60
磺胺邻二甲氧嘧啶	311/156 311/108	311/156	31 35	70 55
磺胺吡啶	250/156 250/184	250/156	25 25	50 60
磺胺甲氧嘧啶	281/156 281/215	281/156	25 25	65 50
磺胺甲氧哒嗪	281/156 281/215	281/156	25 25	65 50
磺胺二甲嘧啶	279/156 279/204	279/156	22 20	55 60
磺胺苯吡唑	315/156 315/160	315/156	32 35	55 55
磺胺间二甲氧嘧啶	311/156 311/218	311/156	31 27	70 70

（3）LC-MS 测定　用混合标准工作溶液分别进样，以峰面积为纵坐标，工作溶液质量浓度（ng/mL）为横坐标，绘制标准工作曲线，用标准工作曲线对样品进行定量，样品溶液中 16 种磺胺的响应值均应在仪器测定的线性范围内。在上述色谱条件和质谱条件下，16 种

磺胺的参考保留时间如表 4-9 所示。

表 4-9　　16 种磺胺的保留时间

名称	保留时间/min	名称	保留时间/min
磺胺醋酰	2.61	磺胺甲基嘧啶	9.93
磺胺甲噻二唑	4.54	磺胺邻二甲氧嘧啶	11.29
磺胺二甲异噁唑	4.91	磺胺吡啶	11.62
磺胺氯哒嗪	5.20	磺胺甲氧嘧啶	12.66
磺胺嘧啶	6.54	磺胺甲氧哒嗪	17.28
磺胺甲基异噁唑	8.41	磺胺二甲嘧啶	17.95
磺胺噻唑	9.13	磺胺苯吡唑	22.29
磺胺-6-甲氧嘧啶	9.48	磺胺间二甲氧嘧啶	28.97

(4) 平行试验　按以上步骤，对同一试样进行平行试验测定。

(5) 空白试验　除不称取样品外，均按上述步骤进行。

7. 结果计算

试样中每种磺胺残留量按式（4-5）计算（计算结果应扣除空白值）：

$$X = \frac{C \times V \times 1000}{m \times 1000} \tag{4-5}$$

式中　X——试样中被测组分残留量，μg/kg；

C——从标准工作曲线得到的被测组分溶液浓度，ng/mL；

V——试样溶液定容体积，mL；

m——试样溶液所代表试样的质量，g。

8. 精密度

本部分的精密度数据是按照 GB/T 6379.2—2004《测量方法与结果的准确度（正确度与精密度）第 2 部分：确定标准测量方法重复性与再现性的基本方法》的规定确定的，其重复性和再现性的值以 95%的可信度来计算。

（三）动物源性食品中糖皮质激素类兽药残留量的检测方法

1. 范围

动物源性食品中曲安西龙、泼尼松龙、氢化可的松、泼尼松、地塞米松、氟米松、曲安奈德残留量测定液相色谱-质谱/质谱检测方法。

2. 原理

样品先加入醋酸铵缓冲溶液和β-盐酸葡萄糖醛苷酶，芳基硫酸酯酶水解，再用乙酸乙酯提取，提取液经 HLB 固相萃取小柱净化，液相色谱-质谱/质谱测定和确证，外标法定量。

3. 主要仪器

高效液相色谱-质谱/质谱仪：配有电喷雾离子源；旋转蒸发器；粉碎机；均质器；旋涡混匀器；离心机：7000r/min；氮吹仪；电子天平：感量为 0.01g 和 0.001g；固相萃取装置；

恒温箱。

4. 测定方法

（1）试样制备 从所取全部样品中取出有代表性样品约500g，用粉碎机粉碎，混合均匀，均分成两份，分别装入洁净容器作为试样，密封，并标明标记。将试样于-18℃冷冻保存。在抽样和制样的操作过程中，应防止样品污染或发生残留物含量的变化。

（2）提取 称取5g试样（精确到0.01g）置于50mL具塞塑料离心管中，加1.5mL甲醇，再加入23.5mL醋酸铵缓冲溶液和40μL β-盐酸葡萄糖醛苷酶-芳基硫酸酯酶，以2000r/min混匀1min，于恒温箱中37℃培养16h，以6000r/min离心5min，量取10.0mL上清液，加入20mL乙酸乙酯，以2000r/min混匀1min，以4000r/min离心5min，将上层乙酸乙酯提取液过无水硫酸钠柱，滤液收集于浓缩瓶中，样品残渣再加入20mL乙酸乙酯，重复上述操作，合并乙酸乙酯提取液，在45℃以下水浴减压浓缩至近干。

（3）净化 OasisHLB柱使用前依次用5mL甲醇和5mL水预洗。用5mL醋酸铵缓冲溶液溶解残渣，将溶液转移至OasisHLB柱，弃去流出液，用5mL水和5mL甲醇水溶液（3：7）依次洗涤，弃去流出液，负压抽干，8mL甲醇洗脱，收集全部洗脱液，在50℃以下水浴减压浓缩至近干，用1.0mL甲醇-水（5：5）定容，混匀，将溶液通过0.45μm滤膜，供液相色谱-质谱/质谱仪测定。

（4）液相色谱-质谱/质谱条件 色谱柱：C8柱，150mm×4.6mm（内径），5μm或相当者；流动相：乙腈、水，梯度如表4-10所示；流速：0.4mL/min；进样量：50μL；离子源：电喷雾离子源；扫描方式：正离子扫描；检测方式：多反应监测；化气、气帘气、辅助气、碰撞气均为高纯氮气；使用前应调节各气体流量以使质谱灵敏度达到检测要求。电喷雾电压：4500 V；雾化气压力：262.01kPa（38Psi）；气帘气压力：186.165kPa（27Psi）；辅助气流速：310.275kPa（45Psi）离子源温度：525℃；碰撞气34.475kPa：（5Psi）；离子对、去簇电压、碰撞气能量和碰撞室出口电压如表4-12所示。

表4-10 梯度洗脱程序

时间/min	乙腈/%	水/%
0	20	80
8	50	50
15	50	50
18.5	60	40
20	60	40
21	90	10
25	90	10
25.5	20	80
28.5	20	80

（5）高效液相色谱-质谱/质谱测定 根据试样中被测样液的含量情况，选取待测物的响

应值在仪器线性响应范围内的浓度进行测定，如超出仪器线性响应范围应进行稀释。在上述色谱条件下曲安西龙、泼尼松龙、氢化可的松、泼尼松、地塞米松、氟米松、曲安奈德的参考保留时间分别为9.0min、11.9min、12.1min、12.2min、13.7min、14.0min、14.8min。

（6）液相色谱-质谱/质谱确证　按照液相色谱-质谱/质谱条件测定样品和标准工作溶液，样品中待测物质的保留时间与标准溶液中待测物质的保留时间偏差在±2.5%。定量测定时采用标准曲线法。定性时应当与浓度相当标准工作溶液的相对丰度一致，相对丰度允许偏差不超过表4-11规定的范围，则可判断样品中存在对应的被测物。

表4-11　定性确证时相对离子丰度的最大允许偏差

相对离子丰度/%	>50	>20~50	>10~20	≤10
允许的相对偏差/%	±20	±25	±30	±50

（7）空白试验　除不加试样外，均按上述操作步骤进行。

5. 结果计算和表述

用色谱数据处理机或按式（4-6）计算试样中糖皮质激素残留含量，计算结果需扣除空白值：

$$X = \frac{c_i \times V}{m} \tag{4-6}$$

式中　X——试样中糖皮质激素类残留量，μg/kg；

c_i——从标准曲线上得到的糖皮质激素溶液浓度，ng/mL；

V——样液最终定容体积，mL；

m——最终样液代表的试样质量，g。

6. 测定低限（LOQ）

猪肉：地塞米松方法测定低限为0.75μg/kg，泼尼松龙方法测定低限为4μg/kg，曲安西龙、氢化可的松、泼尼松、氟米松、曲安奈德方法测定低限为10μg/kg。猪肾：地塞米松方法测定低限为0.75μg/kg，曲安西龙、泼尼松龙、氢化可的松、泼尼松、氟米松、曲安奈德方法测定低限为10μg/kg。

表4-12 离子对、去簇电压（DP）、碰撞气能量（DE）和碰撞室出口电压（CXP）

名称	离子对 m/z	去簇电压（DP）/V	碰撞气能量（DE）/V	碰撞室出口电压（CXP）/V
曲安西龙	395.2/357.1[a]	65	19	10
	395.2/225.3		29	5
泼尼松龙	361.3/147.0[a]	61	35	7
	361.3/325.1		16	9
氢化可的松	363.3/121.0[a]	90	40	5
	363.3/309.1		25	7
泼尼松	359.2/147.0[a]	77	30	1
	359.2/237.1		38	0

续表

名称	离子对 m/z	去簇电压（DP）/V	碰撞气能量（DE）/V	碰撞室出口电压（CXP）/V
地塞米松	393. 2/355. 2[a]	63	18	10
	393. 3/237. 2		28	12
氟米松	411. 3/253. 2[a]	77	26	6
	411. 3/335. 2		18	9
曲安奈德	435. 3/213. 1[a]	62	39	10
	435. 3/225. 1		36	11

注：[a] 为定量离子对。

本章小结

许多农药具有较高的脂溶性和稳定性，在自然界中较难降解，很容易经食物链进行生物富集，随着营养级提高，农药的浓度也逐级提高，从而导致最终受体生物的急性、慢性和神经中毒。人类处在食物链的最顶端，所受农药残留生物富集的危害也最严重。我国是世界上农药生产和消费较高的国家，由于大量使用有机物农药，我国农药中毒人数越来越多，食物中的农药残留也成为目前全世界重要的食物安全性问题。常见的有有机氯农药、有机磷农药、氨基甲酸酯类农药、拟除虫菊酯类农药等，目前其检测方法多用色谱法。

兽药中，抗生素是微生物的次级代谢产物。自青霉素发现以来，抗生素不仅为保障人类健康做出了重大贡献，而且在农业、畜牧、养殖业中也得到广泛应用，并取得重大效益。但是由于人们滥用抗生素，食品原料中抗生素的残留严重超标，为人类的健康带来潜在的危害，成为食品安全的重要问题之一，世界各国限制进口的新标准不断出台。抗生素的检测有仪器分析法和微生物学技术法。

思考题

1. 食品中农药和抗生素残留对人的危害主要表现在哪些方面？
2. 简述常见农药残留的种类和检测方法。
3. 简述现代免疫技术在抗生素检测中的应用。

第五章 食品添加剂

CHAPTER 5

食品添加剂是指为改善食品品质和色、香、味，以及为防腐、保鲜和加工工艺的需要而加入食品中的人工合成或者天然物质。营养强化剂、食品用香料、胶基糖果中基础剂物质、食品工业用加工助剂也包括在内。适当添加食品添加剂，可以改善食品的色、香、味，延长食品的保质期，满足人们对食品品质的新需求。

第一节　食品添加剂

食品添加剂（Food Additives）是现代食品工业的重要支柱。然而食品添加剂不是食品的基本成分，大多数是通过化学合成的，因此有的食品添加剂对人体有着潜在的危害性。但食品添加剂在安全性监督管理下，在允许范围内按照要求使用一般来说是安全的。

如果滥用食品添加剂，则会危害人体健康，目前我国制定了 GB 2760—2014《食品安全国家标准　食品添加剂使用标准》、GB 14880—2012《食品安全国家标准　食品营养强化剂使用标准》，规定了我国批准使用的食品添加剂的种类、名称，以及每种食品添加剂的使用范围和使用量，同时还明确规定了食品添加剂的使用原则。食品生产者应严格按照规定的标准使用食品添加剂。此外，还制定了 GB 26687—2011《食品安全国家标准　复配食品添加剂通则》、GB 30616—2020《食品安全国家标准　食品用香精》等食品添加剂产品标准，规定了食品添加剂产品质量规格标准。

一、食品添加剂的定义、作用与分类

（一）定义

世界各国对食品添加剂的理解不同，因此其定义也不尽相同。

国际食品法典委员会（CAC）发布的《食品添加剂通用法典标准》（GSFA）规定："食品添加剂是指本身通常不作为食品消费，不用作食品中常见的配料物质，无论其是否具有营养价值，在食品中添加该物质的原因是出于生产、加工、制备、处理、包装、装箱、运输或储藏等食品的工艺需求（包括感官），或者期望它或其副产品（直接或间接地）成为食品的一个成分，或影响食品的特性。"该定义的范围不包括污染物，或为了保持或提高食物的营

养质量而添加的营养强化剂。

欧盟食品添加剂法规《Regulation（EC）No 1333/2008》指出："食品添加剂是指无论其是否具有营养价值，本身通常不作为食品消费，也不是食品特有成分的任何物质，它们在食品的生产、加工、制备、处理、包装、运输或存储过程中，由于技术的目的有意加入食品中会成为或者可合理地预期这些物质或其副产物会直接或间接地成为食品的组成部分"。欧盟同CAC对食品添加剂的规定基本一致，明确规定"食品添加剂不包括为改进营养价值而加入的物质"。

根据美国联邦法规数据库（CFR）第21篇第170章规定："食品添加剂包括所有未被《联邦食品、药品和化妆品法》第201节豁免的，具有明确的或有理由认为合理的预期用途，直接或间接地，或者成为食品的一种成分，或者会影响食品特征的所有物质。用于生产食品容器和包装物的材料如果直接或间接地成为被包装在容器中食品的成分，或影响其特征的所有物质也符合食品添加剂的定义。""影响食品特征"不包括物理影响，如包装物的成分没有迁移到食品中，不成为食品的成分，则不属食品添加剂。但如果某种不会成为食品成分的物质在食品加工中被应用而赋予食品不同风味、组织结构或改变了食品其他特征者，也可能属于食品添加剂。

日本《食品卫生法》规定："食品添加剂是一种在食品制造和加工过程中使用的物质，或者是用于以食品加工或防腐为目的的物质。划定为指定添加剂、现有添加剂、天然香精和通常作为食品也可以作为食品添加剂的物质。"

美国和日本的食品添加剂定义中均包括食品营养强化剂，不包括污染物，与我国规定相同。

我国新版《中华人民共和国食品安全法》第一百五十条规定：食品添加剂指"为改善食品品质和色、香、味以及为防腐、保鲜和加工工艺的需要而加入食品中的人工合成或者天然物质，包括营养强化剂。"

（二）作用

食品工业的发展离不开食品添加剂，其作用有如下几个方面：提高食品的质量和稳定性，改进其感官特性；增加食品保藏性、防止腐败变质；有利于适应生产的机械化和连续化食品加工操作；便于食品的生产、加工、包装、运输或者贮藏；保持或提高食品本身的营养价值；作为某些特殊膳食用食品的必要配料或成分。

（三）分类

食品添加剂可依据其来源、功能和安全性评价的不同来进行分类。

按来源分，食品添加剂可分为天然食品添加剂和人工合成食品添加剂两类。

按功能分，我国在GB 2760—2014《食品安全国家标准 食品添加剂使用标准》中，将食品添加剂分为22类。即酸度调节剂、抗结剂、消泡剂、抗氧化剂、漂白剂、膨松剂、胶基糖果中基础剂物质、着色剂、护色剂、乳化剂、酶制剂、增味剂、面粉处理剂、被膜剂、水分保持剂、防腐剂、稳定剂和凝固剂、甜味剂、增稠剂、食品用香料、食品工业用加工助剂和其他。

按安全性评价来划分，食品添加剂和污染物法典委员会（CCFA）曾在FAO/WHO食品添加剂联合专家委员会（JECFA）讨论的基础上将食品添加剂分为A、B、C 3类，每类再细分为2类。

A 类是指 JECFA 已经制定人体每日允许摄入量（ADI）和暂定 ADI 值的食品添加剂，其中，A1 类指经 JECFA 评价，认为毒理学资料清楚，已制定出 ADI 值，或者认为毒性有限，不需规定 ADI 值者，A2 类指 JECFA 已制定暂定 ADI 值，但毒理学资料不够完善，暂时许可使用于食品者；B 类指 JECFA 曾进行过安全性评价，但未建立 ADI 值，或者未进行过安全性评价者，其中，B1 类指 JECFA 曾进行过评价，由于毒理学资料不足未制定 ADI 值，B2 类指 JECFA 未进行过评价者；C 类是指 JECFA 认为在食品中使用不安全，或应该严格限制作为某些食品的特殊用途者，其中，C1 类指 JECFA 根据毒理学资料认为在食品中使用不安全者，C2 类指 JECFA 认为应严格控制在某些食品中作特殊应用者。

二、食品添加剂的安全性评价

理想的食品添加剂应当有益无害，但要求这样的绝对安全是不现实的。任何一种化学物质，当摄入足够大的剂量时，都可对机体产生一定的损害，抛开剂量谈毒性缺乏科学依据。

早期人们大量使用食品添加剂时，很快发现它能给人类带来危害，如某些合成色素能致癌、致畸，以及长期低剂量喂养亚硝胺能使动物致癌等。随着动物实验与安全性评价的进行，世界各国把对动物致癌、致畸，以及可能危害人类健康的添加剂列入禁止使用名单，并对不明确的品种继续进行更严格的实验，以确定其是否能用、使用范围、最大使用量与残留量，以及分析检测方法等。可以说，在经过严格的毒理学试验和一定的安全性评价后，得到使用许可的食品添加剂，其危害已经控制在现有科学技术可以达到的水平之内了。只要使用范围、使用方法与使用量符合 GB 2760—2014《食品安全国家标准 食品添加剂使用标准》，那么安全性是有保障的。

在我国食品添加剂监管体系不断完善的同时，食品添加剂的产业也在迅速发展。管理机制尚未健全以及无良商家盲目逐利，导致围绕食品添加剂的安全问题时有发生，主要体现在以下几个方面，如表 5-1 所示。

表 5-1　食品添加剂的安全问题

	违法使用	超限量或超范围使用	违规使用	标识不符合规定
问题描述	添加非法或被禁止使用的添加剂，如甲醛、吊白块、苏丹红、三聚氰胺等	食品添加剂超标会严重危害人体健康，如摄入过量甜蜜素会损害人的肝脏和神经系统	掩盖腐败变质或质量缺陷、掺杂使假、伪造食品，如往果干中加入甜味剂做成“蜜饯”	在产品包装上不正确、不真实地标识食品添加剂，以误导和欺骗消费者

GB 2760—2014《食品安全国家标准 食品添加剂使用标准》规定了食品添加剂的允许使用品种、使用范围以及最大使用量或残留量。以常见的防腐剂苯甲酸及其钠盐为例，具体如表 5-2 所示。

表 5-2　　苯甲酸及其钠盐的使用范围与使用量

食品名称	最大使用量/（g/kg）	备注
风味冰、冰棍类	1.0	以苯甲酸计
果酱（罐头除外）	1.0	
蜜饯凉果	0.5	
腌渍的蔬菜	1.0	
胶基糖果	1.5	
除胶基糖果以外的其他糖果	0.8	
调味糖浆	1.0	
醋	1.0	
酱油	1.0	
酱及酱制品	1.0	
复合调味料	0.6	
半固体复合调味料	1.0	
液体复合调味料（不包括醋和酱油）	1.0	
配制酒	0.4	
果酒	0.8	
浓缩果蔬汁（浆）（仅限食品工业用）	2.0	以苯甲酸计，固体饮料按稀释倍数增加使用量
果蔬汁（浆）类饮料	1.0	
蛋白质饮料	1.0	
碳酸饮料	0.2	
茶、咖啡、植物（类）饮料	1.0	
特殊用途饮料	0.2	
风味饮料	1.0	

三、食品添加剂的检测方法

（一）食品中苯甲酸、山梨酸和糖精钠的测定

苯甲酸（Benzoic Acid）又名安息香酸，与苯甲酸钠（Sodium Benzoate）同为酸性防腐剂。由于苯甲酸难溶于水，因此实际使用中多用苯甲酸钠。我国 GB 2760—2014《食品安全国家标准　食品添加剂使用标准》规定，碳酸饮料的最大使用量为 0.2g/kg；风味冰、冰棍类、果酱（罐头除外）、腌渍的蔬菜、调味糖浆、酱及酱制品、半固体复合调味料、液体复合调味料、果蔬汁（浆）类饮料、蛋白质饮料、茶、咖啡、植物（类）饮料、风味饮料的最大使用量以苯甲酸计为 1.0g/kg；浓缩果蔬汁（浆）（仅限食品工业用）的最大使用量以苯甲酸计为 2.0g/kg。苯甲酸及苯甲酸钠在酸性条件下防腐效果较好，适用于偏酸的食品

（pH 4.5~5）。

山梨酸（Sorbic Acid）又叫花楸酸，化学名为2，4-己二烯酸。因山梨酸水溶性差，因此实际使用时多为山梨酸钾（Potassium Sorbate）。我国 GB 2760—2014《食品安全国家标准　食品添加剂使用标准》规定，山梨酸和山梨酸钾可用于浓缩果蔬汁（浆）（仅限食品工业用），最大使用量以山梨酸计为2.0g/kg；胶基糖果、其他杂粮制品（仅限杂粮灌肠制品）、方便米面制品（仅限米面灌肠制品）、肉灌肠类、蛋制品（改变其物理性状）的最大使用量为1.5g/kg。

糖精钠（Sodium Sacchari），又称可溶性糖精或水溶性糖精，甜度为蔗糖的300~500倍。摄入后在体内不分解，随尿液排出，不供给热能，无营养价值。我国 GB 2760—2014《食品安全国家标准　食品添加剂使用标准》规定，糖精钠可用于水果干类（仅限芒果干、无花果干）、凉果类、话化类、果糕类，最大使用量为5.0g/kg；带壳熟制坚果与籽类的最大使用量为1.2g/kg；蜜饯凉果、新型豆制品（大豆蛋白及其膨化食品、大豆素肉等）、熟制豆类、脱壳熟制坚果与籽类最大使用量为1.0g/kg。

食品中苯甲酸、山梨酸和糖精钠测定的国标方法为液相色谱法，酱油、水果汁、果酱中苯甲酸、山梨酸的测定可用气相色谱法。以下着重介绍液相色谱法。

1. 原理

样品经水提取，高脂肪样品经正己烷脱脂、高蛋白质样品经蛋白沉淀剂沉淀蛋白质，采用液相色谱分离、紫外检测器检测，外标法定量。

2. 分析步骤

（1）试样处理　根据不同的食品的特点采用不同的处理方法。

①一般性试样：准确称取2g（精确到0.001g）试样于50mL具塞离心管中，加水25mL，涡旋混匀，于50℃水浴超声20min，冷却至室温后加亚铁氰化钾溶液2mL和乙酸锌溶液2mL，混匀，于8000r/min离心5min，将水相转移至50mL容量瓶中，于残渣中加水20mL，涡旋混匀后超声5min，于8000r/min离心5min，将水相转移到同一50mL容量瓶中，并用水定容至刻度，混匀。取适量上清液过0.22μm滤膜，待液相色谱测定。碳酸饮料、果酒、果汁、蒸馏酒等测定时可以不加蛋白沉淀剂。

②含胶基的果冻、糖果等试样：准确称取2g（精确到0.001g）试样于50mL具塞离心管中，加水25mL，涡旋混匀，于70℃水浴加热溶解试样，于50℃水浴超声20min，之后的操作同①。

③油脂、巧克力、奶油、油炸食品等高油脂试样：准确称取2g（精确到0.001g）试样于50mL具塞离心管中，加正己烷10mL，于60℃水浴加热5min，并不时轻摇以溶解脂肪，然后加氨水溶液（1∶99）25mL，乙醇1mL，涡旋混匀，于50℃水浴超声20min，冷却至室温后，加亚铁氰化钾溶液2mL和乙酸锌溶液2mL，混匀，于8000r/min离心5min，弃去有机相，水相转移至50mL容量瓶中，残渣同①再提取一次后测定。

（2）高效液相色谱条件　色谱柱：C18柱，柱长250mm，内径4.6mm，粒径5μm，或等效色谱柱；流动相：甲醇-乙酸铵溶液（5∶95）；流速：1mL/min；检测波长：230nm；进样量：10μL。

（3）测定　将试样溶液注入液相色谱仪中，得到峰面积，根据标准曲线得到待测液中苯甲酸、山梨酸和糖精钠（以糖精计）的质量浓度。

3. 结果计算

试样中待测组分含量按式（5-1）计算：

$$X = \frac{\rho \times V}{m \times 1000} \tag{5-1}$$

式中　X——试样中待测组分含量，g/kg；

ρ——由标准曲线得出的试样液中待测物的质量浓度，mg/L；

V——试样定容体积，mL；

m——试样质量，g；

1000——由 mg/kg 转换为 g/kg 的换算因子。

结果保留三位有效数字。

（二）食品中叔丁基羟基茴香醚（BHA）与2，6-二叔丁基对甲酚（BHT）的测定

叔丁基羟基茴香醚（BHA）是国内外广泛使用的油溶性抗氧化剂，有两种同分异构体：3-BHA 和 2-BHA，3-BHA 的抗氧化能力是 2-BHA 的 1.5~2 倍，两者混合有一定的协同作用。我国 GB 2760—2014《食品安全国家标准　食品添加剂使用标准》规定，胶基糖果的最大使用量为 0.4g/kg；脂肪、油和乳化脂肪制品、熟制坚果与籽类（仅限油炸坚果与籽类）、油炸面制品、风干、烘干、压干等水产品、膨化食品等的最大使用量为 0.2g/kg。

2，6-二叔丁基对甲酚（BHT）是一种优良的通用型酚类抗氧剂，抗菌作用较 BHA 弱，但价格低廉，仅为 BHA 的 1/8~1/5，因此我国仍作为主要抗氧化剂使用。一般与 BHA 配合使用，并以柠檬酸或其他有机酸为增效剂。我国 GB 2760—2014《食品安全国家标准　食品添加剂使用标准》规定，胶基糖果的最大使用量为 0.4g/kg；脂肪、油和乳化脂肪制品、熟制坚果与籽类（仅限油炸坚果与籽类）、油炸面制品、风干、烘干、压干等水产品、膨化食品等的最大使用量为 0.2g/kg。

食品中叔丁基羟基茴香醚（BHA）与2，6-二叔丁基对甲酚（BHT）的国标测定方法有气相色谱法、薄层色谱法和比色法。以下主要介绍气相色谱测定方法。

1. 原理

试样中的 BHA 和 BHT 用石油醚提取，通过层析柱使 BHA 与 BHT 纯化，浓缩后，经气相色谱分离后用氢火焰离子化检测器检测，根据试样峰高与标准峰高比较定量。

2. 分析步骤

（1）脂肪的提取　根据样品中油脂含量的不同，分为三种不同的提取方法。

①含油脂高的试样（如桃酥等）：称取 50g，混合均匀，置于 250mL 具塞锥形瓶中，加 50mL 石油醚（沸程为 30~60℃），放置过夜，用快速滤纸过滤后，减压回收溶剂，残留脂肪备用。

②含油脂中等的试样（如蛋糕、江米条等）：称取 100g，混合均匀，置于 500mL 具塞锥形瓶中，加 100~200mL 石油醚（沸程为 30~60℃），放置过夜，用快速滤纸过滤后，减压回收溶剂，残留脂肪备用。

③含油脂低的试样（如面包、饼干等）：称取 250~300g 混合均匀后，于 500mL 具塞锥形瓶中，加入适量石油醚浸泡试样，放置过夜，用快速滤纸过滤后，减压回收溶剂，残留脂肪备用。

（2）试样的制备　于层析柱底部加入少量玻璃棉，少量无水硫酸钠，将硅胶-弗罗里硅

土（6∶4）共10g，用石油醚湿法混合装柱，柱顶部再加入少量无水硫酸钠，然后称取上述脂肪提取液0.50~1.00g，用25mL石油醚溶解移入上述层析柱上，再以100mL二氯甲烷分五次淋洗，合并淋洗液，减压浓缩近干时，用二硫化碳定容至2.0mL，该溶液为待测溶液。

（3）气相色谱条件　检测器：氢火焰离子检测器（FID）；色谱柱：长1.5 m，内径3mm的玻璃柱，内装涂10%（m/m）QF-1的Gas Chrom Q（80~100目）；温度：检测室200℃，进样口200℃，柱温140℃；载气流量：氮气70mL/min，氢气50mL/min，空气500mL/min。

（4）测定　注入气相色谱3.0μL标准使用液，绘制色谱图，分别量取各组分峰高或峰面积，进3.0μL试样待测溶液（根据试样含量确定），绘制色谱图，分别量取峰高或峰面积，与标准峰高或峰面积比较计算含量。

3. 结果计算

（1）待测溶液BHA（或BHT）的质量按式（5-2）进行计算。

$$m_1 = \frac{h_i}{h_s} \times \frac{V_m}{V_i} \times V_s \times c_s \tag{5-2}$$

式中　m_1——待测溶液BHA（或BHT）的质量，mg；

h_i——注入色谱试样中BHA（或BHT）的峰高或面积；

h_s——标准使用液中BHA（或BHT）的峰高或面积；

V_i——注入色谱试样溶液的体积，mL；

V_m——待测试样定容的体积，mL；

V_s——注入色谱中标准使用液的体积，mL；

c_s——标准使用液的浓度，mg/mL。

（2）食品中以脂肪计BHA（或BHT）的含量按式（5-3）进行计算。

$$X_1 = \frac{m_1 \times 1000}{m_2 \times 1000} \tag{5-3}$$

式中　X_1——食品中以脂肪计BHA（或BHT）的含量，g/kg；

m_1——待测溶液中BHA（或BHT）的质量，mg；

m_2——油脂质量（或食品中脂肪的质量），g。

计算结果保留三位有效数字。

（三）食品中二氧化硫的测定

亚硫酸及其盐类，如二氧化硫、焦亚硫酸钾、焦亚硫酸钠、亚硫酸钠、亚硫酸氢钠、低亚硫酸钠等，广泛用于食品的漂白与保藏，称为食品漂白剂。亚硫酸盐类是通过产生二氧化硫而发挥漂白、杀菌、防腐、抗氧化作用的。我国GB 2760—2014《食品安全国家标准　食品添加剂使用标准》规定，干制蔬菜（仅限脱水马铃薯）的最大使用量以二氧化硫残留量计为0.4g/kg；蜜饯凉果的最大使用量为0.35g/kg；葡萄酒、果酒的最大使用量为0.25g/kg。

1. 原理

在密闭容器中对样品进行酸化、蒸馏，蒸馏物用乙酸铅溶液吸收。吸收后的溶液用盐酸酸化，碘标准溶液滴定，根据所消耗的碘标准溶液量计算出样品中的二氧化硫含量。

2. 分析步骤

（1）样品制备　果脯、干菜、米粉类、粉条和食用菌适当剪成小块，再用剪切式粉碎机剪碎，搅拌均匀，备用。

（2）样品蒸馏　称取5g均匀样品（精确至0.001g，取样量可视含量高低而定），液体样品可直接吸取5.00~10.00mL样品，置于蒸馏烧瓶中。加入250mL水，装上冷凝装置，冷凝管下端插入预先备有25mL乙酸铅吸收液的碘量瓶的液面下，然后在蒸馏瓶中加入10mL盐酸溶液，立即盖塞，加热蒸馏。当蒸馏液约200mL时，使冷凝管下端离开液面，再蒸馏1min。用少量蒸馏水冲洗插入乙酸铅溶液的装置部分。同时做空白试验。

（3）滴定　向取下的碘量瓶中依次加入10mL盐酸、1mL淀粉指示液，摇匀之后用碘标准溶液滴定至溶液颜色变蓝且30s内不褪色为止，记录消耗的碘标准滴定溶液体积。

3. 结果计算

试样中二氧化硫的含量按式（5-4）计算。

$$X = \frac{(V - V_0) \times 0.032 \times c \times 1000}{m} \tag{5-4}$$

式中　X——试样中的二氧化硫总含量（以 SO_2 计），g/kg 或 g/L；

V——滴定样品所用的碘标准溶液体积，mL；

V_0——空白试验所用的碘标准溶液体积，mL；

0.032——1mL碘标准溶液［$c(\frac{1}{2}I_2) = 1.0mol/L$］相当于二氧化硫的质量，g；

c——碘标准溶液浓度，mol/L；

m——试样质量或体积，g 或 mL。

计算结果以重复性条件下获得的两次独立测定结果的算术平均值表示，当二氧化硫含量≥1g/kg（L）时，结果保留三位有效数字；当二氧化硫含量<1g/kg（L）时，结果保留两位有效数字。

（四）食品中合成着色剂的测定

着色剂又称色素，是使食品着色和改善食品色泽的食品添加剂。按其来源和性质分为食用天然着色剂和食用合成着色剂两大类。我国允许使用的食用合成色素主要有柠檬黄、新红、苋菜红、胭脂红、日落黄、亮蓝、赤藓红等。GB 2760—2014《食品安全国家标准　食品添加剂使用标准》规定，柠檬黄、日落黄、亮蓝在果酱、水果调味糖浆、半固体复合调味料中的最大使用量为0.5g/kg；胭脂红在果酱、水果调味糖浆、半固体复合调味料（蛋黄酱、沙拉酱除外）中的最大使用量为0.5g/kg；苋菜红在果酱、水果调味糖浆中的最大使用量为0.3 g/kg；新红在凉果类、果蔬汁（浆）类饮料、碳酸饮料、风味饮料（仅限果味饮料）、配制酒中的最大使用量为0.05g/kg；赤藓红在凉果类、酱及酱制品、复合调味料、果蔬汁（浆）类饮料、碳酸饮料、风味饮料（仅限果味饮料）、配制酒中的最大使用量为0.05g/kg。

1. 原理

食品中人工合成着色剂用聚酰胺吸附法或液-液分配法提取，制成水溶液，注入高效液相色谱仪，经反相色谱分离，根据保留时间定性和与峰面积比较进行定量。

2. 分析步骤

（1）试样制备　根据不同的食品的特点采用不同的处理方法。

①果汁饮料及果汁、果味碳酸饮料等：称取20~40g（精确至0.001g），放入100mL烧杯中。含二氧化碳样品加热或超声驱除二氧化碳。

②配制酒类：称取 20~40g（精确至 0.001g），放入 100mL 烧杯中，加小碎瓷片数片，加热驱除乙醇。

③硬糖、蜜饯类、淀粉软糖等：称取 5~10g（精确至 0.001g）粉碎样品，放入 100mL 小烧杯中，加水 30mL，温热溶解，若样品溶液 pH 较高，用柠檬酸溶液调至 pH 6 左右。

④巧克力豆及着色糖衣制品：称取 5~10g（精确至 0.001g），放入 100mL 小烧杯中，用水反复洗涤色素，到巧克力豆无色素为止，合并色素漂洗液为样品溶液。

（2）色素提取　有两种处理方法。

①聚酰胺吸附法：样品溶液加柠檬酸溶液调 pH 到 6，加热至 60℃，将 1g 聚酰胺粉加少许水调成粥状，倒入样品溶液中，搅拌片刻，以 G3 垂融漏斗抽滤，用 60℃、pH 4 的水洗涤 3~5 次，然后用甲醇-甲酸混合溶液洗涤 3~5 次（含赤藓红的样品用②法处理），再用水洗至中性，用乙醇-氨水-水混合溶液解吸 3~5 次，直至色素完全解吸，收集解吸液，加乙酸中和，蒸发至近干，加水溶解，定容至 5mL。经 0.45μm 微孔滤膜过滤，进高效液相色谱仪分析。

②液-液分配法（适用于含赤藓红的样品）：将制备好的样品溶液放入分液漏斗中，加 2mL 盐酸、三正辛胺-正丁醇溶液（5%）10~20mL，振摇提取，分取有机相，重复提取，直至有机相无色，合并有机相，用饱和硫酸钠溶液洗 2 次，每次 10mL，分取有机相，放蒸发皿中，水浴加热浓缩至 10mL，转移至分液漏斗中，加 10mL 正己烷，混匀，加氨水溶液提取 2~3 次，每次 5mL，合并氨水溶液层（含水溶性酸性色素），用正己烷洗 2 次，氨水层加乙酸调成中性，水浴加热蒸发至近干，加水定容至 5mL。经 0.45μm 微孔滤膜过滤，进高效液相色谱仪分析。

（3）高效液相色谱条件　色谱柱：C18 柱，4.6mm×250mm，5μm；进样量：10μL；柱温：35℃；二极管阵列检测器波长范围：400~800nm，或紫外检测器检测波长：254nm。

（4）测定　将样品提取液和合成着色剂标准使用液分别注入高效液相色谱仪，根据保留时间定性，外标峰面积法定量。

3. 结果计算

试样中着色剂含量按式（5-5）计算。

$$X = \frac{c \times V \times 1000}{m \times 1000 \times 1000} \tag{5-5}$$

式中　X——试样中着色剂的含量，g/kg；

c——进样液中着色剂的浓度，μg/mL；

V——试样稀释总体积，mL；

m——试样质量，g；

1000——换算系数。

计算结果以重复性条件下获得的两次独立测定结果的算术平均值表示，结果保留两位有效数字。

（五）食品中β-环状糊精的测定

β-环状糊精又称环麦芽七糖，简称β-CD，作食品增稠剂使用。β-环状糊精在环状结构的中心具有空穴，内部有—CH—与葡萄糖苷结合的氧原子，呈疏水性；葡萄糖 2 位、3 位和 6 位的—OH 基呈亲水性。因此，β-环状糊精可同时与疏水性物质和亲水性物质结合。我国

GB 2760—2014《食品安全国家标准　食品添加剂使用标准》规定，胶基糖果的最大使用量为20.0g/kg；方便米面制品、预制肉制品、熟肉制品的最大使用量为1.0g/kg；果蔬汁（浆）类饮料、植物蛋白饮料、复合蛋白饮料、碳酸饮料的最大使用量为0.5g/kg。

1. 原理

食品中β-环状糊精用流动相溶解，制成溶液，注入高效液相色谱仪，经色谱分离，根据保留时间定性和与峰面积比较进行定量。

2. 分析步骤

（1）标准溶液的制备　称取β-环状糊精标准品1g（精确至0.0001g）置于100mL容量瓶中，用流动相溶解并定容至刻度，混匀。取1.0mL上述溶液，加1.0mL内标液。色谱分析前用0.45μm微孔滤膜过滤。

（2）试样溶液的制备　称取试样1g（精确至0.0001g）置于100mL容量瓶中，用流动相溶解并定容至刻度，混匀。取1.0mL上述溶液，加1.0mL内标液。色谱分析前用0.45μm微孔滤膜过滤。

（3）高效液相色谱条件　色谱柱：以键合氨基丙基硅氧烷为填充剂的10μm多孔硅胶色谱柱（ϕ4.6mm×25cm），或其他等效的色谱柱；流动相：水：甲醇=94：6；柱温：30℃；检测器温度：35℃；流速：1.5mL/min；进样量：50μL。

（4）测定　分别对标准溶液和试样溶液进行测定，记录主峰面积和内标峰面积。系统适用性为重复注入标准溶液两次，所得响应面积的相对误差小于2.0%。

3. 结果计算

β-环状糊精含量（以干基计）的质量分数（ω_1），按式（5-6）计算。

$$\omega_1 = \frac{R_u c_s \times 100}{R_s c_u \times (100 - \omega)} \times 100\% \tag{5-6}$$

式中　R_u——试样溶液中主峰与内标峰面积的比值；

c_s——标准溶液的浓度，g/mL；

100——质量换算系数；

R_s——标准溶液中主峰与内标峰面积的比值；

c_u——试样溶液的浓度，g/mL；

ω——试样的水分，g/100g。

试验结果以平行测定结果的算术平均值为准。在重复性条件下获得的两次独立测定结果的绝对差值不大于0.5%。

（六）食品中单、双甘油脂肪酸酯的测定

单、双甘油脂肪酸酯包括油酸、亚油酸、棕榈酸、山嵛酸、硬脂酸、月桂酸和亚麻酸甘油酯。单，双甘油脂肪酸酯不溶于水，但与热水强烈振荡混合时可分散在水中呈乳化状，溶于乙醇和热脂肪油，亲水亲油平衡值（HLB值）3.8，为W/O型乳化剂。GB 2760—2014《食品安全国家标准　食品添加剂使用标准》规定，生干面制品的最大使用量为30.0g/kg；黄油和浓缩黄油的最大使用量为20.0g/kg。

1. 原理

由于单、双甘油脂肪酸酯的沸点很高，不能直接进入色谱柱，否则会堵塞色谱柱。在本方法中，通过单、双甘油脂肪酸酯和硅烷化试剂（BSTFA、TMCS）进行化学衍生化反应，

形成挥发性硅烷化衍生物，降低了沸点，就可以通过气相色谱进行分析。

2. 分析步骤

（1）标样的制备　准确称取十四烷（内标物）和相应标准品各 100mg，置于 10mL 容量瓶中，以吡啶定容后作为标样溶液。标准品包含甘油和待测物对应的单甘油脂肪酸酯。精确量取 0. 10mL 标样溶液到 2. 5mL 螺旋盖样品瓶，加 0. 1mL TMCS 和 0. 2mL BSTFA 后猛烈摇匀，置于 70℃烘箱中反应 20min，得到标样。

（2）试样液的制备　准确称取 100mg 十四烷（内标物）和 600mg 试样，置于 10mL 容量瓶中，以吡啶定容。精确量取 0. 10mL 此溶液到 2. 5mL 螺旋盖样品瓶，加 0. 1mL TMCS 和 0. 2mL BSTFA 后猛烈摇匀，置于 70℃烘箱中反应 20min，得到待测试样液。

（3）气相色谱条件　色谱柱：填料为 5%苯基，1%乙烯基-甲基聚硅氧烷，柱长 30m，内径 0. 25mm，涂膜厚度 0. 25μm；或等效色谱柱；氢火焰离子化检测器（FID）；柱温：初温 120℃，以 15℃/min 的速率升温至 340℃，并维持 30min；进样口温度：320℃；检测器温度：350℃；载气：氮气；载气流速：1mL/min；氢气：60mL/min；空气：500mL/min；分流比：1∶10~1∶50；进样量：1~5μL。

（4）测定　将标样和待测试样液进行测定。

3. 结果计算

（1）反应因子 R 的计算　反应因子 R 按式（5-7）计算。

$$R = \frac{A_s \times m_d}{A_d \times m_s} \tag{5-7}$$

式中　A_s——标样峰面积；

m_d——内标物质量，g；

A_d——内标物峰面积；

m_s——标样质量，g。

（2）待测组分质量分数的计算　待测组分质量分数 ω_i 按式（5-8）计算。

$$\omega_i = \frac{m_d \times A_i}{m \times A_d \times R} \times 100\% \tag{5-8}$$

式中　m_d——内标物质量，g；

A_i——待测组分峰面积；

m——试样质量，g；

A_d——内标物峰面积；

R——反应因子。

通过式（5-7）和式（5-8）可以分别计算出总单甘油脂肪酸酯和游离甘油的质量分数。试验结果以平行测定结果的算术平均值为准。在重复性条件下获得的两次独立测定结果的绝对差值不大于算术平均值的 5%。

（七）食品中硫酸铝钾的测定

硫酸铝钾又称明矾、白矾、钾明矾，溶于水，易溶于热水，溶于稀酸。不溶于醇、丙酮。我国 GB 2760—2014《食品安全国家标准　食品添加剂使用标准》规定，豆类制品、油炸面制品、虾味片、焙烤食品等的最大使用量不作规定，但要求铝的残留量≤100mg/kg（干样品，以 Al 计）。

1. 原理

在弱酸性介质中，乙二胺四乙酸二钠与铝形成络合物，用氯化锌返滴定过量的乙二胺四乙酸二钠，从而确定硫酸铝钾的含量。

2. 分析步骤

（1）硫酸铝钾［$AlK(SO_4)_2\cdot 12H_2O$］（以干基计）的测定　用移液管移取25mL试样溶液A，置于250mL锥形瓶中，再用移液管移取50mL乙二胺四乙酸二钠溶液，煮沸5min，冷却至室温，加入一小块刚果红试纸，然后用氨水溶液调至试纸呈紫红色（pH 5~6），加15mL乙酸-乙酸钠缓冲溶液后加入3~4滴二甲酚橙指示液，用氯化锌标准滴定溶液滴定至橙黄色即为终点。同时同样做空白试验，空白试验溶液除不加试样外，其他加入试剂的种类和量（标准滴定溶液除外）与测定试验相同。

（2）硫酸铝钾［$AlK(SO_4)_2$］（以干基计）的测定　称取5.0g预先研磨且通过试验筛并在（200±2）℃电热恒温干燥箱中干燥4h的试样，精确至0.0002g，置于150mL烧杯中，加入80mL水，12mL盐酸溶液，加热溶解。冷却后移入500mL容量瓶中，用水稀释至刻度，摇匀。用移液管移取25mL上述试样溶液，置于250mL锥形瓶中，再用移液管移取50mL乙二胺四乙酸二钠溶液，煮沸5min，冷却至室温，加入一小块刚果红试纸，然后用氨水溶液调至试纸呈紫红色（pH 5~6），加15mL乙酸-乙酸钠缓冲溶液后加入3~4滴二甲酚橙指示液，用氯化锌标准滴定溶液滴定至橙黄色即为终点。同时同样做空白试验，空白试验溶液除不加试样外，其他加入试剂的种类和量（标准滴定溶液除外）与测定试验相同。

3. 结果计算

硫酸铝钾含量的质量分数 ω_1 按式（5-9）计算。

$$\omega_1 = \frac{c \times (V_0 - V_1) \times M \times 500}{m \times 1000 \times 25} \times 100\% \tag{5-9}$$

式中　c——氯化锌标准滴定溶液的浓度，mol/L；

V_0——空白试验溶液消耗的氯化锌标准滴定溶液的体积，mL；

V_1——试样溶液消耗氯化锌标准滴定溶液的体积，mL；

M——十二水合硫酸铝钾的摩尔质量，g/mol｛$M[AlK(SO_4)_2\cdot 12H_2O] = 474.37$｝；

硫酸铝钾干燥品的摩尔质量，g/mol｛$M[AlK(SO_4)_2] = 258.19$｝；

500——试样溶液的总体积，mL；

m——试样的质量，g；

1000——换算因子；

25——移取试样溶液的体积，mL。

试验结果以平行测定结果的算术平均值为准。在重复性条件下获得的两次独立测定结果的绝对差值不大于0.3%。

第二节　食品非法添加物

一、食品非法添加物名单

2008 年 9 月，爆发了轰动一时的“三鹿奶粉”事件，由于非法添加三聚氰胺，上万婴幼儿罹患泌尿系统结石，也让乳业龙头企业三鹿集团破产。

为进一步打击在食品生产、流通、餐饮服务中违法添加非食用物质和滥用食品添加剂的行为，保障消费者健康，全国打击违法添加非食用物质和滥用食品添加剂专项整治领导小组根据风险监测和监督检查中发现的问题，不断更新非法使用物质名单，至今已公布了六批《食品中可能违法添加的非食用物质和易滥用的食品添加剂名单》，表 5-3 所示是 1~6 批名单中非食用物质的汇总以及原卫生部（现称中华人民共和国国家卫生健康委员会）指定检测方法。

表 5-3　食品中可能违法添加的非食用物质名单

序号	名称	可能添加的食品品种	检测方法
1	吊白块	腐竹、粉丝、面粉、竹笋	GB/T 21126—2007《小麦粉与大米粉及其制品中甲醛次硫酸氢钠含量的测定》；卫生部《关于印发面粉、油脂中过氧化苯甲酰测定等检验方法的通知》（卫监发〔2001〕159 号）附件 2 食品中甲醛次硫酸氢钠的测定方法
2	苏丹红	辣椒粉、含辣椒类的食品（辣椒酱、辣味调味品）	GB/T 19681—2005《食品中苏丹红染料的检测方法　高效液相色谱法》
3	王金黄、块黄	腐皮	无
4	蛋白精、三聚氰胺	乳与乳制品	GB/T 22388—2008《原料乳与乳制品中三聚氰胺检测方法》 GB/T 22400—2008《原料乳中三聚氰胺快速检测　液相色谱法》
5	硼酸与硼砂	腐竹、肉丸、凉粉、凉皮、面条、饺子皮	无
6	硫氰酸钠	乳与乳制品	无
7	玫瑰红 B	调味品	无
8	美术绿	茶叶	无
9	碱性嫩黄	豆制品	无

续表

序号	名称	可能添加的食品品种	检测方法
10	工业用甲醛	海参、鱿鱼等干水产品、血豆腐	SC/T 3025—2006《水产品中甲醛的测定》
11	工业用火碱	海参、鱿鱼等干水产品、生鲜乳	无
12	一氧化碳	金枪鱼、三文鱼	无
13	硫化钠	味精	无
14	工业硫黄	白砂糖、辣椒、蜜饯、银耳、龙眼、胡萝卜、姜等	无
15	工业染料	小米、玉米粉、熟肉制品等	无
16	罂粟壳	火锅底料及小吃类	参照上海市食品药品检验所自建方法
17	革皮水解物	乳与乳制品 含乳饮料	乳与乳制品中动物水解蛋白鉴定——L（-）-羟脯氨酸含量测定（检测方法由中国检验检疫科学院食品安全所提供）。该方法仅适应于生鲜乳、纯牛乳、乳粉
18	溴酸钾	小麦粉	GB/T 20188—2006《小麦粉中溴酸盐的测定　离子色谱法》
19	β-内酰胺酶（金玉兰酶制剂）	乳与乳制品	液相色谱法（检测方法由中国检验检疫科学院食品安全所提供）
20	富马酸二甲酯	糕点	气相色谱法（检测方法由中国疾病预防控制中心营养与食品安全所提供）
21	废弃食用油脂	食用油脂	无
22	工业用矿物油	陈化大米	无
23	工业明胶	冰淇淋、肉皮冻等	无
24	工业酒精	勾兑假酒	无
25	敌敌畏	火腿、鱼干、咸鱼等制品	GB/T 5009. 20—2003《食品中有机磷农药残留的测定》
26	毛发水	酱油等	无
27	工业用乙酸	勾兑食醋	GB/T 5009. 41—2003《食醋卫生标准的分析方法》

续表

序号	名称	可能添加的食品品种	检测方法
28	肾上腺素受体激动剂类药物（盐酸克伦特罗，莱克多巴胺等）	猪肉、牛羊肉及肝脏等	GB/T 22286—2008《动物源性食品中多种β-受体激动剂残留量的测定　液相色谱串联质谱法》
29	硝基呋喃类药物	猪肉、禽肉、动物性水产品	GB/T 21311—2007《动物源性食品中硝基呋喃类药物代谢物残留量检测方法　高效液相色谱/串联质谱法》
30	玉米赤霉醇	牛羊肉及肝脏、牛乳	GB/T 21982—2008《动物源食品中玉米赤霉醇、β-玉米赤霉醇、α-玉米赤霉烯醇、β-玉米赤霉烯醇、玉米赤霉酮和赤霉烯酮残留量检测方法　液相色谱-质谱/质谱法》
31	抗生素残渣	猪肉	无，需要研制动物性食品中测定万古霉素的液相色谱-串联质谱法
32	镇静剂	猪肉	参考 GB/T 20763—2006《猪肾和肌肉组织中乙酰丙嗪、氯丙嗪、氟哌啶醇、丙酰二甲氨基丙吩噻嗪、甲苯噻嗪、阿扎哌隆、阿扎哌醇、咔唑心安残留量的测定　液相色谱-串联质谱法》 需要研制测定动物性食品中安定的液相色谱-串联质谱法
33	荧光增白物质	双孢蘑菇、金针菇、白灵菇、面粉	蘑菇样品可通过照射进行定性检测 面粉样品无检测方法
34	工业氯化镁	木耳	无
35	磷化铝	木耳	无
36	馅料原料漂白剂	焙烤食品	无，需要研制馅料原料中二氧化硫脲的测定方法
37	酸性橙Ⅱ	黄鱼、鲍汁、腌卤肉制品、红壳瓜子、辣椒面和豆瓣酱	无，需要研制食品中酸性橙Ⅱ的测定方法。参照江苏省疾控创建的鲍汁中酸性橙Ⅱ的高效液相色谱-串联质谱法 （说明：水洗方法可作为补充，如果脱色，可怀疑是违法添加了色素）
38	氯霉素	生食水产品、肉制品、猪肠衣、蜂蜜	GB/T 22338—2008《动物源性食品中氯霉素类药物残留量测定》

续表

序号	名称	可能添加的食品品种	检测方法
39	喹诺酮类	麻辣烫类食品	无，需要研制麻辣烫类食品中喹诺酮类抗生素的测定方法
40	水玻璃	面制品	无
41	孔雀石绿	鱼类	GB/T 20361—2006《水产品中孔雀石绿和结晶紫残留量的测定　高效液相色谱荧光检测法》（建议研制水产品中孔雀石绿和结晶紫残留量测定的液相色谱-串联质谱法）
42	乌洛托品	腐竹、米线等	无，需要研制食品中六亚甲基四胺的测定方法
43	五氯酚钠	河蟹	SC/T 3030—2006《水产品中五氯苯酚及其钠盐残留量的测定　气相色谱法》
44	喹乙醇	水产养殖饲料	水产品中喹乙醇代谢物残留量的测定　高效液相色谱法（农业部 1077 号公告-5—2008）；SC/T 3019—2004《水产品中喹乙醇残留量的测定　液相色谱法》
45	碱性黄	大黄鱼	无
46	磺胺二甲嘧啶	叉烧肉类	GB/T 20759—2006《畜禽肉中十六种磺胺类药物残留量的测定　液相色谱-串联质谱法》
47	敌百虫	腌制食品	GB/T 5009. 20—2003《食品中有机磷农药残留量的测定》
48	邻苯二甲酸酯类物质	乳化剂类食品添加剂、使用乳化剂的其他类食品添加剂或食品等	GB 5009. 271—2016《食品安全国家标准　食品中邻苯二甲酸酯的测定》

二、食品非法添加物的分类

从中华人民共和国国家卫生健康委员会公布的“食品中可能违法添加的非食用物质名单”上看，大都是应用较广且价格低廉的化工原料，由于可以改变食品的颜色、质地、口味等，因此常常被不法分子加到食品中欺骗消费者。表 5-4 所示是上述名单中一些具有代表性的化工原料分类。

表 5-4　　违法添加的非食用物质分类

类别	代表性物质
着色增亮类	苏丹红、王金黄、玫瑰红 B、美术绿、碱性嫩黄、酸性橙、工业用矿物油、邻苯二甲酸酯类物质
漂白、质构改良、防腐综合类	吊白块、工业用甲醛、工业用火碱、工业硫黄、硼酸与硼砂、溴酸钾、水玻璃
保鲜防腐类	硫氰酸钠、富马酸二甲酯、敌敌畏、抗生素残渣、磷化铝、孔雀石绿
掺假造假类	三聚氰胺、皮革水解物、废弃食用油脂、工业酒精、工业用乙酸、工业氯化镁

三、食品非法添加物的检测方法

苏丹红属于偶氮系列化工合成染料，可能污染辣椒粉、含辣椒类的食品（辣椒酱、辣味调味品）等食品。该类非法添加物的测定方法，主要包括样品经溶剂提取、固相萃取净化后，用反相高效液相色谱-紫外可见光检测器进行色谱分析，采用外标法定量。

1. 试剂与材料

（1）试剂　乙腈（色谱纯）；丙酮（色谱纯、分析纯）；甲酸（分析纯）；乙醚（分析纯）；正己烷（分析纯）；无水硫酸钠（分析纯）；5%丙酮的正己烷液：吸取 50mL 丙酮，用正己烷定容至 1L。

（2）材料　层析柱管；层析用氧化铝；氧化铝层析柱。

2. 仪器与设备

高效液相色谱仪（配有紫外可见光检测器）；分析天平（精确度 0.1mg）；旋转蒸发仪；均质机；离心机；0.45μm 有机滤膜。

3. 操作方法

（1）样品处理——以红辣椒油样品为例　称取 0.5~2g（准确至 0.001g）样品于小烧杯中，加入适量正己烷溶解（1~10mL），难溶解的样品可于正己烷中加温溶解，慢慢加入氧化铝层析柱中，柱中正己烷液面保持 2mm 左右时上样，在全程层析过程中不应使柱干涸，用正己烷少量多次淋洗浓缩瓶，一并注入层析柱。控制氧化铝表层吸附的色素带宽宜小于 0.5cm，待样液完全流出后，视样品中含油类杂质的含量用 10~30mL 正己烷洗柱，收集、浓缩后，用丙酮转移并定容至 5mL，经 0.45μm 有机滤膜过滤后待测。

（2）色谱条件

①色谱柱：Zorbax SB-C18，3.5μm，4.6mm×150mm。

②流动相：溶剂 A 为 0.1%甲酸的水溶液：乙腈=85：15；溶剂 B 为 0.1%甲酸的乙腈溶液：丙酮=80：20。

③梯度洗脱：流速 1mL/min，柱温 30℃，检测波长：苏丹红Ⅰ（478nm），苏丹红Ⅱ、苏丹红Ⅲ、苏丹红Ⅳ（520nm）。

（3）标准曲线　吸取标准储备液 0mL、0.1mL、0.2mL、0.4mL、0.8mL、1.6mL，用正

己烷定容至 25mL，此标准系列浓度为 0μg/mL、0.16μg/mL、0.32μg/mL、0.64μg/mL、1.28μg/mL、2.56μg/mL，绘制标准曲线。

（4）计算　按式（5-10）计算苏丹红含量。

$$R = C \times \frac{V}{M} \tag{5-10}$$

式中　R——样品中苏丹红含量，mg/kg；

C——由标准曲线得出的样液中苏丹红的浓度，μg/mL；

V——样液定容体积，mL；

M——样品质量，g。

本章小结

食品添加剂是指为改善食品品质和色、香、味，以及为防腐、保鲜和加工工艺的需要而加入食品中的人工合成或天然物质。本章主要介绍食品添加剂的概念、作用、类型和安全性评价，并对几种常见食品添加剂的检测方法作了详细的阐述。此外，还介绍了我国食品中非法添加物的种类及分类，并列举了一种典型食品非法添加物检测方法。

思考题

1. 简述食品添加剂的概念和常见类型。
2. 我国公布的食品中禁用的非法添加物有哪些？
3. 怎样合理使用食品添加剂？

第六章

食品包装的有毒迁移物

食品包装是食品工业重要组成成分，它应用了化工、生物工程、物理、机械、电子等多学科知识，形成了集先进技术、材料、设备为一体的完整工业体系。食品包装材料直接和食物接触，很多材料成分可转移进入食品中，这一过程一般称为“迁移”。这些迁移物随食物进入人体而造成对人体的危害，被称为有毒迁移物。

第一节　食品包装容器、包装材料的种类

现代食品食品包装有很多种类，分类方法也多样化，可按在流通过程中的作用分为运输包装和销售包装；按包装结构形式分为贴体包装、泡罩包装、热收缩包装、可携带包装、托盘包装、组合包装等；按销售对象分为出口包装、内销包装、军用品包装和民用品包装等；按包装技术方法可分为真空和充气包装、脱氧包装、防潮包装、防水包装、冷冻包装、软罐头包装、热成型、热收缩包装、缓冲包装等；另外，还可按包装材料和容器进行分类。目前我国允许使用的食品容器、包装材料主要有以下 7 种：塑料制品；天然、合成橡胶制品；陶瓷、搪瓷容器；铝、不锈钢、铁质容器；玻璃容器；食品包装用纸；复合薄膜、复合薄膜袋等。常见食品包装材料和容器分类如表 6-1 所示。

表 6-1　　包装按包装材料和容器分类

包装材料	包装容器类型
纸与纸板	纸盒、纸箱、纸袋、纸杯、纸质托盘、纸浆模塑制品
塑料	塑料薄膜袋、中空包装容器、编织袋、周转箱、片材热成型容器、热收缩膜包装、软管、软塑箱、钙塑箱
金属	马口铁、无锡钢板等制成的金属罐、桶等，铝箔罐、软管、软包装袋
复合材料	纸、塑料薄膜、铝箔等组合而成的复合软包装材料制成的包装袋、复合软管等
玻璃、陶瓷	瓶、罐、坛、缸等
木材	木箱、板条箱、胶合板箱、花格木箱

续表

包装材料	包装容器类型
橡胶	奶嘴、容器和管道的垫圈等
其他	麻袋、布袋、草或竹制包装容器等

第二节　食品容器、包装材料与食品安全

现代包装给消费者提供了高质量的食物，同时也使用了不同类型的包装材料，如玻璃、陶瓷、金属（主要是铝和锡）、木制品（木制纸浆、纤维素）以及塑料等。食品包装材料品种和数量的增加，在一定程度上给食品带来了不安全因素。对于食品包装材料安全性的基本要求就是不能向食品中释放有害物质，不与食品中成分发生反应。包装材料直接和食物接触，很多材料成分可转移进入食品中，这一过程称“迁移”。在玻璃、陶瓷、金属、硬纸板，塑料包装材料中均可发生“迁移”。如塑料包装材料中有机化学物质如聚苯乙烯，其单体苯乙烯可从塑料包装进入食品的问题；当采用陶瓷器皿盛放酸性食品时，其表面釉料中所含的铅就可能被溶出，随食物进入人体而对人体造成危害。

来自食品包装中的化学物质可能成为食品污染物，因此，食品包装材料的安全性也越来越受到人们的重视，并成为很多国家的研究热点。为此，世界上许多国家制定了食品包装材料的限制标准，如英国评价了 90 多种物质为安全物质，允许作为食品包装物质使用。我国在这方面也做了一定的工作，制定了食品包装材料的卫生标准。

目前我国市场上很多食品包装材料存在着一定的问题，难以符合国家对食品安全、卫生和环保方面的要求，不但危害消费者身体健康，而且影响到我国的食品包装业，甚至整个食品工业的健康发展。其中，金属厨具、餐具等主要是因为镍、铬、镉、铅迁移量超标，陶瓷制品主要是因为铅、镉迁移量超标，植物制品、纸制品主要是因为微生物、二氧化硫超标，而其他商品则主要是因为芳香胺、铅、铬、镍等迁移量超标。下面就塑料、橡胶、纸、金属、玻璃和搪瓷、陶瓷等包装材料对食品安全性的影响作介绍。

一、食品包装纸的安全性

纸质包装材料可以制成袋、盒、罐、箱等容器，在食品行业被广泛应用。纯净的纸和纸板无毒无害。但由于生产包装纸的原材料受到污染；或在加工处理中，添加或混入一些杂质、细菌和某些化学残留物，如挥发性物质、清洁剂、涂料、改良剂和油墨等都会影响包装食品的安全性。

（一）食品包装用纸存在的安全问题

生产食品包装纸的原材料中存在污染物，如存在重金属、农药残留等污染或采用了霉变的原料，使成品染上大量霉菌，甚至使用社会上回收废纸作原料，造成化学物质残留；生产过程中添加助剂残留，如硫酸铝、纯碱、亚硫酸钠、次氯酸钠、松香、滑石粉和防霉剂等；包装纸在涂蜡、荧光增白处理工艺中，使用了含有较多的多环芳烃化合物和荧光增白剂；油

墨印染污染，目前，油墨大多是含甲苯、二甲苯的有机溶剂型油墨，糖果所使用的彩色包装纸，涂彩层接触糖果造成污染；成品表面微生物及微尘杂质的污染。

（二）包装纸对食品安全性的影响

食品包装纸对食品安全性的影响主要与生产包装纸的原料、助剂、油墨有关。

在纸的加工过程中常加入大量物质，如清洁剂、涂料以及其他的改良剂，一些存在于纸和纸板中的已经证实了的化学物质有：挥发性成分——苯甲醛、苯、丁醛、丁二酮、氯仿、癸烷、二甲苯、壬醛、糠醛、己醛、正己烷、己烯、戊醛、2-丙基呋喃、2-戊基呋喃、2-甲基丙烯、2-丁氧基乙醇等；溶解提取物——二苯甲酮、二十二烷、十七烷、十八烷、硬脂酸、三苯基甲烷等。挥发性迁移物的主要成分是烷基、醛和芳基醛，它们的含量范围为10~35mg/kg纸。

纸和纸板中的很多残留成分是添加剂和改良剂，如生产玻璃纸时所加入的脱硫漂白物二硫化碳是一种神经毒素，有麻醉作用，当用这种玻璃纸包装食品时，就会对人体造成毒害。

还有一些打印墨的有关成分如重金属、多氯联苯等有害物质。在包装袋上印刷的油墨，大多是含甲苯、二甲苯的有机溶剂型凹印油墨。其中，有两个方面会对食品的卫生安全和人体健康有密切的关系：一个是苯类溶剂早就不在GB 9685—2016《食品安全国家标准　食品接触材料及制品用添加剂使用标准》中被许可使用，但实际情况却仍被大量使用，这是十分不应该的。甲苯、二甲苯的沸点都超过110℃，在印刷工艺过程中，干燥温度只有70~80℃，很少超过90℃的，而且车速很快，每分钟高达150m甚至250m。溶剂不能被彻底清除，总会有一部分残留在墨层中。如果被人体吸收，会损害人体的神经系统和破坏人体的造血功能，会引起呕吐、失眠、厌食、乏力、白细胞降低、抵抗力下降等典型的永久性苯中毒症状，在职业病中占有很大的比例。

第二个是油墨中所使用的颜料、染料中，存在着重金属（铅、镉、汞、铬等）、苯胺或多环芳烃类等物质。重金属中的铅会阻碍儿童的身体发育和智力发育。汞对人体的神经、消化、内分泌系统和肾脏会产生危害作用，特别是对胎儿和婴儿的危害更大。它还会损害人脑导致死亡。镉会造成骨骼损害，产生“痛痛病”。而苯胺类或多环芳烃类染料则是明显的致癌物质，对人体的健康威胁很大。如由纸包装材料引起食品中多氯联苯（PCBs）的污染，应引起重视。例如在饲养业常用新闻纸、褐色卡纸或计算机纸作为纤维素代用品，采用含30%的此种纤维素代用品饲喂奶牛，可导致牛乳中多氯联苯含量达73μg/kg，在肾脏脂肪中的含量达15.4mg/kg。用含多氯联苯量少于5mg/kg的纸包装猪肉，储存7d时迁移至猪肉中的多氯联苯含量为0.08mg/kg，但多氯联苯转移到玉米油、面包、炒饭、饼干等中的量却非常少。

所以，包装袋印刷油墨中的有害物质对食品的卫生影响和对人体的健康影响是明显且严重的。

二、塑料包装材料的安全性

常用的塑料包装材料一般符合食品包装材料卫生安全性要求，但存在不少影响食品安全性的因素。

（一）塑料包装材料有害物质来源

树脂本身有一定毒性；塑料包装材料本身的有毒残留物迁移，塑料材料本身含有部分的有毒残留物质，主要包括有毒单体残留、有毒添加剂残留、聚合物中的低聚物残留、裂解物和老化产生的有毒物，它们将会迁移入食品中，造成污染；塑料包装表面污染物，由于塑料易于带电，造成包装表面微尘杂质污染食品；包装材料回收或处理不当。包装材料由于回收和处理不当，带入污染物，不符合卫生要求，再利用时引起食品的污染。

（二）塑料包装材料对食品安全性的影响

塑料以及合成树脂都是由很多小分子单体聚合而成，小分子单体的分子数目越多，聚合度越高，塑料的性质越稳定，当与食品接触时向食品中迁移的可能性就越小。塑料中用到的低分子物质或添加剂很多，主要有增塑剂、抗氧化剂、热稳定剂、紫外光稳定剂和吸收剂、抗静电剂、填充改良剂、润滑剂、着色剂、杀虫剂和防腐剂。这些物质都是易从塑料中迁移的物质，是塑料包装材料对食品安全性造成影响的主要原因。

1. 聚乙烯

聚乙烯（Polyethylene，PE）由乙烯聚合而成，为半透明和不透明的固体物质。是目前我国食品包装业中使用较广的一种塑料。

聚乙烯塑料属于聚烯烃类长直链烷烃树脂，本身是一种无毒材料，其 LD_{50} 大于最大可能灌胃量，在许多经口亚急性毒性试验、慢性毒性试验、致畸试验和致癌试验中均未见明显的毒性作用。

聚乙烯塑料的残留物主要包括聚乙烯单体乙烯、低相对分子质量聚乙烯、回收制品污染物残留以及添加色素残留。

乙烯单体有低毒，在塑料包装材料中残留量极低，而且加入的添加剂量又很少，一般认为聚乙烯塑料是安全的包装材料。但低相对分子质量聚乙烯溶于油脂使油脂具有蜡味，从而影响产品质量。

聚乙烯塑料回收再生制品不安全性较大。由于回收渠道复杂，回收容器上常残留有许多有害污染物，难以保证清洗处理完全，从而造成对食品的污染；为掩盖回收品质量缺陷往往添加大量涂料，从而使涂料色素残留污染食品。因此，一般规定聚乙烯回收再生品不能再用于制作食品的包装容器。

2. 聚丙烯

聚丙烯（Polypropyrene，PP）由丙烯聚合而成。聚丙烯塑料残留物主要是添加剂和回收再利用品残留。聚丙烯塑料易老化，需要加入抗氧化剂和紫外线吸收剂等添加剂，造成添加剂残留污染。回收再利用品残留与聚乙烯塑料类似。聚丙烯作为食品包装材料一般认为较安全，其安全性高于聚乙烯塑料。

3. 聚苯乙烯

聚苯乙烯（Polystyrene，PS）由苯乙烯聚合而成。聚苯乙烯树脂本身无味、无臭、无毒、不易长霉，卫生安全性好。

聚苯乙烯树脂残留物主要是苯乙烯单体、乙苯、异丙苯、甲苯等挥发性物质，它们能向食品中迁移。已证明在此类型聚合物中，每千克塑料有1000~1500mg的挥发性迁移物。这些挥发性物质的相对分子质量通常是小于200的化学物质，少部分的挥发性成分的相对分子质量大于200。在包装食品中常发现低聚物，以棕榈油为最多，主要是由于聚合物的分裂，产生高浓度的低聚物而迁移进入食品中。进入包装食品中的迁移物主要包括苯、乙苯、苯甲醛和苯乙烯，它们的迁移对人体具有危害。这些物质均有低毒。残留在包装食品中的苯乙烯单体对人体最大无作用剂量为133mg/kg。

4. 聚氯乙烯

聚氯乙烯（Polyvinylchloride，PVC）由氯乙烯聚合而成。聚氯乙烯塑料以聚氯乙烯树脂为主要原料，再加以增塑剂、稳定剂等添加剂组成。

聚氯乙烯塑料残留物主要是氯乙烯单体、降解产物和添加剂（增塑剂、热稳定剂和紫外线吸收剂等）溶出残留。

虽然聚氯乙烯树脂本身是一种无毒聚合物，但氯乙烯单体具有麻醉作用，可引起人体四肢血管的收缩而产生痛感，同时还具有致癌和致畸作用，它在肝脏中可形成氧化氯乙烯，具有强烈的烷化作用，可与DNA结合产生肿瘤。因此，在用聚氯乙烯作为食品包装材料时，应严格控制材料中的氯乙烯单体残留量。单体氯乙烯对人体安全限量要求小于1mg/kg体重。

聚氯乙烯易与低分子化合物相溶，所以加入了多种辅助原料和添加剂，主要添加剂为邻苯二甲酸二丁酯或邻苯二甲酸二辛酯等增塑剂。邻苯二甲酸二己酯、邻苯二甲酸二甲氧乙酯具有致癌性，它们可迁移入包装食品中。聚氯乙烯塑料分为软质和硬质的。其中软质聚氯乙烯增塑剂含量较大，用于包装食品安全性差；硬质聚氯乙烯塑料中不含或极少含增塑剂，安全性好。

5. 聚偏二氯乙烯

聚偏二氯乙烯（Polyvinylidenechloride，PVDC）塑料由聚偏二氯乙烯和少量增塑剂、稳定剂等添加剂组成。聚偏二氯乙烯树脂是由偏二氯乙烯为单体加聚合成的高分子化合物。

聚偏二氯乙烯塑料残留物主要是偏二氯乙烯（VDC）单体和添加剂。

偏二氯乙烯单体从毒理学试验表现其代谢产物为致突变阳性。日本试验结果表明，聚偏二氯乙烯的单体偏二氯乙烯残留量小于6mg/kg时，就不会迁移入食品中，因此日本规定偏二氯乙烯残留量应小于6mg/kg。

聚偏二氯乙烯塑料所用的稳定剂和增塑剂在包装脂溶性食品时可能溶出，造成危害。因此添加剂的选择要谨慎，同时要控制残留量。我国目前还没有此类添加剂的残留限量标准规定，日本规定增塑剂的蒸发残留量小于30mg/kg。

6. 丙烯腈共聚塑料

丙烯腈共聚塑料是一类含丙烯腈单体的聚合物，被广泛应用于食品容器和食品包装材料。尤其是以橡胶改性的丙烯腈-丁二烯-苯乙烯（Acrylonitrile Butadiene Styrene，ABS）和丙烯腈-苯乙烯（Acrylonitrile-styrene，AS）塑料最常应用。

丙烯腈-丁二烯-苯乙烯塑料和丙烯腈-苯乙烯塑料的残留物主要是丙烯腈单体。丙烯腈-丁二烯-苯乙烯塑料中丙烯腈单体残留量为30~50mg/kg，丙烯腈-苯乙烯塑料中为15mg/kg。动物毒性试验表明，丙烯腈对动物急性中毒表现为兴奋、呼吸快而浅、喘气、窒息、抽搐，甚至死亡。口服丙烯腈单体还可造成循环系统、肾脏损伤和血液生化物质的改变。实验表明，丙烯腈单体对实验动物有致癌性。

7. 热固性塑料

热固性塑料主要以缩醛树脂为基料，再加以必要的添加剂而组成。常用的有酚醛塑料、氨基塑料等。

酚醛塑料是由酚醛树脂以及大量填料和添加剂组合而成，酚醛树脂由苯酚和甲醛在催化剂催化下经缩聚反应生成。酚醛树脂存在甲醛和苯酚的残留物。苯酚和甲醛毒性较大，可对人体造成危害。1960 年，我国曾发生食用含酚醛树脂的碗蒸煮的米饭而急性中毒的事故。另外，酚醛塑料容易长霉，易引起微生物污染，造成危害。因此目前酚醛塑料正被氨基塑料制品代替。

三、金属包装材料的安全性

目前使用的两种主要的金属包装材料是铁和铝，其中最常用的是马口铁、无锡钢板、铝和铝箔等。另外还有铜制品、锡制品和银制品等。

马口铁罐头罐身为镀锡的薄钢板，锡起保护作用，但由于种种原因，锡会溶出而污染罐内食品。在过去的几十年中，由于罐藏技术的改进，已避免了焊缝处铅的迁移，也避免了罐内层锡的迁移。如在马口铁罐头内壁上涂上涂料，这些替代品有助于减少锡铅等溶入罐内，但有实验表明，由于表面涂料而使罐中的迁移物质变得更为复杂。

铝质包装材料主要是指铝合金薄板和铝箔。包装用铝材大多是合金材料，合金元素主要有锰、镁、铜、锌、铁、硅、铬等。铝制品主要的食品安全性问题在于铸铝中和回收铝中的杂质。目前使用的铝原料的纯度较高，有害金属较少，而回收铝中的杂质和金属难以控制，易造成食品的污染。

食物侵蚀铝质器皿的使用条件如 pH、温度、共存物质的性质而不同。如用铝锅在 100℃ 分别煮肉汤（pH 5.0）或掺水牛乳（pH 7.5）1h，牛乳中铝含量是肉汤中的 1 倍；又如用铝壶煮含氟 11mg/L 的水（pH 4.0），煮沸 10min，溶出铝 200mg/kg；没有氟存在时，溶出铝含量为 0.2mg/kg。新铝壶比旧铝壶煮咖啡所溶出的铝多 1 倍。铝锅煮饭，靠近铝壁的米饭里含有不少铝。

铝毒性表现为对脑、肝、骨、造血和细胞的毒性。临床研究证明，透析性脑痴呆症与铝有关；长期摄入含铝营养液的病人，会发生胆汁淤积性肝病，肝细胞有病理改变，同时动物试验也证实了这一病理现象。铝中毒时常见的是小细胞低色素性贫血。

四、玻璃包装材料的安全性

玻璃包装容器无毒无味、化学稳定性极好、卫生清洁和耐气候性好。玻璃是一种惰性材料，一般认为玻璃对绝大多数内容物不发生化学反应而析出有害物质。但其光亮和透明的高度透明性对某些内容物不利。为了防止有害光线对内容物的损害，通常用各种着色剂使玻璃着色。绿色、琥珀色和乳白色称为玻璃的标准三色。玻璃中的主要迁移物质是无机盐或离子，其中主要是二氧化硅（SiO_2）。

五、陶瓷包装材料的安全性

陶瓷器皿是将瓷釉涂覆在由黏土、长石和石英等混合物烧结成的坯胎上，再经焙烧而制成的产品。

陶瓷容器美观大方，利于销售，特别是其在保护食品的风味上具有很好的作用。但由于其原材料来源广泛，反复使用以及在加工过程中所添加的物质而使其存在食品安全性问题。

陶瓷容器的主要危害来源于制作过程中在坯体上涂的陶釉、瓷釉、彩釉等。釉是一种玻璃态物质，釉料的化学成分和玻璃相似，主要是由某些金属氧化物硅酸盐和非金属氧化物的盐类的溶液组成。搪瓷容器的危害也是其瓷釉中的金属物质。釉料中含有铅（Pb）、锌

(Zn)、镉（Cd)、锑（Sb)、钡（Ba)、钛（Ti）等多种金属氧化物硅酸盐和金属盐类，它们多为有害物质。当使用陶瓷容器或搪瓷容器盛装酸性食品（如醋、果汁）和酒时，这些物质容易溶出而迁移到食品中，甚至引起中毒，如铅溶出量过多等。

六、复合包装材料的安全性

目前，复合食品包装材料是食品包装材料中种类最多、应用最广的一种软包装材料。复合食品包装袋的组成材料主要为塑料薄膜、铝箔、黏合剂及油墨，其中薄膜和铝箔约占总成分的80%、黏合剂占10%、油墨占10%。复合食品包装材料的危害主要是材料内部残留的有毒有害化学污染物的迁移与溶出而导致食品污染。

由于复合食品包装袋的主要材料为塑料薄膜，而塑料薄膜材料自身具有一定的缺陷，为了改善塑料的加工性能和使用性能，在其生产过程中需要加入一些添加剂，而这些化学添加剂也存在不同程度的向食品迁移溶出的问题，由于某些添加剂或者添加剂降解物对人体具有一定毒性，因此大多数加工助剂都可能构成包装材料的安全风险。目前常用的添加剂有增塑剂、稳定剂、防雾剂、润滑剂、抗氧化剂、抗静剂和着色剂等，其中使用最多的是增塑剂，其次是稳定剂。

食品复合包装材料表面广泛使用多色油墨，尽管油墨未与食品直接接触，但我国目前尚没有食品包装的专用油墨，因此油墨的卫生安全性尤为重要。总的来说，包装印刷油墨的危害包括：苯类溶剂残留危害，含有重金属（铅、镉、汞、铬等)、苯胺、多环芳烃等有毒有害物质残留危害，紫外光固化油墨（UV 油墨）中光引发剂的迁移带来的危害。

复合用胶黏剂的使用是复合包装材料中最具特殊性的安全因素。首先是胶黏剂中的游离单体以及该产品在高温时裂解下来的低相对分子质量有毒有害物质带来的污染危害。因为现在使用的聚氨酯胶黏剂使用的原料是芳香族异氰酸酯，它遇水会水解生成芳香胺，而芳香胺是一类致癌物质，如二氨基甲苯是中等毒性的物质。目前，复合包装袋中使用的溶剂型黏合剂大多是芳香族的黏合剂，这些物质能通过迁移污染食品，带来安全性的隐患。我国国家标准 GB 9683—1988《复合食品包装袋卫生标准》规定，经加热抽提处理后，复合包装袋的芳香胺（包括游离单体和裂解的碎片，以甲苯二胺计）含量不得大于0.004mg/L。其次是胶黏剂中的溶剂种类问题。溶剂型 PU 胶的溶剂应该是高纯度的乙酸乙酯，但个别生产供应商也可能使用回收的不纯净的乙酸乙酯，带来安全问题。再次就是胶黏剂中的重金属含量问题。若重金属含量超标，会对人体健康和环境造成危害。

食品包装材料不允许使用回收再生材料，特别是纸复合包装材料。这是因为回收或回用的废纸原料往往不清洁，甚至含有大量对人体有害的致病菌、霉菌等，采用这些原料生产食品用复合纸容器常被检测出微生物超标，导致食物变质。此外，某些回收或回用的废纸原料往往是废旧报纸、书籍等印刷品，含有大量不可用于食品包装印刷的油墨，如果脱墨不净，油墨中的苯、二甲苯、铅等有害物质就会残留在食品用容器中。回收或回用的废纸原料制成的纸色泽灰暗，为了增白，厂家在生产过程中会添加食品用纸容器禁用的可致癌的荧光增白剂。另外，用回收或回用的废纸原料生产纸张，需增加许多种使用原生纤维造纸所不需的化学品，如脱墨剂、增强剂、助留助滤剂、树脂障碍控制剂等专用化学品，这些化学品残留在最终的包装材料中，很容易发生迁移，从而对人体健康产生威胁。

第三节　食品容器、包装材料的安全性检验

包装材料和容器中的有害物质会通过迁移对食品造成安全问题，为此，在采取严格控制的情况下，还要对包装材料和容器中的有害物质以及迁移到食品中的有害物质进行检测监督，为保证食品安全性提供依据。包装材料的有毒迁移物包括荧光染料、多氯联苯、酚、甲醛、可溶性有机物、挥发物、苯乙烯、氯乙烯以及重金属。

一、荧光染料的检测

可采用薄层层析法和荧光分光光度法。

（一）薄层层析法

1. 原理

纸张中除荧光染料外，还有荧光性有色染料、维生素 B_2，石油类化合物等也能产生荧光。纸样经紫外灯照射如呈阳性，再置于弱碱性（pH 7.5~9）水中，使荧光染料溶解，与水不溶性物质分离。调至弱酸性后，浸染纱布，在紫外灯照射下如产生荧光，再进一步应用薄层层析方法，使可能存在的维生素 B_2 分离。在紫外灯照射下，样液原点如有青色荧光，即可确定为荧光染料。

2. 检验方法

（1）初步检验　将纸样在暗室内于紫外灯下直接照射，观察有无荧光。

（2）浸染检验　在盛有 100mL 氨水（pH 7.5~9.0）的 200mL 烧杯内，放入初步试验含有荧光的方块纸样（5cm×5cm），搅拌 10min 后，用玻璃棉过滤，于滤液中滴加 1~2 滴 4%稀盐酸，至 pH 3.0~5.0。浸入 2cm×4cm 纱布一块，置于水浴上加热约 30min，然后将纱布取出，用水洗净，拧干后于暗室中，置于紫外灯下照射，观察有无荧光。同时做空白及对照试验各两份。对照试验是指已经确定有荧光染料的纸与纸样同时进行测定。

（3）确定检验　薄层板的制备：称取纤维素粉 7.0g，置于 50mL 烧杯中，加水 20mL 搅匀后，于研钵中研磨 1min。立即用涂布器将此浆液涂在两块 10cm×20cm 的玻璃板上，在空气中晾干或在 100℃ 干燥 5min 后备用。

3. 测定

（1）样品处理　取一个 100mL 烧杯，放入 50mL 水，滴加 1%氨水使水液呈微碱性（pH 7.5~9），放入 5cm×5cm 纸样，置于水浴上加热 1h，不时搅拌，并使溶液保持 pH 7.5~9。用玻璃棉过滤，滤液供点样用。

（2）点样　吸取 2~5μL 样液在纤维素薄层上点样，同时分别点取荧光染料 VBL 标准溶液（2.5μL/mL）和荧光染料 BC 标准溶液（5μL/mL）各 2μL。在此两标准点上再点加标准维生素 B_2 溶液（10μL/mL）各 2μL。

（3）展开　将薄层板放入层析槽中，用 10%氨水展至 10cm 处，取出，自然干燥。

（4）检验　在暗室中将上述薄层板在紫外灯下照射，检查染料荧光和维生素 B_2 的分离状况，并鉴定样品溶液原点有无青色荧光，以确定纸样中是否存在荧光染料。

（二）荧光分光光度法

1. 原理

样品中荧光染料具有不同的发射光谱特性，这特性发射光谱图与标准荧光染料对照，可以定性和定量。

2. 检验方法

（1）样品处理　将 5cm×5cm 纸样置于 80mL 氨水中（pH 7.5~9.0），加热至沸腾后，继续微沸 2h，并不断地补加 1%氨水使溶液保持 pH 7.5~9.0。用玻璃棉滤入 100mL 容量瓶中，用水洗涤。如果纸样在紫外灯照射下还有荧光，则再加入 50mL 氨水，如同上述处理。两次滤液合并，浓缩至 100mL，稀释至刻度，混匀。

（2）定性　样液按照薄层层析法点样展开后，接通仪器及记录器电源，光源与仪器稳定后，将薄层板面向下，置于薄层层析附件装置内的板架上，并固定。转动手动轮移动板架至激发样点上，激发波长固定在 365nm 处，选择适当的灵敏度、扫描速度、纸速和狭缝，将测定样品点的发射光谱与标准荧光染料发射光谱相对比，鉴定出纸样中荧光染料的类型。

（3）定量　样液经点样、展开，确定其荧光染料种类后，于荧光分光光度计测定发射强度。仪器操作条件如下。光电压：700V；灵敏度：粗 0.1；激发波长：365nm；发射波长：370~600nm；激发狭缝：10nm；发射狭缝：10nm；纸速：15mm/min；扫描速度：10nm/min。然后由荧光染料 VBL 或 BC 的标准含量测得的发射强度，相应地求出样品中荧光染料 VBL 或 BC 的含量。

二、多氯联苯的检测

（一）原理

多氯联苯具有高度的脂溶性，用有机溶剂萃取时，同时提取多氯联苯和有机氯农药，经色谱分离之后，可用带电子捕获检测器的气相色谱仪分析。

（二）色谱条件

色谱柱：硬质玻璃柱，长 6 m，内径 2mm，内充填 100~120 目 Varaport 上的 2.5% OV-1 或 2.5% QF-1 和 2.5% DC-200。

检测器：电子捕获检测器。

温度：柱温 275℃，检测器为 230℃，进样口对 PCT 为 290℃，对 PCB 分别为 205℃、220℃和 250℃。

氮气流速：60mL/min。

（三）操作方法

1. 样品处理

（1）酸水解　将可食部分匀浆用盐酸（1∶1，*v/v*）回流 30min。酸水解液用乙醚提取原有的脂肪。将提取液在硫酸钠柱上干燥，于旋转蒸发器上蒸发至干。

（2）碱水解　称取经提取所得的类脂 0.5g，加入 30mL 2%乙醇氢氧化钾溶液，在蒸汽浴中回流 3min，水解物用 30mL 水转移到分液漏斗中。容器及冷凝器用 10mL 己烷淋洗三次，将下层的溶液分离到第二分液漏斗中，并用 2mL 己烷振摇，合并己烷提取液于第一分液漏斗中，用 20mL 乙醇（1∶1，*v/v*）与水溶液提取合并的己烷提取液两次，将己烷溶液在无水硫酸钠柱中干燥，于 60℃下用氮吹浓缩至 1mL。

（3）氧化　在1mL己烷浓缩液中加入5~10mL（30∶6，*v/v*）盐酸与过氧化氢溶液，置于蒸汽浴上回流1h，以稀氢氧化钠溶液中和，用己烷提取两次，合并己烷提取液，用水洗涤，并用硫酸钠柱干燥。

（4）硫酸消解净化　称取10g白色硅藻土载体545（celite 545）（经130℃加热过夜），用6mL 5%发烟硫酸混合的硫酸液充分研磨，转移至底部有收缩变细的玻璃柱中，此柱需预先用己烷洗涤过，将已经氧化的己烷提取液移至柱中，用50mL己烷洗脱，洗脱液用2%氢氧化钠溶液中和，在硫酸钠柱上干燥，浓缩至2mL，放在小型的有5cm高的弗洛里土吸附剂（经130℃活化过夜）的柱中，用70mL己烷洗脱。在用气相色谱测定前，于60℃温度下吹氮浓缩。

（5）过氯化　将上述已烷提取液放置于玻璃瓶中，在50℃蒸汽浴上用氮吹至干，加入五氯化锑0.3cm，将瓶子封闭，在170℃下反应10 h，冷却启封，用5mL 6mol/L盐酸淋洗，转移至分液漏斗中，已烷提取液用20mL水、20mL 2%氢氧化钾和水洗涤，然后在无水硫酸钠柱中干燥，通过小型弗洛里吸附剂柱，用70mL苯-己烷（1∶1，*v/v*）洗脱，洗脱液浓缩至适当体积注入色谱仪中进行测定。

2. 样品定量测定

PCB的定量测定用混合Aroclor 1254~1260（1∶1，*v/v*）作标准，PCT用Aroclor5460作标准。用一定标准量注入色谱仪中，求得标准PCB和PCT的标准峰高的平均值，从而计算出样品中PCB和PCT的含量。

三、酚的测定

（一）原理

在碱性溶液（pH 9~10.5）的条件下，酚类化合物与4-氨基安替吡啉经铁氰化钾氧化，生成红色的安替吡啉染料，颜色的深浅与酚类化合物的含量成正比，与标准比较定量。

（二）操作方法

1. 标准曲线的绘制

吸取0.1mg/mL苯酚标准溶液0mL，0.2mL，0.4mL，0.8mL，1.0mL，2.0mL和2.5mL，分别置于250mL分液漏斗中，各分别加入无酚水至200mL，各分别加入1mL硼酸缓冲液（9份1mol/L NaOH溶液和1份1 moL/L硼酸溶液配制而成）、1mL氨基安替吡啉溶液（20g/L）、1mL铁氰化钾溶液（80g/L），每加入一种试剂，要充分摇匀，在室温下放置1min，各加入10mL三氯甲烷，振摇2min，静止分层后将三氯甲烷层经无水硫酸钠过滤于具塞比色管中，用2mL比色杯，以零管调节零点，于波长460nm处测定吸光度，绘制标准曲线。

2. 样品测定

量取250mL一样品水浸出液，置于500mL全磨口蒸馏瓶中，加入5mL硫酸铜溶液（100g/L），用磷酸（1∶9体积比）调节pH在4以下，加入少量玻璃珠进行蒸馏，在200mL或250mL容量瓶中预先加入5mL氢氧化钠溶液（4g/L），接收管插入氢氧化钠溶液液面下接受蒸馏液，收集馏出液至200mL。同时用无酚水按上法进行蒸馏，做试剂空白试验。

将上述全部样品蒸馏液及试剂空白蒸馏液分别置于250mL分液漏斗中，从操作方法“1.标准曲线的绘制”中，自“各分别加入1mL硼酸缓冲液”起依法操作。与标准曲线比较定量。

（三）计算

$$样品水浸出液中酚的含量(ng/mL) = \frac{C}{W} \tag{6-1}$$

式中 C——从标准曲线中查出相当于酚的含量，μg；

W——测定时样品浸出液体积，mL。

四、甲醛的测定

（一）原理

样品溶液中的甲醛使离子碘析出分子碘后，用硫代硫酸钠标准溶液滴定，然后求出样品液中的甲醛含量。

（二）操作方法

吸取塑料浸泡水溶液 50mL，置于碘价瓶中，加入 25mL 0.1mol/L 碘溶液，20mL 6mol/L 氢氧化钠溶液（如果塑料使用 4%醋酸溶液进行浸泡时，加人 6mol/L 氢氧化钠溶液 8mL）。塞紧瓶塞后，摇匀，放置 2min，使分子碘完全析出。用 0.1mol/L 硫代硫酸钠滴至微黄色，加入淀粉指示剂，再用硫代硫酸钠滴至无色，同时做空白试验。

（三）计算

$$甲醛含量(mg/L) = \frac{(a-b) \times c \times 15}{W} \times 1000 \tag{6-2}$$

式中 c——硫代硫酸钠标准溶液浓度，mol/L；

a——试剂空白消耗硫代硫酸钠标准溶液的体积，mL；

b——样品水浸出液消耗硫代硫酸钠标准溶液的体积，mL；

W——测定时样品水浸出液的体积，mL；

15——1mL 1mol/L 硫代硫酸钠相当于甲醛的质量，mg。

五、可溶性有机物质的测定

（一）原理

食品经用浸泡液浸取后，用高锰酸钾氧化浸出液中的有机物，以测定高锰酸钾消耗量来表示样品可溶出有机物质的情况。

（二）操作方法

准确吸取 1mL 水浸泡液，置于锥形瓶中，加入 5mL 稀硫酸和 10mL 0.01mol/L 高锰酸钾标准溶液，再加入玻璃珠 2 粒，准确加热煮沸 5min 后，趁热加入 10mL 0.01mol/L 草酸标准溶液，再以 0.01mol/L 高锰酸钾标准溶液滴定至微红色，记取两次高锰酸钾溶液的滴定量。另取 100mL 水作对照，按同样方法做试剂空白试验。

（三）计算

$$高锰酸钾消耗量(mg/L) = \frac{(V_1 - V_2) \times c \times 31.6 \times 1000}{100} \tag{6-3}$$

式中 V_1——样品浸泡液滴定时消耗高锰酸钾的体积，mL；

V_2——试剂空白滴定时消耗高锰酸钾的体积，mL；

c——高锰酸钾标准溶液浓度，mol/L；

31.6——与 0.01mol/L 高锰酸钾标准溶液相当的高锰酸钾的质量，mg。

六、挥发物的测定

（一）原理

样品于 138~140℃，真空度 85.3kPa 时，抽空 2h。将失去的重量减去干燥失重即为挥发物重。

（二）检验方法

在已干燥准确称量的 25mL 烧杯内，称取 2.00~3.00g、20~60 目的样品，加 20mL 丁酮，用玻璃棒搅拌，完全溶解后，用电扇加速溶剂的蒸发，待至浓稠状态，将烧杯移入真空干燥箱内，使烧杯搁置呈 45°，密闭真空干燥箱，开启真空泵，保持温度在 138~140℃，真空度为 85.3kPa，干燥 2h 后，将烧杯移至干燥器内，冷却 30min，称量。计算挥发物，减去干燥失重后，不得超过 1%。

（三）计算

$$X = \frac{m_1 - m_2}{m_1 - m_0} \times 100 \quad (6-4)$$

式中　X——样品于 138~140℃、85.3kPa，干燥 2h 失去的质量，g/100g；

m_1——样品加烧杯的质量，g；

m_2——干燥后样品加烧杯的质量，g；

m_0——烧杯质量，g。

$$挥发物(g/100g) = X - X_1 \quad (6-5)$$

式中　X——样品于 138~140℃、85.3kPa、干燥 2h 失去的质量，g/100g；

X_1——样品的干燥失重，g/100g。

七、聚苯乙烯塑料制品中苯乙烯的测定

（一）原理

样品经二硫化碳溶解，用甲苯作为内标物。利用有机化合物在氢火焰中的化学电离进行检测，以样品的峰高与标准品峰高相比，计算样品相当的含量。

（二）色谱条件

检测器：氢焰离子化检测器。

色谱柱：不锈钢柱，长 4m、内径 4mm，内装填料 1.5%有机皂土（B-34）+1.5%邻苯二甲酸二壬酯混合液于 97% Chrosorb W-AM-DMCS（80~100）目）的担体中。

温度：柱温 130℃，检测器温度 180℃，进样口温度 180℃。

流速：氮气 30mL/min，氢气 40mL/min，空气 300mL/min。

（三）操作方法

（1）样品处理　称取样品 1.00g，用二硫化碳溶解后，移入 25mL 容量瓶中，加入内标物甲苯 25mg，再以二硫化碳稀释至刻度，摇匀后进行气相色谱测定。

（2）测定取不同浓度苯乙烯标准溶液　在上述色谱操作条件下，分别多次进样，量取内标物甲苯与苯、甲苯、正十二烷、乙苯、异丙苯，正丙苯和苯乙烯的峰高，并分别计算其比值，绘制峰高比值与各组分浓度的标准曲线。

同时取样品处理溶液0.5μL注入色谱仪后，待色谱峰流出后，量出被测组分和内标物甲苯的峰高，并计算其比值，按所得峰高比值，由标准曲线查出各组分的含量。

（四）计算

$$苯乙烯单体量(mg/kg)=\frac{H}{H_1}\times\frac{c}{c_1}\times\frac{H_2}{H_0}\times\frac{m_0}{m} \quad (6-6)$$

式中 H和H_1——样品和标准峰高，mm；

H_2和H_0——样品中内标峰高和标准品中内标峰高，mm；

c和c_1——注入色谱仪的内标溶液中苯乙烯和内标物质量浓度，μg/mL；

m_0——样品质量，g；

m——样品中内标物质量，μg。

八、聚氯乙烯塑料制品中氯乙烯的测定

（一）原理

根据气体定律，将试样放入密封平衡瓶中，用N，N-二甲基乙酰胺（DMA）溶解。在一定温度下，氯乙烯扩散，当达到气液平衡时，取液上气体入气相色谱仪，氢火焰离子化检测器测定，外标法定量。

（二）色谱条件

检测器：氢火焰离子化检测器。

色谱柱：聚乙二醇毛细管色谱柱，长30m，内径0.32mm，膜厚1μm，或等效柱。

温度：柱温100 C，汽化150℃。

流速：氮气20mL/min，氢气，30mL/min，空气300mL/min。

柱温程序：起始40℃，保持1min，以2℃/min的速率升至60℃，保持1min，以20℃速率升至200℃，保持1min。

（三）测定

1. 标准曲线的绘制

在10mL棕色玻璃瓶中加入10mL DMA。用微量注射器取20μL氯乙烯基准溶液到玻璃瓶中，立即用瓶盖密封，平衡2h后，保存在4℃冰箱中。在7个顶空瓶中分别加入10mL DMA，用微量注射器分别吸取0μL、50μL、100μL、125μL、150μL、200μL氯乙烯储备液缓慢注射到顶空瓶中，立即加盖密封，混合均匀，得到DMA中氯乙烯浓度分别为0mg/L、0.050mg/L、0.075mg/L、0.100mg/L、0.125mg/L、0.150mg/L、0.200mg/L氯乙烯标准系列。按（二）调整仪器参数，以氯乙烯标准工作溶液质量浓度为横坐标，以对应的峰面积为纵坐标，绘制标准工作曲线，得到线性方程。

2. 样品测定

将样品剪成细小颗粒，准确称取0.1~1.0g放入平衡瓶中，加搅拌棒和3mL DMA后，立即搅拌5min，以下操作同标准曲线绘制的操作方法。量取峰高。计算样品中氯乙烯单体含量。称取1g（精确到0.01g）剪碎后的试样（面积不大于1cm×1cm）于顶空瓶中，加入10mL的DMA，立即加盖密封，振荡溶解（如果溶解困难，可适当升温），待完全溶解后放入自动顶空进样器待测。在同样仪器参数下进行测定，根据氯乙烯色谱峰峰面积，由标准曲线计算出样液中氯乙烯单体量。

（四）计算

$$试样中的氯乙烯单体量(mg/kg) = \frac{\rho V}{m} \quad (6-7)$$

式中　ρ——试样中氯乙烯的质量浓度，mg/L；

V——样品溶液的体积，mL；

m——试样的质量，g。

九、塑料制品中塑化剂的测定

塑化剂，一般也称增塑剂，是一种高分子材料助剂。增塑剂是工业上被广泛使用的高分子材料助剂，在塑料加工中添加这种物质，可以使其柔韧性增强，容易加工，可合法用于工业用途。塑化剂也是环境雌激素中的邻苯二甲酸酯类，其种类繁多，最常见的品种是 DEHP（商业名称 DOP）。DEHP 化学名邻苯二甲酸二（2-乙基己基）酯，是一种无色、无味液体，工业上应用广泛。本教材中将以邻苯二甲酸酯类为例介绍塑料制品中塑化剂的测定方法。

（一）原理

样品采用乙酸乙酯为提取溶剂，经微波萃取，提取液定容后，用气相色谱-质谱仪进行测定，内标法定量。

（二）色谱条件

色谱柱：DB-5MS 毛细管柱 30m×0.25mm×0.25μm，或相当者。

色谱柱温度：初温 90℃，保持 1min，以 15℃/min 升至 200℃，保留 2min，然后以 15℃/min 升至 235℃，保留 8min，再以 5℃/min 升至 250℃，保持 20℃/min 升至 300℃，保持 7min。

温度：进样口温度 250℃，接口温度 250℃，离子源温度 250℃。

载气：氦气，纯度≥99.999%，流速 1.0mL/min。

进样量：1μL。

进样方式：不分流进样，1.0min 后开阀。

电离方式：EI。

电离能量：70eV。

扫描方式：全扫描。

溶剂延迟：3.0min。

（三）测定（气相色谱-质谱分析）

本标准采用全扫描模式定性。如果样液与混合标准溶液的总离子流图比较，在相同保留时间有峰出现，则根据表 6-2 中定性离子对其确证。

表 6-2　多种邻苯二甲酸酯类化合物的特征碎片

序号	化学名称	分子式	特征碎片	
			参考定性离子/（m/z）及丰度比	定量离子/（m/z）
1	邻苯二甲酸二甲酯	$C_{10}H_{10}O_4$	163∶135∶164∶194=100∶6∶10∶8	163
2	邻苯二甲酸二乙酯	$C_{12}H_{14}O_4$	149∶177∶150∶105=100∶27∶3∶8	149

续表

序号	化学名称	分子式	特征碎片	
			参考定性离子/（m/z）及丰度比	定量离子/（m/z）
3	邻苯二甲酸二丙酯	$C_{14}H_{18}O_4$	149∶150∶41∶76=100∶14∶21∶16	149
4	邻苯二甲酸二异丁酯	$C_{16}H_{22}O_4$	149∶57∶29∶41=100∶13∶12∶11	149
5	邻苯二甲酸二丁酯	$C_{16}H_{22}O_4$	149∶150∶205∶223=100∶9∶6∶7	149
6	邻苯二甲酸二正己酯	$C_{20}H_{30}O_4$	149∶43∶41∶29=100∶27∶16∶12	149
7	邻苯二甲酸丁基苄基酯	$C_{19}H_{20}O_4$	149∶150∶206∶238=100∶12∶31∶6	149
8	邻苯二甲酸二环己酯	$C_{20}H_{26}O_4$	149∶167∶55∶150=100∶48∶21∶16	149
9	邻苯二甲酸二（2-乙基己基）酯	$C_{24}H_{38}O_4$	149∶150∶167∶279=100∶11∶36∶18	149
10	邻苯二甲酸二正辛酯	$C_{24}H_{38}O_4$	279∶390∶261=100∶3∶20	279
11	邻苯二甲酸二异壬酯	$C_{26}H_{42}O_4$	293∶418∶275=100∶5∶3	293
12	邻苯二甲酸二异癸酯	$C_{28}H_{46}O_4$	307∶446∶321=100∶5∶8	307

根据样液中被测物含量情况，加入浓度相近的内标溶液，根据定量离子的峰面积用内标法测量。

（四）计算

（1）塑化剂各自对内标的相对较正因子 f_i 按式（6-8）计算。

$$f_i = \frac{(A_s \times m_i)}{(A_i \times m_s)} \tag{6-8}$$

式中 f_i——12 种邻苯二甲酸酯类塑化剂各自对内标物的校正因子；

A_s——标准溶液中的内标峰面积；

m_i——塑化剂标准品质量，mg；

A_i——混合标准溶液中相应物质的峰面积；

m_s——折算过的标准溶液中的内标质量，mg。

（2）试样中塑化剂各自的含量按式（6-9）计算。

$$X_i = \frac{f_i \times (A_2 - A_0) \times m_1}{(A_1 \times m_2) \times 10^6} \tag{6-9}$$

式中 X_i——试样中塑化剂的含量，mg/kg；

f_i——校正因子；

A_2——试样中塑化剂峰面积；

A_0——空白峰面积；

m_1——试样中内标质量，mg；

A_1——实验中内标峰面积；

m_2——试样质量，mg。

本章小结

随着食品安全越来越受到重视，食品容器和包装材料的安全性引起了人们的关注。目前，我国允许使用的食品容器和包装材料有 7 类：塑料制品；天然、合成橡胶制品；陶瓷、搪瓷容器；不锈钢、铁质容器；玻璃容器；食品包装用纸；复合薄膜、复合薄膜袋等。本章重点介绍包装容器和包装材料有毒迁移物的来源、危害及检测方法。

思考题

1. 简述食品容器、包装材料的种类及其有毒迁移物的类型。
2. 试举例说明食品容器、包装材料对食品安全性的影响及对人体健康的危害。
3. 简述荧光染料、多氯联苯、酚、甲醛、可溶性有机物、挥发物、苯乙烯、氯乙烯等物质的检测原理和方法。

第七章 环境污染物及加工过程中形成的有害物

CHAPTER 7

在食品安全领域中，重金属的概念和范围并不十分严格，一般是指对生物有显著毒性的一类元素，而其他有机污染物主要包括 *N*-亚硝基化合物、多环芳烃化合物、杂环胺类化合物和二噁英等化合物。

第一节 重金属

从毒性角度出发，重金属既包括有毒元素如铅、镉、汞、铬、锡、镍、铜、锌、钡、锑、铊等金属，也包括铍、铝等轻金属和砷、硒等类金属，非金属元素氟通常也包括在内。自从 20 世纪 50 年代日本出现水俣病和痛痛病，最终查明是由于食品遭到汞污染和镉污染所引起的，自此以后，重金属所造成的食源性危害问题开始引起人们极大的关注。

一、重金属污染食品的途径

重金属污染食品的途径除高本底的自然环境以外，主要是人类活动造成的环境污染。其中造成食品污染的主要渠道是工业生产中三废的不合理排放，农业上施用含重金属的农药和化肥等；其次是原料、添加剂、加工机械、容器、包装、储存和运输等环节可能对食品造成重金属污染。

二、重金属的毒性作用特点

人体摄入的重金属，不仅其本身表现出毒性，而且可在人体微生物作用下转化为毒性更大的金属化合物，如汞的甲基化作用。另外其他生物还可以从环境中摄取重金属，经过食物链的生物放大作用，在体内千万倍地富集，并随食物进入人体而造成慢性中毒。一般认为，重金属的中毒机理是重金属离子与蛋白质分子中的巯基、羧基、氨基、咪唑基等形成重金属配合物，可产生使酶阻断或使膜变性等生理毒害作用。重金属形成的化合物在体内不易分解，半衰期较长，有蓄积性，可引起急性或慢性中毒反应，还有可能产生致畸、致癌和致突变作用。重金属在体内的毒性作用受许多因素影响，如与侵入途径、浓度、溶解性、存在状态、膳食成分、代谢特点及人体的健康状况等因素密切相关。

在众多有毒元素中，以铅、镉、汞、砷等元素对食品安全的影响最为严重，下面主要介绍它们的污染来源以及常用的国家标准检测方法。

三、铅对食品的污染

铅（Pb）为灰白色金属。铅的氧化态有 0、+2 和+4。在自然界中，铅多以氧化物和盐的形式存在，大多难溶于水。铅的一些有机化合物，如四乙基铅［$Pb(CH_2CH_3)_4$］等烷基铅具有良好的抗震性，曾被作为汽油防爆剂广泛使用。铅可与多种金属在熔融状态下相互溶解，形成具有特殊性能的合金材料，具有非常重要的经济价值。

（一）食品中铅污染来源

1. 工业污染

如铅矿的开采及冶炼，蓄电池、交通运输、印刷、塑料、涂料、焊接、陶瓷、橡胶、农药等很多行业均使用铅及其化合物，这些工业生产中产生的含铅三废以各种形式排放到环境中造成污染。

2. 食品生产设备、管道、容器和包装材料

用铅材料制作的食品包装材料和器具，如马口铁、陶瓷和搪瓷、锡壶、食品包装的含铅印刷颜料和油墨等，其中的铅在一定条件下可迁移到食品中造成污染；大多数天然水中约含铅 5μg/L，饮水中的铅主要由铅管道污染所致，也有来自于环境污染的含铅废水；啤酒厂和酒厂所使用的铅管、酒桶和酒罐上的青铜龙头等常会引起酒的铅污染。

3. 含铅食品添加剂、加工助剂的使用

酒精饮料中的铅污染是普遍存在的，尤其是用传统的方法酿造时更容易受铅的污染；加工松花蛋使用黄丹粉（PbO）可使禽蛋受到铅污染。

另外，打猎时使用的铅子弹留在猎物体内，可使猎物肉严重污染，大量地食用含铅的猎物肉很容易引起食物中毒。已有充足的证据表明，美国、加拿大和英国等国的野鸟和动物是人体摄入铅的重要来源。

（二）食品中铅的测定

可采用石墨炉原子吸收光谱法和二硫腙比色法。

1. 石墨炉原子吸收光谱法

（1）原理　样品经灰化或酸消解后，注入原子吸收分光光度计石墨炉中，电热原子化后吸收 283.3nm 共振线，在一定浓度范围，其吸收值与铅含量成正比，与标准系列比较定量。

（2）测定方法　包括样品预处理、样品消化和测定。

①样品预处理。粮食、豆类去杂物后，磨碎，过 20 目筛，储于塑料瓶中，保存备用；蔬菜、水果、鱼类、肉类及蛋类等水分含量高的鲜样，用食品加工机或匀浆机打成匀浆，储于塑料瓶中，保存备用。

②样品消化。可根据实验条件选用以下任何一种方法消解。

干法灰化：称取 1.00~2.00g（根据铅含量而定）样品于瓷坩埚中，先用小火在可调式电热板上炭化至无烟，移入马弗炉 500℃ 灰化 6~8h 后，冷却。若个别样品灰化不彻底，则加 1mL 混合酸在可调式电炉上小火加热，反复多次直到消化完全，放冷，用 0.5mol/L 硝酸将灰分溶解，用滴管将样品消化液洗入或过滤入（视消化后样品的盐分而定）10~25mL 容量瓶中，用少量水多次洗涤瓷坩埚，洗液合并于容量瓶中并定容至刻度，混匀备用，同时做

试剂空白。

湿法消化：称取样品1.00~5.00g于三角瓶或高脚烧杯，放数粒玻璃珠，加10mL混合酸（或再加1~2mL硝酸），加盖浸泡过夜，次日在电炉上消解，若变棕黑色，再加混合酸，直至冒白烟，消化液呈无色透明或略带黄色，放冷用滴管将样品消化液洗入或过滤入（视消化后样品的盐分而定）10~25mL容量瓶中，用少量水多次洗涤三角瓶或高脚烧杯，洗液合并于容量瓶中并定容至刻度，混匀备用；同时做空白试剂。

③测定。

仪器条件：波长283.35nm，狭缝0.2~1.0nm，灯电流5~7mA，干燥温度120℃，20s；灰化温度450℃，持续15~20s，原子化温度1700~2300℃，持续4~5s，背景校正为氘灯或塞曼效应。

标准曲线绘制：吸取铅标准溶液10.0μg/mL，20.0μg/mL，40.0μg/mL，60.0μg/mL，80.0μg/mL各10μL，注入石墨炉，测定其吸光度，并求吸光度与浓度关系的一元线性回归方程。

样品测定：分别吸取样液和试剂空白液各10μL，注入石墨炉，测得其吸光度，代入标准系列的一元线性回归方程中求得样液中铅含量。

（3）计算

$$\text{铅含量}\ (\mu g/kg\ \text{或}\ \mu g/mL) = \frac{(m_1 - m_2) \times \frac{V_2}{V_1} \times V_3 \times 1000}{m_3 \times 1000} \tag{7-1}$$

式中 m_1——测定样液中铅含量，ng/mL；

m_2——空白液中铅含量，ng/mL；

m_3——样品质量或体积，g或mL；

V_1——实际进样品消化液体积，mL；

V_2——进样总体积，mL；

V_3——样品消化液总体积，mL。

2. 二硫腙比色法

（1）原理　样品经消化后，在pH 8.5~9.0时，铅离子与二硫腙生成红色络合物，溶于三氯甲烷。加入柠檬酸铵，氰化钾和盐酸羟胺等，防止铁、铜、锌等离子干扰，与标准系列比较定量。

（2）测定方法

①样品预处理：样品预处理同石墨炉原子吸收光谱法。

②样品消化。

a. 湿法消化同石墨炉原子吸收光谱法。

b. 灰化法。

粮食及其他水分含量低的食品：称取5.00g样品，置石英或瓷坩埚中，加热至炭化，然后移入马弗炉中，500℃灰化3h，放冷，取出坩埚，加硝酸（1∶1，v/v），润湿灰分，用小火蒸干，在500℃灼烧1h，放冷，取出坩埚。加1mL硝酸（1∶1，v/v），加热，使灰分溶解，移入50mL容量瓶中，用水洗涤坩埚，洗液并入容量瓶中，加水至刻度，混匀备用。

含水分多的食品或液体样品：称取5.00g或取5.00mL样品，置于蒸发皿中，先在水浴上蒸干，再按上述“粮食及其他水分含量低的食品”中，自“加热至炭化”起依法操作。

③测定：吸取10.50mL消化后的定容溶液和同量的试剂空白液，分别置于125mL分液漏斗中，各加水至20mL。

吸取0mL、0.10mL、0.20mL、0.30mL、0.40mL、0.50mL铅标准溶液（相当于0μg、1μg、2μg、3μg、4μg、5μg铅），分别置于125mL分液漏斗中，各加1mL硝酸（1∶99，*v/v*）至20mL。

在样品消化液、试剂空白液和铅标准液中各加2mL柠檬酸铵溶液（20g/L），1mL盐酸羟胺溶液（200g/L）和2滴酚红指示液，用氨水（1∶1，*v/v*）调至红色，再各加2mL氰化钾溶液（100g/L）混匀，各加5mL二硫腙使用液，剧烈振摇1min，静置分层后，三氯甲烷层经脱脂棉滤入1cm比色杯，以三氯甲烷调节零点于波长510nm处测吸光度，各点减去零管吸收值后，绘制标准曲线或计算一元回归方程，样品与曲线比较。

（3）计算

$$铅含量(mg/kg 或 mg/mL) = \frac{(m_1 - m_2) \times 1000}{m \times \frac{V_2}{V_1} \times 1000} \tag{7-2}$$

式中　m_1——测定用样品消化液中铅的质量，μg；

m_2——试剂空白液中铅质量，μg；

m——样品质量或体积，g或mL；

V_1——样品消化液的总体积，mL；

V_2——测定用样品消化液体积，mL。

四、汞对食品的污染

汞（Hg）呈银白色，是室温下唯一的液态金属，俗称水银，在室温下具有挥发性。汞通常显示0、+1和+2氧化态。汞在自然界中主要有游离汞和汞化合物两大类，汞化合物又分为无机汞和有机汞，有机汞的毒性比无机汞大。

（一）食品中汞污染来源

汞化合物可用于电气仪表、化工、制药、造纸、油漆、颜料等工业，其三废的排放造成大量汞进入环境，成为较大的汞污染源。含汞农药的使用、污水灌溉及含汞废水养鱼，是汞污染食品的主要途径。

鱼贝类是汞的主要污染食品。汞经被动吸收作用渗透入浮游生物，鱼类通过摄食浮游生物和用鳃呼吸等方式摄入汞。当含汞废水排入河流后，水中的无机汞在重力的作用下伴随颗粒物沉降到海底（河底）的污泥中，污泥中的微生物通过体内的甲基钴氨酸转移酶的作用下，使无机汞转变为能溶于水的甲基汞或二甲基汞，渗透到水中浮游生物体内。因此，无论是无机汞还是甲基汞均可对人体造成伤害。由于食物链的生物富集和生物放大作用，鱼体中甲基汞的浓度可以达到很高的水平。

20世纪50年代，在日本发生的典型公害病——水俣病，就是由于含汞工业废水严重污染水俣湾，当地居民长期食用该水域捕获的鱼类而引起的甲基汞中毒。我国于20世纪70年代在松花江流域也曾发生过甲基汞污染事件。

（二）食品中总汞的测定

食品中总汞测定的国标方法有原子荧光光谱分析法、冷原子吸收光谱法和二硫腙比色法，甲基汞的国标测定方法有气相色谱法（酸提取巯基棉法）和冷原子吸收法（酸提取巯基棉法）。以下就食品中总汞测定的冷原子吸收光谱法和二硫腙比色法作介绍。

1. 冷原子吸收光谱法

（1）原理　汞蒸气对波长 253.7nm 的共振线具有强烈的吸收作用。试样经过酸消解或催化酸消解使汞转为离子状态，在强酸性介质中用氯化亚锡还原成元素汞，以氮气或干燥空气作为载体，将元素汞吹入汞测定仪，进行冷原子吸收测定，在一定浓度范围其吸收值与汞含量成正比，与标准系列比较定量。

（2）分析步骤　包括试样预处理、试样消解和测定。

①试样预处理：粮食、豆类去杂质后，磨碎，过 20 目筛，储于塑料瓶中，保存备用；蔬菜、水果、鱼类、肉类及蛋类等水分含量高的鲜样用食品加工机或匀浆机打成匀浆，储于塑料瓶中，保存备用。

②试样消解：称取 1.00~3.00g 试样（干样、含脂肪高的试样<1.00g，鲜样<3.00g 或按压力消解罐使用说明书称取试样）于聚四氟乙烯内罐，加硝酸 2~4mL 浸泡过夜。再加过氧化氢（30%）2~3mL（总量不能超过罐容积的 1/3）。盖好内盖，旋紧不锈钢外套，放入恒温干燥箱，120~140℃保持 3~4h，在箱内自然冷却至室温，用滴管将消化液洗入或过滤入（视消化后试样的盐分而定）10.0mL 容量瓶中，用水少量多次洗涤罐，洗液合并于容量瓶中并定容至刻度，混匀备用；同时作空白试剂。

③测定。包括标准曲线绘制和试样测定两步。

a. 标准曲线绘制：吸取汞标准使用液 2.0ng/mL、4.0ng/mL、6.0ng/mL、8.0ng/mL、10.0ng/mL 各 5.0mL（相当于 10.0ng、20.0ng、30.0ng、40.0ng、50.0ng）置于测汞仪的汞蒸气发生器的还原瓶中，分别加入 1.0mL 还原剂氯化亚锡（100g/L），迅速盖紧瓶塞，随后有气泡产生，从仪器读数显示的最高点测得其吸收值，然后，打开吸收瓶上的三通阀将产生的汞蒸气吸收于高锰酸钾溶液（50g/L）中，待测汞仪上的读数达到零点时进行下一次测定。并求得吸收值与汞质量关系的一元线性回归方程。

b. 试样测定：分别吸取样液和试剂空白液各 5.0mL 置于测汞仪的汞蒸气发生器的还原瓶中，以下按“a. 标准曲线绘制”自“分别加入 1.0mL 还原剂氯化亚锡”起进行。将所测得吸收值，代入标准系列的一元线性回归方程中求得样液中汞含量。

（3）结果计算　试样中汞的含量按式（7-3）进行计算。

$$X = \frac{(A_1 - A_2) \times (V_1/V_2) \times 1000}{m \times 1000} \tag{7-3}$$

式中　X——试样中汞含量，μg/kg 或 μg/L；

A_1——测定试样消化液中汞质量，ng；

A_2——试剂空白液中汞质量，ng；

V_1——试样消化液总体积，mL；

V_2——测定用试样消化液体积，mL；

m——试样质量或体积，g 或 mL。

2. 二硫腙比色法

（1）原理　试样经消化后，汞离子在酸性溶液中可与二硫腙生成橙红色络合物，溶于三氯甲烷，与标准系列比较定量。

（2）分析步骤　包括试样消化和测定两步。

①试样消化。

a. 粮食或水分少的食品：称取 20.00g 试样，置于消化装置锥形瓶中，加玻璃珠数粒及 80mL 硝酸、15mL 硫酸，转动锥形瓶，防止局部炭化。装上冷凝管后，小火加热，待开始发泡即停止加热，发泡停止后加热回流 2h。如加热过程中溶液变棕色，再加 5mL 硝酸，继续回流 2h，放冷，用适量水洗涤冷凝管，洗液并入消化液中，取下锥形瓶，加水至总体积为 150mL。按同一方法做试剂空白试验。

b. 植物油及动物油脂：称取 10.00g 试样，置于消化装置锥形瓶中，加玻璃珠数粒及 15mL 硫酸，小心混匀至溶液变棕色，然后加入 45mL 硝酸，装上冷凝管后，以下操作同 a.。

c. 蔬菜、水果、薯类、豆制品：称取 50.00g 捣碎、混匀的试样（豆制品直接取样，其他试样取可食部分洗净、晾干），置于消化装置锥形瓶中，加玻璃珠数粒及 45mL 硝酸、15mL 硫酸，转动锥形瓶，防止局部炭化。装上冷凝管后，以下操作同 a.。

d. 肉、蛋、水产品：称取 20.00g 捣碎混匀试样，置于消化装置锥形瓶中，加玻璃珠数粒及 45mL 硝酸、15mL 硫酸，装上冷凝管后，以下操作同 a.。

e. 牛乳及乳制品：称取 50.00g 牛乳、酸牛乳，或相当于 50.00g 牛乳的乳制品（6g 全脂乳粉，20g 甜炼乳，12.5g 淡炼乳），置于消化装置锥形瓶中，加玻璃珠数粒及 45mL 硝酸，牛乳、酸牛乳加 15mL 硫酸，乳制品加 10mL 硫酸，装上冷凝管，以下操作同 a.。

②测定。

a. 取上述制备的消化液（全量），加 20mL 水，在电炉上煮沸 10min，除去二氧化氮等，放冷。于试样消化液及试剂空白液中各加高锰酸钾溶液（50g/L）至溶液呈紫色，然后再加盐酸羟胺溶液（200g/L）使紫色褪去，加 2 滴溴麝香草酚蓝指示液，用氨水调节 pH，使橙红色变为橙黄色（pH 1~2）。定量转移至 125mL 分液漏斗中。

b. 吸取 0μL、0.5μL、1.0μL、2.0μL、3.0μL、4.0μL、5.0μL、6.0μL 汞标准使用液（相当于 0μg、0.5μg、1.0μg、2.0μg、3.0μg、4.0μg、5.0μg、6.0μg 汞），分别置于 125mL 分液漏斗中，加 10mL 硫酸（1∶19），再加水至 40mL，混匀。再各加 1mL 盐酸羟胺溶液（200g/L），放置 20min，并不时振摇。

c. 于试样消化液、试剂空白液及标准液振摇放冷后的分液漏斗中加 5.0mL 二硫腙使用液，剧烈振摇 2min，静置分层后，经脱脂棉将三氯甲烷层滤入 1cm 比色杯中，以三氯甲烷调节零点，在波长 490nm 处测吸光度，标准管吸光度减去零管吸光度，绘制标准曲线。

（3）结果计算　试样中汞的含量按式（7-4）进行计算。

$$X = \frac{(A_1 - A_2) \times 1000}{m \times 1000} \tag{7-4}$$

式中　X——试样中汞的含量，mg/kg；

A_1——试样消化液中汞的质量，μg；

A_2——试剂空白液中汞的质量，μg；

m——试样质量，g。

五、镉对食品的污染

镉（Cd）是一种银白色有延展性的金属。含镉无机化合物较多，常常具有颜色，如氧化镉呈棕色，硫化镉呈鲜艳的黄色。镉在自然界中以硫镉矿形式存在，并常与锌、铅、铜、锰等矿共存。

（一）食品中镉污染的来源

1. 自然本底

镉广泛存在于自然界，可通过作物根系的吸收进入植物性食品，并通过饮水与饲料进入到动物体内，使畜禽类食品受到镉污染。但由于自然本底较低，食品中的镉含量一般不高。

2. 工业污染

镉可作为原料或催化剂用于生产塑料、颜料和化学试剂；由于镉的耐腐蚀性和耐摩擦性能，常用作生产不锈钢、雷达、电视机荧光屏的原料，还是制造原子核反应堆控制棒的材料之一，电镀生产耗镉量占总量的50%。镉污染源主要来自于工业三废，如铅锌矿冶炼产生的废弃物、电镀镉排放的废液等，因此重工业比较发达的城市镉污染较严重。

3. 食品容器及包装材料污染

镉是合金、釉彩、颜料和电镀层的组成成分，当使用含镉容器具盛放和包装食品（尤其是酸性食品）时，镉发生迁移从而污染食品。

4. 施肥污染

某些含镉量较高的化肥（如磷肥等），在施用过程中可造成农作物的污染。一般环境中镉含量较低，但海产品、动物内脏和一些农作物可富集镉。日本神通川流域由于锌矿造成的镉污染，发生了典型的公害病——“痛痛病”。

（二）食品中镉的测定

可采用石墨炉原子吸收光谱法、二硫腙-乙酸丁酯法和比色法。

1. 石墨炉原子吸收光谱法

（1）原理　样品经灰化或酸消解后，注入原子吸收分光光度计石墨炉中，电热原子化后吸收228.8nm共振线，在一定浓度范围，其吸收值与镉含量成正比，与标准系列比较定量。

（2）测定方法　包括样品处理和测定两步。

①样品处理。同食品中铅的测定。

②测定。

a. 仪器条件：波长228.8nm，狭缝0.5~1.0nm，灯电流8~10mA，干燥温度120℃，20s；灰化温度350℃，15~20s，原子化温度1700~2300℃，4~5s，背景校正为氘灯或塞曼效应。

b. 标准曲线绘制：吸取镉标准溶液0.1mL、0.2mL、3.0mL、5.0mL、7.0mL、10.0mL于100mL容量瓶中稀释至刻度，相当于0.1ng/mL、0.2ng/mL、3.0ng/mL、5.0ng/mL、7.0ng/mL、10.0ng/mL，各吸取10μL注入石墨炉，测得其吸光度并求得吸光度与浓度关系的一元线性回归方程。

c. 样品测定：分别吸取样液和试剂空白液10μL注入石墨炉，测得其吸光度，代入标准系列的一元线性回归方程中求得样液中镉含量。

（3）计算

$$X = \frac{(c_1 - c_2) \times V_1 \times 1000}{m \times 1000} \tag{7-5}$$

式中　X——试样中镉的含量，ng/mL；

c_1——测定样品消化液中镉含量，ng/mL；

c_2——空白液中镉含量，ng/mL；

V_1——样品消化液定容总体积，mL；

m——样品质量或体积，g 或 mL。

2. 二硫腙-乙酸丁酯法

（1）原理　样品经处理后，在 pH 6 左右的溶液中，镉离子与二硫腙形成络合物，并经乙酸丁酯萃取分离，导入原子吸收仪中，原子化以后，吸收 228.8nm 共振线，其吸收值与镉含量成正比，与标准系列比较定量。

（2）测定方法　包括样品处理、萃取分离和测定三步。

①样品处理：称取 5.00g 样品，置于 250mL 高型烧杯中，加入 15mL 混合酸，盖上表面皿，放置过夜，再于电热板或砂浴上加热。消化过程中，注意勿使干涸，必要时可加少量硝酸，直至溶液澄明无色或微带黄色。冷却后加入 25mL 水煮沸，除去残余的硝酸至产生大量白烟为止，如此处理两次，放冷。以 25mL 水分数次将烧杯内容物洗入 125mL 分液漏斗中。

②萃取分离：吸取 0mL、0.25mL、0.50mL、1.50mL、2.50mL、3.50mL、5.00mL 镉标准溶液（相当于 0μg、0.05μg、0.10μg、0.30μg、0.50μg、0.70μg、1.00μg）。分别置于 125mL 分液漏斗中，各加盐酸（1∶11，v/v）至 25mL。

在样品处理溶液、试剂空白液及镉标准溶液及各分液漏斗中各加 5mL 柠檬酸钠缓冲液（2mol/L），以氨水调节 pH 至 5~6.4，然后各加水至 50mL，混匀。再各加 5.0mL 二硫腙-乙酸丁酯溶液（1g/L），振摇 2min，静置分层，弃去下层水相，将有机层放入具塞试管中，备用。

③测定。

a. 仪器条件：波长 228.8nm，狭缝 0.5~1.0nm，灯电流 8~10mA，干燥温度 120℃，20s；灰化温度 350℃，15~20s，原子化温度 1700~2300℃，4~5s，背景校正为氘灯或塞曼效应。

b. 标准曲线绘制：吸取 100.0ng/mL 的镉标准溶液 0.1mL、0.2mL、3.0mL、5.0mL、7.0mL、10.0mL 于 100mL 容量瓶中稀释至刻度，相当于 0.1ng/mL、0.2ng/mL、3.0ng/mL、5.0ng/mL、7.0ng/mL、10.0ng/mL。各吸取 10μL 注入石墨炉，测得其吸光度并求吸光度与浓度关系的一元线性回归方程。

c. 样品测定：分别吸取样液和试剂空白液 10μL 注入石墨炉，测得其吸光度，代入标准系列的一元线性回归方程中求得样液中镉含量。

（3）计算

$$\text{镉含量（mg/kg）} = \frac{(m_1 - m_2) \times 1000}{m_3 \times 1000} \qquad (7-6)$$

式中　m_1——测定用样品液中镉的质量，μg；

m_2——试剂空白液镉的质量，μg；

m_3——样品质量，g。

3. 比色法

（1）原理　样品经消化后，在碱性溶液中镉离子与 6-溴苯并噻唑偶氮萘酚形成红色络合物，溶于三氯甲烷，再与标准系列比较定量。

（2）测定方法　包括样品消化和测定两步。

①样品消化：称取5.00~10.00g样品，置于150mL锥形瓶中，加入15mL混合酸（如在室温放置过夜，则次日易于消化），小火加热，待泡沫消失后，可慢慢加大火力，必要时再加少量硝酸，直至溶液澄清无色或微带黄色，冷却至室温。

取与消化样品相同的混合酸、硝酸按同一操作方法做试剂空白试验。

②测定：将消化好的样液及试剂空白液用20mL水分数次洗入125mL分液漏斗中，以氢氧化钠溶液（200g/L）调节至pH 7左右。吸取0mL、0.5mL、1.0mL、3.0mL、5.0mL、7.0mL、10.0mL镉标准溶液（相当于0μg、0.5μg、1.0μg、3.0μg、5.0μg、7.0μg、10.0μg镉），分别置于125mL分液漏斗中，再各加水至20mL。用氢氧化钠溶液（200g/L）调节pH至7.0左右。

在样品消化液、试剂空白液及镉标准液中依次加入3mL柠檬酸钠溶液（250g/L）、4mL酒石酸钾及1mL氢氧化钠溶液（200g/L），混匀。再各加5mL三氯甲烷及0.2mL镉试剂，立即振摇2min，静置分层后，将三氯甲烷层经脱脂棉滤于试管中，以三氯甲烷调节零点，于1cm比色杯在波长585nm处测吸光度。

（3）计算　同二硫腙-乙酸丁酯法。

六、砷对食品的污染

砷（As）是一种半金属元素。除元素砷和AsH_3外，绝大部分砷以+3价和+5价化合物存在。砷的+3价和+5价化合物又分为有机砷和无机砷。食品中砷的毒性因其价态和化学形态不同差异显著。元素砷和砷的硫化物几乎无毒；砷的氢化物（AsH_3）毒性很大，但在自然界极少见；通常As^{3+}的毒性强，砒霜（As_2O_3）是无机砷化物中毒性最强的；As^{5+}及有机砷的毒性弱，As^{5+}的毒性仅为As^{3+}的1/5。不同形态砷化合物的毒性大小规律为：$AsH_3>As^{3+}>As^{5+}>$有机砷。

（一）食品中砷污染的来源

1. 含砷矿石的开采和金属冶炼

砷与许多有色金属如铅、锌、铜等是伴生的，砷矿本身及其他矿产的开采、运输、加工，矿井水和矿渣的排放，是造成环境中砷污染的重要途径。

2. 化工生产和燃料燃烧

砷及其化合物是化工生产中的常用原料，据统计，用含砷化工污水灌溉可能造成农作物的砷污染。煤和石油中也含有微量的砷，它们可经燃烧排放入大气中而对食品造成间接污染。

3. 含砷农药和兽药的使用

含砷农药主要有杀虫剂、杀菌剂、除草剂、脱叶剂和种子消毒剂。含砷农药的施用，可导致砷在土壤中的积累，从而直接影响粮食和蔬菜中的砷含量。在畜牧业生产中，一些+5价砷常常作为鸡和猪的生长促进剂添加到动物饲料中，这些砷制剂的使用可造成兽药残留。

4. 海洋生物的富集作用

由于海洋生物能上千倍到几万倍地富集砷，因此在虾、蟹、贝类及某些海藻中砷的含量特别高。海洋生物中的砷大部分以有机砷形式存在。

5. 自然本底

砷是地壳的组成成分之一，某些地区高本底砷可转移到动植物食品中，通过人类摄食或直接饮水进入体内，如我国香港特别行政区、台湾地区由于长期饮用含砷高的井水而导致黑脚病。

6. 食品加工过程中原料、添加剂、容器和包装材料的污染

食品原材料或添加剂等因杂质砷含量较高所引起的食品污染事件时有发生。曾报道用工业盐酸制备的酱油中含砷量高达190mg/L；又如20世纪60年代日本发生的“森永”牌乳粉中毒事件，是因磷酸氢二钠稳定剂中含砷化物杂质所致。

（二）食品中总砷的测定

可采用银盐法、硼氢化物还原比色法。

1. 银盐法

（1）原理　利用砷与酸作用生成原子态氢，在碘化钾和酸性氯化亚锡存在下，使样品溶液中+5价砷还原成-3价砷。-3价砷与氢作用，生成砷化氢气体，通过乙酸铅棉花，进入含有二乙氨基二硫代甲酸银（DDC-Ag）的吸收液中，砷化氢与DDC-Ag作用，使银呈红色胶体游离出来，溶液呈橙色至红色，其颜色的深浅与砷含量呈正比。可比色定量。

（2）试剂　砷标准溶液：准确称取0.1320g在硫酸干燥器中干燥的三氧化砷，加5mL 20%氢氧化钠溶液，溶解后加25mL 10%硫酸溶液，移入1000mL容量瓶中，用新煮沸并冷却的水稀释至刻度，此溶液每毫升含0.1mg砷。取上述溶液1.0mL，移入100mL容量瓶中，加1mL 10%硫酸溶液，加水稀释至刻度。此液含砷1mg/L。二乙氨基二硫代甲酸银-三乙醇胺-氯仿溶液：称取0.25g二乙氨基二硫代甲酸银置于乳钵中，加少量氯仿研磨，移入100mL量筒中，加入1.8mL三乙醇胺，用四氯化碳洗涤乳钵，用氯仿稀释至100mL，放置过夜，过滤，于棕色瓶中储存。

（3）测定　包括样品处理和样品测定两步。

①样品处理。

a. 粮食类食品：称取5.00g样品于250mL三角烧瓶中，加入5.0mL高氯酸、20mL硝酸、2.5mL硫酸（1∶1，*v/v*），放置数小时后（或过夜），置电热板上加热，若溶液变为棕色，应补加硝酸使有机物分解完全，取下放冷，加15mL水，再加热至冒白烟，取下，以20mL水分数次将消化液定量转入100mL砷化氢发生瓶中，同时做空白消化。

b. 蔬菜、水果类：称取10.00~20.00g样品于50mL三角烧瓶中，加入3mL高氯酸、20mL硝酸、2.5mL硫酸（1∶1，*v/v*）。以下操作同粮食类食品。

c. 动物性食品（海产品除外）：称取5.00~10.00g样品于250mL三角烧瓶中，以下操作同粮食类食品。

d. 海产品：称取0.100~1.00g样品于250mL三角烧瓶中，加入2mL高氯酸、10mL硝酸、2.5mL硫酸（1∶1，*v/v*），以下操作同粮食类食品。

e. 含乙醇或二氧化碳的饮料：吸取10.0mL样品于250mL三角烧瓶中，低温加热除去乙醇或二氧化碳后，加入2mL高氯酸、10mL硝酸、2.5mL硫酸（1∶1，*v/v*），以下操作同粮食类食品。

f. 酱类食品：吸取5.0~10.0mL代表性样品于250mL三角烧瓶中，加入5mL高氯酸、20mL硝酸、2.5mL硫酸（1∶1，*v/v*），以下操作同粮食类食品。

②样品测定：吸取一定量样品溶液（视样品中含砷量而定），置于三角瓶中，另吸取砷标准溶液0mL、1.0mL、2.0mL、3.0mL、4.0mL、5.0mL，硫酸溶液（1∶1，*v/v*）15mL、

15%碘化钾溶液 5mL、40%氯化亚锡溶液 2mL。摇匀，放置 10min 后，加入无砷锌粒 6 g，立即塞紧带有玻璃弯管的橡胶塞，并将出口的尖管浸插在预先加有 5mL 吸收液的比色管中，在室温中反应吸收 40min。取下吸收管，用氯仿补足各管吸收液体积至 5mL。用 1cm 比色杯以零管调节零点，于波长 520nm 处测定吸光度，绘制标准曲线，求出样品中砷含量。

2. 硼氢化物还原比色法

（1）原理　样品经消化，其中砷以+5 价形式存在。当溶液氢离子浓度大于 1.0moL/L 时，加入碘化钾-硫脲并结合加热，能将+5 价砷还原为+3 价砷。在酸性条件下，硼氢化钾将+3 价砷还原为-3 价，形成砷化氢气体，导入吸收液中呈黄色，黄色的深浅与溶液中砷含量成正比。与标准系列比较定量。

（2）测定方法　包括样品处理、标准系列的制备、测定三步。

①样品处理：同银盐法。

②标准系列的制备：于 6 只 100mL 砷化氢发生瓶中，依次加入砷标准溶液 0mL、0. 25mL、0. 5mL、1. 0mL、2. 0mL、3. 0mL（相当于砷 0μg、0. 25μg、0. 5μg、1. 0μg、2. 0μg、3. 0μg），分别加水至 3mL，再加上 2. 0mL 硫酸（1∶1，*v/v*）。

③测定：于样品及标准砷化氢发生瓶中，分别加入 0. 1g 抗坏血酸，2. 0mL 碘化钾（500g/L）-硫脲溶液（50g/L），置沸水浴中加热 5min（此时瓶内温度不得超过 80℃）取出放冷，加入甲基红指示剂（2g/L）1 滴，加入 3. 5mL 氢氧化钠溶液（400g/L），以氢氧化钠溶液（100g/L）调至溶液恰好呈黄色，加入 1. 5mL 柠檬酸（1. 0mol/L）-柠檬酸铵溶液（1. 0mol/L），加水至 40mL，加入一粒硼氢化钾片剂，立即通过塞有乙酸铅棉花的导管与盛有 4. 0mL 吸收液的吸收管相连接，不时摇动砷化氢发生瓶，反应 5min 后再加入一粒硼氢化钾片剂，继续反应 5min。取下吸收管，用 1cm 比色杯，在 400nm 波长下，以标准管零管调吸光度为 0，测定各管吸光度。将标准系列各管砷含量对吸光度绘制标准曲线或计算回归方程。

（3）计算

$$\text{砷含量（mg/kg 或 mg/mL）} = \frac{m_1 \times 1000}{m \times 1000} \tag{7-7}$$

式中　m_1——测定用消化液从标准曲线查得的质量，μg；

m——样品质量或体积，g 或 mL。

第二节　食品加工过程中形成的有害化合物

因增加食品风味、方便食用以及改善保藏性能等需要，新的食品加工、贮藏和包装技术不断出现。这些技术的应用使食品中的化学成分发生了一系列变化，达到预期效果的同时，也有相应的有毒有害物质形成，给食品的质量与安全带来隐患，对人类健康构成潜在威胁。下面就研究较多的烧烤、油炸、腌制、烟熏等加工方式及贮藏过程中产生的 *N*-亚硝基化合物、多环芳烃化合物、杂环胺类化合物等有害成分作介绍。

一、*N*-亚硝基化合物

N-亚硝基化合物（*N*-nitroso compounds）对动物有较强的致癌作用，迄今为止，人们研

究的300多种化合物中，有90%以上对所试动物具有致癌性，是目前世界公认的几大致癌物之一。人们对其毒性的研究，特别是致癌性研究，是从20世纪50年代开始的。1954年Barnes和Magee详细描述了二甲基亚硝胺急性毒性的病理损害，主要表现为肝小叶中心性坏死及继发性肝硬化。1956年，Magee和Barnes用大鼠证实了二甲基亚硝胺的致癌作用，从而引起了人们对*N*-亚硝基化合物毒性的广泛研究。

（一）结构和理化性质

N-亚硝基化合物是一类具有亚硝基（ >N—N=O ）结构的有机化合物，根据其分子结构的不同，可分为亚硝胺和亚硝酰胺两类。

1. *N*-亚硝胺

亚硝胺（Nitrosoamine）是研究最多的一类*N*-亚硝基化合物，其基本结构如图7-1所示。

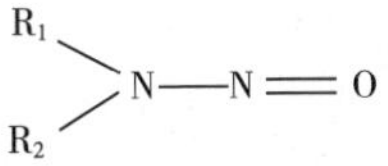

R_1
N—N=O
R_2

图7-1　*N*-亚硝基化合物结构通式

亚硝胺的命名是在取代胺前加上*N*-亚硝基。在亚硝胺结构式中，R_1和R_2可以是烷基或芳烃，如*N*-亚硝基二甲胺（NDMA）、*N*-亚硝基二乙胺（NDEA）、*N*-亚硝基甲乙胺（NMEA）、*N*-亚硝基二苯胺（NDPhA）、*N*-亚硝基甲苄胺（NMBzA）等；R_1和R_2也可以是环烷基，如*N*-亚硝基吗啉（NMOR）、*N*-亚硝基吡咯烷（NPYR）、*N*-亚硝基哌啶（NPIP）、*N*-亚硝基哌嗪等；R_1和R_2还可以是氨基酸，如*N*-亚硝基脯氨酸（NPRO）、*N*-亚硝基肌氨酸（NSAR）等。当$R_1=R_2$时，称为对称性亚硝胺；而$R_1 \neq R_2$时，称为不对称性亚硝胺。

低分子质量的亚硝胺（如亚硝基二甲胺）在常温下为黄色油状液体，高分子质量的亚硝胺多为固体。除了某些*N*-亚硝胺（如NDMA、NDEA、*N*-NDElA以及某些*N*-亚硝氨基酸等）可以溶于水及有机溶剂外，大多数亚硝胺不溶解于水，仅溶解于有机溶剂。在通常条件下（如中性和碱性环境），亚硝胺化学性质较稳定，不易分解，参与机体代谢后有致癌性。

2. *N*-亚硝酰胺

亚硝酰胺类（Nitrosoamides）不完全是按化学进行分类的，而是指化学性质和生物学作用相似的一类亚硝基化合物，其基本结构如图7-2所示。

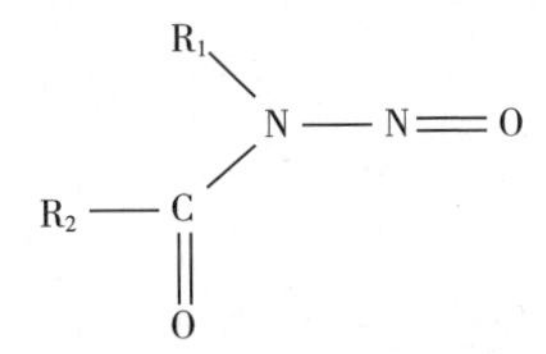

图7-2　亚硝酰胺类化合物结构通式

N-亚硝酰胺类包括*N*-亚硝酰胺（R_1和R_2为烷基或芳香基）、*N*-亚硝基脒（羰基O原子被NH取代）和*N*-亚硝基脲（R_2被NH_2取代）等。

N-亚硝酰胺的化学性质活泼，在酸性和碱性条件下（甚至近中性环境）均不稳定，能够在作用部位自发性降解为重氮化合物，并与DNA结合而发挥直接的致癌性和致突变性。

N-亚硝胺和*N*-亚硝酰胺在紫外光照射下都可发生光分解反应。

N-亚硝胺因相对分子质量不同，表现出蒸气压大小的差异。能够被水蒸气蒸馏出来不需经衍生化可直接进行气相色谱测定的称为挥发性亚硝胺。*N*-亚硝酰胺类和非挥发性的强极性亚硝胺（如*N*-亚硝基二乙醇胺NDElA、*N*-亚硝基脯氨酸NPRO、*N*-亚硝基羟脯氨酸NHPRO、*N*-亚硝基肌氨酸NSAR等）均不能用水蒸气蒸馏方法与基质分开，被称为非挥发性*N*-亚硝基化合物。这可以作为设计分析方法的依据。

（二）*N*-亚硝基化合物的来源

1. *N*-亚硝基化合物的合成

自然界存在的*N*-亚硝基化合物不多，但在食品及人体内普遍存在形成*N*-亚硝基化合物的前体物质，它们在一定条件下可合成一定量的*N*-亚硝基化合物。

N-亚硝基化合物是*N*-亚硝化剂和可亚硝化的含氮化合物在一定条件下经亚硝化作用合成的，该过程在环境和体内均可进行，可能的反应过程如图7-3所示。

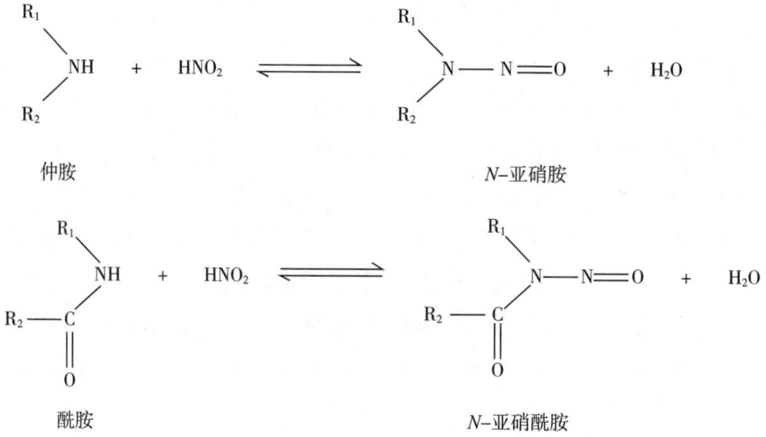

$$(R_1)(R_2)NH + HNO_2 \rightleftharpoons (R_1)(R_2)N-N=O + H_2O$$

仲胺　　　　*N*-亚硝胺

$$(R_2-C(=O))(R_1)NH + HNO_2 \rightleftharpoons (R_2-C(=O))(R_1)N-N=O + H_2O$$

酰胺　　　　*N*-亚硝酰胺

图7-3　*N*-亚硝基化合物的合成反应

这一反应与反应物浓度、氢离子浓度、胺的种类及有无催化剂等密切相关。

除反应物浓度以外，氢离子浓度对反应有着重要影响。一般在酸性条件下最容易发生反应，如仲胺亚硝基化的最适pH为2.5~3.4。胺的种类与亚硝化程度也有关系，一般仲胺反应速度快，伯胺、叔胺反应很困难，但在硫氰酸根存在时，伯胺和亚硝酸的反应也很快。

维生素C、维生素E、酚类物质可抑制*N*-亚硝基化合物的形成。

2. *N*-亚硝基化合物的前体物

N-亚硝化剂和可亚硝化的含氮化合物称为*N*-亚硝基化合物的前体。*N*-亚硝化剂包括亚硝酸盐和硝酸盐以及其他氮氧化物，还包括与卤素离子或硫氰酸盐产生的复合物。可亚硝化的含氮化合物主要涉及胺、氨基酸、多肽、脲、脲烷、呱啶、酰胺等。

（1）硝酸盐和亚硝酸盐的来源　食品是硝酸盐（Nitrates）和亚硝酸盐（Nitrites）的主要来源。膳食中硝酸盐和亚硝酸盐来源很多，主要包括以下方面。

①用作食品添加剂是直接来源：硝酸盐和亚硝酸盐是允许用于肉及肉制品生产加工中的发色剂和防腐剂。

②肥料等的大量使用是主要来源：含氮肥料（土壤缺锰、钼等微量元素时更严重）和农药的使用、工业废水和生活污水的排放等，使硝酸盐广泛存在于自然环境（水、土壤和植物）中。微生物的根瘤菌及植物的固氮作用，构成了植物体硝酸盐的重要来源。

③硝酸盐和亚硝酸盐的体内转化与合成：研究表明，植物体中的硝酸盐和摄入人体的硝酸盐都可以在各自体内硝酸盐还原酶的作用下转化为亚硝酸盐；硝酸盐和亚硝酸盐还可以由机体内源性形成，已经证实机体每天可以恒定产生大约85mg 硝酸钠。机体内存在一氧化氮合酶，可将精氨酸转化成为一氧化氮和瓜氨酸，一氧化氮可以形成过氧化氮，后者与水作用释放亚硝酸盐。

（2）可亚硝化的含氮化合物的来源　人类食物中广泛存在可以亚硝化的含氮有机化合物，主要涉及伯胺、仲胺、芳胺、氨基酸、多肽、脲、脲烷、呱啶、酰胺、脒、肼、酰肼、腈酰胺、腙、羟胺等。作为食品天然成分的蛋白质、氨基酸和磷脂，都可以是胺和酰胺的前体物，或者本身就是可亚硝化的含氮化合物。

另外，许多胺类也是药物、化学农药（特别是氨基甲酸酯类）和一些化工产品的原料，它们也有可能作为*N*-亚硝基化合物的前体物。

3. *N*-亚硝基化合物污染的来源

（1）食品中的*N*-亚硝基化合物　*N*-亚硝基化合物的前体物广泛存在于食品中，在食品加工过程中易转化成*N*-亚硝基化合物。据目前已有的研究结果，以下食品中含有较多的*N*-亚硝基化合物。

①鱼类及肉制品：鱼和肉类食物中，本身含有少量的胺类，但在腌制和烘烤加工过程中，尤其是油煎烹调时，能分解出一些胺类化合物。腐烂变质的鱼和肉类，可分解产生大量的胺类，其中包括二甲胺、三甲胺、脯氨酸、腐胺、脂肪族聚胺、精胺、吡咯烷、氨基乙酰-1-甘氨酸和胶原蛋白等。这些化合物与添加的亚硝酸盐等作用生成亚硝胺。腌制食品如果再用烟熏，则*N*-亚硝基化合物的含量将会更高。

②蔬菜和瓜果：植物类食品中含有较多的硝酸盐和亚硝酸盐，蔬菜等在加工处理（如腌制）和贮藏过程中，硝酸盐转化为亚硝酸盐，并与食品中蛋白质的分解产物胺反应，生成微量的*N*-亚硝基化合物，其含量一般在0. 5~2. 5μg/kg。

③啤酒：大麦芽在窖内用明火直接加热干燥过程中，空气中的氮被高温氧化成氮氧化物，其作为亚硝化剂与大麦芽中的胺类［大麦芽碱（Hordenine）、芦竹碱（Gramine）、禾胺等］及发芽时形成的大麦醇溶蛋白反应形成 NDMA。

④乳制品：干酪，乳粉、奶酒等乳制品中，存在微量的挥发性亚硝胺。其形成机制与啤酒中的*N*-亚硝基化合物形成相同，是乳粉在干燥过程中产生的。亚硝胺含量一般在0. 5~5. 2μg/kg。

⑤霉变食品：霉变食品中也有亚硝基化合物的存在，某些霉菌可引起霉变粮食及其制品中亚硝酸盐及胺类物质的增高，为亚硝基化合物的合成创造了物质条件。

（2）*N*-亚硝基化合物的内源性合成　研究表明，在人和动物体内均可内源性合成*N*-亚硝基化合物。人体合成亚硝胺的部位主要有口腔、胃和膀胱。每天由唾液分泌的亚硝酸盐约9mg，在不注意口腔卫生时，口腔内残余的食物在微生物的作用下发生分解并产生胺类，这些胺类和亚硝酸盐反应可生成亚硝胺，而唾液成分中的硫氰酸根可加速这一反应的进程；胃酸使胃内呈酸性环境，为亚硝胺的合成提供了条件，而胃液的重要成分氯离子也会影响 *N*-亚硝基化合物的形成。但正常情况下，胃内合成的亚硝胺不是很多，而在胃酸缺乏如慢性萎缩性胃炎时，胃液 pH 增高，细菌可以增长繁殖，硝酸还原菌将硝酸盐还原为亚硝酸盐，腐败菌等杂菌将蛋白质分解产生胺类，使合成亚硝胺的前体物增多，有利于亚硝胺在胃内的合成；当泌尿系统感染时，在膀胱内也可以合成亚硝基化合物。

（三）*N*-亚硝基化合物的危害性

1. 毒性

不同种类的亚硝基化合物，其毒性大小差别很大，大多数亚硝基化合物属于低毒和中等毒，个别属于高毒甚至剧毒，如表 7-1 所示。化合物不同其毒作用机理也不尽相同，其中肝损伤较多见，也有肾损伤、血管损伤等。

表 7-1　部分 *N*-亚硝基化合物的 LD_{50}（大鼠，经口）　单位：mg/kg

化合物	LD_{50}	化合物	LD_{50}
二甲基亚硝胺	27~41	甲基苯基亚硝胺	200
二乙基亚硝胺	216~280	甲基苄基亚硝胺	18
二正丙基亚硝胺	480	亚硝基吗啉	282~320
二正丁基亚硝胺	1200	甲基亚硝基脲	180
二正戊甲基亚硝胺	1750	甲基亚硝基脲烷	240
甲基正丁基亚硝胺	130	亚硝基乙基甲烯亚胺	336
甲基特丁基亚硝胺	700	亚硝基庚基甲烯亚胺	283
乙基正丁基亚硝胺	380	亚硝基辛基甲烯亚胺	566
乙基特丁基亚硝胺	1600	亚硝基吡咯烷	900
乙基-2-羟乙基亚硝胺	>75	亚硝基哌啶	200
二-2-羟乙基亚硝胺	>6000		

2. 致癌性

许多动物实验证明，*N*-亚硝基化合物具有致癌作用。*N*-亚硝胺相对稳定，需要在体内代谢成为活性物质才具备致癌、致突变性，称为前致癌物。而 *N*-亚硝酰胺类不稳定，能够在作用部位直接降解成重氮化合物，并与 DNA 结合发挥直接致癌、致突变性，因此称 *N*-亚硝酰胺是终末致癌物。迄今为止尚未发现一种动物对 *N*-亚硝基化合物的致癌作用有抵抗力，不仅如此，多种给药途径均能引起实验动物的肿瘤发生，不论经呼吸道吸入，消化道摄入，皮下和肌肉注射，还是皮肤接触都可诱发肿瘤。反复多次接触，或一次大剂量给药都能诱发肿瘤，都有剂量效应关系。器官特异性是 *N*-亚硝基化合物致癌的重要特征，不同化合物有不同的靶器官，这主要和化合物的结构不同有关。最多见的是肝、食管及胃癌；肺、膀胱及鼻咽癌偶尔也可见到。如对称性亚硝胺（如 *N*-二甲基亚硝胺 NDMA）主要诱发肝癌，而不对称性亚硝胺（如N-甲基苄亚硝胺NMBzA）主要诱发食道癌。一些含氧的环状亚硝胺，如吗啉硝胺3-噁嗪能引起大鼠肝脏肿瘤，而2，6-二甲基中吗啉亚硝胺是很强的食管致癌物。可以说，在动物实验方面，N-亚硝基化合物的致癌作用证据充分。

在人类流行病学方面，从某些国家和地区流行病学资料的分析，表明人类某些癌症可能与之有关，如智利胃癌高发可能与硝酸盐肥料大量使用，从而造成土壤中硝酸盐与亚硝酸盐过高有关。日本人爱吃咸鱼和咸菜，其胃癌发病率较高，前者胺类特别是仲胺与叔胺较高，后者亚硝酸盐与硝酸盐含量较多。我国林州食管癌高发，也被认为与当地食品中亚硝胺检出率较高（高达23.3%，另一低发区仅为1.2%）有关。

3. 致畸、致突变作用

在遗传毒性研究中发现许多N-亚硝基化合物可以通过机体代谢或直接作用，诱发基因突变、染色体异常和DNA修复障碍。如亚硝酰胺能引起仔鼠产生脑、眼、肋骨和脊柱的畸形，而亚硝胺致畸作用很弱。二甲基亚硝胺具有致突变作用，常用作致突变试验的阳性对照。

（四）食品中N-亚硝胺类的测定

N-亚硝胺类的检测随着分析仪器的进步而不断发展。早期有薄层色谱法、高效液相色谱法（HPLC）和气相色谱法（GC）；近年来发展有气相色谱-热能分析仪法（GC-TEA）、气相色谱-氮磷检测器法（GC-NPD）、气相色谱-质谱仪法（GC-MS）、高效液相色谱-质谱/质谱法（HPLC-MS/MS）和离子阱GC-MS法等。以下对GC-TEA和GC-MS方法进行介绍。

1. 气相色谱-热能分析仪法（GC-TEA）

（1）原理　试样中N-亚硝胺经硅藻土吸附或真空低温蒸馏，用二氯甲烷提取、分离，气相色谱-热能分析仪（GC-TEA）测定。其原理如下：自气相色谱仪分离后的亚硝胺在热解室中经特异性催化裂解产生NO基团，后者与臭氧反应生成激发态NO^*。当激发态NO^*返回基态时发射出近红外区光线（600~2800nm）。产生的近红外区光线被光电倍增管检测（600~800nm）。由于特异性催化裂解与冷阱或CTR过滤器除去杂质，使热能分析仪仅能检测NO基团，而成为亚硝胺特异性检测器。

（2）测定方法　测定方法包括提取、浓缩和试样测定三步。

①提取。有两种不同的提取方法。

a. 甲法（硅藻土吸附）：称取20.00g预先脱二氧化碳气的试样于50mL烧杯中，加1mL氢氧化钠溶液（1mol/L）和1mL N-亚硝基二丙胺内标工作液（200μg/L），混匀后备用。将12g Extrelut干法填于层析柱中，用手敲实。将啤酒试样装于柱顶。平衡10~15min后，用6×5mL二氯甲烷直接洗脱提取。

b. 乙法（真空低温蒸馏）：在双颈蒸馏瓶中加入50.00g预先脱二氧化碳气的试样和玻璃珠，4mL氢氧化钠溶液（1mol/L），混匀后连接好蒸馏装置。在53.3kPa真空度低温蒸馏，待试样剩余10mL左右时，把真空度调节到93.3kPa，直至试样蒸至近干为止。把蒸馏液移入250mL分液漏斗，加4mL盐酸（0.1mol/L），用20mL二氯甲烷提取三次，每次3min，合并提取液。用10g无水硫酸钠脱水。

②浓缩。将二氯甲烷提取液转移至K-D浓缩器中，于55℃水浴上浓缩至10mL，再以缓慢的氮气吹至0.4~1.0mL，备用。

③试样测定。在确定气相色谱条件和热能分析仪条件的基础上进行测定。

气相色谱条件如下。气化室温度：220℃；色谱柱温度：175℃或从75℃以5℃/min速度升至175℃后维持；色谱柱：内径2~3mm，长2~3 m玻璃柱或不锈钢柱，内装涂以固定液10%（m/m）聚乙二醇20mol/L和氢氧化钾（10g/L）13（m/m）Carbowax 20M/TPA于载体Chromosorb WAW-DMCS（80~100目）；载气：氩气，流速20~40mL/min。

热能分析仪条件：接口温度：250℃；热解室温度：500℃；真空度：133~266Pa；冷阱：用液氮调至150℃（可用CTR过滤器代替）。

测定：分别注入试样浓缩液和N-亚硝胺标准工作液5~10μL，利用保留时间定性，峰高或峰面积定量。

（3）计算　试样中N-亚硝基二甲胺的含量按式（7-8）进行计算。

$$X = h_1 \times V_2 \times c \times \frac{V}{h_2 \times V_1 \times m} \tag{7-8}$$

式中　X——试样中N-亚硝基二甲胺的含量，μg/kg；

h_1——试样浓缩液中N-亚硝基二甲胺的峰高或峰面积；mm或mm^2；

h_2——标准工作液中N-亚硝基二甲胺的峰高或峰面积，mm或mm^2；

c——标准工作液中N-亚硝基二甲胺的浓度，μg/L；

V_1——试样浓缩液的进样体积，μL；

V_2——标准工作液的进样体积，μL；

V——试样浓缩液的浓缩体积，μL；

m——试样的质量，g。

2. 气相色谱-质谱仪法（GC-MS）

（1）原理　试样中的N-亚硝胺类化合物经水蒸气蒸馏和有机溶剂萃取后，浓缩至一定量，采用气相色谱-质谱联用仪的高分辨峰匹配法进行确认和定量。

（2）测定方法　包括水蒸气蒸馏、萃取纯化、浓缩和试样测定四步。

①水蒸气蒸馏：称取200g切碎（或绞碎、粉碎）后的试样，置于水蒸气蒸馏装置的蒸馏瓶中（液体试样直接量取200mL），加入100mL水（液体试样不加水），摇匀。在蒸馏瓶中加入120g氯化钠，充分摇动使氯化钠溶解。将蒸馏瓶与水蒸气发生器及冷凝器连接好，并在锥形接收瓶中加入40mL二氯甲烷及少量冰块，收集400mL馏出液。

②萃取纯化：在锥形接收瓶中加入80g氯化钠和3mL的硫酸（1∶3），搅拌使氯化钠完全溶解。然后转移到500mL分液漏斗中，振荡5min，静止分层，将二氯甲烷层分至另一锥形瓶中，再用120mL二氯甲烷分三次提取水层，合并四次提取液，总体积为160mL。对于含有较高浓度乙醇的试样，如蒸馏酒、配制酒等，须用50mL氢氧化钠溶液（120g/L）洗有机层两次，以除去乙醇的干扰。

③浓缩：将有机层用10g无水硫酸钠脱水后，转移至K-D浓缩器中，加入一粒耐火砖颗粒，于50℃水浴上浓缩至1mL。备用。

④试样测定：在确定色谱条件和质谱仪条件的基础上进行测定。

色谱条件如下。气化室温度：190℃；色谱柱温度：对N-亚硝基二甲胺、N-亚硝基二乙胺、N-亚硝基二丙胺和N-亚硝基吡咯烷分别为130℃、145℃、130℃和160℃；色谱柱：内径1.8~3.0mm，长2 m的玻璃柱，内装涂以15%（m/m）PEG20M固定液和氢氧化钾溶液

(10g/L) 的 80~100 目 Chromosorb WAWDWCS；载气：氦气，流速为 40mL/min。

质谱仪条件如下。分辨率：≥7000；离子化电压：70V；离子化电流：300μA；离子源温度：180℃；离子源真空度：1.33×10^{-4} Pa；界面温度：180℃。

测定方法：采用电子轰击源高分辨峰匹配法，用全氟煤油（PFK）的碎片离子（它们的质荷比为 68.99527、99.9936、130.9920、99.9936）分别监视 *N*-亚硝基二甲胺、*N*-亚硝基二乙胺、*N*-亚硝基二丙胺及 *N*-亚硝基吡咯烷的分子、离子（它们的质荷比为 74.0480、102.0793、130.1106、100.0630），结合它们的保留时间来定性，以示波器上该分子、离子的峰高来定量。

（3）计算　试样中某一 *N*-亚硝胺化合物的含量按式（7-9）进行计算。

$$X = \frac{h_1}{h_2} \times c \times \frac{V}{m} \times 100\% \tag{7-9}$$

式中　X——试样中某一 *N*-亚硝胺化合物的含量，μg/kg 或 μg/L；

h_1——浓缩液中该 *N*-亚硝胺化合物的峰高，mm；

h_2——标准使用液中该 *N*-亚硝胺化合物的峰高，mm；

c——标准使用液中该 *N*-亚硝胺化合物的浓度，μg/mL；

V——试样浓缩液的体积，mL；

m——试样质量或体积，g 或 mL。

二、多环芳烃化合物

多环芳烃（Polycyclic Aromatic Hydrocarbons，PAH）是指煤、石油、煤焦油、烟草和一些有机化合物的热解或不完全燃烧过程中产生的一系列化合物，其中一些有致癌作用。

早在 1775 年，英国外科医生波特发现扫烟囱的工人阴囊癌发生率很高，并认为是由于煤烟的机械刺激导致的。从 1933 年 Cook 等由煤焦油中分离出苯并［*a*］芘，迄今为止发现的 PAH 达数百个。由于苯并［*a*］芘的研究最早，致癌性较强，污染也最广，因此常常以苯并［*a*］芘含量作为环境中存在的 PAH 的指标。

（一）结构和理化性质

多环芳烃是含有两个或两个以上苯环的碳氢化合物。多环芳烃的基本结构单位是苯环，环与环之间的连接方式有 2 种：一种是稀环化合物，即苯环与苯环之间各由一个碳原子相连，如联苯（ 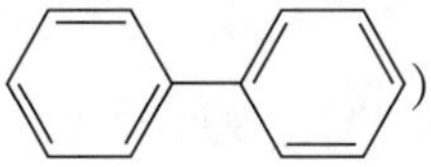　）、联三苯（ 　）等；另一种是稠环化合物，即相邻的苯环至少有两个共用的碳原子的碳氢化合物，如萘（ 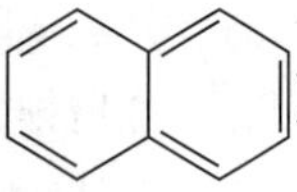　）、蒽（ 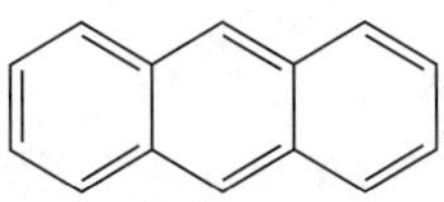　）、苯并［*a*］芘（　4　5　）等。这里所述的 PAH 都是含有 3 个以上苯环，并且相邻的苯环至少有两个共用的碳原子的稠环化合物，也称稠环芳烃。

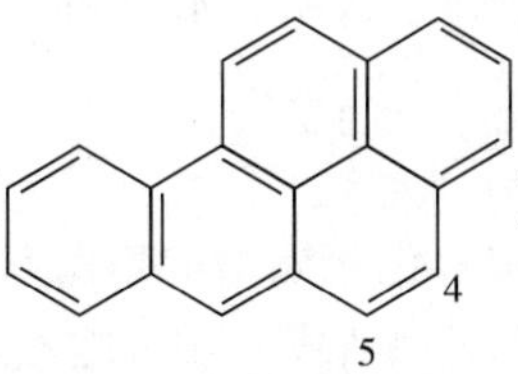

室温下，所有PAH皆为固体。其特性是高熔点和高沸点，低蒸气压，水溶解度低。PAH易溶于许多溶剂中，具有高亲脂性。苯并［a］芘（BaP）是由5个苯环构成的多环芳烃，分子式为$C_{20}H_{12}$，相对分子质量为252。常温下为浅黄色针状晶体，沸点310~312℃，熔点178℃。几乎不溶于水，微溶于甲醇和乙醇，易溶于苯、甲苯、二甲苯及环乙烷等有机溶剂中。在苯溶液中呈蓝色或紫色荧光。

（二）食品中PAH污染的来源

食品中的PAH和苯并［a］芘主要来自于环境的污染和食品中的大分子物质发生裂解、热聚。其主要污染途径包括以下几方面。

1. 食品烟熏和烧烤过程

食品在烟熏、烧烤过程中与染料燃烧产生的多环芳烃直接接触受到的污染是构成食品污染的主要因素。烟熏制品主要有熏鱼片、熏红肠、熏鸡和熏火腿等动物性食品。如熏鱼在熏前苯并［a］芘含量为1.0~2.7μg/kg，而熏后增加到5.9~15.2μg/kg；新鲜猪肉的苯并［a］芘含量为0~0.04μg/kg，制成熏肉后增至1~10μg/kg；香肠熏前的苯并［a］芘含量为1.5μg/kg，熏后可高达88.5g/kg。烟熏的动物性食品存放几周后，苯并［a］芘可以从表层渗透到深层。烘烤制品有月饼、面包、糕点、烤肉、烤鸡、烤鸭及烤羊肉串等食品。烤制食品时，除烟尘中的苯并［a］芘外，烘烤的高温度也可使食品中的脂肪、胆固醇等成分发生热解或热聚，而产生苯并［a］芘。据研究报道，烤制动物食品时滴落油滴中的苯并［a］芘含量是动物食品本身的10~70倍。

食品受污染程度与食品性质、熏烤温度及燃料种类有关。研究表明，直接用火烘烤比间接烘烤产生的PAH多，如烤羊肉串，PAH污染程度顺序为木柴、木炭明火炙烤>电炉烤>电热板烤。同样用木柴、木炭明火炙烤，脂肪含量高的食品比脂肪含量低的食品产生的PAH多，PAH污染程度顺序烤羊肉串>烤牛肉>烤鸭皮>烤乳猪>烤鸭肉>烤鹅。

2. 食品加工环节

某些设备、管道或包装材料中含有PAH。橡胶的填充料炭黑和加工橡胶用的重油中含有PAH，在采用橡胶管道输送原料或产品时，PAH将发生转移，如酱油、醋、酒、饮料等液体食品的输送；液体石蜡涂渍的包装纸，会污染食品；加工机械用的润滑油中苯并［a］芘含量高，会因密封不好滴入食品造成污染；石油产品如沥青含有PAH，若在沥青铺成的柏油马路上晾晒粮食，可造成粮食的PAH污染。

3. 环境中的PAH

煤、柴油、汽油及香烟等有机物不完全燃烧产生大量的PAH，通过大气排放进入环境，受污染的空气尘埃降落又造成了水源和土壤的污染。生产炭黑、炼油、炼焦、合成橡胶等行业三废的不合理排放，也是造成环境PAH污染的因素。因此农作物受PAH污染有两种方式：大气中PAH直接散落在表面或通过根系从水源和土壤吸收富集。受污染水体中的PAH，也可通过食物链浓缩于水产品中。

（三）多环芳烃的危害性

由于PAH多属于低毒和中等毒，如萘的口服致死剂量成人为5000~15000mg，儿童为2000mg。而环境中PAH含量不足以造成PAH的急性中毒，因此PAH对健康的影响多是慢性接触的结果。

对PAH致癌性研究最多的是苯并［a］芘。苯并［a］芘对动物来说是一种强致癌物质，最初发现是致皮肤癌，由于侵入途径和作用部位不同，对机体各器官如肺、肝、食道、胃肠等均可致癌。PAH 的致癌性与结构关系的研究表明，多环芳烃类化合物中 3~7 个环的化合物才具有致癌性，2 环与 7 环以上的化合物一般不具备致癌性。多环芳烃类化合物属于前致癌物，需经体内代谢后才具有致癌活性。

PAH 具有致突变性和遗传毒性。PAH 大多为间接致突变物，其中苯并［*a*］芘是强致突变物。对小鼠和家兔，苯并［*a*］芘能透过胎盘屏障，造成子代肺腺癌和皮肤乳头状瘤，苯并［*a*］芘、二苯并［*a*,*h*］蒽和苯并［*a*］蒽及萘对小鼠和大鼠有胚胎毒，可造成胚胎畸形、死胎及流产等。

试验中观察到的对动物的慢性损伤是引起动物肿瘤。对人类尚无多环芳烃致癌的直接证据，但许多流行病学现况资料表明，多环芳烃可能和人类的癌症有关。如匈牙利西部一地区胃癌明显高发，调查认为与此地区居民经常吃家庭自制含苯并［*a*］芘较高的熏肉有关；拉脱维亚 2 个沿海地区胃癌明显高发，据认为是吃较多熏鱼所致；日本胃癌高发也被认为和日本人爱吃熏鱼有关；冰岛是胃癌高发国家，可能与食用熏制品有关，其中含有较多的苯并［*a*］芘；冰岛农民胃癌死亡率最高，他们吃自己熏制食品最多，其中多环芳烃或苯并［*a*］芘含量高于市售制品。

（四）食品中苯并［*a*］芘的测定

随着科学技术的不断进步，PAH 的检测方法也在不断地发展，从最早的柱吸附色谱、纸色谱、薄层色谱（TLC）和凝胶渗透色谱（GPC）发展到现在的气相色谱（GC）、反相高效液相色谱（RP-HPLC），紫外吸收光谱（UV）和发射光谱（包括荧光、磷光和低温发光等），还有质谱分析、核磁共振和红外光谱技术等。较为常用的是分光光度法和反相高效液相色谱法。RP-HPLC 法测定 PAH 不需高温，对某些 PAH 的测定具有较高的分辨率和灵敏度，柱后馏分便于收集等优点。所以近年来 RP-HPLC 法广泛用于 PAH 的分离鉴定和定量测定。

下面介绍食品中的苯并［*a*］芘的测定方法——荧光分光光度法。

1. 原理

试样先用有机溶剂提取，或经皂化后提取，再将提取液经液-液分配或色谱柱净化，然后在乙酰化滤纸上分离苯并［*a*］芘。因苯并［*a*］芘在紫外光照射下呈蓝紫色荧光斑点，将分离后有苯并［*a*］芘的滤纸部分剪下，用溶剂浸出后，用荧光分光光度计测荧光强度与标准比较定量。

2. 试剂

（1）硅镁型吸附剂　将 60~100 目筛孔的硅镁吸附剂经水洗四次（每次用水量为吸附剂质量的 4 倍），于垂融漏斗上抽滤干后，再以等量的甲醇洗（甲醇与吸附剂量克数相等），抽滤干后，吸附剂铺于干净瓷盘上，在 130℃ 干燥 5h 后，装瓶储存于干燥器内，临用前加 5% 水减活，混匀并平衡 4h 以上，最好放置过夜。

（2）乙酰化滤纸　将中速层析用滤纸裁成 30cm×4cm 的条状，逐条放入盛有乙酰化混合液（180mL 苯、130mL 乙酸酐、0. 1mL 硫酸）的 500mL 烧杯中，使滤纸充分接触溶液，保持溶液温度在 21℃ 以上，不时搅拌，反应 6h，再放置过夜。取出滤纸条，在通风橱内吹干，再放入无水乙醇中浸泡 4h，取出后放在垫有滤纸的干净白瓷盘上，在室温内风干压平备用，一次可处理滤纸 15~18 条。

（3）苯并［*a*］芘标准溶液　精确称取 10. 0mg 苯并［*a*］芘，用苯溶解后移入 100mL 棕色容量瓶中，并稀释至刻度，此溶液每 1mL 相当于苯并［a］芘 100μg。放置冰箱中保存。

3. 分析步骤

（1）试样提取　称取鱼、肉及肉制品 50.0~60.0g 切碎混匀的试样，再用无水硫酸钠搅拌（试样与无水硫酸钠的比例为 1∶1 或 1∶2，如水分过多则需在 60℃左右先将试样烘干），装入滤纸筒内，然后将脂肪提取器接好，加入 100mL 环己烷于 90℃水浴上回流提取 6~8h，然后将提取液倒入 250mL 分液漏斗中，再用 6~8mL 环己烷淋洗滤纸筒，洗液合并于 250mL 分液漏斗中，以环己烷饱和过的二甲基甲酰胺提取三次，每次 40mL，振摇 1min，合并二甲基甲酰胺提取液，用 40mL 经二甲基甲酰胺饱和过的环己烷提取一次，弃去环己烷液层。二甲基甲酰胺提取液合并于预先装有 240mL 硫酸钠溶液（20g/L）的 500mL 分液漏斗中，混匀，静置数分钟后，用环己烷提取两次，每次 100mL，振摇 3min，环己烷提取液合并于第一个 500mL 分液漏斗中。也可用二甲基亚砜代替二甲基甲酰胺。

用 40~50℃温水洗涤环己烷提取液两次，每次 100mL，振摇 0.5min，分层后弃去水层液，收集环己烷层，于 50~60℃水浴上减压浓缩至 40mL。加适量无水硫酸钠脱水，备用。

（2）净化　于层析柱下端填入少许玻璃棉，先装入 5~6cm 的氧化铝，轻轻敲管壁使氧化铝层填实、无空隙，顶面平齐，在同样装入 5~6cm 的硅镁型吸附剂，上面再装入 5~6cm 无水硫酸钠，用 30mL 环己烷淋洗装好的层析柱，待环己烷液面流下至无水硫酸钠层时关闭活塞；将试样环己烷提取液倒入层析柱中，打开活塞，调节流速为 1mL/min，必要时可用适当方法加压，待环己烷液面下降至无水硫酸钠层时，用 30mL 苯洗脱，此时应在紫外光灯下观察，以蓝紫色荧光物质完全从氧化铝层洗下为止，如 30mL 苯不足时，可适当增加苯量。收集苯液于 50~60℃水浴上减压浓缩至 0.1~0.5mL（可根据试样中苯并［a］芘含量而定，应注意不可蒸干）。

（3）分离　在乙酰化滤纸条上的一端 5cm 处，用铅笔画一横线为起始线，吸取一定量净化后的浓缩液，点于滤纸条上，用电吹风从纸条背面吹冷风，使溶剂挥散，同时点 20μL 苯并［a］芘的标准使用液（1μg/mL），点样时斑点的直径不超过 3mm，层析缸（筒）内盛有展开剂，滤纸条下端浸入展开剂约 1cm，待溶剂前沿至约 20cm 时取出阴干；在 365nm 或 254nm 紫外光灯下观察展开后的滤纸条用铅笔划出标准苯并［a］芘及与其同一位置的试样的蓝紫色斑点，剪下此斑点分别放入小比色管中，各加 4mL 苯，加盖，插入 50~60℃水浴中不时振摇，浸泡 15min。

（4）测定　将试样及标准斑点的苯浸出液移入荧光分光光度计的石英杯中，以 365nm 为激发光波长，以 365~460nm 波长进行荧光扫描，所得荧光光谱与标准苯并［a］芘的荧光光谱比较定性；与试样分析的同时做试剂空白，包括处理试样所用的全部试剂同样操作，分别读取试样、标准及试剂空白于波长 406nm、（406+5）nm、（406−5）nm 处的荧光强度，按基线法由式（7−10）计算所得的数值，为定量计算的荧光强度。

$$F = F_{406} - \frac{F_{401} + F_{411}}{2} \tag{7-10}$$

4. 计算

$$X = \frac{\frac{S}{F} \times (F_1 - F_2) \times 1000}{m \times \frac{V_2}{V_1}} \tag{7-11}$$

式中　X——试样中苯并［a］芘的含量，μg/kg；

S——苯并［a］芘标准斑点的质量，μg；

F——标准的斑点浸出液荧光强度，mm；

F_1——试样斑点浸出液荧光强度，mm；

F_2——试剂空白浸出液荧光强度，mm；

V_1——试样浓缩液体积，mL；

V_2——点样体积，mL；

m——试样质量，g。

三、杂环胺类化合物

杂环胺（Heterocyclic Amines）是食品在加工、烹调过程中由于蛋白质、氨基酸热解产生的一类化合物。在20世纪70年代，Sigimura和Nagao等首先发现，直接以明火或炭火炙烤的烤鱼在污染物致突变性检测（Ames试验）中检出强烈的致突变性，其活性远大于苯并［a］芘；其后在烧焦的肉，甚至在“正常”烹调的肉中也同样检出强烈的致突变性。从此激起人们对蛋白质、氨基酸热解产物的研究兴趣，导致杂环胺的发现。目前为止，已经发现了20多种杂环胺，均具有强烈的致突变性，有些还被证明可以引起实验动物多种组织肿瘤。杂环胺对食品的污染以及对人类健康潜在的危害，已成为食品安全领域的研究热点。

（一）结构和理化性质

从化学结构上杂环胺可分为氨基咪唑氮杂芳烃（Aminoimidazo Azaaren，AIA）和氨基咔啉（Amino-carboline Congener，AaC）两大类。

氨基咪唑氮杂芳烃又包括喹啉类（Quinoline Congeners，IQ）、喹喔类（Quinoxaline Congeners，IQx）和吡啶类（Pyridine Congeners）；最近几年又发现了苯丙噁嗪类，陆续鉴定出的新的化合物大多数为这类化合物。AIA均含有咪唑环，其上的α位置上有一个氨基，在体内可以转化成N-羟基化合物而具有致癌、致突变性。因为AIA上的氨基能耐受2mmol/L的亚硝酸钠的重氮化处理，与最早发现的AIA化合物IQ性质类似，又被称为IQ型杂环胺。

氨基咔啉包括α-咔啉（α-carboline congener，AaC）、γ-咔啉和δ-咔啉。氨基咔啉类环上的氨基不能耐受2mmol/L的亚硝酸钠的重氮化处理，在处理时氨基会脱落转变成为C-羟基失去致癌、致突变性，称为非IQ型杂环胺。

常见杂环胺的化学结构如图7-4所示，其重要理化性质如表7-2所示。

表7-2　食品中常见杂环胺的某些理化性质

化合物名称	相对分子质量	元素组成	UV_{max}/nm	pk_a
IQ	198.2	$C_{11}H_{10}N_4$	264	3.8，6.6
4-MeIQ	212.3	$C_{12}H_{12}N_4$	257	3.9，6.4
8-MeIQ	213.2	$C_{11}H_{11}N_5$	264	<2，6.3

续表

化合物名称	相对分子质量	元素组成	UV_{max}/nm	pk_a
4-MeIQx	213.2	$C_{11}H_{11}N_5$	264	<2，6.3
4，8-DiMeIQx	227.3	$C_{12}H_{13}N_5$	266	<2，6.3
PhIP	224.3	$C_{13}H_{12}N_4$	315	5.7
AaC	183.2	$C_{11}H_9N_3$	339	4.6
MeAaC	197.2	$C_{12}H_{11}N_3$	345	4.9
Trp-P-1	211.3	$C_{13}H_{13}N_3$	263	8.6
Trp-P-2	197.2	$C_{12}H_{11}N_3$	265	8.5
Glu-P-1	198.2	$C_{11}H_{10}N_4$	364	6.0
Glu-P-2	184.2	$C_{10}H_8N_4$	367	5.9
Phe-P-1	170.2	$C_{11}H_{10}N_2$	264	6.5

（二）食品中杂环胺污染的来源

早期的 Ames 检测发现，几乎所有经过高温烹调的肉类食品都有致突变性，而不含蛋白质与氨基酸的食品致突变性很低。在由肌酸（或肌酐）、氨基酸和糖组成的模拟系统中显示，肌酸或肌酐是杂环胺的限速前体物，肌酐是杂环胺中造成致突变性所必需基团 α-氨基-3-甲基咪唑基的来源。通过同位素标记试验表明，肌肉组织中的氨基酸和肌酸或肌酐是形成杂环胺的重要前提物质。糖与氨基发生的美拉德（Millard）反应也可能起重要作用，但没有糖存在也可以形成杂环胺，提示可能是催化作用。目前认为肌酸、肌酐、游离氨基酸和糖等是形成杂环胺的前体物，它们在高温条件下可以形成杂环胺。

试验表明，除了食品中前体物含量外，反应温度和时间是杂环胺形成的最关键因素，肉中的水分抑制杂环胺的形成。肉类在油煎之前添加氨基酸，其杂环胺产量比不加氨基酸的高许多倍，而许多高蛋白低肌酸的食品，如动物内脏、牛乳、干酪和豆制品等产生的杂环胺远低于含有肌肉的食品。煎、炸、烘、烤食品的烹调温度高且食品表面脱水，因而比相应的水煮食品产生的杂环胺多。烹调时间的影响不及温度明显，实验显示，在 200℃ 的油炸温度下，杂环胺主要在前 5min 形成，在 5~10min 形成速度减慢，延长烹调时间杂环胺含量不再增加，其原因是肉中水溶性前体物已经随水分迁移到锅底。因此将锅底残留物作为勾芡汤汁食用，杂环胺的摄入量将成倍增加。

有关中国食品中杂环胺的研究较少，一些西方国家食品中杂环胺含量如表 7-3 所示。

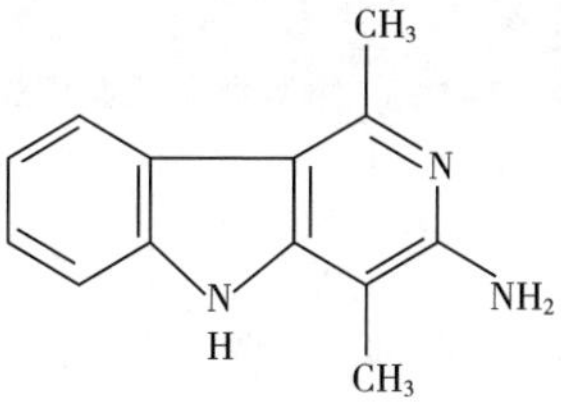

Trp-P-1 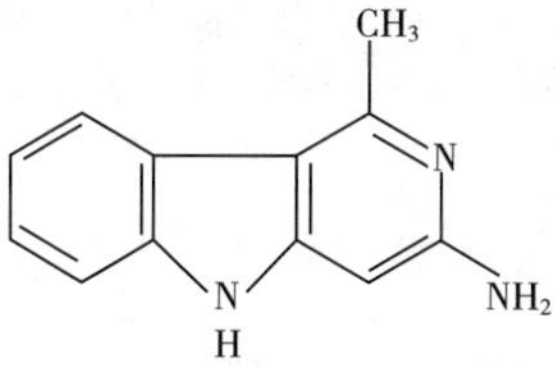　Trp-P-2 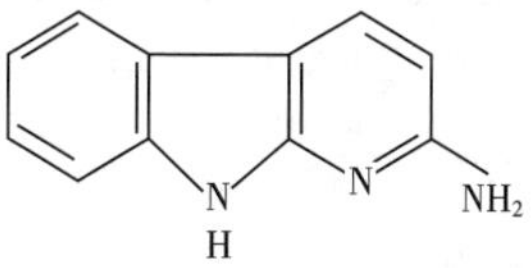　AaC

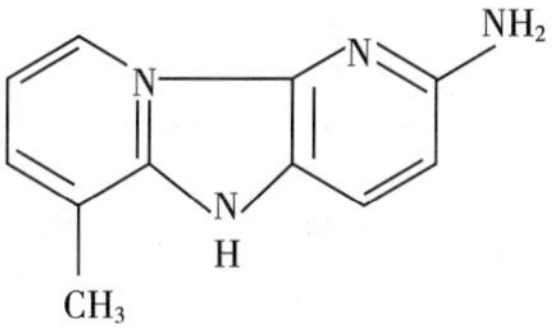

Glu-P-1 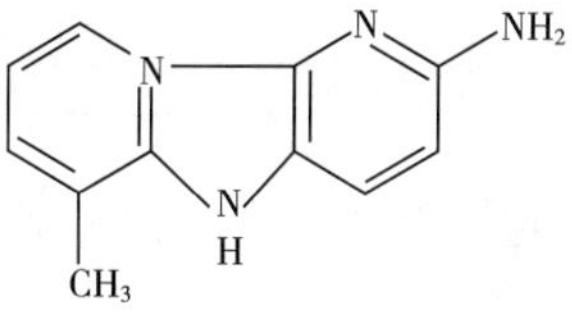　Glu-P-2 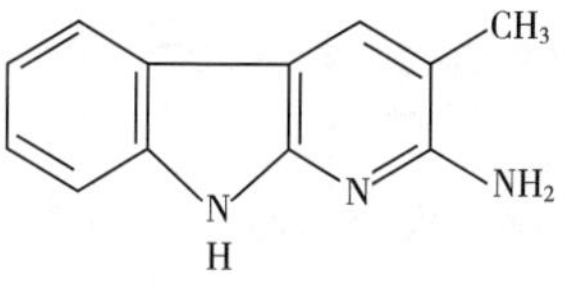　MeAaC

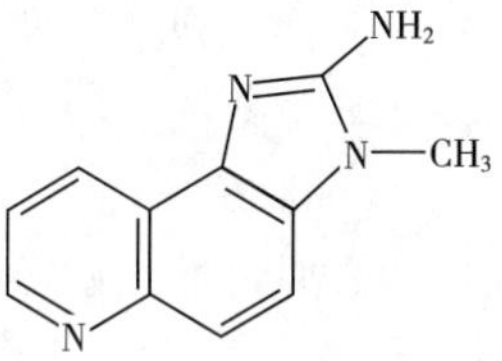

IQ 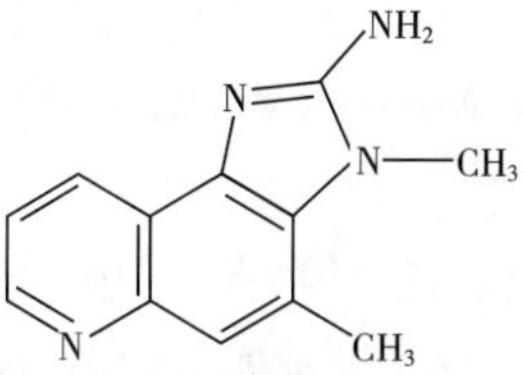　MeIQ 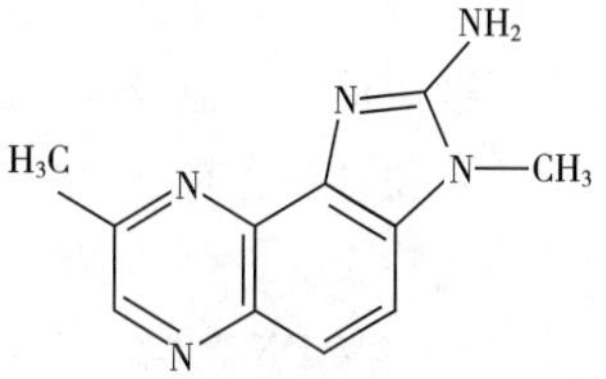　MeIQx

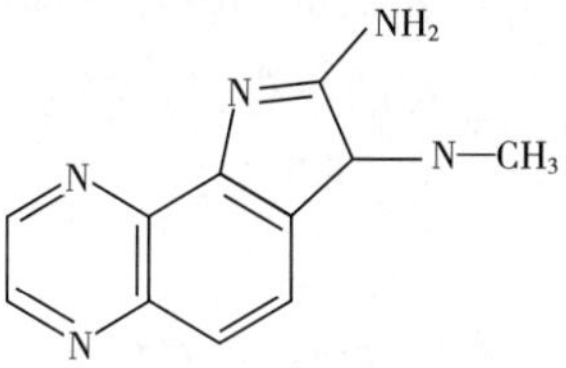

IQx 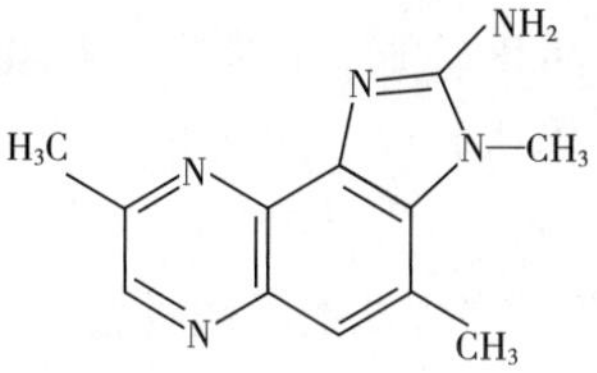　4,8-diMeIQx 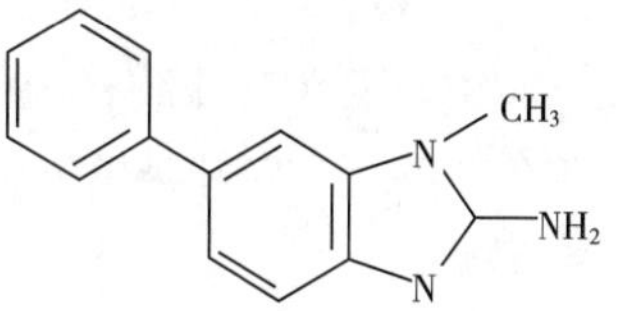　PhIP

图 7-4　常见杂环胺的化学结构

注：Trp-P-1—2-氨基-1，4-二甲基-9*H*-吡啶并［4，3-*b*］吲哚；Trp-P-2—2-氨基-1-甲基-9*H*-吡啶并［4，3-*b*］吲哚；Glu-P-1—2-氨基-6-甲基-9*H*-吡啶并［1，2-*a*：3′，2′-*d*］咪唑；Glu-P-2—2-氨基-二吡啶并［1，2-*a*：3′，2′-*d*］咪唑；AaC—2-氨基-9*H*-吡啶并吲哚；MeAaC—2-氨基-3-甲基-9*H*-吡啶并吲哚；IQ—2-氨基-3-甲基-9*H*-咪唑并［4，5-*f*］喹啉；MeIQ—2-氨基-3，4-二甲基咪唑并［4，5-*f*］喹啉；MeIQx—2-氨基-3，8-二甲基咪唑并［4，5-*f*］喹喔啉；4，8-DiMeIQx—2-氨基-3，4，8-三甲基咪唑并［4，5-*f*］喹喔啉；IQx—2-氨基-3-甲基咪唑并［4，5-*f*］喹啉；PhIP—2-氨基-1-甲基-6-苯基-咪唑并［4，5-*b*］-吡啶。

表 7-3　一些西方国家食品中杂环胺含量　单位：ng/g

种类	IQ	4-MeIQ	8-MeIQx	4，8-DiMeIQx	Trp-P-1	Trp-P-2	AaC	MeAaC	PhIP
烤牛肉	3. 16	3. 99	36. 54	1. 74	0. 21	2. 18	0. 25	—	27
炸牛肉	0. 29	4. 39	1. 89	1. 40	0. 19	0. 21	—	—	4. 45

续表

种类	IQ	4-MeIQ	8-MeIQx	4，8-DiMeIQx	Trp-P-1	Trp-P-2	AaC	MeAaC	PhIP
烤羊肉	0.38	0.29	1.01	0.67	—	0.15	2.50	0.29	1.04
烤鸡肉	10.42	9.23	4.01	6.55	0.12	0.18	0.74	0.14	24.95
烤猪肉	0.04	—	1.08	0.49	—	—	—	—	2.32
烤鱼	0.10	—	1.70	5.40	—	—	—	—	—
炸鱼	0.27	0.24	1.72	6.44	0.10	—	—	—	1.29

除了肉类食品外，葡萄酒和啤酒含有杂环胺，香烟中也存在各种杂环胺，每支香烟的PhIP含量高达16.4ng。

（三）杂环胺的危害性

杂环胺是前致突变物，须经过体内代谢活化后才有致癌、致突变性。随膳食进入机体的杂环胺可很快被胃肠道吸收，通过血液分布于全身大部分组织。肝脏是杂环胺的主要代谢器官，肠、肺和肾脏也有一定的代谢能力。

动物试验表明，杂环胺的毒性主要表现为致癌性、致突变性和心肌毒性。杂环胺可在体外和动物体内与DNA形成加合物，这是其致癌、致突变性的基础。

1. 致突变性

Ames试验表明，杂环胺在S9代谢活化系统中具有强致突变性。在哺乳动物体外细胞致突变试验中，发现杂环胺在S9代谢活化后能引起哺乳动物细胞DNA的损伤，包括基因突变、染色体畸变、姊妹染色体交换、DNA断裂、DNA修复合成及癌基因活化等。

2. 致癌性

所测杂环胺对啮齿动物均有致癌性（所试剂量超过食品中实际含量的10万倍）。除了PhIP外，杂环胺致癌的靶器官主要是肝脏，但大多数杂环胺还可以诱发其他多种部位的肿瘤。IQ对灵长类动物具有致癌性的事实提示，杂环胺也可能对人类致癌。

3. 心肌毒性

给大鼠经口摄入IQ和PhIP 2周后，电镜下观察发现，大多数出现心肌组织灶性坏死、伴慢性炎症、肌原纤维融化和排列不齐以及T小管扩张等病变。

目前杂环胺对人的致癌性研究，还主要通过动物试验进行推论，缺乏直接资料。尽管食品中杂环胺含量极低，但前提物普遍存在于鸡、鱼、肉等食品中，简单加热即可形成杂环胺。而且这类食品除在烹调过程中形成杂环胺外，还可能产生诸如亚硝基化合物、多环芳烃等其他可能的致癌物质，这些致癌物共同作用就有可能导致人类的肿瘤。因此日常膳食中应尽量避免过高温度烹调鸡、鱼、肉等食品。

（四）食品中杂环胺的检测

食品中杂环胺的鉴定主要依靠质谱和核磁共振法。随着大多数杂环胺的结构被确定，杂环胺标准物和稳定同位素标记的类似物质也被制备出来，许多实用的定量分析方法相继建立。如Yamaizuml和Turesky等的液相色谱-质谱方法；Mljrray等的气相色谱-质谱方法及Gross等的固相萃取-HPLC方法。这些方法的特点是特异性强、灵敏度高，但需要复杂而昂贵的仪器，一般实验室难以进行。此外，Vanderlaan 等建立了测定 MeIQX 和 PhIP 的单克隆抗体免疫测定法，使样品纯化方法大为简化，但这些特异性抗体尚未商品化。

在这些测定方法中，比较实用的是固相萃取-HPLC 方法。该方法一次进样可以同时分析 10 种杂环胺。UV 检测器的检出限为 1.0ng/g，荧光检测器<1.0ng/g。由于食品种类多，成分复杂，杂环胺的含量又很低（ng/g），因此食品样品的制备和纯化是分析检测的最关键步骤。

食品中杂环胺的检测方法，以固相萃取-HPLC 法测定牛肉中杂环胺含量的实验方法简述如下。

1. 样品处理

（1）取样　称取样品 0.5g，用 NaOH 的甲醇溶液（1mol/L）0.7mL+甲醇 0.3mL 提取，离心，取上清液上 LiChrolutEN 的固相萃取柱（固相萃取柱用 0.1mol/L NaOH 3mL 预平衡。）

（2）洗脱　包括以下步骤。

①用甲醇：NaOH（55：45，*v/v*）3mL 溶液洗脱，除去亲水性杂质。

②用己烷 0.7mL 洗脱两次。

③用乙醇：己烷（20：80，*v/v*）0.7mL 溶液洗脱两次，除去疏水性杂质。

④用甲醇：NaOH（55：45，*v/v*）3mL 溶液洗脱。

⑤再用己烷 0.7mL 洗脱两次。

⑥最后用乙醇：二氯甲烷（10：90，*v/v*）0.5mL 洗脱三次。

（3）浓缩　洗脱液用 N_2 浓缩至近干，用三乙胺（磷酸调节 pH 为 3）：乙腈（50：50，*v/v*）100μL 定容。

2. 色谱条件

色谱柱：反相苯基柱（orbax SBPheny 15μm，46×250mm）或反相 C_{18} 柱（LiChrospher RP18e 5μm，4×125mm）；流动相：0.01mol/L 三乙胺（磷酸调节 pH 为 3）：乙腈，梯度洗脱，在 30min 内梯度由 95：5 到 65：35（若为 C_{18} 柱，在 20min 内梯度由 95：5 到 70：30）；检测器：采用 HPLC 二极管阵列检测器检测。扫描波长为 220~400nm，检测波长为 265nm，检测温度为室温。

本方法以肉提取液为基质，变异系数为 3%~5%，极性杂环胺 IQ、MeIQ、MeIQx、IQx、4，8DiMeIQx 的回收率为 62%~95%，检出限为 3ng/g；非极性杂环胺 PhIP、MeAaC 的回收率为 79%，检出限为 9ng/g。

第三节　二噁英

二噁英（Dioxin）是一种无色无味的脂溶性物质，它并不是一种单一性物质，而是结构和性质相似的众多同类物或并构体有机化合物的简称。因其化学物质独立，毒性极强，而成为食品安全中化学污染重要的危害因素。

一、二噁英的概念、性质与污染途径

（一）二噁英的概念

二噁英是由 2 个或 1 个氧原子联接 2 个被氯取代的苯环组成的三环芳香族有机化合物，包括多氯二苯并二噁英（Polychlorinated Dibenzo-p-dioxins，简称 PCDDs）和多氯二苯并呋喃（Polychlorinated Dibenzo-p-furans，简称 PCDFs），共有 210 种同类物，统称为二噁英类。二噁英类的分子结构如图 7-5 所示，每个苯环上可以取代 1~4 个氯原子，存在众多的异构体，其中 PCDDs 有 75 种异构体/同类物，PCDFs 有 135 种异构体，如表 7-4 所示。其中有 17 种（2，3，7，8 位被氯取代的）被认为对人类和生物危害最为严重，其中毒性最强，具有“世纪之毒”之称的是 TCDD，如图 7-6 所示。

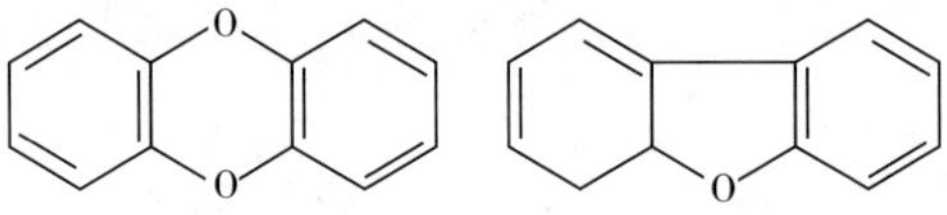

PCDDs　　PCDFs

图 7-5　二噁英类的分子结构

表 7-4　PCDDs 和 PCDFs 的异构体数

取代氯原子数	PCDDs 异构体数	PCDFs 异构体数
1	2	4
2	10	16
3	14	28
4	22	38
5	14	28
6	10	16
7	2	4
8	1	1

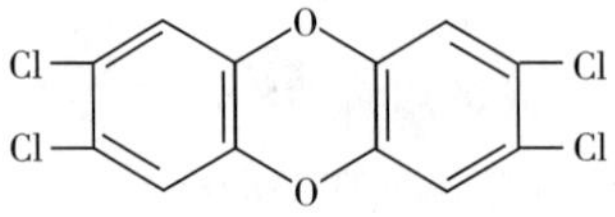

图 7-6　2，3，7，8-四氯二苯-对-二氧化物（TCDD）的分子结构

（二）二噁英的理化性质

二噁英是一类非常稳定的亲脂性固体化合物，其熔点较高，分解温度大于 700℃，极难

溶于水，可溶于大部分有机溶剂，如表 7-5 所示，所以二噁英类容易在生物体内积累。自然界的微生物降解、水解和光解作用对二噁英类的分子结构影响较小，难以自然降解。

表 7-5 二噁英类的理化性质

项目	2，3，7，8-四氯二噁英（2，3，7，8-TCDD）	八氯二噁英（O_8CDD）
1. 分子质量	322	456
2. 熔点（℃）	305	130
3. 分解温度（℃）	>700	>700
4. 溶解度		
对二氯苯（mg/kg）	1400	1830
氯代苯（mg/kg）	720	1730
苯（mg/kg）	570	—
氯仿（mg/kg）	370	560
辛醇（mg/kg）	48	—
甲醇（mg/kg）	10	—
丙酮（mg/kg）	110	380
水（ppt）	7.2	—
5. 化学稳定性		
普通酸	稳定	稳定
碱	稳定	有条件分解
氧化剂	强氧化剂分解	稳定

（三）二噁英的污染途径

二噁英基本上不会天然生成，也没有人为的工业生产活动。除了科学工作者以科研为目的而进行少量合成之外，环境中的二噁英来源大致有以下几种。

1. 城市垃圾和工业固体废物焚烧时生成二噁英

调查表明，城市固体废物以及含氯的有机化合物如多氯联苯、五氯酚、PVC 等焚烧时排出的烟尘中含有 PCDDs 和 PCDFs。例如，PCBs 广泛使用于变压器、电容器和油墨中，这类物品的燃烧，特别是油墨和含油墨的物品混入生活垃圾进入焚烧厂，它们在不完全燃烧的条件下，将会产生 PCDFs。五氯酚是一种木材防腐剂，经防腐处理的木材及其木屑、下脚料等，在加热制成合成板或焚烧时，也会产生 PCDDs 和 PCDFs。聚氯乙烯（PVC）被广泛用于电缆线外覆及家用水管等，遇火燃烧也会产生 PCDDs 和 PCDFs。也有不少科学研究人员认为任何燃烧过程都会或多或少地产生二噁英。

废物焚烧过程中，二噁英产生机制目前尚不完全清楚，一般认为，其形成途径有以下三种。

（1）从头合成　碳、氢、氧和氯等元素通过基元反应生成 PCDDs/PCDFs，称为二噁英的“从头合成（De Novo Synthesis）”。从头合成发生在燃烧等离子区或燃烧后的烟中，如果烟道气中含有 HCl（或 Cl^-）、O_2 和 H_2O 等物质，那么在 300~400℃ 温度下就会在含碳飞灰的表面合成二噁英，飞灰中的金属及其氧化物或硅酸盐是“从头合成”过程的催化剂，如图 7-7 所示。

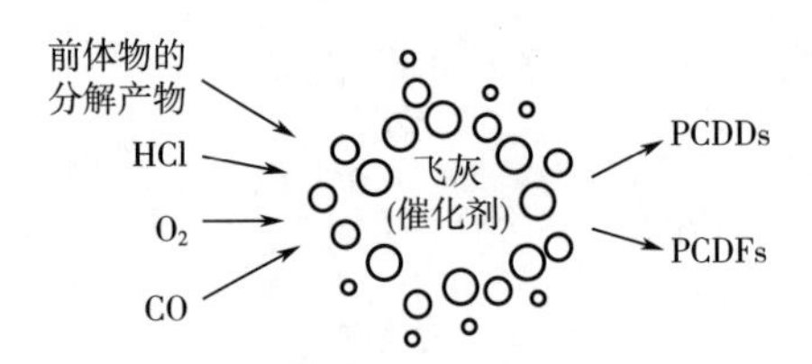

图 7-7　二噁英类的从头合成过程示意图

（2）在燃烧过程中由含氯前体物通过有机化学反应生成二噁英　前体物包括聚氯乙烯、氯代苯、五氯苯酚等，在燃烧中前体物分子通过重排、自由基缩合、脱氯或其他分子反应等过程生成 PCDDs 和 PCDFs，生成温度为 300~700℃。

（3）固体废物本身可能含有痕量的二噁英类　由于二噁英具有一定的热稳定性，所以当固体废物燃烧时，如果没有达到分解破坏二噁英分子的温度等条件，这些二噁英就会被释放出来。对于燃烧温度较低的焚烧炉，这种情况是可能发生的。

上述三个途径在固体废物焚烧炉的二噁英形成中都可能起作用，各种途径的重要性则取决于具体的炉型、工作状态和燃烧条件。由于各焚烧炉的处理量差别很大，而且其工艺设计和操作条件各异，所以几乎每个焚烧炉的二噁英排放都会有所不同，即使同一制造商的同一炉型，也会因运行时间、操作状态和维护情况等条件的差别而有不同水平的二噁英类排放，而且差别会相当大。

另外，还存在其他一些二噁英类排放源，如燃煤电站、金属冶炼、抽烟以及含铅汽油的使用等，是环境二噁英类的次要来源。

2. 含氯化学品及农药生产过程可能伴随产生 PCDDs 和 PCDFs

其生成条件为温度大于 145℃，有邻卤酚类物质，碱性环境或有游离氯存在。苯氧乙酸类除草剂、五氯酚木材防腐剂等的生产过程常伴有二噁英类产生。目前，大多数发达国家已经开始削减此类化学品的生成和使用，如美国已经全面禁止 2，4，5-三氯苯氧乙酸的使用和限制木材防腐剂及六氯苯的生成和使用，以减少二噁英类的环境污染。

3. 在纸浆和造纸工业的氯气漂白过程中也可以产生二噁英类

以上三种过程均可导致环境二噁英类污染，但其贡献大小不同。从日本 1990 年的调查结果来看，垃圾焚烧排放的二噁英类为 3100~7400g/年，占总排放量（3940~8450g/年）的 80%~90%，可见，就目前而言，垃圾焚烧排放的二噁英类所占比重是很大的。

（四）二噁英进入人体的途径

二噁英进入人体的途径主要是通过食品，占 90%~95%，此外，还可通过呼吸和皮肤进入人体。由于该类物质会在人体的脂肪组织中累积，因此婴儿可以从母乳中摄取到二噁英。二噁英进入到人体的途径以及规定限量总结如下。

机体本底载量：据报道，在美国成年人体脂中的二噁英循环浓度平均为 7pg/g 脂肪（即 1 万亿分之 7）。机体总载量为约 100000pg。

每日接触量：成年人接触二噁英的平均量约为 1pg/（kg·d）。

空气中浓度：主要来自各种燃烧，包括汽车尾气、混合垃圾的燃烧等。在市区，一般二噁英的浓度在 0.01~0.1pg/m^3。这可使成年人的机体载量达到 0.003~0.03pg/（kg·d）[即 3~30pg/（g·d）]。目前美国环保署规定通过空气接触二噁英的量应不大于 0.006pg/（kg·d）[即 6pg/（g·d）]。焚化炉灰尘污染有二噁英的水平在 10000pg/g 级。农业使用污染有二噁英的农药（如 2，4，5-三氯苯氧乙基，2-（2，4，5-三氯苯氧）丙酸，2-（2，4，5-三氯苯氧）-乙基-2，2-二氯丙酸盐，*O*，*O*-二甲基-*O*-（2，4，5-三氯苯基）亚硫磷酸酯（皮蝇磷），以及 2，2′-亚甲基-二（3，4，6-三氯苯酚）（六氯双酚）可以使空气中的二噁英浓度达到约 0.01pg/m^3。

土壤/食品中浓度：农药的使用导致二噁英残留在耕地中，污染的空气又加剧二噁英的残存。土壤中的污染被植物和谷物吸收，又通过家畜富集。在家畜体内，主要积累在脂肪组织中，污染的鸡蛋主要在蛋黄中。据估计，人体接触二噁英的机会约 90%来自食品，有些地方甚至达到 100%。

水中浓度：二噁英可以从空气中因下雨等天气污染水体，还有可能是直接从化学加工过程如金属回收厂和用含氯漂白剂的造纸厂污染水体。但是，由于二噁英不溶于水，因此一般都被吸附在淤泥中。但是，即使如果只有万亿分之 0.5 的浓度，也可以导致每天接触到 1000pg，或 10pg/（kg·d）以上。虽然水中的量对人影响不大，但是污染的水体中养的鱼则可以生物富集二噁英。曾经有记录污染的水体中养的鱼组织中的二噁英浓度高达 85pg/g。美国 FDA 规定对人没有健康影响的鱼中二噁英浓度为 25pg/g。

二、二噁英的危害

二噁英的最大危害是具有不可逆的“三致”毒性，即致畸、致癌、致突变。可能引起发育初期胎儿的死亡、器官结构的破坏以及对器官的永久性伤害，或发育迟缓、生殖缺陷；它可以通过干扰生殖系统和内分泌系统的激素分泌，造成男性的精子数减少、精子质量下降、睾丸发育中断、永久性性功能障碍、性别的自我认知障碍等；造成女性子宫癌变畸形、乳腺癌等；还可能造成儿童的免疫能力、智力和运动能力的永久性障碍，比如多动症、痴呆、免疫功能低下等。根据病例报告和动物实验的最新报告结果，一生持续摄入 1pg/kg 体重（每公斤体重 10^{-12}g）的 2，3，7，8-TCDD，其致癌概率可达 1/1000~1/100。

二噁英类物质是目前已经认识的环境激素中毒性最大的一种。环境激素是指那些干扰人体正常激素功能的外因性化学物质，具有与内分泌激素类似的结构，能引起生物内分泌紊乱，又称环境激素或内分泌干扰物质。环境激素通过环境介质和食物链进入人体或野生动物体内，干扰其内分泌系统和生殖功能系统，影响后代的生存和繁衍。

在 75 种二噁英同类物中，有 17 种包括 TCDD 化合物的毒性较大。它们进入到人体后主要停留在机体脂肪组织内，机体对其代谢非常缓慢，消除半衰期为 8 年。二噁英的毒性极大，比氰化钾还要毒 50~100 倍。1990 年 WHO 规定二噁英的可耐受日摄取量（TDI）为

10pg/（kg 体重・d）。根据美国环保署（EPA）的规定，水中的含量不得超过 10^{-18}。为安全起见，一般将二噁英和多氯联苯一起考虑为毒性等同物（Toxic Equivalents，TEQs），安全接触量为 10pgTEQ/（kg 体重・d）。二噁英进入动物机体后对动物的主要毒性之一就是抑制免疫系统，导致对感染和癌症的抵抗力下降，类似于艾滋病毒，因此有“化学艾滋病毒”之称，二噁英是目前已知具有最强致癌作用的物质，虽然对人的致癌作用尚未有直接证据，但对啮齿类试验动物的试验证明有致癌作用。根据对大鼠的试验，结果表明以每天 10000～20000pg/kg 体重的剂量给药，可以导致 10%～20%的大鼠诱发癌症。由此推导，如果人类每天接触到 0.01pg/kg 体重就会有很大的致癌危险：根据美国国家职业安全卫生研究所的 Marilyn Fingerhut 对 5000 多名经常接触二噁英的化工厂工人进行跟踪调查显示，在这 5172 名被跟踪调查者中，已有 265 名死于癌症，而同期不接触二噁英的人群中死于癌症的人数 230 名，两者之间有显著的差别。在被调查者中包括了 1520 名接触二噁英 1 年以上的工人，结果有 114 人死于癌症，如果按照预计的数字应该是只有 78 人。由于目前世界上尚未肯定地确定它的致癌作用，所以人们对它的担心更多了。

二噁英对人的致畸胎作用尚没有证明，但在小鼠上已经证明，二噁英及其类似物可以引起腭裂、肾盂积水膨出、先天性输尿管阻塞。大鼠的试验证明低剂量的二噁英对激素平衡有很大影响，美国劳动职业安全和卫生研究所的科学家正在研究二噁英对肾上腺皮质、甲状腺、胰腺以及肾上腺髓质的影响。二噁英还通过引起雄性激素缺乏，使睾丸素合成减少影响男子的繁育功能。已有证据表明，法国男子的精液中精子的数量在近 50 年内减少了 50%。同时可能对女子的生育功能有重大影响，如引起子宫内膜移位。二噁英进入到人体后首先引起肝的代谢酶变化，皮肤接触后可引起严重的暗疮。

二噁英类有多种异构体，各异构体的毒性与所含氯原子的数量及氯原子在苯环上取代位置有很大关系。含有 1～3 个氯原子的异构体被认为无明显毒性；含 4～8 个氯原子的化合物有毒，其中毒性最强的是 2，3，7，8-四氯二苯并二噁英类（2，3，7，8-TCDD），动物实验表明 2，3，7，8-TCDD 对天竺鼠（guinea pig）的半致死剂量（LD_{50}）为 1μg/kg 体重，2，3，7，8-TCDD 被称作“世纪之毒”。但是，若不仅 2，3，7，8 位置上含有 4 个氯原子，其他 4 个取代位置上增加氯原子数，则其毒性将会有所减弱。由于环境二噁英类主要以混合物形式存在，在对二噁英类的毒性进行评价时，国际上常把不同组分折算成相当于 2，3，7，8-TCDD 的量来表示，称为毒性当量（Toxic Equivalent Quangtity，TEQ）。为此引入毒性当量因子（Toxic Equivalency Factor，TEF）的概念，即将某 PCDDs/PCDFs 的毒性与 2，3，7，8-TCDD 的毒性相比得到的系数。样品中某 PCDDs 或 PCDFs 的浓度与其毒性当量因子 TEF 的乘积，即为其毒性当量 TEQ。而样品的毒性大小就等于样品中所有 TEQ 的总和。表 7-6 列出了 GB 18485—2014《生活垃圾焚烧污染控制标准》规定的二噁英类毒性当量因子（TEF）。

表 7-6　　二噁英类毒性当量因子（TEF）

名称	缩写	TEF
2，3，7，8-四氯二噁英类	2，3，7，8-TCDD	1
1，2，3，7，8-五氯二噁英类	1，2，3，7，8-P_5CDD	0.5

续表

名称	缩写	TEF
1，2，3，4，7，8-六氯二噁英类	1，2，3，4，7，8-H_6CDD	0.1
1，2，3，7，8，9-六氯二噁英类	1，2，3，7，8，9-H_6CDD	0.1
1，2，3，4，6，7，8-七氯二噁英类	1，2，3，4，6，7，8-H_7CDD	0.01
八氯二噁英类	O_8CDD	0.001
2，3，7，8-四氯二苯呋喃	2，3，7，8-T_4CDF	0.1
1，2，3，7，8-五氯二苯呋喃	1，2，3，7，8-P_5CDF	0.05
2，3，4，7，8-五氯二苯呋喃	2，3，4，7，8-P_5CDF	0.5
1，2，3，7，8，9-六氯二苯呋喃	1，2，3，7，8，9-H_6CDF	0.1
1，2，3，4，6，7，8-七氯二苯呋喃	1，2，3，4，6，7，8-H_7CDF	0.01
八氯二苯呋喃	O_8CDF	0.001

三、二噁英的检测

（一）二噁英的检测分析方法

二噁英的污染评价和控制，都离不开准确可靠的分析方法。二噁英的分析测定被视为现代有机分析的难点，它要求超微量多组分定量分析，分析仪器多采用气相色谱-质谱联用仪（GC-MS）。测定二噁英必须具备的技术条件包括：有效的采样技术、从样品中提取出 10^{-12} ~ 10^{-15} 量级的二噁英类、从初步的粗提物中分离去除其他有机物、分离出与二噁英类性质接近的其他氯代芳香族有机物、高效分离二噁英类异构体、可靠定性和准确定量以及安全防毒的实验条件等。对分析过程的要求非常严格：样品采集的代表性，化学前处理的选择性、特异性和回收率，测定的灵敏度、分离度、准确性、重复性及可靠性等方面都有较高的要求，并且要进行实验室间和实验室内的质量控制和保证。

美国、日本和欧洲均制定了环境二噁英类的排放标准和有关监测分析方法标准，而且针对不同基质或对象（来源）的样品有不同的二噁英类标准分析方法，这主要是因为基质不同的二噁英类样品其前处理方法可以有很大的不同。例如美国已经颁布的标准方法就包括了排气、空气、废水、食品、生物样品等各种基质二噁英类样品的分析。国内也相继颁布了有关二噁英类分析方法的标准。

最早出现的二噁英类测定方法采用了低分辨率质谱仪（LRMS），对测定浓度范围的选择性和响应等方面都有问题，只能测定一种或几种 2，3，7，8-位氯代异构体。在较新的分析方法中，都采用了分辨率 10000 以上的高分辨质谱仪（HRMS），并使用 17 种以上的同位素标记二噁英类作为内标物质，可以对全部 17 种 2，3，7，8-位氯代异构体准确定量，大大提高了分析灵敏度和准确性，但同时也增加了分析难度和成本。这些二噁英类分析方法在使用同位素标记化合物作为内标物质、液-液萃取和索氏提取、硅胶柱净化、HRGC/HRMS 定性和定量等方面的技术路线基本一样。但在细节上和技术指标上仍有一定的差别。以下是对部分二噁英类标准分析方法的简单介绍。

1. 美国 EPA（环境保护署）-613（代码）检测方法

最早的二噁英类分析方法标准，分析工业废水、城市污水中的 2，3，7，8-TCDD；样品经萃取后，用氧化铝柱及硅胶柱净化；采用 SP-2330 色谱柱，LRMS 或 HRMS 分析；内标为 ^{13}C 或 ^{37}Cl 标记的 2，3，7，8-TCDD。

2. 美国 EPA-8280 检测方法

分析土壤、底泥、飞灰、燃油、蒸馏残渣和水等废物中含 4～8 个氯的 PCDDs/PCDFs；样品提取后，经碱液、浓硫酸、氧化铝及 PX-2 活性炭柱净化，采用 HRGC/LRMS 分析。可选择三种色谱柱：CP-sil-88. DB-5 或 SP-2250，内标为 ^{13}C 标记的 8 种 2，3，7，8-位氯代异构体，是后续方法的发展基础，现已推出 8280A（1995）和 8280B（1998）等新版本。

3. 美国 EPA-513 检测方法

分析饮用水中的 2，3，7，8-TCDD；水样经提取，用酸碱改性硅胶柱、氧化铝柱以及 PX-21 活性炭柱净化，采用 HRGC/HRMS 分析；色谱柱为 SP2330 或 CP-sil-88；内标为 ^{13}C 标记的 2，3，7，8-TCDD 和 1，2，3，4-TCDD 以及 ^{37}Cl 标记的 2，3，7，8-TCDD。

4. 美国 EPA-8290 检测方法

是 8280 方法的发展，主要差别是分析仪器使用了 HRGC/HRMS；DB-5 色谱柱，并用 DB-225 柱重复分离；内标使用 ^{13}C 或 ^{37}Cl 标记的 11 种异构体。最低检出限达到 $10^{-12}pg/m^3$ 以下。

5. 美国 EPA-23 检测方法

烟道气中的二噁英类采样和分析方法，可测定 17 种 2，3，7，8-位氯代异构体；用滤筒加 XAD-2 吸附柱进行等速采样，样品经提取后，用改性硅胶、碱性氧化铝净化，净化液用 HRGC/HRMS 分析；色谱柱为长 60m 的 DB-5 及长 30m 的 DB225，质谱的分辨率至少为 10000；以 ^{13}C 标记的 19 种二噁英类异构体为内标，可以对 17 种 2，3，7，8-位氯代异构体单独定量，得到准确的毒性当量结果，并规定了严格的质量控制措施。

6. 美国 EPA-1613 检测方法

类似于方法 8290，但是可以测定土壤、底泥、组织及其他样品中的 17 种二噁英类异构体，样品的前处理程序比较复杂；样品先以酸、碱萃取，再以酸碱改性硅胶、HPLC、AX-211 活性炭柱、GPC 等净化；使用 17 种 ^{13}C 标记的 2，3，7，8-位氯代异构体内标，因此可以对 17 种 2，3，7，8-位氯代异构体单独定量，得到准确的毒性当量结果，并规定了严格的质量控制措施。所以比方法 8290 的精确度更高，但是分析成本也更高。

7. 欧洲标准化委员会（CEN）标准 EN1948

欧洲标准化委员会（CEN）标准 EN1948 类似于美国的 EPA-23 检测方法，规定了固定源二噁英类的采样和测定方法，推动了二噁英类分析方法的国际标准化趋势。

8. 日本工业标准 JIS K0311

日本工业标准 JIS K0311 是固定辐射源中 4 至 8-氯代二苯并-对-二噁英、4 至 8-氯代二苯并呋喃和共平面多氯联苯的含量测定方法。日本在 1999 年修订的最新版固定源排气中二噁英类标准分析方法。该标准建立在欧洲和美国现有标准的基础之上，并结合了日本近十年的研究经验，具有更强的针对性和良好的可操作性，有严格的质量控制措施。采用了世界卫生组织 WHO 的新规定，将共平面多氯联苯（co-PCBs）也纳入了二噁英的范畴，要求同时分离和测定样品中的二噁英和 co-PCBs，增加了分析难度和成本。

9. 日本工业标准 JIS K0312

日本工业标准 JIS K0312 是工业水和废水中 4 至 8-氯代二苯并-对-二噁英、4 至 8-氯代二苯并呋喃和共面多氯联苯的含量测定方法。

工业废水和污水中的二噁英类标准分析方法。国家环境分析测试中心目前采用的焚烧设施二噁英类监测分析方法，等效于日本标准 JIS K0311，采用同位素稀释 HRGC/HRMS 技术分析废气样品中四至八氯代二苯并-对-二噁英类（PCDDs）和二苯并呋喃（PCDFs），并与日本同类实验室进行过比对分析，结果达到了国际先进水平。2003 年 3 月，国家环境分析测试中心二噁英类监测项目通过了国家质量监督检验检疫总局的认证，面向全国承担焚烧设施排放二噁英类的采样、分析任务。

（二）食品中二噁英的检测

食品中 PCDD/Fs 分析属超痕量（pg~fg）、多组分（同系物、异构体的分离）和复杂前处理技术，对特异性、选择性和灵敏度的要求极高，成为当今食品和环境分析领域的难点。目前仅能够在少数实验室开展。WHO 指出仅有约 100 个实验室具备检测能力。超痕量分析是因二噁英在环境样品中水平极低，WHO 规定的 TDI 为 1~4pg/kg 体重；相应要求食品中 PCDD/Fs 测定方法的检测限以脂肪计低于 1pg/g（甚至为 fg/g 水平的测定），不到其他污染物含量的 1/1000。所谓多组分是指 PCDD/Fs 中各同系物、异构体的毒性相差很大，具毒性的 17 种 2，3，7，8-取代 PCDD/Fs 具有毒性，进行危险性评价时需选择性测定。而 PC-DD/Fs 共有 210 个同系物、异构体，加上 209 个 PCBs，共有 419 个二噁英及其类似物。另外，试样在进行仪器分析前要浓缩至 1/1000、1/10000，提取液中的 PCDD/Fs 比其共提取物和基质中同系物及其他氯代化合物等干扰组分低得多，使这一超痕量分析极为困难，只有良好的净化技术及特异性的分离手段才能满足要求。为保证分析质量，国际组织及有关国家建立了官方分析方法与指南，如国际癌症研究机构（IARC）、欧盟的公共标准局、美国环保署（EPA）和美国食品与药物管理局（FDA）。

国际食品法典委员会正在着手建立食品二噁英限量标准和相应检验方法，起草人认为高分辨气相色谱与高分辨质谱联用技术（HRGC-HRMS）是目前唯一适用的化学方法。而用 DNA 重组技术建立的生物学方法在二噁英总 TEQ 水平测定可达到特异性、选择性和灵敏度的要求，且所测结果 HRGC-HRMS 方法相当，可作为大量样品筛选手段。

1. 气相色谱与质谱联用的化学分析方法

PCDD/Fs 的化学分析有两种不同的方案，一个是分析所有 PCDD/Fs，目的在于了解各化合物的分布形式，鉴定其可能的来源；另一个是仅测定 2，3，7，8-取代的 17 种 PCDD/Fs。后一方法较完善，以美国 EPA-1613 方法为代表的 HRGC-HRMS 方法已成为各国公认的仲裁方法。

环境及生物材料中 PCDD/Fs 的分析主要包括 5 个方面，即样品采集、提取、净化、分离及定量测定。

（1）样品采集　与有机氯农药残留检测方法相似，但 PCDD/Fs 应更注意安全操作和避免试验过程中的污染。PCDD/Fs具有光解作用，尤其在溶液中低氯代化合物光解作用更为迅速。故样品应避光、低温保存。样品的取样量依样品类型、污染水平、潜在干扰物质与方法的检测限而定。一般样品为1~50g，对于含脂低、污染轻的样品必要时可增加到100~1000g。

（2）提取　提取前加入^{13}C或^{37}Cl标记的内标，用以测定提取净化效率与矫正分析丢失。PCDD/Fs的提取方法与有机氯农药残留检测方法相似，包括溶解、振摇、混匀、超声或索氏提取。提取步骤和溶剂选择取决于样品类型和净化方法。如脂肪和油可采用二氯甲烷-已烷（1∶1）直接提取；其他食品可使用不同比例的提取溶剂，采用包括索氏提取在内的各种提取方法。许多实验室对比试验已经表明鱼、猪脂肪、牛乳、母乳、人血和脂肪组织所用各种提取方法回收率的可接受性。作为新技术使用CO_2为流体的超临界流体提取方法，也用于生物样品中PCDD/Fs的提取。

（3）净化　净化目的是除去共提取物中的干扰组分，净化程度取决于被测组分的数目、基质干扰及GC-MS状态。目前大多采用色谱法进行净化，包括吸附、分配与排阻色谱。一系列色谱柱，如硅胶加化学改性吸附剂（用硫酸、KOH、CsOH处理的硅藻土及硅胶）、弗罗里硅土（Florisil）、氧化铝、活性炭等，常被串联使用，多层色谱联用柱也日益普及。

根据样品类型选择适当的净化方法，存在大量共提取物时需要进行预处理。包括酸或碱洗，如用硫酸处理消除油脂等干扰组分；硅胶柱可吸附脂质及油脂成分，用硫酸、氢氧化钠和硝酸银浸泡处理的多层硅胶柱进行洗脱；凝胶渗透色谱也被用来去除脂肪和其他相对分子质量较高的化合物。

微型氧化铝柱（用一次性玻璃滴管装柱）可除去提取液中弱极性的氯代苯、多氯联苯与联三苯和多氯代二苯醚，这些物质被二氯甲烷-正已烷（1∶50）首先洗脱出来，留置柱上的PCDD/Fs再用二氯甲烷-正已烷（1∶1）洗脱。这种处理还可除去多氯代-2-苯氧基酚（二噁英的一种前体），以避免其在GC柱上因加热闭环形成PCDDs的干扰。

20世纪80年代中期以来广泛使用双柱法，提取液首先经活性炭吸附，用二氯甲烷洗脱，将平面化合物（包括PCDD/Fs）与非平面化合物分离。用甲苯对活性炭柱反相洗脱平面化合物，再用氧化铝柱将PCDD/Fs与其他平面化合物分离（如非邻位取代的PCBs、多氯化萘）。此法对复杂生物样品的分析十分适用，已有自动化仪器商业供应。近年来也有采用HPLC分离PCDD/Fs的报道，主要用于2，3，7，8-TCDD的定量分析，也用于处理难以净化样品分析其他PCDD/Fs。

提取、净化方法的优劣，应以验证其有效性来确定。通过测定加标样品及基质空白，可获得检测浓度下的回收率。PCDD/Fs分析时至少需要三套标准：一套为17种^{12}C-PCDD/Fs；一套为15种^{13}C-PCDD/Fs的定量内标和2个^{13}C标记的用于确定色谱保留时间的内标；另一套为考察净化效率^{37}Cl-2，3，7，8-TCDD标准。

（4）分离　净化手段尽管复杂，最终的提取液仍存在氯代化合物的干扰。这就需要良好分离技术。化学键合固定相的HRGC是有效分离PCDD/Fs的唯一选择。常用WCOT毛细管柱，长度为15~60m，内径0.22~0.35mm，内膜厚度为0.15~0.25μm。非极性或弱极性固定相（烷基/芳基硅烷，如OV1. SE30、SE52. SE54. PS255. DB-1. DB-5. OV17-01等）可有效地将PCDD/Fs分离为氯原子取代数相同的化合物的组（如所有TCDDs和TCDFs及所有PeCDDs和PeCDFs等分离），而极性固定相（氰基硅烷，如silar 10c、SP 2330、SP 2340、CPSIL 88等）可将一组中的异构体进行分离。迄今为止，尚未见仅用一根色谱柱即可分离所有同系物异构体的报道。使用非极性色谱柱（如 DB-5）分析仅有 2，3，7，8-取代的 PCDD/Fs，同时使用非极性色谱柱和极性色谱柱（如 SP 2331 和 CPSIL 88）可分离其他位置上氯取代的 PCDD/Fs。食品中所要测定的 17 种 2，3，7，8 取代的 PCDD/Fs，仅采用非极性的色谱柱基本可以满足要求。

色谱柱的柱长、内径及涂膜厚度决定了操作条件（温度和载气流速）及被分析物的保留时间。通过对要定量的 17 种 2，3，7，8 取代的 PCDD/Fs 同系物异构体（^{13}C 标记与未标记）标准品比较获得保留时间。为能准确鉴定被分析组分，校准标准的使用极为必要。应单独测试每个 HRGC 系统中同系物异构体的色谱出峰次序（文献仅作为参考），因此在仪器分析前需要测试柱效的 PCDD/Fs 标准进行证实，也可使用含已知同系物异构体成分的样品提取液（如飞灰）。

（5）定量　要尽量减少化学噪声和改善检出限，以保证 PCDD/Fs 这一类复杂化合物的痕量分析。采用选择离子监测（SIM）的质谱法，以^{13}C 稳定同位素为内标，校正标准测定各个同系物异构体的响应因子和线性范围。定量检测主要采用 SIM 技术监测氯同位素 2 个分子离子（M^{+}，M^{++2}）或其他丰度较高离子，同时监测相应的^{13}C 稳定性同位素内标氯同位素的两个分子离子，通过不同窗口对氯不同取代程度的异构体分别定量。这可减少共提取物和其他污染物的干扰，提高检测选择性和灵敏度。所使用仪器包括四极杆低分辨质谱仪（LRMS）、双聚焦磁式扇形高分辨质谱仪（HRMS）和质谱-质谱串联（MS-MS）。HRMS 通过监测精确质量提供了最高的选择性，因此 HRMS 是 PCDD/Fs 测定的首选仪器。电子轰击源为 PCDD/Fs 分析的常用电离方式（EI）。阴离子化学电离（NCI）对高氯取代化合物有更高的灵敏度，但不适合低氯取代的化合物，如 2，3，7，8-TCDD 的分析。

MS 方法的灵敏度不是由标准溶液的信噪比提供，而是由样品基质条件下的信噪比决定。LRMS 在理论上可以达到检测要求的灵敏度，但由于复杂基质和共存的 PCBs 及其他氯代化合物的干扰，食品中 PCDD/Fs 低于 pg/g 水平的分析的灵敏度和其他技术指标都难以达到分析要求。为了得到分析食物中 TCDDs 的准确结果，分辨率在 10000 以上的 HRMS 成为唯一选择。因为 TCDD 的 M^{+}离子 m/z 为 319.8963，而干扰物二氯二苯基二氯乙烯的 M^{++4} 离子为 319.9321，需要分辨率为 9000 的 HRMS。双聚焦磁式扇形 HRMS 不仅提高了仪器的分辨率，而且提高了信噪比，这意味着化学噪声的降低、灵敏度的提高，同时检测多个离子质量的能力较强，进行 SIM 时 m/z 值可长时间不发生漂移，进一步改进信噪比，提供极高的灵敏度，最小检出限可达 10 fg，更适合于 PCDD/Fs 分析要求，为多数二噁英分析实验室采用。

基于 HRMS 的技术优势，EPA 规定的 1613 方法采用同位素稀释法，利用 HRGC-HRMS 检测 PCDD/Fs。其分析的关键点为：用^{13}C 同位素内标与样品前处理同时进行，监测样品制备的回收率、同位素稀释的准确度和 GC-MS 方法的确认。采用标准考察异构体的 GC 分离和 MS 的定性定量的分析质量控制。严格控制硅胶、硅镁吸附剂、氧化铝、活性炭等的洗提回收。HRMS 的分辨率要求在 10000 以上，保证 SIM 的灵敏度和稳定性，采用 HRGC 分离。质量控制措施包括：系统空白、回收试验、线性范围、各化合物的保留值窗口、氯取代的同位素峰簇比值、异构体的 GC 分离、质谱分辨率、信噪比、盲样核对以及用 3 个离子定性等。对所有被检测的离子，确定 PCDD/Fs 的存在必须要求其信噪比大于 3∶1，且分子的面积比和标准的离子碎片的偏差应在 10%以内，由内标物得到的数据与标准物的偏差应在 10%以内，标准物与内标的离子谱图应一致。由于严格的分析质量保证体系，1613 方法已经成为各实验室分析工作的基础。

串联质谱是另外一种可供选择的方案。在离子源中形成的离子被第一个质量分析器分离，然后选择某些离子进行碰撞裂解，再由第二个质量分析器检测裂解离子。如果第一个质量分析器为扇形 HRMS，设定分离 PCDD/Fs 的 M^+碎片；第二个质量分析器为四极杆 LRMS，分离 M^+-COCl 特征碎片。这样仪器的选择性进一步提高，可不通过 GC 分离直接进样，快速测定 TCDD。但这一方法只能测定同系物，不能分离异构体。因此 HRGC-MS/MS 串联质谱就成为测定 17 种 2，3，7，8-取代 PCDD/Fs 的要求，而这一仪器与 HRGC-HRMS 的购买和维护费用相当、灵敏度是其的 1/6，HRGC-HRMS 就成为首先选择。

美国 FDA 研究了利用较便宜的四极离子储存时间串联质谱（QISTMS）分析方法。采用这一方法可以检测食品中 TEQ 低于 1pg/g 水平的 2，3，7，8-取代的 PCDD/Fs（TCDD 为 0.2pg/g），分析了包括乳、羊脂、蛋、牛肉、鱼和油脂在内的 200 份食物样品。测定污染样品鸡蛋和鲇鱼的结果与 HRMS 具可比性。FDA 正对这一分析方法进一步改进，以期可达 HRMS 检测限，来替代 HRMS 进行食品 PCDD/Fs 日常检测。

（6）结果报告　测定了 17 种 2，3，7，8-取代的 PCDD/Fs 含量后，每个同系物异构体的浓度乘以相应的 TEF，然后将结果相加。报告的结果就是毒性当量（TEQs）。结果报告时应根据相应的脂肪含量折算成以脂肪计的 TEQs。

2. 以 Ah 受体为基础的生物分析方法

尽管高分辨率气相色谱与高分辨率质谱联用技术（HRGC-HRMS）是目前食品中二噁英检测唯一合适的检测方法，但由于所使用仪器价格昂贵，试样需多步分离、净化步骤十分烦琐，这一工作在大多数实验室不能开展。这显然不能适合食品卫生监督和监测工作的日常需要，国际上有些实验室试图建立一种以利用生物传感器为原理的快速检测方法。因为 Ah 受体是 PCDD/Fs 发挥毒性作用机制的基础物质，它的被活化程度与 PCDD/Fs 毒性相一致，而 PCDD/Fs 活化 Ah 受体能力与其 TEQs 有关，目前所建立的生物学筛选方法均据此进行。PCDD/Fs 进入细胞浆与 Ah 受体结合活化后，被 Ah 受体核转位因子（ARNT）转移到细胞核，活化的核内基因是特异性 DNA 片段-二噁英响应因子（DRE），启动发挥毒性作用的基因增加其转录，如细胞色素 P4501A 亚型，激活芳香烃羟化酶（AHH）和 9-乙氧基-3-异吩唑酮-*O*-脱乙基酶（EROD）。以前已经有实验室用细胞培养通过 EROD 活性的测定来反应 PCDD/Fs 激活 Ah 受体的能力，得到 PCDD/Fs 的 TEQs。为了增加生物学方法的灵敏度，从 P4501A1 基因 5′段分离 DRE，并将萤火虫荧光素酶作为报告基因结合到控制转录的 DRE 上，制备成质粒载体。将这一质粒载体转染 H4IIE 大鼠肝癌细胞系（含 Ah 受体传导途径的各个部件），以此构成的 CALUX 系统荧光素酶诱导活性与 PCDD/Fs 有关，CALUX 相对活性与 PCDD/Fs 的 TEF 相一致，所测定的结果就是 TEQs。这一方法已经与 HRGC-HRMS 化学方法进行对比，结果相当一致。然而，采用细胞培养方法仍需要一定条件，同时培养时间多达 24h，整个测定多达几天，不能进行快速检验，不适合食品安全监督检验要求。有必要对 Ah 受体活化程度进行更直接测定。在此基础上进一步改进，以 Ah 受体、ARNT 和 DRE 为生物传感器的主要部件，测定转化的 Ah 受体。由于 Ah 受体与 ARNT 为 1∶1 结合的同源二聚体，这一同源二聚体可以结合在生物素-亲和素系统的 DRE 上，采用酶标双抗方法测定 ARNT，避免了抗体不能区别 Ah 受体的难点。由于该方法不再需要细胞内的诱导活化过程，体外活化时间由 24h 减少到 2h，加上 ELISA 检测，整个分析在 1 个工作日完成。以 Ah 受体为生物传感器建立的免疫生物学方法一次可完成多个样品的检测，提取方法相对简单，所得结果就是 TEQs，方法完成后可以满足卫生监督的大量筛选需要。

由于化学方法是对单个同系物进行测定，结果判定要以每个同系物的 TEF 乘以含量得到 TEQs，所以 CAC 指出，利用 DNA 重组技术建立的 PCDD/Fs 免疫分析和生物分析方法，可以灵敏、特异地检测出 TEQs，适于大量样品的筛选。但这种方法只能得到一个 PCDD/Fs 总量（同样以 TEQs 表示），而不能了解样品中 PCDD/Fs 的具体组成。因此一般认为这类方法可以用作筛选和用于特定条件下的监督管理（如在最近的 PCDD/Fs 事件中用于检测进口食品）。在筛选出阳性样品后，有选择地用质谱方法检测。目前尚没有这一类试剂盒商品正式上市。世界卫生组织正在关注这类方法的开发进展，因为对于广大发展中国家来说，这类方法十分合适。

本章小结

本章主要介绍了涉及食品安全领域中重金属概念、来源、危害及其常见的检测手段。从毒性角度出发，重金属既包括有毒元素如铅、镉、汞、铬、锡、镍、铜、锌、钡、锑、铊等金属，也包括铍、铝等轻金属和砷、硒等类金属，非金属元素氟通常也包括在内。而其他有机污染物主要包括 *N*-亚硝基化合物、多环芳烃化合物、杂环胺类化合物和二噁英等化合物，其中重点阐述了二噁英的理化性质、毒性、污染途径、检测方法和预防措施。

思考题

1. 受污染食品中重金属的毒理作用有何特点？
2. 食品中铅污染的途径有哪些？如何检测？
3. 食品检测中 PAH 含义是什么，其污染途径有哪些？
4. 简述二噁英的概念及如何进入人体的？其主要的检测方法有哪些？我国二噁英污染的现状如何？

第八章

CHAPTER 8

细菌及其毒素

第一节　概述

细菌性食物中毒指因摄入被细菌或其毒素污染的食物引起的急性或亚急性疾病。在各类食物中毒中，细菌性食物中毒最多见，占食物中毒总数的一半左右。细菌性食物中毒具有明显的季节性，5~10月最多。一方面是由于气温高，适于微生物生长繁殖；另一方面人体肠道的防御机能下降，易感性增强。

细菌性食物中毒发病率高，病死率因中毒病原而不同。如沙门氏菌、蜡样芽孢杆菌、变形杆菌、金黄色葡萄球菌等引起的食物中毒，病程短、恢复快、预后好、病死率低。但单核细胞增生李斯特氏菌、大肠杆菌 O157：H7、肉毒梭菌、小肠结肠炎耶尔森菌、椰毒假单胞菌酵米面亚种等引起的食物中毒病死率通常较高，为20%~100%。动物性食品是引起细菌性食物中毒的主要食品，其中畜肉类及其制品居首位，其次为变质禽肉类，病死畜肉居第三位。

一、细菌性食物中毒的类型

（一）感染型

病原菌随食物进入肠道，在肠道内继续生长繁殖、附于肠黏膜或侵入黏膜及黏膜下层，引起肠黏膜的充血、白细胞浸润、水肿、渗出等炎性病理变化。某些病原菌进入黏膜固有层后可被吞噬细胞吞噬或杀灭，死亡的病原菌（如沙门氏菌属）可释放出内毒素，内毒素可作为致热原刺激体温调节中枢引起体温升高，也可协同致病菌作用于肠黏膜，使机体产生胃肠道症状。

（二）毒素型

某些病原菌（如葡萄球菌）污染食品后，在食品中大量生长繁殖并引起急性胃肠炎反应的肠毒素（外毒素）。多数病原菌产生的肠毒素为蛋白质，对酸有一定的抵抗力，随食物进入肠道后主要作用于小肠黏膜细胞膜上的腺苷酸环化酶（Adenylatecyclase）或鸟苷酸环化酶（Guanylatecyclase）使其活性增强，在该酶的作用下，细胞内三磷酸腺苷（ATP）或三磷酸鸟苷（GTP）脱去两个磷酸并环化为环磷酸腺苷（cAMP）或环磷酸鸟苷（cGMP）。细胞内cAMP或cGMP为刺激分泌的第二信使，其浓度升高可致使分泌功能改变，对Na^+和水的吸收抑制而对Cl^-的分泌亢进，使Na^+、Cl^-、水在肠腔潴留而导致腹泻。

（三）混合型

某些病原菌，如副溶血性弧菌，进入肠道除侵入引起肠黏膜的炎性反应外，还产生引起急性胃肠道症状的肠毒素。这类病原菌引起的食物中毒是致病菌对肠道的侵入及其产生的肠毒素的协同作用。

二、细菌性食物中毒发生的原因

细菌性食物中毒发生的原因，可能是食物在宰杀或收割、运输、储存、销售等过程中受到细菌的污染，被细菌污染的食物在较高的温度下存放，食品中充足的水分，适宜的 pH 及营养条件使细菌大量繁殖或产生毒素；食品在食用前未烧熟煮透或熟食受到生食交叉污染，或食品受到从业人员中带菌者的污染。

细菌性食物中毒的诊断，一般根据临床症状和流行病学特点即可作出临床诊断，病因诊断需进行细菌学检查和血清学鉴定。

三、细菌性食物中毒的特征

由于没有个人与个人之间的传染过程，导致发病呈暴发性，潜伏期短，来势急剧，短时间内可能有多数人发病，发病曲线呈突然上升的趋势；中毒病人一般具有相似的临床症状。常常出现恶心、呕吐、腹痛、腹泻等消化道症状；发病与食物有关。患者在近期内都食用过同样的食物，发病范围局限在食用该类有毒食物的人群，停止食用该食物后发病很快停止，发病曲线在突然上升之后呈突然下降趋势；食物中毒病人对健康人不具有传染性。

四、食品的细菌学检验

食品的细菌学检验是评价食品卫生质量的重要手段，也是食品安全控制的关键环节，其主要指标有菌落总数、大肠菌群和致病菌。致病菌与菌落总数和大肠菌群的卫生学意义不同，致病菌与疾病直接相关，因此一般规定在食品中不允许检出。而菌落总数和大肠菌群属于卫生指标菌，主要用于食品的卫生质量和安全性，可允许在食品中存在，但不得超过规定限量。

第二节　菌落总数

一、概述

菌落是指细菌在固体培养基上生长繁殖而形成的能被肉眼识别的生长物，它是由数以万计相同的细菌集合而成。当样品被稀释到一定程度，与培养基混合，在一定培养条件下，每个能够生长繁殖的细菌细胞都可以在平板上形成一个可见的菌落，通常以菌落形成单位（Colony Forming Unit，CFU）表示。

菌落总数就是指被检样品的单位质量（g）、容积（mL）或表面积（cm^2）内，在规定的条件（普通营养琼脂平板，pH 7.2~7.4，37℃培养 48h）下培养生成的细菌菌落总数。

检测食品中菌落总数有两方面食品卫生学意义。首先，它可以作为食品被污染程度的标志。实验表明，食品中的细菌总数能够反应食品的新鲜程度、是否变质以及生长过程的一般卫生状况。其次，它可以用来预测食品存放的期限程度。

菌落总数测定是用来判定食品被细菌污染的程度及卫生质量，它反映食品在生产过程中是否符合卫生要求，以便对被检样品做出适当的卫生学评价。菌落总数的多少在一定程度上标志着食品卫生质量的优劣。

二、检验方法与步骤

菌落总数的测定，一般将被检样品制成几个不同的 10 倍递增稀释液，然后从每个稀释液中分别取出 1mL 置于灭菌平皿中与营养琼脂培养基混合，在一定温度下，培养一定时间后（一般为 48h），记录每个平皿中形成的菌落数量，依据稀释倍数，计算出 1g（或 1mL）原始样品中所含细菌菌落总数。以下采用 GB 4789. 2—2016《食品安全国家标准　食品微生物学检验　菌落总数测定》进行检测，具体步骤分为以下三步。

①样品的稀释：称取 25g 或者 25mL 样品置于盛有 225mL 生理盐水的无菌均质杯内，8000~10000r/min 均质 1~2min，或放入盛有 225mL 稀释液的无菌均质袋中，用拍击式均质器拍打 1~2min，制成 1∶10 的样品匀液。用 1mL 无菌吸管或微量移液器吸取 1∶10 样品匀液 1mL，沿管壁缓慢注于盛有 9mL 稀释液的无菌试管中（注意吸管或吸头尖端不要触及稀释液面），振摇试管或换用 1 支无菌吸管反复吹打使其混合均匀，制成 1∶100 的样品匀液。制备 10 倍系列稀释样品匀液。每递增稀释一次，换用 1 次 1mL 无菌吸管或吸头。

②培养：根据对样品污染状况的估计，选择 2~3 个适宜稀释度的样品匀液（液体样品可包括原液），在进行 10 倍递增稀释时，吸取 1mL 样品匀液于无菌平皿内，每个稀释度做两个平皿。同时，分别吸取 1mL 空白稀释液加入两个无菌平皿内做空白对照。及时将 15~20mL 冷却至 46℃的平板计数琼脂培养基［可放置于（46±1)℃恒温水浴箱中保温］倾注平皿，并转动平皿使其混合均匀。待琼脂凝固后，将平板翻转，(36±1)℃培养（48±2）h。如果样品中可能含有在琼脂培养基表面弥漫生长的菌落时，可在凝固后的琼脂表面覆盖一薄层琼脂培养基（约 4mL)，凝固后翻转平。

③计数和报告：培养到时间后，计数每个平板上的菌落数。可用肉眼观察，必要时用放大镜检查，以防遗漏。在记下各平板的菌落总数后，求出同稀释度的各平板平均菌落数，计算出 1g（或 1mL）原始样品中的菌落数，进行报告。

第三节　大肠菌群

一、概述

大肠菌群（Coliform Group）并非细菌学分类命名，而是卫生细菌领域的用语，它不代表某一个或某一属细菌，而指的是具有某些特性的一组与粪便污染有关的细菌，这些细菌在生化及血清学方面并非完全一致，其定义为：在一定培养条件下能发酵乳糖、产酸产气的需氧和兼性厌氧革兰氏阴性无芽孢杆菌。包括肠杆菌科的埃希氏菌属（*Escherichia*）、柠檬酸杆菌属（*Citrobacter*）、肠杆菌属（*Enterobacter*）、克雷伯菌属（*Klebsiella*）等。大肠菌群中以埃希氏菌属为主，称为典型大肠杆菌。其他三属习惯上称为非典型大肠杆菌。

大肠菌群已被许多国家用作食品质量鉴定的指标。我国一般用相当于1g（mL）食品中大肠菌群最可能数（Most Probable Number，MPN）。

大肠菌群MPN的食品卫生学意义有两方面，一方面，它可作为粪便污染食品的指标菌。如食品中检出了大肠菌群，则表明该食品曾受到人与温血动物粪便的污染。在排出体外的粪便中，初期以典型大肠杆菌占优势，两周后典型大肠杆菌在外界环境的影响下可发生变异，故若主要检出典型大肠杆菌，说明该食品受到粪便近期污染，若主要检出非典型大肠杆菌则提示食品受到粪便的陈旧污染。另一方面，它可作为肠道致病菌污染食品的指标菌。食品安全性的主要威胁是肠道致病菌，如沙门氏菌属等。如要对食品逐批或经常检验肠道致病菌有一定困难，特别是当食品中致病菌含量极少时，往往不能检出。由于大肠菌群在粪便中存在的数量较大（约占2%），容易检测，与肠道致病菌来源又相同，而且一般条件下在外界环境中生存时间也与主要肠道致病菌相近，故常用来作为肠道致病菌污染食品的指标菌。当食品中检出大肠菌群时，肠道致病菌就有存在的可能性。大肠菌群MPN数值越高，肠道致病菌存在的可能性就越大。

二、大肠菌群的最近似值检验方法

大肠菌群数以每100mL（g）食品检样内大肠菌群的最近似值（MPN）表示。具体检验方法包括以下四步。

①样品的稀释：以无菌操作称25g或吸25mL样品置于盛有225mL磷酸盐缓冲液或生理盐水的无菌锥形瓶（瓶内预置适当数量的无菌玻璃珠）或其他无菌容器中充分振摇或置于机械振荡器中振摇，充分混匀，制成1∶10的样品匀液。样品匀液的pH应在6.5~7.5，必要时分别用1mol/L NaOH或1mol/L HCl调节。用1mL无菌吸管或微量移液器吸取1∶10样品匀液1mL，沿管壁缓缓注入9mL磷酸盐缓冲液或生理盐水的无菌试管中（注意吸管或吸头尖端不要触及稀释液面），振摇试管或换用1支1mL无菌吸管反复吹打，使其混合均匀，制成1∶100的样品匀液。根据对样品污染状况的估计，按上述操作，依次制成10倍递增系列稀释样品匀液。每递增稀释1次，换用1支1mL无菌吸管或吸头。从制备样品匀液至样品接种完毕，全过程不得超过15min。

②初发酵试验：每个样品，选择3个适宜的连续稀释度的样品匀液（液体样品可以选择原液），每个稀释度接种3管月桂基硫酸盐胰蛋白胨（LST）肉汤，每管接种1mL（如接种量超过1mL，则用双料LST肉汤），（36±1）℃培养（24±2）h，观察倒管内是否有气泡产生，（24±2）h产气者进行复发酵试验（证实试验），如未产气则继续培养至（48±2）h，产气者进行复发酵试验。未产气者为大肠菌群阴性。

③复发酵试验（证实试验）：用接种环从产气的LST肉汤管中分别取培养物1环，移种于煌绿乳糖胆盐肉汤（BGLB）管中，（36±1）℃培养（48±2）h，观察产气情况。产气者，计为大肠菌群阳性管。

④大肠菌群最可能数（MPN）的报告：确证的大肠菌群BGLB阳性管数，检索MPN表，报告每1g（mL）样品中大肠菌群的MPN值。

第四节 致病菌

致病菌是指能引起人或动物致病的细菌，此类细菌随食物进入人体后常引起食源性疾病。常见的致病菌有沙门氏菌、大肠菌群 O157：H7、金黄色葡萄球菌、志贺氏菌、副溶血性弧菌、单核细胞增生李斯特氏菌、阪崎肠杆菌和蜡样芽孢杆菌等。与菌落总数和大肠菌群的卫生学意义不同，致病菌与疾病直接相关，因此一般规定在食品中不允许检出，但也存在特殊情况（金黄色葡萄球菌、蜡样芽孢杆菌等）。

一、沙门氏菌属

沙门氏菌属（*Salmonella*）是一大群寄生于人类和动物肠道内生化反应和抗原构造相似的革兰氏阴性杆菌，统称为沙门氏菌。1880 年 Eberth 首先发现伤寒杆菌，1885 年 Salmon 分离到猪霍乱杆菌，由于 Salmon 发现本属细菌的时间较早，在研究中的贡献较大，于是定名为沙门氏菌属，所致疾病称沙门氏菌病。

（一）病原

沙门氏菌为革兰氏阴性、两端钝圆的短杆菌（0.7~1.5μm）×（2~5μm），无荚膜和芽孢，大多具有周身鞭毛，能运动，具有菌毛，能吸附于宿主细胞表面或凝集豚鼠红细胞。需氧及兼性厌氧菌。目前至少有 67 种 O 抗原和 2300 个以上的血清型，按菌体 O 抗原结构的差异，将沙门氏菌分为 A、B、C_1、C_2、C_3、D、E_1、E_4、F 等，对人类致病的沙门氏菌 99%属 A 至 E 组。根据沙门氏菌的致病范围，可将其分为三大类群。第一类群：专门对人致病。如伤寒沙门氏菌（*Salmonella* Typhi）和甲、乙、丙型副伤寒沙门氏菌（*S. Paratyphi A. B. C*）等，引起人类伤寒和副伤寒的病原菌，引起肠热症。第二类群：能引起人类食物中毒，称为食物中毒沙门氏菌群，如鼠伤寒沙门氏菌（*S. Typhimurium*）、猪霍乱沙门氏菌（*S. Cholerae*）、肠炎沙门氏菌（*S. Enteritidis*）等。第三类群：专门对动物致病，很少感染人，如马流产沙门氏菌、鸡白痢沙门氏菌，此类群中尽管很少感染人，但近年也有感染人的报道。

（二）对人体的危害及预防措施

1. 对人体的危害

沙门氏菌属广泛分布于自然界，在人和动物中有广泛的宿主。沙门氏菌属在外界的生活力较强，在 10~42℃均能生长，最适生长温度为 37℃。最适生长 pH 为 6.8~7.8。在普通水中虽不易繁殖，但可生存 2~3 周。在粪便中可存活 1~2 个月。在牛乳和肉类食品中，存活数月，在食盐含量为 10%~15%的腌肉中也可存活 2~3 个月。冷冻对于沙门氏菌无杀灭作用，即使在-25℃低温环境中仍可存活 10 个月左右。由于沙门氏菌属不分解蛋白质，不产生靛基质，污染食物后无感官性状的变化，易被忽视而引起食物中毒。健康家畜、家禽肠道沙门氏菌检出率为 2%~15%，病猪肠道沙门氏菌的检出率可高达 70%。因此，肉类食品污染沙门氏菌的机会很多，据报道，各种肉类食品沙门氏菌的检出率为 6.2%~42.1%不等。

引起中毒的食品，多是动物性食品，特别是畜肉类及其制品，其次为禽肉、蛋类、乳类及其制品。主要使人发生伤寒、副伤寒、败血症、胃肠炎和食物中毒等，是细菌性食物中毒的主要致病菌。世界上最大的一起沙门氏菌食物中毒发生在1953年瑞典，因食用猪肉引起鼠伤寒杆菌食物中毒，致使7717人中毒，死亡90人。1972在我国青海省同仁市因食用牛肉引起圣保罗沙门氏菌中毒，致使1041人中毒。

2. 预防措施

加强食品卫生检验，在肉类检疫、加工、运输、销售等环节严格控制，防止沙门氏菌的污染；控制各类食品储存条件，减少微生物的生长繁殖；沙门氏菌属不耐热，55℃处理1h、60℃处理15~30min即被杀死，因此对污染沙门氏菌的食品应彻底加热灭菌。

（三）沙门氏菌的检验

目前，对于沙门氏菌的检验技术已有很大进展。一些快速检验方法已有应用，如荧光抗体技术检验食品中沙门氏菌已在国际上得到公认。我国在这方面也取得一定的进展，如固相载体吸附免疫技术、免疫染色法，酶联A蛋白染色等快速检验方法均具有快速、方便、经济和准确等特点。以下采用GB 4789.4—2016《食品安全国家标准　食品微生物学检验　沙门氏菌检验》进行检验。

1. 培养基与试剂

缓冲蛋白胨水（BPW）；四硫酸钠煌绿（TTB）增菌液；亚硒酸盐胱氨酸（SC）增菌液；亚硫酸铋（BS）琼脂；HE琼脂；木糖赖氨酸脱氧胆盐（XLD）琼脂；沙门氏菌属显色培养基；SS琼脂；蛋白胨水；靛基质试剂；三糖铁（TSI）琼脂；尿素琼脂（pH 7.2）；氰化钾（KCN）培养基；赖氨基酸脱羧酶试验培养基；糖发酵管；邻硝基酚β-D半乳糖苷（ONPG）培养基；半固体琼脂；丙二酸钠培养基；沙门氏菌O、H和Vi诊断血清；生化鉴定试剂盒。

2. 检测步骤

（1）预增菌　无菌操作称取25g（mL）样品置于盛有225mL BPW的无菌均质杯或合适容器内，以8000~10000r/min均质1~2min，或置于盛有225mL BPW的无菌均质袋中，用拍击式均质器拍打1~2min。若样品为液态，不需要均质，振荡混匀。如需调整pH，用1mol/mL无菌NaOH或HCl调pH至6.8±0.2。无菌操作将样品转至500mL锥形瓶或其他合适容器内（如均质杯本身具有无孔盖，可不转移样品）。如使用均质袋，可直接进行培养于（36±1）℃培养8~18h。如为冷冻产品应在45℃以下不超过15min或2~5℃不超过18h解冻。

（2）增菌　轻轻摇动培养过的样品混合物，移取1mL转种于10mL TTB内，于（42±1）℃培养18~24h。同时，另取1mL转种于10mL SC内，于（36±1）℃培养18~24h。

（3）分离　分别用直径3mm的接种环取增菌液1环，划线接种于一个BS琼脂平板和一个XLD琼脂平板（或HE琼脂平板或沙门氏菌属显色培养基平板）于（36±1）℃分别培养40~48h（BS琼脂平板）或18~24h（XLD琼脂平板、HE琼脂平板、沙门氏菌属显色培养基平板），观察各个平板上生长的菌落，各个平板上的菌落特征如表8-1所示。

表8-1　　沙门氏菌属各群在各种选择性琼脂平板上的菌落特征

选择性琼脂平板	菌落特征
BS琼脂	菌落为黑色有金属光泽、棕褐色或灰色，菌落周围培养基可呈黑色或棕色；有些菌株形成灰绿色的菌落，周围培养基不变

续表

选择性琼脂平板	菌落特征
XLD 琼脂	菌落呈粉红色，带或不带黑色中心，有些菌株可呈现大的带光泽的黑色中心，或呈现全部黑色的菌落；有些菌株为黄色菌落，带或不带黑色中心
HE 琼脂	蓝绿色或蓝色，多数菌落中心黑色或几乎全黑色；有些菌株为黄色，中心黑色或几乎全黑色
沙门氏菌属显色培养基	按照显色培养基的说明进行判定

（4）生化试验　自选择性琼脂平板上分别挑取 2 个以上典型或可疑菌落，接种三糖铁琼脂，先在斜面划线，再于底层穿刺；接种针不要灭菌，直接接种赖氨酸脱羧酶试验培养基和营养琼脂平板于（36±1）℃培养 18~24h，必要时可延长至 48h。在三糖铁琼脂和赖氨酸脱羧酶试验培养基内，沙门氏菌属的反应结果如表 8-2 所示。

表 8-2　肠杆菌科各属在三糖铁琼脂内和赖氨酸脱羧酶试验培养基内的反应结果

三糖铁琼脂				赖氨酸脱羧酶试验培养基	初步判断
斜面	底层	产气	硫化氢		
K	A	+（-）	+（-）	+	可疑沙门氏菌属
K	A	+（-）	+（-）	-	可疑沙门氏菌属
A	A	+（-）	+（-）	+	可疑沙门氏菌属
A	A	+/-	+/-	-	非沙门氏菌
K	K	+/-	+/-	+/-	非沙门氏菌

注：K：产碱，A：产酸；+：阳性，-：阴性；+（-）：多数阳性，少数阴性；+/-：阳性或阴性。

接种三糖铁琼脂和赖氨酸脱羧酶试验培养基的同时，可直接接种蛋白胨水（供做靛基质试验）、尿素琼脂（pH 7.2）、氰化钾（KCN）培养基也可在初步判断结果后从营养琼脂平板上挑取可疑菌落接种。于（36±1）℃培养 18~24h 必要时可延长至 48h，按表 8-3 判定结果。将已挑菌落的平板储存于 2~5℃或室温至少保留 24h，以备必要时复查。

表 8-3　沙门氏菌属生化反应初步鉴别表

反应序号	硫化氢（H_2S）	靛基质	pH 7.2 尿素	氰化钾（KCN）	赖氨酸脱羧酶
A1	+	-	-	-	+
A2	+	+	-	-	+
A3	-	-	-	-	+/-

注：+阳性；-阴性；+/-阳性或阴性。

反应序号 A1：典型反应判定为沙门氏菌属。如尿素、KCN 和赖氨酸脱羧酶 3 项中有 1

项异常，按表 8-4 可判定为沙门氏菌。如有 2 项异常为非沙门氏菌。

表 8-4　沙门氏菌生化反应初步鉴别表

pH 7.2 尿素	氰化钾（KCN）	赖氨酸脱羧酶	判定结果
-	-	-	甲型副伤寒沙门氏菌（要求血清学鉴定结果）
-	+	+	沙门氏菌Ⅳ或Ⅴ（要求符合本群生化特性）
+	-	+	沙门氏菌个别变体（要求血清学鉴定结果）

注：+表示阳性；-表示阴性。

反应序号 A2：补做甘露醇和山梨醇试验，沙门氏菌靛基质阳性变体两项试验结果均为阳性，但需要结合血清学鉴定结果进行判定。

反应序号 A3：补做 ONPG 试验。ONPG 阴性为沙门氏菌，同时赖氨酸脱羧酶阳性，甲型副伤寒沙门氏菌为赖氨酸脱羧酶阴性。必要时按表 8-5 进行沙门氏菌生化群的鉴别。

表 8-5　沙门氏菌属各生化群的鉴别

项目	Ⅰ	Ⅱ	Ⅲ	Ⅳ	Ⅴ	Ⅵ
卫矛醇	+	+	-	-	+	-
山梨醇	+	+	+	+	+	-
水杨苷	-	-	+	+	-	-
ONPG	-	-	+	-	+	-
丙二酸盐	-	+	+	-	-	-
KCN	-	-	-	+	+	-

注：+表示阳性；-表示阴性。

如选择生化鉴定试剂盒或全自动微生物生化鉴定系统，可根据三糖铁琼脂和赖氨酸脱羧酶试验培养基内的初步判断结果，从营养琼脂平板上挑取可疑菌落，用生理盐水制备成浊度适当的菌悬液，使用生化鉴定试剂盒或全自动微生物生化鉴定系统进行鉴定。

（5）血清学鉴定

①检查培养物有无自凝性：一般采用 1.2%～1.5%琼脂培养物作为玻片凝集试验用的抗原。首先排除自凝集反应在洁净的玻片上滴加一滴生理盐水，将待试培养物混合于生理盐水滴内使成为均一性的浑浊悬液，将玻片轻轻摇动 30～60s，在黑色背景下观察反应（必要时用放大镜观察），若出现可见的菌体凝集，即认为有自凝性；反之无自凝性。对无自凝的培养物参照下面方法进行血清学鉴定。

②多价菌体 O 抗原鉴定：在玻片上划出 2 个约 1cm×2cm 的区域，挑取 1 环待测菌各放 1/2 环于玻片上的每一区域上部，在其中一个区域下部加 1 滴多价菌体 O 抗血清，在另一区域下部加入 1 滴生理盐水，作为对照。再用无菌的接种环或针分别将两个区域内的菌苔研成乳状液。将玻片倾斜摇动混合 1min，并对着黑暗背景进行观察，任何程度的凝集现象皆为阳性反应。O 血清不凝集时，将菌株接种在琼脂量较高的（如 2%～3%）培养基上再检查；如

果是由于 Vi 抗原的存在而阻止了 O 凝集反应时，可挑取菌苔于 1mL 生理盐水中做成浓菌液，于酒精灯火焰上煮沸后再检查。

③多价鞭毛 H 抗原鉴定操作同上：H 抗原发育不良时，将菌株接种在 0.55%~0.65%半固体琼脂平板的中央，待菌落蔓延生长时，在其边缘部分取菌检查；或将菌株通过接种装有 0.3%~0.4%半固体琼脂的小玻管 1~2 次，自远端取菌培养后再检查。

3. 结果与报告

综合以上生化试验和血清学鉴定结果，报告 25g（mL）样品中检出或未检出沙门氏菌。

二、肠出血性大肠杆菌及检验

肠出血性大肠杆菌（*Enterohemorrhagic E. coli*，EHEC）是能引起人的出血性腹泻和肠炎的一群大肠杆菌。以 O157：H7 血清型为代表菌株。

（一）病原

EHEC O157：H7 属于肠杆菌科埃希氏菌属。革兰氏染色阴性，无芽孢，有鞭毛，动力试验呈阳性。其鞭毛抗原可丢失，动力试验呈阴性。EHEC O157：H7 具有较强的耐酸性，pH 2.5~3.0，37℃可耐受 5h；耐低温，能在冰箱内长期生存；在自然界的水中可存活数周至数月；不耐热，75℃ 1min 即被灭活；对氯敏感，被 1mg/L 的余氯浓度杀灭。EHEC 的最适生长温度为 33~42℃，37℃繁殖迅速，44~45℃生长不良，45.5℃停止生长。血清学鉴定包括 O 抗原和 H 抗原的鉴定。EHEC O157：H7 产生大量的 Vero 毒素（VT），也称类志贺氏毒素（SLT），是 EHEC 的主要致病因子。

（二）对人体的危害及预防措施

1982 年，美国首次报道了由 EHEC O157：H7 引起的出血性肠炎暴发。日本大阪府 Sakai 市 62 所小学 6259 名小学生感染 O157：H7 大肠杆菌，数名学生死亡，之后迅速流行，波及日本 36 个府县，患者上万人。此后，世界各地陆续报道了该菌引起的感染，并有上升趋势。我国于 1988 年首次分离到 EHEC O157：H7，从已有的流行病调查资料来看，我国也存在 EHEC 的散发病例，但尚未有暴发流行的报道。食源性的 EHEC 感染中，牛肉、生乳、鸡肉及其制品，蔬菜、水果及其制品等均可能受其污染。其中，牛肉是最主要的传播载体。EHEC O157：H7 的感染剂量极低，潜伏期为 3~10d，病程 2~9d。通常是突然发生剧烈腹痛和水样腹泻，数天后出现出血性腹泻，可发热或不发热。部分患者可发展为溶血性尿毒综合征（HUS）、血栓性血小板减少性紫癜（TTP）等，其中 HUS 病程凶险，易造成急性肾衰竭乃至死亡，严重者可导致死亡。

该菌的预防措施与沙门氏菌基本相同。

（三） O157：H7/NM 检验

1. 设备和材料

除微生物实验室常规灭菌及培养设备外，其他设备和材料有小型酶联免疫荧光仪（mini-VIDAS）；*E. coil* O157：H7 乳胶凝集试剂盒。

2. 培养基及试剂

改良 E. C 肉汤（mEC+n）；改良山梨醇麦康凯琼脂（CT-SMAC）；三糖铁琼脂（TSI、营养琼脂、半固体琼脂、月桂基硫酸盐胰蛋白胨肉汤-MUG（MUG-LST）；氧化酶试剂；革兰氏染色液；PBS-吐温 20 洗液；亚碲酸钾（AR 级）；头孢克肟（Cefixime）；大肠杆菌 O157

显色培养基；大肠杆菌 O157 和 H7 诊断血清或 O157 乳胶凝集试剂。

3. 操作步骤

（1）增菌　以无菌操作取检样 25g（或 25mL）加入到含有 225mL mEC+n 肉汤的均质袋中，在拍击式均质器上连续均质 1～2min；或放入盛有 225mL mEC+n 肉汤的均质杯中，8000～10000r/min 均质 1～2min。(36±1)℃培养 18～24h。

（2）分离　取增菌后的 mEC+n 肉汤，划线接种于 CT-SMAC 平板和大肠杆菌 O157 显色琼脂平板上（36±1)℃培养 18～24h，观察菌落形态。在 CT-SMAC 平板上，典型菌落为圆形、光滑、较小的无色菌落，中心呈现较暗的灰褐色；在大肠杆菌 O157 显色琼脂平板上的菌落特征按产品说明书进行判定。

（3）初步生化试验　在 CT-SMAC 和大肠杆菌 O157 显色琼脂平板上分别挑取 5～10 个可疑菌落，分别接种 TSI 琼脂。同时接种 MUG-LST 肉汤，并用大肠杆菌株（ATCC25922 或等效标准菌株）做阳性对照和大肠杆菌 O157：H7（NCTC12900 或等效标准菌株）做阴性对照，于（36±1)℃培养 18～24h。必要时进行氧化酶试验和革兰氏染色。在 TSI 琼脂中，典型菌株为斜面与底层均呈黄色，产气或不产气，不产生硫化氢（H_2S）。置 MUG-LST 肉汤管于长波紫外灯下观察，MUG 阳性的大肠杆菌株应有荧光产生，MUG 阴性的应无荧光产生。挑取可疑菌落，在营养琼脂平板上分离纯化，于（36±1)℃培养 18～24h，并进行下列鉴定。

（4）鉴定

①血清学试验：在营养琼脂平板上挑取分纯的菌落，用 O157 和 H7 诊断血清或 O157 乳胶凝集试剂作玻片凝集试验。对于 H7 因子血清不凝集者，应穿刺接种半固体琼脂，检查动力，经连续传代 3 次动力试验均阴性，确定为无动力株。如使用不同公司生产的诊断血清或乳胶凝集试剂，应按照产品说明书进行。

②生化试验：自营养琼脂平板上挑取菌落，进行生化试验。大肠杆菌 O157：H7/NM 生化反应特征如表 8-6 所示。

表 8-6　　大肠杆菌 O157：H7/NM 生化反应特征

生化试验	特征反应
三糖铁琼脂	底层及斜面呈黄色，H_2S 阴性
山梨醇	阴性或迟缓发酵
靛基质	阳性
甲基红-伏普试验（MR-VP）	MR 阳性，VP 阴性
氧化酶	阴性
西蒙氏柠檬酸盐	阴性
赖氨酸脱羧酶	阳性（紫色）
鸟氨酸脱羧酶	阳性（紫色）
纤维二糖发酵	阴性
棉子糖发酵	阳性

续表

生化试验	特征反应
MUG 试验	阴性（无荧光）
动力试验	有动力或无动力

如选择生化鉴定试剂盒或微生物鉴定系统，应从营养琼脂平板上挑取菌落，用稀释液制备成浊度适当的菌悬液，使用生化鉴定试剂盒或微生物鉴定系统进行鉴定。

4. 结果报告

综合生化和血清学试验结果，报告 25g（mL）样品中检出或未检出大肠杆菌 O157：H7 或大肠杆菌 O157：NM。

三、金黄色葡萄球菌及检验

（一）病原

典型的金黄色葡萄球菌（*Staphylococcu saureus*）为球形，直径 0.8μm 左右，显微镜下排列成葡萄串状。金黄色葡萄球菌无芽孢、鞭毛，大多数无荚膜，革兰氏染色阳性。需氧或兼性厌氧，最适生长温度为 37℃，最适生长 pH 为 7.4。金黄色葡萄球菌有高度的耐盐性，可在 10%~15% NaCl 肉汤中生长。金黄色葡萄球菌具有较强的抵抗力，对磺胺类药物敏感性低，但对青霉素、红霉素等高度敏感。

该菌在 20~37℃条件下，能产生引起食物中毒的肠毒素。在水分、蛋白质和淀粉含量较多的食品中极易繁殖并产生较多的毒素。根据其血清学特征的不同，目前已发现肠毒素有 A、B、C、D 和 E 五个型。A 型毒力最强，摄入 1μg 即引起中毒。肠毒素是一组对热稳定的相对分子质量为 30000~35000 的单纯蛋白质，并且不受胰蛋白酶的影响。B 型肠毒素，在 99℃条件下，经 87min 才能破坏毒性。

（二）对人体的危害及预防措施

1. 对人体的危害

金黄色葡萄球菌是人类化脓感染中最常见的病原菌，可引起局部化脓感染，也可引起肺炎、急性胃肠炎、心包炎等，甚至败血症、脓毒症等全身感染。金黄色葡萄球菌的致病力强弱主要取决于其产生的毒素和侵袭性酶，可产生溶血毒素、杀白细胞素、血浆凝固酶、脱氧核糖核酸酶，导致以呕吐为主要症状的食物中毒。

2. 预防措施

金黄色葡萄球菌在自然界中无处不在，空气、水、灰尘及人和动物的排泄物中都可找到。因此食品受其污染的机会很多。金黄色葡萄球菌肠毒素是世界性的卫生问题，在美国由金黄色葡萄球菌肠毒素引起的食物中毒占整个细菌性食物中毒的 33%，加拿大则更多，占 45%，我国每年发生的此类中毒事件也非常多。金黄色葡萄球菌可污染食品种类多，如乳、肉、蛋、鱼及其制品。此外，剩饭、油煎蛋、糯米糕及凉粉等引起的中毒事件也有报道。上呼吸道感染患者鼻腔带菌率 83%，所以人畜化脓性感染部位常成为污染源。金黄色葡萄球菌的控制应主要包括两个方面。

（1）防止金黄色葡萄球菌污染食品防止带菌人群对各种食物的污染，定期对生产加工人员进行健康检查，患局部化脓性感染、上呼吸道感染的人员暂时停止其工作或调换岗位；防止金黄色葡萄球菌对乳及其制品的污染，如牛奶厂要定期检查奶牛的乳房，不能挤用患化脓性乳腺炎牛的乳。乳挤出后，要迅速冷至-10℃以下，以防细菌繁殖。乳制品要以消毒牛乳为原料，注意低温保存；对肉制品加工厂，患局部化脓感染的禽、畜尸体应除去病变部位，经高温或其他适当方式处理后进行加工生产。

（2）防止金黄色葡萄球菌肠毒素的生成应在低温和通风良好的条件下储存食物，以防肠毒素形成；在气温高的春夏季，食物置冷藏或通风阴凉地方也不应超过6h，并且食用前要彻底加热。

（三）金黄色葡萄球菌的检验

1. 培养基及试剂

Baird-Parker 琼脂平板、血琼脂平板、脑心浸出液肉汤（BHI）、营养琼脂小斜面，无菌生理盐水、兔血浆、革兰氏染色液。

2. 检验

（1）样品的稀释　以无菌操作称取或吸取25g（25mL）样品置于盛有225mL生理盐水的无菌锥形瓶（瓶内预置适当数量的无菌玻璃珠）中，充分混匀，制成1∶10的样品匀液。用1mL无菌吸管或微量移液器吸取1∶10样品匀液1mL，沿管壁缓慢注于盛有9mL磷酸盐缓冲液或生理盐水的无菌试管中（注意吸管或吸头尖端不要触及稀释液面），振摇试管或换用1支1mL无菌吸管反复吹打使其混合均匀，制成1∶100的样品匀液。制备10倍系列稀释样品匀液。每递增稀释一次，换用1次1mL无菌吸管或吸头。

（2）样品的接种　根据对样品污染状况的估计，选择2~3个适宜稀释度的样品匀液（液体样品可包括原液），在进行10倍递增稀释的同时，每个稀释度分别吸取1mL样品匀液以0.3mL、0.3mL、0.4mL接种量分别加入三块Baird-Parker平板，然后用无菌涂布棒涂布整个平板，注意不要触及平板边缘。使用前，如Baird-Parker平板表面有水珠，可放在25~50℃的培养箱里干燥，直到平板表面的水珠消失。

（3）培养　在通常情况下，涂布后，将平板静置10min，如样液不易吸收，可将平板放在培养箱（36±1）℃培养1h；等样品匀液吸收后翻转平板，倒置后于（36±1）℃培养24~48h。

（4）典型菌落计数和确认　金黄色葡萄球菌在Baird-Parker平板上呈圆形，表面光滑、凸起、湿润、菌落直径为2~3mm，颜色呈灰黑色至黑色，有光泽，常有浅色（非白色）的边缘，周围绕以不透明圈（沉淀），其外常有一清晰带。当用接种针触及菌落时具有黄油样黏稠感。有时可见到不分解脂肪的菌株，除没有不透明圈和清晰带外，其他外观基本相同。从长期储存的冷冻或脱水食品中分离的菌落，其黑色常较典型菌落浅些，且外观可能较粗糙，质地较干燥。

选择有典型的金黄色葡萄球菌菌落的平板，且同一稀释度3个平板所有菌落数合计20~200CFU的平板，计数典型菌落数。

从典型菌落中至少选5个可疑菌落（小于5个全选）进行鉴定试验。分别做染色镜检，血浆凝固酶试验，血平板。

①染色镜检：金黄色葡萄球菌为革兰氏阳性球菌，排列呈葡萄球状，无芽孢，无荚膜，直径0.5~1μm。

②血浆凝固酶试验：挑取Baird-Parker平板至少5个可疑菌落（小于5个全选），分别接种到5mL BHI和营养琼脂小斜面，(36±1)℃培养18~24h。取新鲜配制兔血浆0.5mL，放入小试管中，再加入BHI培养0.2~0.3mL，振荡摇匀，置（36±1）℃温箱或水浴箱内，每0.5h观察一次，观察6h，如呈现凝固（即将试管倾斜或倒置时，呈现凝块）或凝固体积大于原体积的一半，被判定为阳性结果。同时以血浆凝固酶试验阳性和阴性葡萄球菌菌株的肉汤培养物作为对照。也可用商品化的试剂，按说明书操作，进行血浆凝固酶试验。结果如可疑，挑取营养琼脂小斜面的菌落到5mL BHI，(36±1)℃培养18~48h，重复试验。

③血平板：划线接种到血平板（36±1）℃培养18~24h后观察菌落形态，金黄色葡萄球菌菌落较大，圆形、光滑凸起、湿润、金黄色（有时为白色），菌落周围可见完全透明溶血圈。

（5）结果计算

①若只有一个稀释度平板的典型菌落数在20~200CFU，计数该稀释度平板上的典型菌落，按式（8-1）计算。

②若最低稀释度平板的典型菌落数小于20CFU，计数该稀释度平板上的典型菌落，按式（8-1）计算。

③若某一稀释度平板的典型菌落数大于200CFU，但下一稀释度平板上没有典型菌落，计数该稀释度平板上的典型菌落，按式（8-1）计算。

④若某一稀释度平板的典型菌落数大于200CFU，而下一稀释度平板上虽有典型菌落但不在20~200CFU范围内，应计数该稀释度平板上的典型菌落，按式（8-1）计算。

⑤若2个连续稀释度的平板典型菌落数均在20~200CFU，按式（8-2）计算。

$$T = AB/Cd \tag{8-1}$$

式中 T——样品中金黄色葡萄球菌菌落数；

A——某一稀释度典型菌落的总数；

B——某一稀释度鉴定为阳性的菌落数；

C——某一稀释度用于鉴定试验的菌落数；

d——稀释因子。

$$T = (A_1B_1/C_1 + A_2B_2/C_2) \times 1.1d \tag{8-2}$$

式中 T——样品中金黄色葡萄球菌菌落数；

A_1——第一稀释度（低稀释倍数）典型菌落的总数；

B_1——第一稀释度（低稀释倍数）鉴定为阳性的菌落数；

C_1——第一稀释度（低稀释倍数）用于鉴定试验的菌落数；

A_2——第二稀释度（高稀释倍数）典型菌落的总数；

B_2——第二稀释度（高稀释倍数）鉴定为阳性的菌落数；

C_2——第二稀释度（高稀释倍数）用于鉴定试验的菌落数；

1.1——计算系数；

d——稀释因子（第一稀释度）。

（四）金黄色葡萄球菌肠毒素检测

1. 培养基及试剂

肠毒素产毒培养基、营养琼脂、酶标记A肠毒素抗血清、B肠毒素抗血清、C肠毒素抗血清、D肠毒素抗血清，0.1mol/L pH 9.5碳酸盐缓冲液，0.2mol/L pH 7.5磷酸盐缓冲液，0.05%、0.02mol/L pH 7.2吐温20缓冲液，邻苯二胺酶底物，2mol/L硫酸。

2. 检测步骤

（1）包被抗体用0.1mol/L pH 9.5碳酸盐缓冲液稀释肠毒素抗血清，使溶液浓度为5μg/mL，加入洗净的苯乙烯凹孔板内，每孔0.2mL，置（36±1）℃ 30min，弃去上清液。

（2）洗涤用0.05%、0.02mol/L pH 7.2吐温20缓冲液洗涤5次。

（3）加样如为液体，可直接加入孔板0.2mL，固体样品取100g，加入0.2mol/L pH 7.5磷酸盐缓冲液100mL，均质后取过滤液0.2mL置（36±1）℃30min，弃去上清液。

（4）洗涤同（2）。每孔加入酶抗体0.2mL，置（36±1）℃30min，同时做阳性和阴性对照，弃去上清液。

（5）再次洗涤同（2）。每孔内加入邻苯二胺酶底物溶液0.2mL，室温放置30min。

（6）比色每孔内加入2mol/L硫酸0.05mL，立即进行酶标仪比色。

（7）结果判定　样品OD值/阴性对照OD值，比值大于2者为阳性，小于2者为阴性。

四、志贺氏菌属及检验

志贺氏菌属（*Shigella*）的细菌（通称痢疾杆菌），是细菌性痢疾的病原菌。临床上能引起痢疾症状的病原生物很多，有志贺氏菌、沙门氏菌、变形杆菌、大肠杆菌等，还有阿米巴原虫、鞭毛虫以及病毒等均可引起人类痢疾，其中以志贺氏菌引起的细菌性痢疾最为常见。人类对痢疾杆菌有很高的易感性，在幼儿可引起急性中毒性菌痢，死亡率甚高。

（一）病原

志贺氏菌属细菌的形态与一般肠道杆菌无明显区别，为革兰氏阴性杆菌，长2~3μm，宽0.5~0.7μm。不形成芽孢，无荚膜，无鞭毛，有菌毛。需氧或兼性厌氧。营养要求不高，能在普通培养基上生长，最适温度为37℃，最适pH为6.4~7.8。志贺氏菌属细菌的抗原结构由菌体O抗原及表面K抗原组成。根据抗原构造的不同，按最新国际分类法，将本属细菌分为四个群、39个血清型（包括亚型）A群：也称志贺氏菌群，有10个血清型。B群：也称福氏菌群，已有13个血清型（包括亚型和变种）。C群：也称鲍氏菌群，有15个血清型。D群：也称宋内氏菌群，仅有一个血清型。志贺氏菌属在外界环境中的生存力，以宋内氏最强，福氏菌次之，志贺氏菌最弱。一般在潮湿土壤中能存活34d，37℃水中存活20d，在冰块中可存活96d，在粪便内（室温）存活11d。对高温和化学消毒剂很敏感，日光直接照射30min可被杀死，56~60℃ 10min即被杀死，1%石炭酸中15~30min即被杀死。对氯霉素、磺胺类、链霉素敏感，但易产生耐药性。

（二）对人类的危害及预防措施

（1）对人类的危害　人和灵长类是志贺氏菌的适宜宿主，1~4岁儿童为易感人群。据报道，全世界每年由志贺氏菌引发的疾病超过1.65亿人次，110万人死于志贺氏菌感染。据CDC统计，2016年美国52个州和地区公共卫生实验室共计报道了志贺氏菌感染12597例。

志贺氏菌引起的细菌性痢疾，主要通过消化道传播。根据宿主的健康状况和年龄，只需少量病菌（至少为10个细胞）进入，就有可能致病。志贺氏菌的致病作用，主要是侵袭力、菌体内毒素个别菌株能产生外毒素。志贺氏菌进入大肠后，由于菌毛的作用黏附于大肠黏膜的上皮细胞上，继而进入上皮细胞并在内繁殖，扩散至邻近细胞及上皮下层。由于毒素的作用，上皮细胞死亡，黏膜下发炎，并有毛细血管血栓形成以致坏死、脱落，形成溃疡。志贺氏菌属中各菌株都有强烈的内毒素，作用于肠壁，使通透性增高，从而促进毒素的吸收。继而作用于中枢神经系统及心血管系统，引起临床上一系列毒血症症状，如发热、神志障碍，甚至中毒性休克。毒素破坏黏膜，形成炎症、溃疡，呈现典型的痢疾脓血便。毒素作用于肠壁自主神经，使肠道功能紊乱，肠蠕动共济失调和痉挛，尤其直肠括约肌最明显，因而发生腹痛、里急后重等症状。志贺氏菌 1 型及部分 2 型（斯密兹痢疾杆菌）菌株能产生强烈的外毒素，其为蛋白质，不耐热，75~80℃ 1h 即可破坏。其作用是使肠黏膜通透性增加，并导致血管内皮细胞损害。外毒素经甲醛或紫外线处理可脱毒成类毒素，能刺激机体产生相应的抗毒素。一般认为具有外毒素的志贺氏菌引起的痢疾比较严重。

（2）预防措施　志贺氏菌病常为食物爆发型或经水传播。和志贺氏菌病相关的食品包括色拉（马铃薯、金枪鱼、虾、通心粉、鸡）、生的蔬菜、乳和乳制品、禽、水果、面包制品、汉堡包和有鳍鱼类。志贺氏菌在拥挤和不卫生条件下能迅速传播，经常发现于人员大量集中的地方如餐厅、食堂。食源性志贺氏菌流行的最主要原因是从事食品加工行业人员患菌痢或带菌者污染食品，接触食品人员个人卫生差，存放已污染的食品温度不适当等。

预防控制志贺氏菌流行最好的措施是良好个人卫生和健康教育，水源和污水的卫生处理也能防止水源性志贺氏菌的爆发。

对可疑的食品包括在食用前用手处理过或经轻微加热的食品、动物性食品或消费者直接入口的产品，且其酸度范围在 pH 5.5~6.5。一般来说，食品中含有大肠杆菌和沙门氏菌时，含有志贺氏菌的可能性极大。

菌痢的防治除对急性菌痢、慢性菌痢和各种带菌者进行“三早措施”（早期诊断、早期隔离和早期治疗）以消灭传染源外，应采取以切断传染途径为主的综合性措施。开展爱国卫生运动，抓好食品加工饮食服务行业的管理，对从事食品加工人员应定期作带菌者检查。

（三）志贺氏菌的检验

1. 主要材料

镍铬丝；硝酸纤维素滤膜：150mm×50mm，ϕ0.45μm。临用时切成两张，每张 70mm×50mm，用铅笔划格，每格 6mm×6mm。每行 10 格，分 6 行。灭菌备用。

2. 培养基和试剂

志贺氏菌增菌肉汤-新生霉素；木糖赖氨酸脱氧胆酸盐（XLD）琼脂；志贺氏菌显色培养基；麦康凯（MAC）琼脂；营养琼脂斜面；三糖铁琼脂（TSI）；半固体琼脂；葡萄糖铵培养基；尿素琼脂；β-半乳糖苷酶培养基；氨基酸脱羧酶试验培养基；糖发酵管；西蒙氏柠檬酸盐培养基；黏液酸盐培养基；蛋白胨水；靛基质试剂；志贺氏菌属诊断血清；生化鉴定试剂盒。

3. 操作步骤

（1）增菌　以无菌操作取检样 25g（mL），加入装有灭菌 225mL 志贺氏菌增菌肉汤的均质杯，用旋转刀片式均质器以 8000~10000r/min 均质；或加入装有 225mL 志贺氏菌增菌肉汤的均质袋中，用拍击式均质器连续均质 1~2min，液体样品振荡混匀即可。于（41.5±1）℃厌氧培养 16~20h。

（2）分离　取增菌后的志贺氏增菌液分别划线接种于 XLD 琼脂平板和 MAC 琼脂平板或志贺氏菌显色培养基平板上，于（36±1）℃培养 20~24h，观察各个平板上生长的菌落形态。

宋内氏志贺氏菌的单个菌落直径大于其他志贺氏菌。若出现的菌落不典型或菌落较小不易观察，则继续培养至48h再进行观察。志贺氏菌在不同选择性琼脂平板上的菌落特征如表8-7所示。

表8-7　　志贺氏菌在不同选择性琼脂平板上的菌落特征

选择性琼脂平板	菌落特征
MAC 琼脂	无色至浅粉红色，半透明、光滑、湿润、圆形、边缘整齐或不齐
XLD 琼脂	粉红色至无色，半透明、光滑、湿润、圆形、边缘整齐或不齐
志贺氏菌显色培养基	按照显色培养基的说明进行判定

（3）初步生化试验

①自选择性琼脂平板上分别挑取2个以上典型或可疑菌落，分别接种TSI、半固体和营养琼脂斜面各一管，置（36±1）℃培养20~24h，分别观察结果。

②凡是三糖铁琼脂中斜面产碱、底层产酸（发酵葡萄糖，不发酵乳糖，蔗糖）、不产气（福氏志贺氏菌6型可产生少量气体）、不产硫化氢、半固体管中无动力的菌株，挑取上述①中已培养的营养琼脂斜面上生长的菌苔，进行生化试验和血清学分型。

（4）生化试验及附加生化试验　生化试验用（3）中已培养的营养琼脂斜面上生长的菌苔，进行生化试验，即β-半乳糖苷酶、尿素、赖氨酸脱羧酶、鸟氨酸脱羧酶以及水杨苷和七叶苷的分解试验。除宋内氏志贺氏菌、鲍氏志贺氏菌13型的鸟氨酸阳性、宋内氏菌和痢疾志贺氏菌1型、鲍氏志贺氏菌13型的β-半乳糖苷酶为阳性以外，其余生化试验志贺氏菌属的培养物均为阴性结果。另外由于福氏志贺氏菌6型的生化特性和痢疾志贺氏菌或鲍氏志贺氏菌相似，必要时还需加做靛基质、甘露醇、棉子糖、甘油试验，也可做革兰氏染色检查和氧化酶试验，氧化酶阴性的应为革兰氏阴性杆菌。生化反应不符合的菌株，即使能与某种志贺氏菌分型血清发生凝集，仍不得判定为志贺氏菌属。志贺氏菌属生化特性如表8-8所示。

表8-8　　志贺氏菌属四个群的生化特征

生化反应	A群：痢疾志贺氏菌	B群：福氏志贺氏菌	C群：鲍氏志贺氏菌	D群：宋内氏志贺氏菌
β-半乳糖苷酶	-[a]	-	-[a]	+
尿素	-	-	-	-
赖氨酸脱羧酶	-	-	-	-
鸟氨酸脱羧酶	-	-	-[b]	+
水杨苷	-	-	-	-
七叶苷	-	-	-	-
靛基质	-/+	(+)	-/+	-
甘露醇	-	+[c]	+	+

续表

生化反应	A群：痢疾志贺氏菌	B群：福氏志贺氏菌	C群：鲍氏志贺氏菌	D群：宋内氏志贺氏菌
棉子糖	-	+	-	+
甘油	(+)	-	(+)	d

注：+表示阳性；-表示阴性；-/+表示多数阴性；+/-表示多数阳性；（+）表示迟缓阳性；d表示有不同生化型。

a 痢疾志贺1型和鲍氏13型为阳性。

b 鲍氏13型为鸟氨酸阳性。

c 福氏4型和6型常见甘露醇阴性变种。

（5）血清学鉴定

①抗原的准备。志贺氏菌属没有动力，所以没有鞭毛抗原。志贺氏菌属主要有菌体O抗原。菌体O抗原又可分为型和群的特异性抗原。

一般采用1.2%～1.5%琼脂培养物作为玻片凝集试验用的抗原。

注意：a. 一些志贺氏菌如果因为K抗原的存在而不出现凝集反应时，可挑取菌苔于1mL生理盐水做成浓菌液，100℃煮沸15～60min去除K抗原后再检查。b. D群志贺氏菌既可能是光滑型菌株也可能是粗糙型菌株，与其他志贺氏菌群抗原不存在交叉反应。与肠杆菌科不同，宋内氏志贺氏菌粗糙型菌株不一定会自凝。宋内氏志贺氏菌没有K抗原。

②凝集反应。在玻片上划出2个约1cm×2cm的区域，挑取一环待测菌，各放1/2环于玻片上的每一区域上部，在其中一个区域下部加1滴抗血清，在另一区域下部加入1滴生理盐水，作为对照。再用无菌的接种环或针分别将两个区域内的菌落研成乳状液。将玻片倾斜摇动混合1min，并对着黑色背景进行观察，如果抗血清中出现凝结成块的颗粒，而且生理盐水中没有发生自凝现象，那么凝集反应为阳性。如果生理盐水中出现凝集，视作自凝。这时，应挑取同一培养基上的其他菌落继续进行试验。

如果待测菌的生化特征符合志贺氏菌属生化特征，而其血清学试验为阴性的话，则按①中注1进行试验。

（6）结果报告　综合以上生化试验和血清学鉴定的结果，报告25g（mL）样品中检出或未检出志贺氏菌。

五、副溶血性弧菌及检测

（一）病原

副溶血性弧菌（*Vibrio parahaemolyticus*）是一种嗜盐菌。存在于近岸海水、海底沉积物、鱼贝类海产品以及盐渍食品中。由副溶血性弧菌引起的食物中毒常见于我国沿海地区，引起的食品中毒案例仅次于沙门氏菌。

副溶血性弧菌常呈弧状、杆状、丝状等多种形态。有鞭毛，能运动，革兰氏阴性菌。最适生长温度为37℃，最适pH为7.7，在含盐3.5%的培养基中生长最佳。副溶血性弧菌抵抗力弱，56℃加热5min，或90℃加热1min，或1%食醋处理5min，或稀释一倍的食醋处理1min均可将其杀灭。副溶血性弧菌在淡水中存活不超多2d，但在海水中可存活近50d。副溶血性弧菌具有耐热的 O 抗原和不耐热的包膜 K 抗原。

（二）对人体的危害及预防措施

1. 对人体的危害

在日本及我国沿海地区的夏秋季节，海产品中副溶血性弧菌检出率较高，引起中毒的食物主要是海产品和盐渍食品，如海产品、虾、蟹、贝、咸肉、禽、蛋类以及咸菜或凉拌菜等。食物中副溶血性弧菌可随食物进入人体肠道，在肠道生长繁殖，当达到一定数量时，即可引起食物中毒，其产生的耐热性溶血毒素也是引起食物中毒的病因。副溶血性弧菌食物中毒潜伏期一般为 11~18h，主要临床症状为腹部阵发性绞痛、腹泻，多数患者在腹泻后出现恶心、呕吐，腹泻多为水样便，肿着为黏液便和黏血便，病程一般 1~3d，恢复期较快，预后良好。

2. 预防措施

副溶血性弧菌食物中毒的主要来源于近海海水及海底沉淀物中副溶血性弧菌对海产品的污染、人群带菌对各种食品的污染、通过食物容器加工器具引起的间接污染，因此预防措施应注重防止污染、控制繁殖和杀灭病原菌三个环节。其中控制繁殖和杀灭病原菌尤为重要，应在低温下储存各种食品，对海产品应烧熟煮透，蒸煮时需加热至 100℃ 并持续 30min，对凉拌菜要洗净后置食醋中浸泡 10min 或 100℃ 沸水中漂烫数分钟以杀灭副溶血性弧菌。

（三）副溶血性弧菌的检验

1. 培养基和试剂

3%氯化钠碱性蛋白胨水、硫代硫酸盐-柠檬酸盐-胆盐-蔗糖（TCBS）琼脂、3%氯化钠胰蛋白胨大豆琼脂、3%氯化钠三糖铁琼脂、嗜盐性试验培养基、3%氯化钠甘露醇试验培养基、3%氯化钠赖氨酸脱羧酶试验培养基、3%氯化钠 MR-VP 培养基、3%氯化钠溶液、我妻氏血琼脂、氧化酶试剂、革兰氏染色液、ONPG 试剂、Voges-Proskauer（V-P）试剂、弧菌显色培养基、生化鉴定试剂盒。

2. 样品制备

非冷冻样品采集后应立即置 7~10℃ 冰箱保存，尽可能及早检验；冷冻样品应在 45℃ 以下不超过 15min 或在 2~5℃ 不超过 18h 解冻。

鱼类和头足类动物取表面组织、肠或鳃。贝类取全部内容物，包括贝肉和体液；甲壳类取整个动物，或者动物的中心部分，包括肠和鳃。如为带壳贝类或甲壳类，则应先在自来水中洗刷外壳并甩干表面水分，然后以无菌操作打开外壳，按上述要求取相应部分。

以无菌操作取样品 25g（mL），加入 3%氯化钠碱性蛋白胨水 225mL，用旋转刀片式均质器以 8000r/min 均质 1min，或拍击式均质器拍击 2min，制备成 1∶10 的样品匀液。如无均质器，则将样品放入无菌乳钵，自 225mL 3%氯化钠碱性蛋白胨水中取少量稀释液加入无菌乳钵，样品磨碎后放入 500mL 无菌锥形瓶，再用少量稀释液冲洗乳钵中的残留样品 1~2 次，洗液放入锥形瓶，最后将剩余稀释液全部放入锥形瓶，充分振荡，制备 1∶10 的样品匀液。

3. 增菌

（1）定性检测　将上述制备的 1∶10 样品匀液于（36±1）℃ 培养 8~18h。

（2）定量检测

①用无菌吸管吸取 1∶10 样品匀液 1mL，注入含有 9mL 3%氯化钠碱性蛋白胨水的试管内，振摇试管混匀，制备 1∶100 的样品匀液。

②另取 1mL 无菌吸管，按上述①操作程序，依次制备 10 倍系列稀释样品匀液，每递增稀释一次，换用一支 1mL 无菌吸管。

③根据对检样污染情况的估计，选择 3 个适宜的连续稀释度，每个稀释度接种 3 支含有 9mL 3%氯化钠碱性蛋白胨水的试管，每管接种 1mL。置于（36±1）℃恒温箱内，培养 8~18h。

4. 分离

对所有显示生长的增菌液，用接种环在距离液面以下 1cm 内蘸取一环增菌液，于 TCBS 平板或弧菌显色培养基平板上划线分离。一支试管划线一块平板。于（36±1）℃培养 18~24h。

典型的副溶血性弧菌在 TCBS 上呈圆形、半透明、表面光滑的绿色菌落，用接种环轻触，有类似口香糖的质感，直径 2~3mm。从培养箱取出 TCBS 平板后，应尽快（不超过 1h）挑取菌落或标记要挑取的菌落。典型的副溶血性弧菌在弧菌显色培养基上的特征按照产品说明进行判定。

5. 纯培养

挑取 3 个或以上可疑菌落，划线接种 3%氯化钠胰蛋白胨大豆琼脂平板，（36±1）℃培养 18~24h。

6. 初步鉴定

（1）氧化酶试验　挑选纯培养的单个菌落进行氧化酶试验，副溶血性弧菌为氧化酶阳性。

（2）涂片镜检　将可疑菌落涂片，进行革兰氏染色，镜检观察形态。副溶血性弧菌为革兰氏阴性，呈棒状、弧状、卵圆状等多形态，无芽孢，有鞭毛。

挑取纯培养的单个可疑菌落，转种 3%氯化钠三糖铁琼脂斜面并穿刺底层，（36±1）℃培养 24h 观察结果。副溶血性弧菌在 3%氯化钠三糖铁琼脂中的反应为底层变黄不变黑，无气泡，斜面颜色不变或红色加深，有动力。

（3）嗜盐性试验　挑取纯培养的单个可疑菌落，分别接种 0%、6%、8%和 10%不同氯化钠浓度的胰胨水，（36±1）℃培养 24h，观察液体混浊情况。副溶血性弧菌在无氯化钠和 10%氯化钠的胰胨水中不生长或微弱生长，在 6%氯化钠和 8%氯化钠的胰胨水中生长旺盛。

7. 确定鉴定

取纯培养物分别接种含 3%氯化钠的甘露醇试验培养基、赖氨酸脱羧酶试验培养基、MR-VP 培养基，（36±1）℃培养 24~48h 后观察结果；3%氯化钠三糖铁琼脂隔夜培养物进行 ONPG 试验。可选择生化鉴定试剂盒或全自动微生物生化鉴定系统。

8. 结果与报告

根据检出的可疑菌落生化性状，报告 25g（mL）样品中检出副溶血性弧菌。如果进行定量检测，根据证实为副溶血性弧菌阳性的试管管数，查最可能数（MPN）检索表，报告每 1g（mL）副溶血性弧菌的 MPN 值。副溶血性弧菌菌落生化性状和与其他弧菌的鉴别情况分别如表 8-9 和表 8-10 所示。

表 8-9　副溶血性弧菌的生化性状

试验项目	结果
革兰氏染色镜检	阴性，无芽孢

续表

试验项目	结果
氧化酶	+
动力	+
蔗糖	−
葡萄糖	+
甘露醇	+
分解葡萄糖产气	−
乳糖	−
硫化氢	−
赖氨酸脱羧酶	+
V-P	−
ONPG	−

注：+表示阳性；−表示阴性。

表 8-10　　副溶血性弧菌主要性状与其他弧菌的鉴别

菌种名称	氧化酶	赖氨酸	精氨酸	鸟氨酸	明胶	脲酶	V-P	42℃生长	蔗糖	D-纤维二糖	乳糖	阿拉伯糖	D-甘露糖	D-甘露醇	ONPG	嗜盐性试验氯化钠含量/%				
																0	3	6	8	10
副溶血性弧菌（*V. parahaemolyticus*）	+	+	−	+	+	V	−	+	−	V	−	+	+	+	−	−	+	+	+	−
创伤弧菌（*V. vulnificus*）	+	+	−	+	+	−	−	+	−	+	+	−	+	V	+	−	+	+	−	−
溶藻弧菌（*V. alginolyticus*）	+	+	−	+	+	−	+	+	+	−	−	−	+	+	−	−	+	+	+	+
霍乱弧菌（*V. cholerae*）	+	+	−	+	+	−	V	+	+	−	−	−	+	+	+	+	+	−	−	−
拟态弧菌（*V. mimicus*）	+	+	−	+	+	−	−	+	−	−	−	−	+	+	+	+	+	−	−	−
河弧菌（*V. fluialis*）	+	−	+	−	+	−	−	V	+	+	−	+	+	+	+	−	+	+	V	−

续表

菌种名称	氧化酶	赖氨酸	精氨酸	鸟氨酸	明胶	脲酶	V-P	42℃生长	蔗糖	D-纤维二糖	乳糖	阿拉伯糖	D-甘露糖	D-甘露醇	ONPG	嗜盐性试验氯化钠含量/%				
																0	3	6	8	10
弗氏弧菌（*V. furnissii*）	+	-	+	-	+	-	-	-	+	-	-	+	+	+	+	-	+	+	+	-
梅氏弧菌（*V. metschnikovii*）	-	+	+	-	+	-	+	V	+	-	-	-	+	+	+	-	+	+	V	-
霍利斯弧菌（*V. hollisae*）	+	-	-	-	-	-	-	nd	-	-	-	+	+	-	-	-	+	+	-	-

注：+表示阳性；-表示阴性；nd 表示未试验；V 表示可变。+阳性；-阴性；+/-多数阳性，少数阴性。

六、单核细胞增生李斯特氏菌及检测

单核细胞增生李斯特氏菌（*Listeria monocytogenes*）是一种人畜共患病的病原菌。它能引起人畜的李斯特氏菌病，感染后主要表现为败血症、脑膜炎和单核细胞增多。它广泛存在于自然界中，食品中存在的单核细胞增生李斯特氏菌对人类的安全具有威胁。该菌在4℃的环境中仍可生长繁殖，是冷藏食品威胁人类健康的主要病原菌之一，因此，在食品卫生微生物检验中，必须加以重视。

（一）病原

该菌为革兰氏阳性短杆菌，大小为0.5μm×（1.0~2.0）μm，直或稍弯，两端钝圆，常呈V字型排列，偶有球状、双球状，兼性厌氧、无芽孢，一般不形成荚膜，但在营养丰富的环境中可形成荚膜，在陈旧培养中的菌体可呈丝状及革兰氏阴性，该菌有4根周毛和1根端毛，但周毛易脱落。该菌营养要求不高，在20~25℃培养有动力。最适培养温度为35~37℃，在pH中性至弱碱性（pH 9.6）、氧分压略低、二氧化碳张力略高的条件下该菌生长良好，在6.5% NaCl肉汤中生长良好。根据菌体O抗原和鞭毛H抗原，将单核细胞增生李斯特氏菌分成13个血清型。该菌对理化因素抵抗力较强，在土壤、粪便、青储饲料和干草内能长期存活，对碱和盐抵抗力强，60~70℃经5~20min可杀死，70%酒精5min、2.5%石炭酸、2.5%氢氧化钠、2.5%福尔马林20min可杀死此菌。该菌对青霉素、氨苄西林、四环素、磺胺均敏感。

（二）对人体的危害及预防措施

1. 对人体的危害

该菌可通过眼及破损皮肤、黏膜进入体内而造成感染，孕妇感染后通过胎盘或产道感染胎儿或新生儿，栖居于阴道、子宫颈的该菌也引起感染，性接触也是本病传播的可能途径，且有上升趋势。单核细胞增生李斯特氏菌进入人体后是否发病，与菌的毒力和宿主的年龄、免疫状态有关，因为该菌是一种细胞内寄生菌，宿主对它的清除主要靠细胞免疫功能。该病的临床表现：健康成人个体出现轻微类似流感症状，新生儿、孕妇、免疫缺陷患者表现为呼吸急促、呕吐、出血性皮疹、化脓性结膜炎、发热、抽搐、昏迷、自然流产、脑膜炎、败血症甚至死亡。

2. 预防措施

单核细胞增生李斯特氏菌广泛存在于自然界中，不易被冻融，能耐受较高的渗透压，在土壤、地表水、污水、废水、植物、青储饲料、烂菜中均有该菌存在，所以动物很容易食入该菌，并通过口腔-粪便的途径进行传播。据报道，健康人粪便中单核细胞增生李斯特氏菌的携带率为0.6%~16%，有70%的人可短期带菌，4%~8%的水产品、5%~10%的乳及其产品、30%以上的肉制品及15%以上的家禽均被该菌污染。人主要通过食入软奶酪、未充分加热的鸡肉、未再次加热的热狗、鲜牛乳、巴氏消毒乳、冰淇淋、生牛排、羊排、卷心菜色拉、芹菜、番茄、法式馅饼、冻猪舌等而感染，占85%~90%的病例是由被污染的食品引起的。

单核细胞增生李斯特氏菌在一般热加工处理中能存活，热处理已杀灭了竞争性细菌群，使单核细胞增生李斯特氏菌在没有竞争的环境条件下易于存活，所以在食品加工中，中心温度必须达到70℃持续2min以上。

单核细胞增生李斯特氏菌在自然界中广泛存在，所以即使产品已经过热加工处理充分灭活了单核细胞增生李斯特氏菌，但有可能造成产品的二次污染，因此蒸煮后防止二次污染是极为重要的。

由于单核细胞增生李斯特氏菌在4℃下仍然能生长繁殖，所以未加热的冰箱食品增加了食物中毒的危险。冰箱食品需加热后再食用。

（三）单核细胞增生李斯特氏菌的检验

1. 主要材料

单核细胞增生李斯特氏菌标准株；马红球菌；小白鼠（16~18g）。

2. 培养基和试剂

含0.6%酵母浸膏的胰酪大豆肉汤（TSB-YE）、含0.6%酵母浸膏的胰酪大豆琼脂（TSA-YE）、单核细胞增生李斯特氏菌肉汤LB（LB 1，LB 2）、PALCAM琼脂、革兰氏染液、SIM动力培养基、5%~8%羊血琼脂、糖发酵管、过氧化氢试剂、单核细胞增生李斯特氏菌显色培养基、生化鉴定试剂盒或全自动微生物鉴定系统、缓冲蛋白胨水、缓冲葡萄糖蛋白胨水（MR或VP试验用）、过氧化氢试剂、1%盐酸丫啶黄溶液（Acriflavine HCl）、1%萘啶酮酸钠盐溶液（Naladixic acid）。

3. 检验

（1）增菌培养　以无菌操作取样品25g（mL）加入到含有225mL LB1增菌液的均质袋中，在拍击式均质器上连续均质1~2min或放入盛有225mL LB1增菌液的均质杯中，以8000~10000r/min均质1~2min。于（30±1）℃培养（24±2）h，移取0.1mL，转种于10mL LB2增菌液内，于（30±1）℃培养（24±2）h。

（2）分离培养　取LB2二次增菌液划线接种于单核细胞增生李斯特氏菌显色平板和PALCAM琼脂平板，于（36±1）℃培养24~48h，观察各个平板上生长的菌落。典型菌落在PALCAM琼脂平板上为小的圆形灰绿色菌落，周围有棕黑色水解圈，有些菌落有黑色凹陷；

在单核细胞增生李斯特氏菌显色平板上的菌落特征，参照产品说明进行判定。

（3）初筛　自选择性琼脂平板上分别挑取3~5个典型或可疑菌落，分别接种木糖、鼠李糖发酵管于（36±1）℃培养（24±2）h，同时在TSA-YE平板上划线，于（36±1）℃培养18~24h，然后选择木糖阴性、鼠李糖阳性的纯培养物继续进行鉴定。

（4）鉴定

①染色镜检：单核细胞增生李斯特氏菌为革兰氏阳性短杆菌，大小为（0.4~0.5μm）×（0.5~2.0μm）；用生理盐水制成菌悬液，在油镜或相差显微镜下观察，该菌出现轻微旋转或翻滚样的运动。

②动力试验：挑取纯培养的单个可疑菌落穿刺半固体或SIM动力培养基，于25~30℃培养48h，单核细胞增生李斯特氏菌有动力，在半固体或SIM培养基上方呈伞状生长，如伞状生长不明显，可继续培养5d，再观察结果。

③生化鉴定：挑取纯培养的单个可疑菌落，进行过氧化氢酶试验，过氧化氢酶阳性反应的菌落继续进行糖发酵试验和MR-VP试验。单核细胞增生李斯特氏菌的主要生化特征如表8-11所示。

④溶血试验：将新鲜的羊血琼脂平板底面划分为20~25个小格，挑取纯培养的单个可疑菌落刺种到血平板上，每格刺种一个菌落，并刺种阳性对照菌（单核细胞增生李斯特氏菌、伊氏李斯特氏菌和斯氏李斯特氏菌）和阴性对照菌（英诺克李斯特氏菌），穿刺时尽量接近底部，但不要触到底面，同时避免琼脂破裂。(36±1)℃培养24~48h，于明亮处观察，单核细胞增生李斯特氏菌呈现狭窄、清晰、明亮的溶血圈，斯氏李斯特氏菌在刺种点周围产生弱的透明溶血圈，英诺克李斯特氏菌无溶血圈，伊氏李斯特氏菌产生宽的、轮廓清晰的β-溶血区域，若结果不明显，可置4℃冰箱24~48h再观察。本试验也可用划线接种法。

⑤协同溶血试验cAMP（可选项目）：在羊血琼脂平板上平行划线接种金黄色葡萄球菌和马红球菌，挑取纯培养的单个可疑菌落垂直划线接种于平行线之间，垂直线两端不要触及平行线，距离1~2mm，同时接种单核细胞增生李斯特氏菌、英诺克李斯特氏菌、伊氏李斯特氏菌和斯氏李斯特氏菌，于（36±1）℃ 培养24~48h。单核细胞增生李斯特氏菌在靠近金黄色葡萄球菌处出现约2mm的β-溶血增强区域（5%~8%的单核细胞增生李斯特氏菌在马红球菌一端有溶血增强现象），斯氏李斯特氏菌也出现微弱的溶血增强区域，伊氏李斯特氏菌在靠近马红球菌处出现5~10mm的“箭头状”β-溶血增强区域，英诺克李斯特氏菌不产生溶血现象。若结果不明显，可置4℃冰箱24~48h再观察。

表8-11　单核细胞增生李斯特氏菌生化特征与其他李斯特氏菌的区别

菌种名称	溶血反应	葡萄糖	麦芽糖	MR-VP	甘露醇	鼠李糖	木糖	七叶苷
单核细胞增生李斯特氏菌（*L. monocytogenes*）	+	+	+	+/+	-	+	-	+
格氏李斯特氏菌（*L. grayi*）	-	+	+	+/+	+	-	-	+
斯氏李斯特氏菌（*L. seeligeri*）	+	+	+	+/+	-	-	+	+

续表

菌种名称	溶血反应	葡萄糖	麦芽糖	MR-VP	甘露醇	鼠李糖	木糖	七叶苷
威氏李斯特氏菌 (*L. welshimeri*)	-	+	+	+/+	-	V	+	+
伊氏李斯特氏菌 (*L. ivanovii*)		+	+	+/+	-	-	+	+
英诺克李斯特氏菌 (*L. innocua*)	-	+	+	+/+	-	V	-	+

注：+ 阳性；- 阴性；V 反应不定。

（5）对小鼠的毒力试验　将符合上述特性的纯培养物接种于 TSB-YE 中，于（36±1）℃培养 24h，4000r/min 离心 5min，弃上清液，用无菌生理盐水制备成浓度为 10^{10}CFU/mL 的菌悬液，取此菌悬液对 3~5 只小鼠进行腹腔注射，每只 0.5mL，同时观察小鼠死亡情况。接种致病株的小鼠于 2~5d 内死亡。试验设单核细胞增生李斯特氏菌致病株和灭菌生理盐水对照组。单核细胞增生李斯特氏菌、伊氏李斯特氏菌对小鼠有致病性。

（6）结果与报告　综合以上生化试验和溶血试验的结果，报告 25g（mL）样品中检出或未检出单核细胞增生李斯特氏菌。

七、阪崎肠杆菌及检测

（一）病原

阪崎肠杆菌（*Enterobacter sakazakii*）又称克罗诺杆菌，是人和动物肠道内寄生的一种革兰氏阴性无芽孢短杆菌。细胞大小为（0.6~1.1）×（1.2~3.0）μm，有周身鞭毛，兼性厌氧。在 6~45℃都能生长，最佳培养温度 25~36℃，具有耐酸、耐高温、耐干燥等特性。该菌在一定条件下引起人和动物致病，能引起新生儿脑膜炎、小肠结肠炎和菌血症，死亡率高达 50%以上。婴儿配方粉是其主要的污染源。

1. 对人体的危害

2004 年，在我国安徽阜阳发生的“大头婴儿”事件中，从乳粉中分离出一种条件性肠道致病菌——阪崎肠杆菌。这也是我国第一次从婴儿配方乳粉样本中分离出阪崎肠杆菌，为此制定了乳粉中阪崎肠杆菌检测的行业标准及国家标准。该菌是条件致病菌，能通过污染婴幼儿配方食品而引起严重的新生儿脑膜炎、坏死性结肠炎和菌血症等疾病，甚至能导致较高的致死率和严重的神经系统损伤后遗症及发育障碍。

2. 预防措施

阪崎肠杆菌普遍存在于自然环境中，据报道，已从广泛的食品基质中分离得到阪崎肠杆菌，其中包括牛乳、干酪、干燥食品、肉类、水、蔬菜、稻谷、面包、茶叶、药草、调味料及粉末状婴儿配方奶粉。并且在环境监察过程中，也从家居环境、家禽粪便、食品工厂及乳粉生产设备中检测到了阪崎肠杆菌的存在和污染。尽管我们已经从多种食品基质中分离到了阪崎肠杆菌，然而临床研究表明，乳粉中的污染是引发阪崎肠杆菌感染致病的主要来源。因此，为了更加有效地降低阪崎肠杆菌的污染，应从生产环节对乳粉进行严格控制，从生产原料的预处理到加工，及整个生产流程和生产环境的严格要求，再到产品上市前的严格质检，为求从根本上杜绝不合格产品的上市销售。

（二）阪崎肠杆菌的检验

1. 培养基和试剂

缓冲蛋白胨水（Buffer Peptone Water，BPW）；改良月桂基硫酸盐胰蛋白胨肉汤-万古霉素（Modified Lauryl Sulfate Tryptose broth-Vancomycin medium，mLST-Vm）；阪崎肠杆菌显色培养基、胰蛋白胨大豆琼脂（Trypticase Soy Agar，TSA）；生化鉴定试剂盒；氧化酶试剂；L-赖氨酸脱羧酶培养基；L-鸟氨酸脱羧酶培养基；L-精氨酸双水解酶培养基；糖类发酵培养基；西蒙氏柠檬酸盐培养基。

2. 操作步骤

（1）前增菌和增菌　取检样 100g（mL）置灭菌锥形瓶中，加入 900mL 已预热至 44℃的缓冲蛋白胨水，用手缓缓地摇动至充分溶解，（36±1）℃培养（18±2）h。移取 1mL 转种于 10mL mLST-Vm 肉汤，（44±0.5）℃培养（4±2）h。

（2）分离

①轻轻混匀 mLST-Vm 肉汤培养物，各取增菌培养物 1 环，分别划线接种于两个阪崎肠杆菌显色培养基平板，显色培养基须符合 GB 4789.28—2013《食品安全国家标准　食品微生物学检验　培养基和试剂的质量要求》的要求，(36±1)℃培养（24±2）h，或按培养基要求条件培养。

②挑取至少 5 个可疑菌落，不足 5h，挑取全部可疑菌落划线接种于 TSA 平板。（25±1)℃培养（48±4）h。

（3）鉴定　自 TSA 平板上直接挑取黄色可疑菌落进行生化鉴定。克罗诺杆菌属的主要生化特征如表 8-12 所示。可选择生化鉴定试剂盒或全自动微生物生化鉴定系统。

表 8-12　克罗诺杆菌属的主要生化特征

生化试验		特征
黄色素产生		+
氧化酶		-
L-赖氨酸脱羧酶		-
L-鸟氨酸脱羧酶		(+)
L-精氨酸双水解酶		+
柠檬酸水解		(+)
发酵	D-山梨醇	(-)
	L-鼠李糖	+
	D-蔗糖	+
	D-蜜二糖	+
	苦杏仁苷	+

注：+>99% 阳性；->99% 阴性；（+）90%~99% 阳性；（-）90%~99% 阴性。

3. 结果与报告

综合菌落形态和生化特征报告每100g（mL）样品中检出或未检出克罗诺杆菌属。

八、蜡样芽孢杆菌及检测

蜡样芽孢杆菌（*Bacilluscereus*）为革兰氏染色阳性连锁状杆菌，大小为（1～1.3）×（3～5）μm，有芽孢，呈椭圆形，菌体两端较平整，多数呈链状排列，与炭疽杆菌相似。

（一）病原

该菌分为需氧型或兼性厌氧型，有鞭毛，无荚膜。该菌在生长6h后即可形成芽孢。该菌最适生长温度为28～35℃，10℃以下不能繁殖，其繁殖体不耐热，100℃ 20min即可被杀死，其游离芽孢能耐受100℃ 30min，而干热灭菌需120℃ 60min才能杀死芽孢。

（二）对人体的危害和预防措施

1. 对人体的危害

蜡样芽孢杆菌作为一种食源性疾病的报道较多。如2006年德国17个儿童误食被蜡样芽孢杆菌污染的米饭，引起了呕吐腹泻；2012年9月河南某高中的24名学生食用餐厅的被蜡样芽孢杆菌污染的炒米饭后，出现了头痛、呕吐腹泻症状。当摄入的食品其蜡样芽孢杆菌数量大于10^5 cfu/g可导致食物中毒。蜡样芽孢杆菌是一种可引起人类食物中毒的肠毒素，包括腹泻毒素和呕吐毒素。呕吐型的潜伏期为0.5～6h，中毒症状以恶心、呕吐为主，偶尔有腹痉挛或腹泻等症状，病程不超过24h，这种类型的症状类似于由金黄色葡萄球菌引起的食物中毒。腹泻型的潜伏期为6～15h，症状以水泻、腹痉挛、腹痛为主，有时会有恶心等症状，病程约24h，这种类型的症状类似于产气荚膜梭菌引起的食物中毒。

2. 预防措施

蜡样芽孢杆菌在自然界分布广泛，常存在于土壤、灰尘和污水中，植物和许多生熟食品中也常见。已从多种食品中分离出该菌，包括肉、乳制品、蔬菜、鱼、马铃薯、酱油、布丁、炒米饭以及各种甜点等。在美国，炒米饭是引发蜡样芽孢杆菌呕吐型食物中毒的主要原因；在欧洲大多由甜点、肉饼、沙拉和奶、肉类等食品引起；在我国主要与受污染的米饭或淀粉类制品有关。

蜡样芽孢杆菌食物中毒通常以夏秋季（6～10月）最高。引起中毒的食品常于食前保存温度不当，放置时间较长或食品经加热而残存的芽孢以生长繁殖的条件，因而导致中毒。中毒的发病率较高，一般为60%～100%。通过高温杀菌或适当的冷藏可以控制蜡样芽孢杆菌的增殖。

（三）蜡样芽孢杆菌的检验

1. 培养基与试剂

磷酸盐缓冲液（PBS）、甘露醇卵黄多黏菌素琼脂（MYP）、胰酪胨大豆多黏菌素肉汤、过氧化氢溶液、硝酸盐肉汤、动力培养基、营养琼脂、酪蛋白琼脂、硫酸锰营养琼脂培养基、0.5%碱性复红、糖发酵管、V-P培养基、西蒙氏柠檬酸盐培养基、溶菌酶营养肉汤、明胶培养基、胰酪胨大豆羊血琼脂（TSSB）。

2. 操作步骤

（1）样品处理　冷冻样品应在45℃以下不超过15min或在2～5℃不超过18h解冻，若不能及时检验，应放于-20～-10℃保存；非冷冻而易腐的样品应尽可能及时检验，若不能及时检验，应置于2~5℃冰箱保存，24h内检验。

（2）样品制备　称取样品25g，放入盛有225mL PBS或生理盐水的无菌均质杯内，用旋转刀片式均质器以8000~10000r/min均质1~2min，或放入盛有225mL PBS或生理盐水的无菌均质袋中，用拍击式均质器拍打1~2min。若样品为液态，吸取25mL样品至盛有225mL PBS或生理盐水的无菌锥形瓶（瓶内可预置适当数量的无菌玻璃珠）中，振荡混匀，作为1∶10的样品匀液。

（3）样品的稀释　吸取（2）中1∶10的样品匀液1mL加到装有9mL PBS或生理盐水的稀释管中，充分混匀制成1∶100的样品匀液。根据对样品污染状况的估计，按上述操作，依次制成10倍递增系列稀释样品匀液。每递增稀释1次，换用1支1mL无菌吸管或吸头。

（4）样品接种　根据对样品污染状况的估计，选择2~3个适宜稀释度的样品匀液（液体样品可包括原液），以0.3mL、0.3mL、0.4mL接种量分别移入三块MYP琼脂平板，然后用无菌L棒涂布整个平板，注意不要触及平板边缘。使用前，如MYP琼脂平板表面有水珠，可放在25~50℃的培养箱里干燥，直到平板表面的水珠消失。

（5）分离、培养

①分离：在通常情况下，涂布后，将平板静置10min。如样液不易吸收，可将平板放在培养箱（30±1）℃培养1h，等样品匀液吸收后翻转平皿，倒置于培养箱，（30±1）℃培养（24±2）h。如果菌落不典型，可继续培养（24±2）h再观察。在MYP琼脂平板上，典型菌落为微粉红色（表示不发酵甘露醇），周围有白色至淡粉红色沉淀环（表示产卵磷脂酶）。

②纯培养：从每个平板中挑取至少5个典型菌落（小于5个全选），分别划线接种于营养琼脂平板做纯培养，（30±1）℃培养（24±2）h，进行确证实验。在营养琼脂平板上，典型菌落为灰白色，偶有黄绿色，不透明，表面粗糙似毛玻璃状或熔蜡状，边缘常呈扩展状，直径为4~10mm。

3. 确定鉴定

（1）染色镜检　挑取纯培养的单个菌落，革兰氏染色镜检。蜡样芽孢杆菌为革兰氏阳性芽孢杆菌，大小为（1~1.3μm）×（3~5μm），芽孢呈椭圆形位于菌体中央或偏端，不膨大于菌体，菌体两端较平整，多呈短链或长链状排列。

（2）生化鉴定

①概述：挑取纯培养的单个菌落，进行过氧化氢酶试验、动力试验、硝酸盐还原试验、酪蛋白分解试验、溶菌酶耐性试验、V-P试验、葡萄糖利用（厌氧）试验、根状生长试验、溶血试验、蛋白质毒素结晶试验。蜡样芽孢杆菌生化特征与其他芽孢杆菌的区别如表8-13所示。

表8-13　蜡样芽孢杆菌生化特征与其他芽孢杆菌的区别

项目	蜡样芽孢杆菌 *Bacillus cereus*	苏云金芽孢杆菌 *Bacillus thuringiensis*	蕈状芽孢杆菌 *Bacillus mycoides*	炭疽芽孢杆菌 *Bacillus anthracis*	巨大芽孢杆菌 *Bacillus megaterium*
革兰氏染色	+	+	+	+	+
过氧化氢酶	+	+	+	+	+

续表

项目	蜡样芽孢杆菌 *Bacillus cereus*	苏云金芽孢杆菌 *Bacillus thuringiensis*	蕈状芽孢杆菌 *Bacillus mycoides*	炭疽芽孢杆菌 *Bacillus anthracis*	巨大芽孢杆菌 *Bacillus megaterium*
动力	+/-	+/-	-	-	+/-
硝酸盐还原	+	+/-	+	+	-/+
酪蛋白分解	+	+	+/-	-/+	+/-
溶菌酶耐性	+	+	+	+	-
卵黄反应	+	+	+	+	-
葡萄糖利用（厌氧）	+	+	+	+	-
V-P 试验	+	+	+	+	-
甘露醇产酸	-	-	-	-	+
溶血（羊红细胞）	+	+	+	-/+	-
根状生长	-	-	+	-	-
蛋白质毒素晶体	-	+	-	-	-

注：+ 表示 90%～100%的菌株阳性；- 表示 90%～100%的菌株阴性；+/- 表示大多数的菌株阳性；-/+ 表示大多数的菌株阴性。

②动力试验：用接种针挑取培养物穿刺接种于动力培养基中，30℃培养 24h。有动力的蜡样芽孢杆菌应沿穿刺线呈扩散生长，而蕈状芽孢杆菌常呈“绒毛状”生长。也可用悬滴法检查。

③溶血试验：挑取纯培养的单个可疑菌落接种于 TSSB 琼脂平板上，（30±1）℃培养（24±2）h。蜡样芽孢杆菌菌落为浅灰色，不透明，似白色毛玻璃状，有草绿色溶血环或完全溶血环。苏云金芽孢杆菌和蕈状芽孢杆菌呈现弱的溶血现象，而多数炭疽芽孢杆菌为不溶血，巨大芽孢杆菌为不溶血。

④根状生长试验：挑取单个可疑菌落按间隔 2～3cm 距离划平行直线于经室温干燥 1～2d 的营养琼脂平板上，（30±1）℃培养 24～48h，不能超过 72h。用蜡样芽孢杆菌和蕈状芽孢杆菌标准株作为对照进行同步试验。蕈状芽孢杆菌呈根状生长的特征。蜡样芽孢杆菌菌株呈粗糙山谷状生长的特征。

⑤溶菌酶耐性试验：用接种环取纯菌悬液一环，接种于溶菌酶肉汤中，（36±1）℃培养 24h。蜡样芽孢杆菌在本培养基（含 0.001%溶菌酶）中能生长。如出现阴性反应，应继续培养 24h。巨大芽孢杆菌不生长。

⑥蛋白质毒素结晶试验：挑取纯培养的单个可疑菌落接种于硫酸锰营养琼脂平板上，（30±1）℃培养（24±2）h，并于室温放置 3～4d，挑取培养物少许于载玻片上，滴加蒸馏水

混匀并涂成薄膜。经自然干燥，微火固定后，加甲醇作用30s后倾去，再通过火焰干燥，于载玻片上滴满0.5%碱性复红，放火焰上加热（微见蒸气，勿使染液沸腾）持续1~2min，移去火焰，再更换染色液再次加温染色30s，倾去染液用洁净自来水彻底清洗、晾干后镜检。观察有无游离芽孢（浅红色）和染成深红色的菱形蛋白结晶体。如发现游离芽孢形成得不丰富，应再将培养物置室温2~3d后进行检查。除苏云金芽孢杆菌外，其他芽孢杆菌不产生蛋白结晶体。

4. 结果计算

（1）典型菌落计数和确认　选择有典型蜡样芽孢杆菌菌落的平板，且同一稀释度3个平板所有菌落数合计在20~200CFU的平板，计数典型菌落数。如果出现①~⑥现象按式（8-3）计算，如果出现⑦现象则按式（8-4）计算。

①只有一个稀释度的平板菌落数在20~200CFU且有典型菌落，计数该稀释度平板上的典型菌落。

②2个连续稀释度的平板菌落数均在20~200CFU，但只有一个稀释度的平板有典型菌落，应计数该稀释度平板上的典型菌落。

③所有稀释度的平板菌落数均小于20CFU且有典型菌落，应计数最低稀释度平板上的典型菌落。

④某一稀释度的平板菌落数大于200CFU且有典型菌落，但下一稀释度平板上没有典型菌落，应计数该稀释度平板上的典型菌落。

⑤所有稀释度的平板菌落数均大200CFU且有典型菌落，应计数最高稀释度平板上的典型菌落。

⑥所有稀释度的平板菌落数均不在20~200CFU且有典型菌落，其中一部分小于20CFU或大于200CFU时，应计数最接近20CFU或200CFU的稀释度平板上的典型菌落。

⑦2个连续稀释度的平板菌落数均在20~200CFU且均有典型菌落。

从每个平板中至少挑取5个典型菌落（小于5个全选），划线接种于营养琼脂平板做纯培养，(30±1)℃培养（24±2）h。

（2）计算公式

$$T=AB/Cd \tag{8-3}$$

式中　T——样品中蜡样芽孢杆菌菌落数；

A——某一稀释度蜡样芽孢杆菌典型菌落的总数；

B——鉴定结果为蜡样芽孢杆菌的菌落数；

C——用于蜡样芽孢杆菌鉴定的菌落数；

d——稀释因子。

$$T=(A_1B_1/C_1+A_2B_2/C_2)/1.1d \tag{8-4}$$

式中　T——样品中蜡样芽孢杆菌菌落数；

A_1——第一稀释度（低稀释倍数）蜡样芽孢杆菌典型菌落的总数；

A_2——第二稀释度（高稀释倍数）蜡样芽孢杆菌典型菌落的总数；

B_1——第一稀释度（低稀释倍数）鉴定结果为蜡样芽孢杆菌的菌落数；

B_2——第二稀释度（高稀释倍数）鉴定结果为蜡样芽孢杆菌的菌落数；

C_1——第一稀释度（低稀释倍数）用于蜡样芽孢杆菌鉴定的菌落数；

C_2——第二稀释度（高稀释倍数）用于蜡样芽孢杆菌鉴定的菌落数；

1.1——计算系数（如果第二稀释度蜡样芽孢杆菌鉴定结果为0，计算系数采用1）；

d——稀释因子（第一稀释度）。

5. 结果与报告

（1）根据MYP平板上蜡样芽孢杆菌的典型菌落数，按式（8-3）、式（8-4）计算，报告每1g（mL）样品中蜡样芽孢杆菌菌数，以CFU/g（mL）表示；如T值为0，则以小于1乘以最低稀释倍数报告。

（2）必要时报告蜡样芽孢杆菌生化分型结果。

九、其他致病菌

（一）产气荚膜梭菌

产气荚膜梭菌（*Clostridium perfringens*）曾称魏氏梭菌（*C. welchii*），是广泛分布于自然界及人和动物肠道中的厌氧芽孢菌。

1. 病原

产气荚膜梭菌为革兰氏阳性，无鞭毛，不运动，厌氧但不严格。生长适宜温度为37~47℃，多认为43~47℃为最适温度，在适宜条件下增代时间仅8min。该菌除能产生外毒素，还能产生多种侵袭酶，其荚膜也构成强大的侵袭力，是气性坏疽的主要病原菌。

各型产气荚膜梭菌产生的外毒素（或可溶血抗原）共有12种，其中主要有4型，即A、B、C、D。已知A型毒素与人类食物中毒有关，引起气性坏疽和食物中毒，C型可导致坏死性肠炎。

2. 对人体的危害及预防措施

（1）对人体的危害　据美国卫生和公众服务部报道产气荚膜梭菌引起的食物中毒，在美国占细菌性食物中毒的30%左右，另据美国疾病控制中心报道，估计每年有近1万人因产气荚膜梭菌引起食物中毒，其中只报道约1200例，暴发约20起，大量的暴发和少量的发病都与公共饮食有关。例如学校的自助食堂和护理病房，产气荚膜梭菌中毒最常发生于儿童和老人。产气荚膜梭菌是引起食源性胃肠炎最常见的病原之一。可引起典型的食物中毒、暴发。患者临床特征是剧烈腹绞痛和腹泻。摄食被本菌污染的食品后8~20h开始发病，在食品中该菌数量只有达到很高时（10^6cfu/g），才能在肠道中生产毒素，已报道有少数病人因脱水和其他混合感染而导致死亡。

（2）预防措施　产气荚膜梭菌广泛分布于环境中，经常在人和许多家养及野生动物的肠道中发现，该细菌的芽孢长期存在于土壤和沉淀物中，也可从畜禽肉类及其制品中分离出产气荚膜梭菌。引起食物中毒的食品大多是畜禽肉类和鱼类食物，牛乳也可因污染而引起中毒，原因是食品加热不彻底，使该细菌在食品中大量繁殖并产生肠毒素，其食品并不一定在色味上发现明显的变化，人们误食了这样的熟肉或汤菜就有可能发病。因此应该加强对肉类等动物性食品的卫生管理，控制污染源；加工、处理后的熟肉制品应快速降温，低温存储，存放时间尽量缩短；使用肉类制品时，应充分加热，彻底杀灭病原菌。

（二）肉毒梭菌

肉毒梭菌（*Clostridium botulinum*）属于厌氧性梭状芽孢杆菌属，具有该属的基本特性，即厌氧性的杆状菌，形成芽孢，芽孢比繁殖体宽，呈梭状，新鲜培养基的革兰氏染色为阳性，产生剧烈细菌外毒素，即肉毒毒素。

1. 病原

肉毒梭菌为多形态细菌，约为4×1μm的大杆菌，两侧平行，两端钝圆，直杆状或稍弯曲，芽孢为卵圆形，位于次极端，或偶有位于中央，常见很多游离芽孢。当菌体开始形成芽孢时，常常伴随着自溶现象，可见到阴影形。肉毒梭菌具有4~8根周毛性鞭毛，运动迟缓，没有荚膜。

肉毒梭菌生长最适温度为25~37℃，产毒最适温度为20~37℃，最适pH为6.0~8.2。在20~25℃形成芽孢。肉毒梭菌芽孢的抵抗力强，需经高压蒸汽121℃处理30min，或干热180℃处理5~15min，或湿热100℃处理5h才能将其杀死。

2. 肉毒毒素

肉毒梭菌的致病性在于所产生的神经毒素即肉毒毒素，毒性比氰化钾强一万倍，对人的致死量约为0.1μg。根据肉毒毒素的抗原性，肉毒梭菌至今已有A、B、C（1、2）、D、E、F、G七个型。引起人群中毒的主要有A、B、E三型。C、D二型毒素主要是畜禽中毒的病原。F、G型肉毒梭菌极少分离，未见G型菌引起人群的中毒报道。A型毒素经60℃ 2min加热，即被破坏，而B、E二型毒素要经70℃ 2min，C型毒素要经过90℃ 2min才能破坏。肉毒毒素对酸性反应比较稳定，对碱性反应比较敏感。胰酶能破坏A型肉毒毒素，但对E型毒素却能激活。

3. 对人类的危害和预防措施

（1）对人类的危害　肉毒梭菌是致死性最高的病原体之一。感染剂量极低，每个人都易感。摄食18~36h后发病为典型病症，但不典型的可在4h至8d不等。症状为虚弱、眩晕、伴随视觉成双、渐进性说话障碍、呼吸和吞咽困难，毒素最终引起麻痹。该菌引起的中毒在食物中毒中所占比例不大，但死亡率很高，可达到30%~50%。肉毒中毒一年四季均可发生，发病主要与饮食习惯有着密切关系。欧美国家的中毒主要是由于肉类食品、罐头食品引起；日本等沿海国家的中毒主要是由于进食水产品引起；我国内地的中毒主要是由于进食发酵食品（如臭豆腐、豆瓣酱、豆豉等）引起。

（2）预防措施　最根本的预防方法是加强食品卫生管理，改进食品的加工、调制及储存方法，改善饮食习惯。对某些水产品的加工可采取事先取内脏，并通过保持盐水浓度为10%的腌制方法，并使水分活度低于0.85或pH为4.6以下。以及对于在常温储存的真空包装食品采取高压杀菌等措施，以确保抑制肉毒梭菌产生毒素，杜绝肉毒中毒病例的发生。

（三）小肠结肠耶尔森氏菌

小肠结肠炎耶尔森氏菌（*Yersinia enterocolitica*）为肠杆菌耶尔森氏菌属中一种。是引起人类食物中毒和小肠结肠炎的重要病原菌。为革兰氏染色阴性小杆菌，不形成芽孢，无荚膜，有周鞭毛。需氧或兼性厌氧，耐低温，0~5℃可生长繁殖，因此应特别注意冷藏食品被该菌污染。

1. 病原

该菌具有O、H、K三种抗原，其中血清型O3、O8、O9与人类关系密切。小肠结肠耶尔森氏菌具有侵袭性并能产生耐热肠毒素（ST），能耐121℃ 30min，能在4℃保存7个月，pH 1~11中稳定。大多数产毒菌株可在4~35℃的广泛温度范围内产生肠毒素。

2. 对人体的危害及预防措施

（1）对人体的危害　耶尔森氏菌作为一种食源性疾病在世界范围内已暴发多起，食品和饮水受到污染往往是爆发胃肠炎的重要原因。20 世纪 70 年代在加拿大魁北克地区暴发过两起，有 138 名儿童感染，源于摄入生牛乳。1976 年在美国纽约暴发过一起，有 217 名学生感染，在这起发病过程中涉及的是巴氏消毒巧克力乳。1980 年发生于华盛顿的一起有 87 人感染，污染源是用未经氯处理的泉水做的豆腐。由本菌引起的胃肠炎或中毒暴发，在欧洲以冬春季节较多，夏季较少，而日本则以夏季发病率较高。

小肠结肠炎耶尔森氏菌是 20 世纪 30 年代引起注意的急性胃肠炎型食物中毒的病原菌，为人畜共患病。潜伏期为摄食后 3~7d，也有报道 11d 才发病。病程一般为 1~3d，但有些病例持续 5~14d 或更长。主要症状表现为发热、腹痛、腹泻、呕吐、关节炎、败血症等。耶尔森氏菌病典型症状常为胃肠炎症状、发热，也可引起阑尾炎。有的引起反应性关节炎，另一个并发症是败血症，即血液系统感染，尽管较少见，但死亡率较高。本菌的易染人群为婴幼儿，常引起发热、腹痛和带血的腹泻。

（2）预防措施　小肠结肠炎耶尔森氏菌分布很广，可存在于生的蔬菜、乳和乳制品、肉类、豆制品、沙拉、牡蛎、蛤和虾。也存在于环境中，如湖泊、河流、土壤和植被。已从家畜、狗、猫、山羊、灰鼠、水貂和灵长类动物的粪便中分离出该菌。在港湾周围，许多鸟类包括水禽和海鸥可能是带菌者。由于该菌为低温菌，因此对 4~5℃储存的食品应特别注意。

本章小结

细菌性食物中毒是食物中毒中最常见的一类，大多数细菌性食物中毒具有发病率高、病程短、恢复快、夏秋季节发病率高，动物性食物是引起中毒的主要食物等流行病学特点。由于细菌本身的生长特性，食物在生产、加工、运输、储存等过程容易遭受细菌的污染；食物存放不当，致使污染细菌大量生长繁殖或产生毒素；被污染食品没有彻底杀菌、食品器具及食品从业人员带菌等，都是引发细菌性食物中毒的原因。本章主要介绍了作为食品主要卫生指标的细菌总数、大肠菌群的检测方法及其卫生学意义，同时也介绍了常见致病菌的特点、危害、预防措施及检测方法。要求学生通过本章的学习，了解各类细菌和（或）其毒素的种类、致病机制、如何预防及检测方法。

思考题

1. 什么是细菌性食物中毒？
2. 细菌性食物中毒的类型有哪些？
3. 说明细菌性食物中毒的原因及细菌性污染的特征。
4. 食品的细菌污染指标有哪些？各有什么食品卫生学意义？
5. 简述细菌总数、大肠菌群和大肠杆菌的检测方法。
6. 说明沙门氏菌的危害及其预防措施。
7. 说明金黄色葡萄球菌的危害及其预防措施。
8. 说明肉毒毒素的性质、对人体的危害及预防措施。

第九章 真菌及其毒素

CHAPTER 9

真菌性食物中毒是指人或动物吃了含有真菌产生的真菌毒素（Mycotoxin）的食物引起的中毒现象。由真菌毒素引起的人或动物的疾病统称为真菌毒素中毒症（Mycotoxicoses）。

第一节　黄曲霉及其毒素

一、产毒菌及其特性

产毒菌主要是黄曲霉，该菌属真菌门、半知菌亚门丛梗孢科曲霉属。本菌为需氧菌，最适培养温度30~33℃，相对湿度80%~90%。花生、玉米、大米和小麦是其较好的生长基质。寄生曲霉及青霉、毛霉和根霉等真菌也能产生黄曲霉毒素，但产毒量甚微。

二、黄曲霉毒素的性质、来源、毒性及在食品中的限量标准

（一）黄曲霉毒素的性质

黄曲霉毒素（Aflatoxin，AFT）是黄曲霉（*Aspergillus flavus*）和寄生曲霉（*Aspergillus parasiticus*）的代谢产物。目前已发现的AFT有20余种，是一类化学结构类似的化合物，均为二氢呋喃香豆素的衍生物。AFT在紫外线照射下能产生荧光，根据荧光颜色不同，将其分为B族和G族两大类及其衍生物，黄曲霉毒素B1和B2可发出蓝紫色荧光，G1和G2可发出黄绿色荧光。纯净的黄曲霉毒素为无色晶体，耐热，100℃加热2h也不能将其全部破坏。可溶于多种有机溶剂如氯仿、甲醇、乙醇等，不溶于水、已烷、乙醚和石油醚。AFT对氧化剂不稳定，如次氯酸钠溶液、氯、过氧化氢、高锰酸钾、漂白粉等均可使AFT分解破坏，并随氧化剂浓度的增大，AFT分解速度加快。人及动物摄入黄曲霉毒素B1和B2后，在乳汁和尿中可检出其代谢产物黄曲霉毒素M1和M2。黄曲霉毒素的化学结构如图9-1所示。

（二）黄曲霉毒素的来源

黄曲霉毒素主要污染粮油食品、动植物食品等。如花生、玉米、大米、小麦、豆类、坚果类、肉类、乳及乳制品、水产品等容易被黄曲霉毒素污染。其中以花生和玉米污染最严重。家庭自制发酵食品也能检出黄曲霉毒素，尤其是高温高湿地区的粮油及制品中检出率

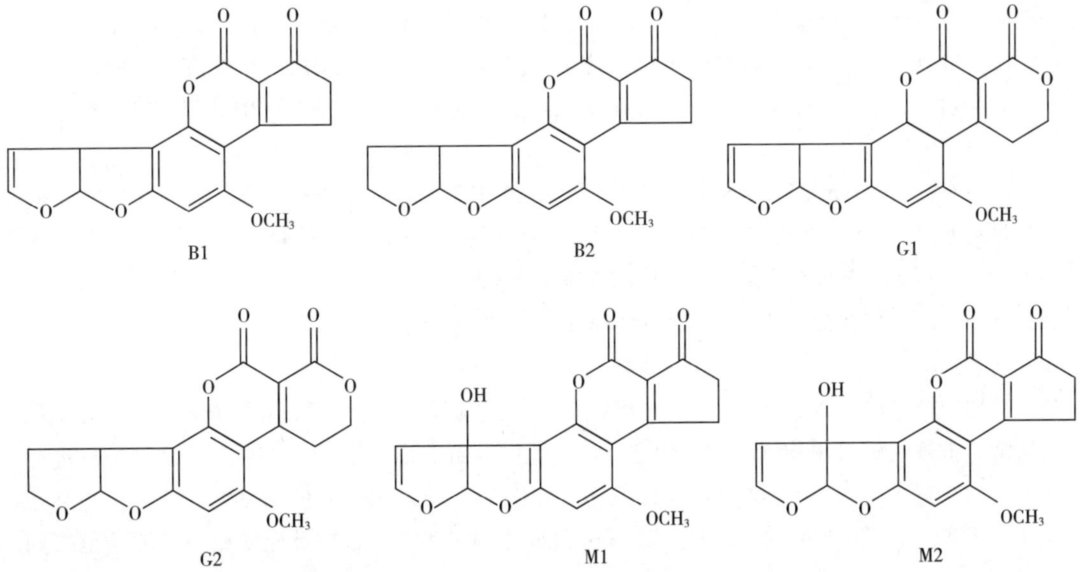

图 9-1　黄曲霉毒素的化学结构

更高。

（三）黄曲霉毒素的毒性及在食品中的限量标准

黄曲霉毒素的毒性极强，属于剧毒毒物，毒性比氰化钾大 10 倍，为砒霜的 68 倍。其中以 AFTB1 毒性最大，LD_{50} 为 0. 294μg/kg（口服）。当人摄入量大时，可发生急性中毒。黄曲霉毒素有很强的肝脏毒性，可导致肝细胞坏死、胆管上皮增生、肝脂肪浸润及肝内出血等急性病变。少量持续摄入则可引起肝纤维细胞增生、肝硬化等慢性病变。当微量持续摄入，可造成慢性中毒，表现为生长障碍，亚急性或慢性肝损伤。黄曲霉毒素的致癌力也居首位，是目前已知最强致癌物之一。它的诱癌力是二甲基偶氮苯的 900 倍以上，比二甲基亚硝胺诱发肝癌的能力大 10 倍，与人类肝癌有直接的关系。我国和其他许多国家的流行病学调查表明，人群膳食中黄曲霉毒素的水平与原发性肝癌的发生率之间有不同程度的正相关关系，即食品中黄曲霉毒素含量越高，摄入量越多，肝癌的发病率也越高。

黄曲霉毒素具有很强的毒性，特别是它的强致癌性，世界各国对于其污染食品的情况都很重视，并对其在食品中含量进行了严格限制，FAO/WHO 在 1993 年提出的指导性标准为：食品中 AFTM1≤0. 05μg/kg，奶牛饲料中的 AFTB1≤5μg/kg。我国于 1981 年作为正式国家标准，颁布了食品中黄曲霉毒素 B1 最高允许量标准：玉米、花生仁、花生油为≤20μg/kg；玉米及花生仁制品为≤20μg/kg；大米和其他食用油≤10μg/kg；其他粮食、豆类、发酵食品≤5μg/kg；婴儿食品中不得检出。在现行最新版食品安全国家标准 GB 2761—2017《食品安全国家标准　食品中真菌毒素限量》中规定特殊膳食用食品中黄曲霉毒素 B1≤0. 5μg/kg。

三、黄曲霉毒素的测定

黄曲霉毒素的测定方法有多种，主要有薄层色谱法（TLC）、高效液相色谱法（HPLC）和酶联免疫吸附筛查法（ELISA）等。薄层层析法是国内外测定食品及饲料中 AFTB1 的主要方法，此法灵敏度较高（1~5μg/kg），主要用于 AFTB1 的测定，随后的薄层色谱分离、荧光分光光度计，灵敏度达到（0.1~1.0μg/kg，甚至高达 0.01μg/kg），可单独测定 AFTB1 或 AFTB2、AFTG1、AFTG2、AFTM1 等。近几年采用单克隆免疫亲和柱一高效液相色谱法测定了牛乳中的 AFM1，其检出限达到 0.05μg/kg、测定果仁中的 AFB1，其检出限达到 0.1μg/kg。

2003 年，Rodrtguez Velasco M L 等用 ELISA 和 HPLC 法对西班牙里昂农场牛乳中 AFTM1 的含量进行了检测，这两种检测方法的检出限都为 10ng/g，这两种方法都行之有效。但 HPLC 法对仪器设备的要求较高，消耗的成本也较高。

下面介绍酶联免疫吸附筛查法测定食品中黄曲霉毒素 B 族和 G 族。

（一）原理

试样中的黄曲霉毒素 B1 用甲醇水溶液提取，经均质、涡旋、离心（过滤）等处理获取上清液。被辣根过氧化物酶标记或固定在反应孔中的黄曲霉毒素 B1，与试样上清液或标准品中的黄曲霉毒素 B1 竞争性结合特异性抗体。在洗涤后加入相应显色剂显色，经无机酸终止反应，于 450nm 或 630nm 波长下检测。样品中的黄曲霉毒素 B1 与吸光度在一定浓度范围内呈反比。

（二）主要设备与仪器

微孔板酶标仪：带 450nm 与 630nm（可选）滤光片；研磨机；振荡器；电子天平：感量 0.01g；离心机：转速≥6000r/min；快速定量滤纸：孔径 11μm；筛网：1~2mm 孔径；试剂盒所要求的仪器。

（三）试剂和材料

配制溶液所需试剂均为分析纯，水为 GB/T 6682—2008《分析实验室用水规格和试验方法》规定二级水。

按照试剂盒说明书所述，配制所需溶液。

（四）样品前处理

1. 液态样品（油脂和调味品）

取 100g 待测样品摇匀，称取 5.0g 样品于 50mL 离心管中，加入试剂盒所要求提取液，按照试纸盒说明书所述方法进行检测。

2. 固态样品（谷物、坚果和特殊膳食用食品）

称取至少 100g 样品，用研磨机进行粉碎，粉碎后的样品过 1~2mm 孔径试验筛。取 5.0g 样品于 50mL 离心管中，加入试剂盒所要求提取液，按照试纸盒说明书所述方法进行检测。

（五）样品检测

按照酶联免疫试剂盒所述操作步骤对待测试样（液）进行定量检测。

（六）酶联免疫试剂盒定量检测的标准工作曲线绘制

按照试剂盒说明书提供的计算方法或者计算机软件，根据标准品浓度与吸光度变化关系绘制标准工作曲线。

（七）待测液浓度计算

按照试剂盒说明书提供的计算方法以及计算机软件，将待测液吸光度代入上述（六）中所获得公式，计算待测液浓度（ρ）。

（八）结果计算

食品中黄曲霉毒素 B1 的含量按式（9-1）计算：

$$X = \frac{\rho \times V \times f}{m} \tag{9-1}$$

式中　X——试样中 AFTB1 的含量，μg/kg；

ρ——待测液中黄曲霉毒素 B1 的质量浓度，μg/L；

V——提取液体积（固态样品为加入提取液体积，液态样品为样品和提取液总体积），L；

f——在前处理过程中的稀释倍数；

m——试样的称样量，kg。

计算结果保留小数点后两位。阳性样品需用第一法、第二法或第三法进一步确认。

（九）精密度

每个试样称取两份进行平行测定，以其算术平均值为分析结果。其分析结果的相对相差应不大于 20%。

（十）其他

当称取谷物、坚果、油脂、调味品等样品 5g 时，方法检出限为 1μg/kg，定量限为 3μg/kg。当称取特殊膳食用食品样品 5g 时，方法检出限为 0.1μg/kg，定量限为 0.3μg/kg。

第二节　赭曲霉及其毒素

赭曲霉毒素（Ochratoxin）在自然界中分布广泛，可寄生在食品、粮食及饲料中并产毒。

一、赭曲霉毒素的产生菌及其特性

赭曲霉毒素的产毒菌有赭曲霉（*Aspergillus ochraceus*），硫色曲霉（*A. sulphureus*）、蜜蜂曲霉（*A. melleus*）及鲜绿青霉（*Penicillium viridicatum*）、普通青霉（*P. commune*）等。一般产毒霉菌在 25~28℃，高湿度、阴暗静置条件下培养 1~2 周产毒较高。

二、赭曲霉毒素的性质、来源、毒性及在食品中的限量标准

（一）赭曲霉菌毒素的性质

赭曲霉毒素包括 A、B、C（简称 OTA、OTB、OTC）等几种衍生物，其化学结构也类似香豆素。赭曲霉毒素是一种相当稳定的化合物，在乙醇溶液中置冰箱保存一年以上不破坏。赭曲霉毒素微溶于水，溶于有机溶剂和稀的碳酸氢钠水溶液（如 5%碳酸氢钠）中。在紫外光下 OTA 呈蓝绿色荧光，OTB 呈蓝色，OTC 呈亮绿色。因赭曲霉毒素的相对分子质量小，所以无免疫原性，只有与蛋白质或多肽载体结合后，才能刺激机体产生相应抗体。赭曲霉毒素的结构如图 9-2 所示。

（二）赭曲霉菌毒素的来源

赭曲霉毒素可污染玉米、大麦、小麦，大米、荞麦、大豆、花生、棉籽等各种食品原料及

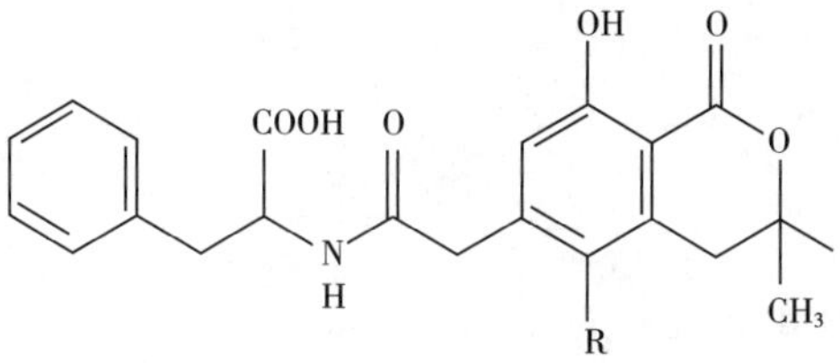

图9-2 赭曲霉毒素的结构

其制品，火腿、鱼制品以及饲料也有一定程度的污染。在谷物上20~25℃、含水率高于16%时污染更严重。污染饲料中的毒素在动物的肝、肾、脂肪中的蓄积较多，这是肉食污染的重要原因。

（三）赭曲霉菌毒素的毒性及在食品中的限量标准

赭曲霉毒素中的OTA的含量最高，且毒性最强，主要侵害肾脏，是一种强烈的肾脏毒，当人和畜禽持续摄入含毒食物或饲料时，不仅会出现急性症状，而且导致严重的慢性中毒、致癌、致畸等。

急性毒性主要损害肾脏，病理变化包括肾小管萎缩，肾间质纤维化及肾小球透明样病变等。慢性毒性，症状为肝脏可见实质细胞变性、透明变性、灶性坏死等，脾、淋巴结，扁桃体等组织也可观察到坏死性病变。致癌性和致畸性：Broun等用妊娠大白鼠做实验证明其有致畸性，用小白鼠做实验证明其对肾脏有致癌性，按248~276μg/d持续投毒15周（总量为26~29mg OTA），即有肾细胞癌的发生。另外，给孕期7~12d的小白鼠腹腔注射5mg/kg体重的OTA，出现胎鼠死亡率增加，胎鼠重量降低、畸形等。

基于OTA的潜在致癌性，WHO于1991年暂定谷物中OTA的限量标准为5μg/kg，并于1995年暂定每周允许摄入量为100ng/kg体重。CAC/FAO在2002年的第34次食品添加剂和污染物法典委员会（CCFAC）会议上，为了保护消费者的健康和国际的公平贸易，同意CAC在生小麦和大麦中OTA的最高限量标准为5μg/kg。我国对配合饲料、玉米中OTA的限量标准为不超过100μg/kg。

三、赭曲霉毒素的测定

TCL法是最早用来分析真菌毒素的方法，是国际分析化学家协会（AOAC）用于检测谷物中的OTA的最早方法，其检出限为10μg/kg，高效液相色谱法（HPLC）的灵敏度达到0.005~0.1μg/kg。HPLC与其他方法的联合使用如HPLC联合质谱（MS）或电喷雾电离的串联质谱（MS-MS）分析检测酒中存在的OTA，可达μg/kg水平。目前市场上有各种ELISA试剂盒如荷兰Eum-Diagnostica公司和美国NEOGEN公司生产的赭曲霉毒素检测试剂盒。我国江涛等于2004年利用B细胞杂交瘤技术建立了能够分泌抗OTA的单克隆抗体的杂交瘤细胞株，并获得了抗OTA单克隆抗体，并利用抗OTA的单克隆抗体建立了ELSIA试剂盒，并用于大米、小麦中的OTA检测，最低检出限为0.5μg/kg。

下面介绍薄层色谱法测定食品中赭曲霉毒素A。

（一）原理

用三氯甲烷-0.1mol/L磷酸或石油醚-甲醇-水提取试样中的赭曲霉毒素A，提取液经液-液分配后，根据其在365nm紫外光灯下产生黄绿色荧光，在薄层色谱板上与标准比较测定赭曲霉毒素 A 的含量。

（二）主要设备及器材

所有玻璃仪器均需用稀盐酸浸泡，用自来水、蒸馏水冲洗。

小型粉碎机；电动振荡器；玻璃板：5cm×20cm；薄层涂布器；展开槽：内长 25cm，宽 6cm，高 4cm；紫外光灯：365nm；微量注射器：10μL，50μL；具 0.2mL 尾管的 10mL 小浓缩瓶；分析天平：感量 0.001g。

（三）试剂和材料

石油醚：分析纯，60～90℃或 30～60℃、甲醇（CH_3OH）、三氯甲烷（$CHCl_3$）、甲苯（$C_6H_5CH_3$）、乙酸乙酯（$C_4H_8O_2$）、甲酸（CH_2O_2）、乙酸（$C_2H_4O_2$）、乙醚（$C_4H_{10}O$）、乙腈（CH_3CN）、苯（C_6H_6）、磷酸（H_3PO_4）：纯度 85%、盐酸（HCl）、氯化钠（NaCl）：纯度≥98%、碳酸氢钠（$NaHCO_3$）、乙醇（C_2H_5OH）、硅胶 G：薄层层析用、定性滤纸。

苯-乙酸（99∶1）：移取 99mL 苯和 1mL 乙酸并混匀。

苯-乙腈（98∶2）：移取 98mL 苯和 2mL 乙腈并混匀。

磷酸溶液（0.1mol/L）：称取 11.5g 磷酸，用水稀释至 1000mL。

盐酸溶液（2mol/L）：移取 20mL 盐酸，用水稀释至 120mL。

氯化钠溶液（40g/L）：称取 40g 氯化钠，用水溶解后定容至 1000mL。

碳酸氢钠溶液（0.1mol/L）：称取 8.4g 碳酸氢钠，用水溶解后定容至 1000mL。

碳酸氢钠-乙醇溶液：称取 6.0g 碳酸氢钠，用水溶解后定容至 100mL，移取 20mL 乙醇并混匀。

标准品：赭曲霉毒素 A（$C_{20}H_{18}C_1NO_6$，CAS 号：303-47-9），纯度≥99%。或经国家认证并授予标准物质证书的标准物质。

以下是标准溶液配制方法。

赭曲霉毒素 A 标准储备液：准确称取一定量的赭曲霉毒素 A 标准品，用苯-乙酸（99∶1）溶解后配成浓度为 40μg/mL，用紫外分光光度计测定其浓度。浓度的测定参照 GB 5009.22—2016《食品安全国家标准 食品中黄曲霉毒素 B 族和 G 族的测定》中 3.14 条（赭曲霉毒素 A 的最大吸收峰波长 333nm，相对分子质量 403，克分子消光系数值为 5550）。于-20℃避光保存，可使用 3 个月。

赭曲霉毒素 A 标准工作液：准确移取赭曲霉毒素 A 标准储备液，用苯稀释成 0.5μg/mL 的赭曲霉毒素 A 标准工作液，于 4℃避光保存，可使用 7d。

（四）分析步骤

1. 试样制备

称取 250.0g 试样经粉碎并通过 20 目筛后，混匀后备用。

2. 试样提取

甲法：称取试样 20.0g（精确至 0.01g）于 200mL 具塞锥形瓶中，加入 100mL 三氯甲烷和 10mL 0.1mol/L 磷酸，在振荡器上振荡提取 30min，将提取液通过快速定性滤纸过滤；取 20mL 滤液置于 250mL 分液漏斗中，加 50mL 0.1mol/L 碳酸氢钠溶液振摇 2min，静置分层后，将三氯甲烷层放入另一个 100mL 分液漏斗中，如有少量乳化层，或即使三氯甲烷层全部乳化均可放入分液漏斗中，加入 50mL 0.1mol/L 碳酸氢钠溶液重复提取三氯甲烷层，静置分层后弃去三氯甲烷层，如三氯甲烷层仍乳化，弃去，不影响结果。碳酸氢钠水层并入第一个分液漏斗中，加 5.5mL 2mol/L 盐酸溶液调节 pH 2~3，加入 25mL 三氯甲烷振摇 2min，静置分层后，放三氯甲烷层于另一个盛有 100mL 水的 250mL 分液漏斗中，酸水层再用 10mL 三氯甲烷振摇、提取、静置，将三氯甲烷层并入同一分液漏斗中。振摇、静置分层，用脱脂棉擦干分液漏斗下端，放三氯甲烷层于一个 75mL 蒸发皿中，将蒸发皿置蒸汽浴上通风挥干。用约 8mL 三氯甲烷分次将蒸发皿中的残渣溶解，转入具尾管的 10mL 浓缩瓶中，置 80℃水浴锅上用蒸汽加热吹氮气浓缩至干，加入 0.2mL 苯-乙腈（98：2）溶解残渣，摇匀，供薄层色谱点样用。

乙法：称取试样 20.0g（精确至 0.01g）于 200mL 具塞锥形瓶中，加入 30mL 石油醚和 100mL 甲醇-水（55：45），在瓶塞上抹上一层水盖严防漏。在振荡器上振荡提取 30min 后，通过快速定性滤纸滤入分液漏斗中，待下层甲醇水层分清后，取出 20mL 滤液置于 100mL 分液漏斗中，调节 pH 5~6。加入 25mL 三氯甲烷振摇 2min，静置分层后放出三氯甲烷层于另一分液漏斗中，再用 10mL 三氯甲烷重复振摇提取甲醇水层，如发生乳化现象，可滴加甲醇促使其分层，将三氯甲烷层合并于同一分液漏斗中，加入 50~100mL 氯化钠溶液（加入量视品种不同而异，大豆加 100mL，小麦、玉米则加 50mL 左右），振摇放置（如为大豆试样提取液还须轻轻反复倒转分液漏斗，使乳化层逐渐上升。如乳化严重可加入少许甲醇），待三氯甲烷层澄清后，用脱脂棉擦干分液漏斗下端，放三氯甲烷层于 75mL 蒸发皿中（如为大豆试样须再加入 10mL 三氯甲烷振摇，三氯甲烷层合并于同一蒸发皿中），将蒸发皿置蒸汽浴上通风挥干。以下操作自“用约 8mL 三氯甲烷分次将蒸发皿中的残渣溶解”起，按甲法操作。

3. 试样测定

（1）薄层板的制备　称取 4g 硅胶，加 10mL 水于乳钵中研磨至糊状。立即倒入涂布器内制成 5cm×20cm、厚度 0.3mm 的薄层板三块，在空气中干燥后，在 105~110℃活化 1h，取出放干燥器中保存。

（2）点样　取两块薄层板，在距薄层板下端 2.5cm 的基线上用微量注射器滴加两个点：在距板左边缘 1.7cm 处滴加赭曲霉毒素 A 标准工作液 8μL，在距板左边缘 2.5cm 处滴加样液 25μL，然后在第二块板的样液点上滴加赭曲霉毒素 A 标准工作液 8μL，点样时，需边滴加边用电吹风吹干，交替使用冷热风。

（3）展开

①横展剂：乙醚或乙醚-甲醇-水（94：5：1）。

②纵展剂：a. 甲苯-乙酸乙酯-甲酸-水（6：3：1.2：0.06）或甲苯-乙酸乙酯-甲酸（6：3：1.4）；b. 苯-乙酸（9：1）。

③横向展开：在展开槽内倒入 10mL 横展剂，先将薄层板纵展至离原点 2~3cm，取出通风挥发溶剂 1~2min 后，再将该薄层板靠标准点的长边置于同一展开槽内的溶剂中横展，如横展剂不够，可添加适量，展至板端过 1min，取出通风挥发溶剂 2~3min。

④纵向展开：在另一展开槽内倒入 10mL 纵展剂，将经横展后的薄层板纵展至前沿距原点 13~15cm。取出通风挥干至板面无酸味（5~10min）。

（4）观察与评定　将薄层色谱板置 365nm 波长紫外光灯下观察。

①在紫外光灯下将两板相互比较，若第二块板的样液点在赭曲霉毒素 A 标准点的相应处出现最低检出限，而在第一板相同位置上未出现荧光点，则试样中的赭曲霉毒素 A 含量在本测定方法的最低检出限为 10μg/kg 以下。

②如果第一板样液点在与第二板样液点相同位置上出现荧光点，则看第二板样液的荧光点是否与滴加的标准荧光点重叠，再进行以下的定量与确证试验。

（5）稀释定量　比较样液中赭曲霉毒素 A 与标准赭曲霉毒素 A 点的荧光强度，估计稀释倍数。薄层板经双向展开后，当阳性样品中赭曲霉毒素 A 含量高时，赭曲霉毒素 A 的荧光点会被横向拉长、使点变扁，或分成两个黄绿色荧光点。这是因为在横展过程中原点上赭曲霉毒素 A 的量超过了硅胶的吸附能力，原点上的杂质和残留溶剂在横展中将赭曲霉毒素 A 点横向拉长了，这时可根据赭曲霉毒素 A 黄绿色荧光的总强度与标准荧光强度比较，估计需减少的滴加微升数或所需稀释倍数。经稀释后测定含量时可在样液点的左边基线上滴加两个标准点，赭曲霉毒素 A 的量可为 4ng、8ng。比较样液与两个标准赭曲霉毒素 A 荧光点的荧光强度，概略定量。

4. 确证试验

用碳酸氢钠-乙醇溶液喷洒色谱板，在室温下干燥，于长波紫外光灯下观察，这时赭曲霉毒素 A 荧光点应由黄绿色变为蓝色，而且荧光强度有所增加，可使方法检出限达 5μg/kg，但概略定量仍按喷洒前所显黄绿色荧光计。

（五）分析结果的表述

试样中赭曲霉毒素 A 含量按式（9-2）计算：

$$X = A \times \frac{V_1}{V_2} \times f \times \frac{1000}{m} \tag{9-2}$$

式中　X——试样中赭曲霉毒素 A 的含量，μg/kg；

A——薄层板上测得样液点上赭曲霉毒素 A 的质量，μg；

V_1——苯-乙腈混合液体积，mL；

V_2——出现最低荧光点时滴加样液体积，mL；

f——样液的总稀释倍数；

m——苯-乙腈溶解时相当于样品的质量，g。

第三节　单端孢霉烯族化合物

一、单端孢霉烯族化合物的产生菌及其特性

单端孢霉烯族化合物（Trichothecenes，TCTCs），是一组由镰刀菌属（*Fusarium*）中三线镰刀菌（*F. tritinctum*）、拟枝孢镰刀菌属（*F. sporotrichioides*）、雪腐镰刀菌（*F. nivale*）、梨孢镰刀菌（*F. poae*）、木贼镰刀菌（*F. equiseti*）、禾谷镰刀菌（*F. graminearum*）和黄色镰刀菌（*F. culmorum*）等产生的生物活性和化学结构相似的有毒代谢产物。

二、单端孢霉烯族化合物的性质、来源、毒性及在食品中的限量标准

（一）单端孢霉烯族化合物的性质

TCTCs 主要有 T-2 毒素、二醋酸藨草镰刀菌烯醇（DAS）、雪腐镰刀菌烯醇（NIV）和

脱氧雪腐镰刀菌烯醇（DON）等。其化学结构如图 9-3 所示。

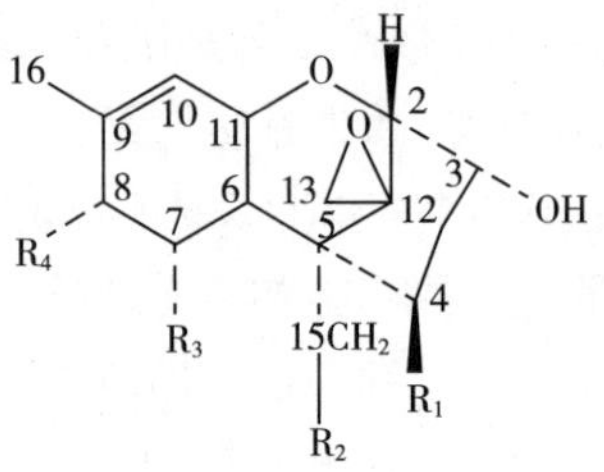

图 9-3　单端孢霉烯族化合物的结构

到目前为止，从真菌培养物及植物中已分离出化学结构基本相同的单端孢霉烯族化合物 148 种。根据相似的功能团可将其分为 A、B、C 和 D 四个型。A 型的特点是在 C-8 上有一个与酮不同的功能团，这一型包括 T-2 毒素和二乙酸镰草镰刀菌烯醇（DAS）。B 型在 C-8 上有一羧基官能团，以脱氧雪腐镰刀菌烯醇（DON）和雪腐镰刀菌烯醇（NIV）为代表。C 型的特点是在 C-7，8 或 C-9，10 上有一个次环氧基团。D 型在 C-4 和 C-5 之间有两个酯相连。天然污染谷物和饲料的单端孢霉烯族化合物有 A 型中的 T-2 毒素、二乙酸镰草镰刀菌烯醇和 B 型的脱氧雪腐镰刀菌烯醇、雪腐镰刀菌烯醇。

TCTCs 为无色结晶，该化合物非常稳定，难溶于水，溶于中等极性的有机溶剂，在烹调等加热过程中不会被破坏。在紫外线下不显荧光。

（二）单端孢霉烯族化合物的来源

镰刀菌属的菌种广泛分布于自然界，从土壤中可分离到 50 多种镰刀菌，世界各地均有污染。这些真菌及其毒素主要侵害玉米、小麦、大米、燕麦、大麦等谷物。

（三）单端孢霉烯族化合物的毒性及在食品中的限量标准

TCTCs 的共同毒性特点是较强的急性毒性、细胞毒性和致畸作用，对人和动物有较强的致呕吐作用。还可损伤细胞膜，有较强的蛋白质合成抑制作用，可致免疫力低下。某些 TCTCs 有一定的致癌性。

T-2 毒素能在不同细胞系中诱发染色体畸变，增加姐妹染色单体交换频率和微核率。T-2 毒素对小鼠具有胚胎毒性和致畸性，导致骨髓、内脏畸形和死胎。Corrier 还通过实验发现，喂饲 T-2 毒素的小鼠肉瘤、艾氏腹水瘤和黑色素瘤的发生率均显著高于对照组。

关于单端孢霉烯族化合物造成的人类食物中毒，全世界已有不少报道。1931—1947 年发生在苏联的食物中毒可能与摄食被镰刀菌污染的谷物有关，中毒者的主要表现为口腔、食管和胃的慢性损伤，严重的白细胞缺乏、骨髓再生障碍等。研究者从食物中分离出了镰刀菌。1945—1963 年日本和韩国发生的赤霉病谷物中毒，主要症状为恶心、呕吐、腹泻和腹痛。怀疑是由谷物中的禾谷镰刀菌引起。

单端孢霉烯族化合物引起的食物中毒现象已引起世界各国的重视。目前，加拿大、美国等国已制定了小麦中脱氧雪腐镰刀菌烯醇的限量标准。我国 GB 2761—2017《食品安全国家标准　食品中真菌毒素限量》制定了小麦、玉米及其制品中脱氧雪腐镰刀菌烯醇的限量标准为：大麦、麦片、小麦、小麦面粉、玉米和玉米粉均≤1000μg/kg。

三、小麦中 T-2 毒素的间接酶联免疫（ELISA）吸附测定

（一）原理

将已知抗原吸附在固相载体表面，洗除未吸附抗原，加入一定量抗体与待测试样（含有抗原）提取液的混合液，竞争温育后，在固相载体表面形成抗原-抗体复合物。洗除多余抗体成分，然后加入酶标记的抗球蛋白的第二抗体结合物，与吸附在固体表面的抗原-抗体复合物相结合，再加入酶的底物。在酶的催化作用下，底物发生降解反应，产生有色产物，通过酶标仪，测出酶底物的降解量，从而推知被测试样中的抗原量。

（二）试剂和原料

1. 试剂

甲醇（CH_3OH）、石油醚（C_7H_7BrMg）、三氯甲烷（$CHCl_3$）、无水乙醇（C_2H_5OH）、乙酸乙酯（$C_4H_8O_2$）、二甲基甲酰胺（C_3H_7NO）、四甲基联苯胺（TMB）、吐温 20（$C_{58}H_{114}O_{26}$）、30%过氧化氢（30% H_2O_2）、碳酸钠（Na_2CO_3）、碳酸氢钠（$NaHCO_3$）、磷酸二氢钾（KH_2PO_4）、磷酸氢二钠（$Na_2HPO_4 \cdot 12H_2O$）、氯化钠（NaCl）、氯化钾（KCl）、柠檬酸（$C_6H_8O_7 \cdot H_2O$）、抗体：杂交瘤细胞系产生的抗 T-2 毒素的特异性单克隆抗体、抗原：T-2 毒素与载体蛋白-牛血清白蛋白（BSA）的结合物、兔抗鼠免疫球蛋白与辣根过氧化酶的结合物（酶标二抗）。

2. ELISA 缓冲液系统试剂配制

包被缓冲液为 pH 9.6 的碳酸盐缓冲液，称取 1.59 g 碳酸钠、2.93 g 碳酸氢钠，加水稀释至 1000mL。

洗液为含 0.05%吐温 20 的 pH 7.4 的磷酸盐缓冲液（简称 PBS-T）。配制方法为：称取 0.2g 磷酸二氢钾、2.9 g 磷酸氢二钠、8.0g 氯化钠、0.2g 氯化钾、0.5mL 吐温 20，加水至 1000mL。

底物缓冲液为 pH 5.0 的磷酸-柠檬酸缓冲液，配制方法为：0.1mol/L 柠檬酸，即称取柠檬酸 19.2g，加水至 1000mL，为甲液；0.2mol/L 磷酸氢二钠，即称取磷酸氢二钠 71.7g，加水至 1000mL，为乙液；取甲液 24.3mL，乙液 25.7mL，加水至 100mL 即可。

底物溶液：取 50μL TMB 溶液（10mg TMB 溶于 1mL 二甲基甲酰胺中），加 10mL 底物缓冲液及 10μL 30%过氧化氢，混匀。

3. 标准品

T-2 毒素（$C_{24}H_{34}O_9$，CAS 号：21259-20-1），纯度≥98.0%。或经国家认证并授予标准物质证书的标准物质。

4. 标准溶液配制

标准储备液：准确称取适量标准品（精确至 0.0001g），用甲醇溶解，配制成浓度为 1000μg/mL 的标准储备液，-18℃以下避光保存。

标准工作液：根据需要用 20%甲醇的 PBS（配制方法同 PBS-T，不加吐温 20 即可）将标准储备液稀释成适当浓度的标准工作液。

5. 材料

酶标板（48 孔或 96 孔）；具 0.2mL 尾管的 10mL 小浓缩瓶；层析柱：在层析柱下端与小管相连处塞约 0.1g 脱脂棉，尽量塞紧，先装入 0.5g 中性氧化铝，敲平表面，再加入 0.4g 活

性炭，敲紧。

（三）仪器和设备

酶标仪；电动振荡器；电热恒温水浴锅；天平：感量为 0.0001g 和 0.01g。所有玻璃器皿均用硫酸溶液浸泡，用水冲洗。

（四）提取

称取 20.0g 粉碎并通过 20 目筛的试样，置于 200mL 具塞锥形烧瓶中，加 8mL 水和 100mL 三氯甲烷-无水乙醇（4∶1，*v/v*），密塞，振荡 1h，滤纸过滤，取 25mL 滤液于蒸发皿中，置 90℃水浴上通风挥干。用 50mL 石油醚分次溶解蒸发皿中残渣，洗入 250mL 分液漏斗中，再用 20mL 甲醇-水（4∶1）分次洗涤，转入同一分液漏斗中，振荡 1.5min，静置约 15min，收集下层甲醇-水提取液过层析柱净化。

将过柱后的洗脱液倒入蒸发皿中，并于水浴锅上浓缩至干，趁热加 3mL 乙酸乙酯，加热至沸，挥干，再重复一次，最后加 3mL 乙酸乙酯，冷至室温后转入浓缩瓶中。用适量乙酸乙酯洗涤蒸发皿，并入浓缩瓶中，将浓缩瓶置 95℃水浴锅上，挥干冷却后，用含 20%甲醇的 PBS 定容，供 ELISA 检测。

（五）检测

（1）用 T-2-BSA（4μg/mL）包被酶标板，每孔 100μL，4℃过夜。

（2）酶标板用 PBS-T 洗 3 次，每次 3min 后，加入不同浓度的标准工作液（制作标准曲线）或试样提取液（检测试样中的毒素含量）与抗体溶液的混合液（1∶1，*v/v*，每孔 100μL，该混合液应于使用前的前一天配好，4℃过夜备用），置 37℃ 1h。

（3）酶标板洗 3 次，每次 3min 后，加入酶标二抗，每孔 100μL，37℃ 1.5h。

（4）同上述洗涤后，加入底物溶液，每孔 100μL，37 ℃ 30min。

（5）用 1mol/L 硫酸溶液终止反应，每孔 50μL，于 450nm 处测定吸光度。

（六）分析结果的表述

试样中 T-2 毒素的含量，按式（9-3）计算：

$$X = m_1 \times \frac{V_1}{V_2} \times f \times \frac{1}{m} \tag{9-3}$$

式中 X——试样中 T-2 毒素的含量，μg/kg；

m_1——酶标板上测得的 T-2 毒素的量，根据标准曲线求得，ng；

V_1——试样提取液的体积，mL；

V_2——滴加样液的体积，mL；

f——样液的总稀释倍数；

m——试样的称样量，g。

测定结果保留小数点后一位有效数字。

（七）精密度

样品中 T-2 毒素的含量在重复性条件下获得的两次独立测定结果的绝对差值不得超过算术平均值的 20%。

（八）其他

方法检出限为 1μg/kg，定量限为 3μg/kg。

第四节　玉米赤霉烯酮

一、玉米赤霉烯酮的产生菌及其特点

玉米赤霉烯酮（Zearalenone，ZEN）又称 F-2 毒素，是由镰刀菌产生的一种雌激素类真菌毒素。产生玉米赤霉烯酮最常见的是禾谷镰刀菌（*Fusarium graminearum*，无性世代），此外还有三线镰刀菌（*F. tritinctum*）、串珠镰刀菌（*F. moniliforem*）、尖孢镰刀菌（*F. oxysporum*）、木贼镰刀菌（*F. equiseti*）等。禾谷镰刀菌在谷物上的生长繁殖最适温度为 16~24℃，相对湿度为 85%。该菌能在大麦、小麦、青稞上发生病变，也能在玉米、稻谷、蚕豆、甜菜叶上生长繁殖。

二、玉米赤霉烯酮的性质、来源、毒性及在食品中的限量标准

（一）玉米赤霉烯酮性质

纯的 ZEN 为白色晶体，分子式 $C_{18}H_{22}O_5$，相对分子质量 318，熔点 161~163℃，不溶于水、二硫化碳、四氯化碳，溶于碱性溶液、乙醚、苯及甲醇、乙醇等，微溶于石油、醚等。其甲醇溶液在紫外光下呈明亮的绿蓝色荧光。ZEN 是一种取代的 2，4 一二羟基苯甲酸内酯，具有雌激素活性。结构如图 9-4 所示。

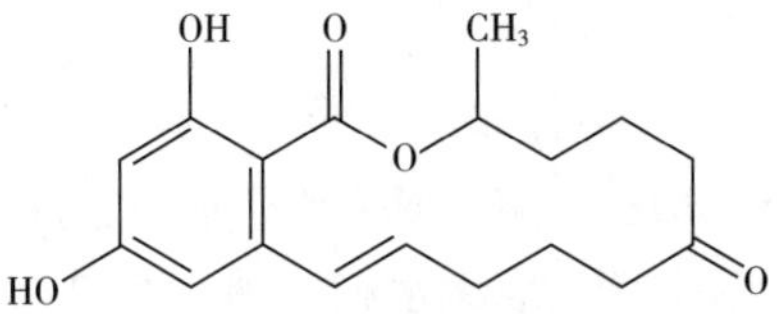

OH　O　CH_3　O　HO　O

图 9-4　玉米赤霉烯酮的结构

（二）玉米赤霉烯酮的来源

玉米赤霉烯酮广泛存在于霉变的玉米、高粱、小麦等谷类作物和乳制品中，王若军等从华南、华北和华中的饲料厂、仓库及客户手中等采集的 109 个样品，使用酶联免疫法测定发现在玉米饲料和全价料中玉米赤霉烯酮的检出率都高达 100%。在蛋白质饲料中玉米赤霉烯酮的检出率高达 92.9%，而且超标严重。在被检饲料和饲料原料中，黄曲霉毒素并非主要的霉菌毒素，而 ZEN 的污染甚为严重。

（三）玉米赤霉烯酮的毒性及在食品中的限量标准

ZEN 具有很强的生殖毒性和致畸作用，Schweighardt 认为 1mg/kg 的低剂量就能导致猪和牛繁殖紊乱，Price 等认为 50~100mg/kg 的剂量就会影响到排卵、怀孕、胎儿发育、新生儿的存活率等。在 1~10nmol/L 时即能刺激雌激素受体的转录，还可以降低家畜的耗料量，导致生长下降，免疫抑制，繁殖障碍，给畜牧业带来很大的经济损失，现在已经成为养猪业的第二杀手。

对玉米赤霉烯酮的最高允许量标准，巴西规定玉米中不超过200μg/kg；罗马尼亚规定所有食品中不超过30μg/kg；俄罗斯规定谷物、油脂中不超过1000μg/kg。我国规定配合饲料、玉米不超过500μg/kg。小麦、小麦粉、玉米、玉米面等食品中不超过60μg/kg。

三、玉米赤霉烯酮的薄层色谱法测定

（一）主要仪器与设备

小型粉碎机；电动振荡器；薄层板涂布器；玻璃器皿：分液漏斗；漏斗；所有玻璃器皿均用稀盐酸浸泡，依次用自来水、蒸馏水冲洗；旋转蒸发器：配有200mL心形瓶；慢速滤纸；展开槽：250mm×150mm×50mm（立式，具磨口）；点样器：1～99μL；紫外光灯：波长254nm，365nm；薄层色谱扫描仪：配有汞灯光源。

（二）试剂与材料

三氯甲烷；40g/L氢氧化钠溶液：称取4g氢氧化钠，加适量水溶解，用水稀释至100mL；磷酸溶液（1∶10）；磷酸溶液（1∶19）；无水硫酸钠：650℃灼烧4h，冷却后储于干燥器中备用；展开剂：三氯甲烷-丙酮-苯-乙酸（18∶2∶8∶1）；显色剂：20g氯化铝（$AlCl_3 \cdot 6H_2O$）溶于100mL乙醇中；薄层板：称取4g硅胶G，置于乳钵中加10mL羧甲基纤维素钠水溶液研磨至糊状，立即倒入薄层板涂布器内制备成10cm×20cm；厚度0.3mm的薄层板，在空气中干燥后，用甲醇预展薄层板至前沿，吹干，标记方向，在105～110℃活化1h，置于干燥器内保存备用；ZEN标准储备溶液；ZEN标准工作溶液。

（三）试样制备

按照GB/T 14699.1—2005《饲料　采样》方法取得试样，四分法浓缩减取约200g，经粉碎，混匀，装入磨口瓶中备用。

（四）分析步骤

1. 试样处理

称取约20g试样（精确至0.01g），置于具塞锥形瓶中，加入8mL水和100mL三氯甲烷，盖紧瓶塞，在振荡器上振荡1h，加入10g无水硫酸钠，混匀，过滤，量取50mL滤液于分液漏斗中，沿管壁慢慢地加入氢氧化钠溶液10mL，并轻轻转动1min，静置使分层，将三氯甲烷相转移至第二个分液漏斗中，用氢氧化钠溶液10mL，重复提取1次，并轻轻转动1min，弃去三氯甲烷层，氢氧化钠溶液层并入原分液漏斗中，用少量蒸馏水淋洗第二个分液漏斗，洗液倒入原分液漏斗中，再用5mL三氯甲烷重复洗2次，弃去三氯甲烷层。向氢氧化钠溶液层中加入6mL磷酸溶液后，再用磷酸溶液调节pH至9.5左右，于分液漏斗中加入15mL三氯甲烷，振摇，将三氯甲烷层经盛有约5g无水硫酸钠的慢速滤纸的漏斗中，滤于浓缩瓶中，再用15mL三氯甲烷重复提取2次，三氯甲烷层一并滤于浓缩瓶中，最后用少量三氯甲烷淋洗滤器，洗液全部并于浓缩瓶中，真空浓缩至小体积，将其全量转移至具塞试管中，在氮气流下蒸发至干，用2mL三氯甲烷溶解残渣。摇匀，供薄层色谱点样用。

2. 点样

在距薄层板下端1.5～2cm的基线上，以1cm的间距，用点样器依次点标准工作溶液2.5μL，5μL，10μL，20μL（相当于50ng，100ng，200ng，400ng）和试样液20μL。

3. 展开

将薄层板放入有展开剂的展开槽中，展至离原点13～15cm处，取出，吹干。

4. 观察与确证

将展开后的薄层板置于波长254nm紫外光灯下，观察与ZEN（50ng）标准点比移值相同处的试样的蓝绿色荧光点。若相同位置上未出现荧光点，则试样中的ZEN含量在本测定方法的最低检测量。500g/kg以下。如果相同位置上出现荧光点，用显色剂对准各荧光点进行喷雾，130℃加热5min，然后在365nm紫外光灯下，观察荧光点由蓝绿色变为蓝紫色，且荧光强度明显加强，可确证试样中含有ZEN。于荧光点下方用铅笔标记，待扫描定量测定。

5. 定量测定

（1）薄层扫描工作条件

光源：高压汞灯，激发波长：313nm，发射波长：400nm；

检测方式：反射；

狭缝：可根据斑点大小进行调节；

扫描方式：锯齿扫描。

（2）标准曲线绘制　以ZEN标准工作溶液质量（ng）为横坐标，以峰面积积分值为纵坐标，绘制标准曲线。

6. 结果计算和表述

根据试样液荧光斑点峰面积积分值从标准曲线上查出对应的ZEN质量（ng），试样中ZEN的含量（X）以μg/kg表示，按式（9-4）计算。

$$X = \frac{m_1 \times V_1}{m_2 \times V_2} \tag{9-4}$$

式中　V_1——试样液最后定容体积，μL；

V_2——试样液点样体积，μL；

m_1——从标准曲线上查得试样液点上对应的ZEN质量，ng；

m_2——最后提取液相当试样的质量，g。

计算结果表示到小数点后一位有效数字。

7. 重复性

在重复性条件下获得的两次独立测试结果的相对差值不大于10%。

第五节　有毒食用菌

一、概述

蘑菇又称蕈类，属于真菌的子实体。蘑菇在我国资源很丰富，而且种类极多，分布地域广阔。蘑菇不但具有独特风味，而且含有多种氨基酸、糖和维生素，是人们喜爱的一种食物。在众多的蘑菇中有一部分为毒蘑菇也称毒蕈，是指食后可引起动物或人类中毒的蘑菇。由于毒蘑菇与可食蘑菇在外观上较难区别，因此容易造成人误食而引起中毒。另外尚有部分条件可食蘑菇，主要指通过加热、水洗或晒干等处理后方可安全食用的蘑菇类。我国目前已鉴定的蘑菇有800多种，其中有毒蘑菇180多种；其中可能威胁人类生命的有20余种，而含有剧毒者仅10种左右。

毒蘑菇中所含有的有毒成分很复杂，不同类型的毒蘑菇含有不同的毒素，也有一些毒蘑菇含有多种毒素。

（一）胃肠毒素

含有这类毒素的毒蘑菇很多，如毒粉褶菌（*Rhodophyllus sinuatus*）、褐盖粉褶菌（*R. rhododopolius*）、毒红菇（*R. emetica*）、臭黄菇（*Russula-foetens*）、虎斑蘑（*T. rigrirnum*）、橙红毒伞（*A. bingemsis*）、毛头乳菇（*L. torminosus*）、白乳菇（*L. piperatus*）等，另外，牛肝蕈属、环柄伞属中的某些种类及月光菌（*Pleurtus japonicus*）、毒光盖伞（*Psilocybevenata*）等蘑菇中也有胃肠毒素。

（二）神经、精神毒素

这种毒素主要包括四大类。

（1）毒蝇碱（Muscarin）　一种生物碱，溶于酒精和水，不溶于乙醚。存在于毒蝇伞蕈、丝盖伞蕈属、杯伞蕈属及豹斑毒伞蕈等中。

（2）蜡子树酸（Ibotenic Acid）及其衍生物　毒蝇伞蕈属的一些毒蕈含有此类物质。

（3）光盖伞素（Psilocybin，裸盖菇素）及脱磷酸光盖伞素（Psilocin）　存在于裸盖菇属及花褶伞属蕈类。

（4）幻觉原（Hallucinogens）　主要存在于橘黄裸伞蕈中，摄入此蕈15min即出现幻觉。表现为视力不清，感觉房间变小，颜色奇异，手舞足蹈等，数小时后可恢复。

（三）溶血毒素

该类毒素主要存在于鹿花蕈属中的鹿花菌（*Gyromitra esculenta*）和纹缘毒伞（*Amanita spreta*）中，鹿花蕈（*Gyropititrin*）中所含的马鞍蕈酸，属甲基联胺化合物，具有挥发性，对碱不稳定，可溶于热水。可使红细胞大量破坏，引起急性溶血。

（四）原浆毒素（肝脏损害型毒素）

该毒素是毒伞（*Amanita phalloides*）、白毒伞（*Amanita verna*）、鳞柄白毒伞（*Amanita virosa*）等毒蘑菇中所含的极毒物质，其所含毒素主要包括两类环形毒肽，一类是毒伞毒素，统称毒伞肽（Amatoxins）；另一类是鬼笔毒素，统称毒肽（Phallotoxins）。毒肽作用速度快，主要作用于肝脏。毒伞肽作用较迟缓，但毒性较毒肽大20倍，能直接作用于细胞核，有可能抑制RNA聚合酶，并能显著减少肝糖原而导致肝细胞迅速坏死。该毒素的毒性稳定，具有耐高温和耐干燥的特点，一般烹调方法不被破坏。该毒素每100g新鲜毒伞含这两种毒素可达10~15mg，一只50g的鲜毒伞足以致人死亡。且引起中毒死亡的比例占所有毒蘑菇中毒死亡的95%以上。

二、有毒食用菌的判别

蘑菇是否有毒，主要从以下几个方面进行判别。

（1）形状　有毒蘑菇的菌盖中央呈凸状，形状怪异，菌面厚实硬板，菌杆上有菌轮，菌托杆细长或粗长，且容易折断，下部菌托根部生有囊胞，菌杆很难用手撕开。而无毒蘑菇的菌盖较平，伞面平滑，菌杆上无菌轮，下部无菌托，菌杆易用手撕开。

（2）颜色　有毒蘑菇菌面颜色鲜艳，有红、绿、黄、墨黑、青紫等颜色，特别是紫色的往往有剧毒，采摘后易变色。无毒蘑菇则多呈白色或茶褐色，采摘后不易变色。

（3）生长地带　有毒蘑菇往往生长在肮脏、阴暗、潮湿、有机质丰富的地方；可食用的无毒蘑菇多生长在较干净、清洁的草地或松树及栎树上。

（4）闻气味　有毒蘑菇有怪异味，如辛酸、苦辣、涩、恶腥等味；无毒蘑菇有特殊香味，很鲜美。

（5）分泌物　从分泌物上看，有毒蘑菇的菇的盖或受伤部位常分泌出黏稠浓厚液体，呈赤褐色，菇盖撕裂后在空气中易变色。而无毒蘑菇一般较为干燥，折断后分泌出的液体清亮如水（个别为白色），菇盖撕裂后一般不变色。

（6）测试　在采摘野蘑菇时，可用葱在蘑菇盖上擦一下，如果葱变成青褐色，证明有毒，反之不变色则无毒。

（7）煮试　在煮野蘑菇时，放几根灯芯草和大蒜或大米同煮，蘑菇煮熟，灯芯草变成青绿色或紫绿色则有毒，变黄者无毒；大蒜或大米变色有毒，没变色仍保持本色则无毒。

（8）化学鉴别　取采集或买回的可疑蘑菇，将其汁液取出。用纸浸湿后，立即在上面加一滴稀盐酸或白醋，若纸变成红色或蓝色的则有毒。

以上几种方法虽能大概判别出蘑菇是否有毒，但是，以上只是经验。因此，为防止毒蕈中毒的发生还要注意几点：广泛宣传毒蕈中毒的危险性，有组织的采集蕈类，在采蘑菇时应由有经验的人指导，切勿采摘自已不认识的蘑菇食用。毫无识别毒蘑菇经验者，千万不要自采蘑菇；让群众掌握毒蘑菇与普通蘑菇的形态特征，提高辨别毒蘑菇的能力。不随意采集野外蘑菇食用，尤其对一些色泽鲜艳，形态可疑的蘑菇应避免食用；已经确认为毒蘑菇时，绝不能食用，也不要将其饲喂给畜禽，以免引起食物中毒。

三、有毒食用菌的理化检验

（一）毒蝇碱的检验

取适量样品，用 1∶19（*v/v*）氨水和乙醇溶液提取，氨水可使毒蝇碱的氯化物转变成为毒蝇碱的氢氧化物，经减压浓缩后，使其与四硫氰基二氨铬酸铵生成沉淀而与杂质分离。沉淀经洗净后，溶解在丙酮中，加入硫酸银和氯化钡溶液，使氯化毒蝇碱转入溶液。溶液再减压浓缩，成为点样液。在 pH 4.5 条件下，于层析纸上点样，以正丁醇∶甲醇∶水（10∶3∶20，*v/v*）作为展开剂，展开 2h，取出层析纸晾干，用碱式碳酸铋、碘化钾和乙酸混合液作为显色剂，喷于层析纸上。如在 R_f 值 0.28 附近出现暗橙色斑点，则表示有毒蝇碱存在。

（二）毒肽的检验

称取适量样品于烧杯中，加入一定量甲醇并加热，不断用玻璃棒搅拌，过滤，尽量压出样品中溶剂，于蒸汽浴上蒸干。将残渣用几滴甲醇溶解，此样即为待检液。将待检液点样于层析纸上，然后以丁酮∶丙酮∶水∶正丁酮（20∶6∶5∶1，*v/v*）作为展开剂，展开 40min，取出层析纸于空气中挥干，将层析纸条用浓盐酸熏 5～10min，然后取出纸条观察，若有一个或几个紫色或蓝色斑点出现，则表示有毒肽类化合物存在。若出现橙色、黄色或粉红色斑点，则认为是阴性。

（三）毒伞肽的检验

称取适量的样品于研钵中，加入一定量甲醇磨浆，过滤，收集滤液，浓缩滤液至 1mL。将浓缩液点于硅胶 G 薄层板上，然后以甲醇∶丁酮（1∶1，*v/v*）作为展开剂展开，展开后将薄层板晾干，用 1%肉桂酸甲醇溶液喷洒，室温晾干后，用浓盐酸熏 10min，毒伞肽呈现紫色斑点。R_f 值分别为 α-毒伞肽 0.46，β-毒伞肽 0.23。

本章小结

本章主要概述了黄曲霉菌、赭曲霉菌等几种易造成食品污染，引起人类食品中毒的真菌及其毒素；阐述了这些真菌的生长特性、所产毒素的理化性质和毒理作用；重点分析了不同真菌的毒素检测方法和检出限量。

思考题

1. 简述黄曲霉菌的生长特性、其毒素的理化性质和主要的检测方法。
2. 什么是真菌性食物中毒和真菌毒素中毒症？试举例说明。
3. 食用菌是否有毒常用哪些方法进行鉴别？

第十章 有毒动植物

CHAPTER 10

有毒动植物是指含有某种天然有毒成分或由于储存条件不当形成某种有毒物质的一些动植物。自然界中有毒的动植物种类很多，所含的有毒成分复杂，常见的有毒动植物品种有河豚鱼、含高组胺鱼类、含氰苷植物、发芽马铃薯、四季豆和生豆浆等。

第一节 有毒动物

动物性食品是人类最主要的食物来源之一，由于其营养丰富、味道鲜美，很受人们欢迎。但是，某些动物性食品中含有天然毒素，称为有毒动物。

一、有毒动物及动物有毒组织的种类

（一）有毒鱼类及其有毒组织的种类

大部分鱼类可供食用，但是有的鱼体内产生或积累有毒素，误食这些鱼便会中毒，严重时导致死亡，这一类鱼就称为有毒鱼类，美国科学家发表报告称，自然界中存在的有毒鱼类至少有 1200 种，产于我国的有 270 余种。

不同的有毒鱼类其有毒的组织是不同的。按含毒部位和毒素的性质，有毒鱼类主要分为鲀毒鱼类、肉毒鱼类、胆毒鱼类、血毒鱼类、肝毒鱼类、卵毒鱼类、刺毒鱼类、含高组胺鱼类等。

1. 鲀毒鱼类

鲀毒鱼类是指鲀形目中其内脏含有河鲀毒素的一群鱼类，一般通称为河豚鱼、河鲀鱼。这是有毒鱼类中比较著名且含剧毒的一个类群，以鲀形目鲀科各属最具有典型的代表性，其他各科有些有毒，有些无毒。含毒部位均以内脏为主，肌肉大部分可食用。无毒的种类如绿鳍马面鲀（橡皮鱼、剥皮鱼）、绒纹单角鲀（三角鱼）、日本头刺单角鲀（三角鲀）等，是食用经济鱼类。

世界上有鲀毒鱼类 200 多种，我国所产鲀毒鱼类 70 余种。鲀形目鲀科的有东方鲀属、兔鲀属、腹刺鲀属、宽吻鲀属、凹鼻鲀属、叉鼻鲀属、星纹叉鼻鲀属和扁背鲀属；另外在三刺鲀科、鳞鲀科、草鲀科、箱鲀科、刺鲀科和翻车鲀科均有代表。

鲀科鱼体形似“豚”，因此也称河豚、河鲀。鲀毒鱼类以东方鲀（*Fugu*）为代表，是近海肉食性底层鱼类。东方鲀（河鲀）的毒素虽强，但其肉味腴美，鲜嫩可口，含蛋白质高，营养丰富。日本、朝鲜和中国都有传统食用习惯。

河豚鱼（*Tetrodontidae*）是鱼纲，鲀亚目，鲀科，又称河鲀鱼、气泡鱼、连巴鱼、吹肚鱼、廷巴鱼、街鱼、台巴鱼、乖鱼、气鼓鱼、鲀鱼、龟鱼、腊头等，是一种味道鲜美但含有剧毒的鱼类，是暖水性海洋底栖鱼类。我国沿海的有毒河豚主要是东方鲀属，常见的几种毒河鲀为豹纹东方鲀（*Fugu pardalis*）、星点东方鲀（*Fugu niphobles*）、铅点东方鲀（*Fugu alboplumbeus*）、弓斑东方鲀（*Fugu ocellotus*）、紫色东方鲀（*Fugu porphyreus*）、虫纹东方鲀（*Fugu vermicularis*）和条纹东方鲀（*Fugu xanthopterus*）等。

2. 肉毒鱼类

肉毒鱼类泛指热带海鱼礁区的有毒鱼类（鲀形目鱼类除外）中能引起食用者中毒的一类鱼。肉毒鱼类的毒素是一种称为“雪卡”的毒素（Ciguatoxin，CTX），通常只存在于一些鱼的不同组织中，主要在鱼体肌肉、内脏及生殖腺等部位。由于毒素是通过食物链传递积聚，因此，鱼体含毒无规律，同一种鱼，因栖息环境不同，有的有毒，有的无毒；有些鱼种中，小鱼无毒，而大鱼有毒。

全世界肉毒鱼类有400余种，产于我国的有30种。常见的肉毒鱼类主要有石斑鱼、鲈鱼、梭鱼、刺尾鱼、黑印真鲨、波印唇鱼、栉齿刺尾鱼、红鲇鱼、刺蝶鱼、鹦嘴鱼等。

3. 胆毒鱼类

胆毒鱼类是指胆汁有毒的鱼类，其典型的代表是草鱼，吞食草鱼胆中毒的病例最大（占80%~90%），其次是青鱼、鲤鱼、鳙鱼、鲢鱼等。民间常生吞鱼胆治疗目疾、高血压、支气管炎、化痰止咳等。《本草纲目》也记载了各种鱼胆的不同疗效。现代研究表明，某些鱼胆汁的确有祛痰、轻度镇咳作用和明显的短暂降压作用。虽然鱼胆能治病，但鱼胆的胆汁有胆汁毒素，它能引起人体肝、肾及胃肠等病变，在短时间内导致肝、肾功能衰竭，也能损伤脑细胞和心肌。

据资料报道，服用鱼重0.5kg左右的鱼胆4或5个就能引起不同程度的中毒；服用2.5kg左右的青鱼胆2个或鱼重5kg以上的青鱼胆1个，就有中毒致死的危险。

4. 血毒鱼类

血毒鱼类是指血液（血清）中含有毒素的鱼类。这类毒素是一种大分子结构的外毒素。它和河鲀鱼的毒素不同，可以被加热和胃液所破坏。因此在一般情况下，鱼肉虽未洗净血液，但经煮熟后进食，不会中毒，而生饮鱼血可引起中毒。1964年欧洲曾发生数起人饮食大量鳗鲡和海鳝的生血引起中毒的事件。

已知的血毒鱼类有鳗鲡目鳗鲡科的欧洲鳗鲡、日本鳗鲡、美洲鳗鲡；康吉鳗科的美体鳗、欧体吉尔鳗；海鳗科的海鳝；蛇鳗科的白点蠕鳗；合鳃目合鳃科的黄鳝等。我国沿海江湖都有鳗鲡、海鳝、黄鳝的分布。另外，在东北河川中的八目鳗的血液也有毒，误食可致中毒。

5. 卵毒鱼类

卵毒鱼类是生殖腺（卵或卵巢）含有毒素的鱼类。这类鱼的肌肉和其他内脏通常仍可食用。在鲤科的裂腹鱼类、光唇鱼属的一些种类等，在产卵季节，亲鱼为了保护自身和防止鱼卵被其他动物所食，其鱼卵有毒，这种鱼卵有毒的鱼类称为卵毒鱼类。这类鱼卵一般随发育逐渐生成毒素，成熟鱼卵毒性最强。

卵毒鱼类主要是淡水鱼，也有咸水和海水鱼。已报道的卵毒鱼类分属于鲟鱼目等7个目15个科。我国常见的有毒种属有鲤科鲍属、光唇鱼属、裂腹鱼属的鱼，如青海湖裸鲤、云南光唇鱼、温州厚唇鱼、狗鱼、鲇鱼、半光唇鱼、条纹光唇鱼、虹彩光唇鱼、长鳍光唇鱼、鳇鱼、淡水石斑鱼、斑节鱼等。

6. 肝毒鱼类

肝毒鱼类是指其肝脏有毒的鱼类。肝毒鱼类的肝脏会引起摄入者的中毒。肝毒鱼类可分为两种，一种是鱼的肝脏有毒，其他部分无毒，如日本马鲛、硬鳞鳍等硬骨鱼纲的肝毒鱼；另一种除肝脏有毒外，鱼肉也可能有毒，主要指热带鲨等软骨鱼纲的肝毒鱼。

在我国东北黑龙江流域的河川中分布的七鳃鳗（又称八目鳗、七星鱼）的皮肤和肝脏中含有丰富的维生素A和维生素B_{12}，过食会引起中毒。此外，引起肝中毒的肝毒鱼类还有硬骨鱼中的鳕鱼（俗称大头鳕）、软骨硬鳞鱼中的鳇鱼以及蓝点马鲛和其他大型马鲛鱼等，其肝均不宜鲜食。

7. 刺毒鱼类

全世界共有刺毒鱼类500余种，我国有100余种。这类鱼的鳍棘和尾刺中有毒腺，被刺伤后可引起中毒。但其毒液一般不稳定，能被加热和胃液所破坏。

中国海洋刺毒鱼类有软骨鱼类和硬骨鱼类两个类群。软骨鱼类有魟类、虎鲨、角鲨和银鲛等30余类。魟类为主要代表，它们具有含毒腺组织的尾刺；硬骨鱼类有毒鲉、蓝子鱼和刺尾鱼等类。以毒鲉类为典型代表，其背鳍、臀鳍和腹鳍的鳍棘，大部分含有毒腺组织，分泌的毒素能麻痹骨骼肌、平滑肌和心肌，并产生剧痛。

8. 含高组胺鱼类

高组胺鱼类主要是指青皮红肉的鱼类，如鲐鱼、鲣鱼、鲭鱼、秋刀鱼、金枪鱼、沙丁鱼、竹荚鱼、马鲛鱼、鲱鱼、青鳞鱼等，其肌肉中含血红蛋白较多，因此组氨酸含量也较高，组氨酸分解，产生了大量的组胺（Histamine）和类组胺物质——秋刀鱼毒素（Saurine），当它们积蓄至超过人体中毒量时，食后便可能中毒。

另外，死蟹、死鳖、死鳝等体内含有组胺毒素，并且死的时间越久，体内积累的组胺就越多。当组胺积蓄到一定数量时，就会造成食物中毒。所以，不要吃死蟹、死鳖和死鳝。即使在吃活的螃蟹、鳖时，也应扔掉胃、肠等内脏。

（二）有毒贝类及其有毒组织的种类

贝类的种类很多，至今已记载的有几十万种，可作食品的贝类有28种，已知的大多数贝类均含有一定数量的有毒物质，只有在地中海和红海生长的贝类是已知无毒的，墨西哥的贝类也比其他地区固有的贝类的毒性低。

引起中毒的贝类主要有螺类、鲍类、蛤类和海兔等，常见的有紫贻贝、巨蛎、花蛤、石房蛤、文蛤、四角蛤蜊、扇贝、海扇、蚝、织纹螺、牡蛎、油蛤、香螺、蚶子等常食用的软体动物贝类。

螺类的有毒部位分别在螺的肝脏或鳃下腺、唾液腺内，误食或过食可引起中毒。蛤类的毒素会在其肠腺中大量蓄积，肝脏和消化腺内也有毒素，这些毒素来自某些有毒海藻，经食饵富集在贝类动物体内。鲍类的肝、内脏或中肠腺中含有一种有毒化合物，叫鲍鱼毒素。鲍鱼毒素是一种有感光力的有毒色素，这种毒素来自鲍鱼食饵海藻所含的外源性毒物。海兔的体内有毒腺，能分泌具有令人恶心气味的海兔毒素，对神经系统有麻痹作用，大量食用会引起头痛。所以误食或接触海兔都会发生中毒。

（三）有毒爬行动物

1. 陆地毒蛇

蛇是一种爬行动物，属于爬行纲蛇目，它是由古代某些蜥蜴类演化而成，一般分无毒蛇和有毒蛇。毒蛇和无毒蛇的体征区别有：毒蛇的头一般为三角形；口内有毒牙，牙根部有毒腺，能分泌毒液；尾短，突然变细。无毒蛇头部为椭圆形；口内无毒牙；尾部逐渐变细。虽可以这么判别，但也有例外，不可掉以轻心。

蛇的种类很多，目前世界上的蛇约有3000种，其中毒蛇有600多种，在我国生存的蛇有170多种，其中毒蛇有40多种。常见的生活在陆地上的毒蛇有：尖吻蝮（*Agkistrodon acutus*，俗称五步蛇）、竹叶青（*Trimeresures stejnegeri*）、眼镜蛇（*Naja naja atra*）、金环蛇（*Bungarus fascitus*）、银环蛇（*Bungarus multicinctus*）、眼镜王蛇（*Ophiophagus hannah*，俗名过山峰）、蝰蛇（*Vipera russelli siamensis*）、蝮蛇（*Agkistrodon halys*）、烙铁头（*Trimeresures mucrosquamatus*）、响尾蛇（*Rattlesnake*）等。

2. 海蛇

海蛇（*Pelamis platurus*）是蛇目眼镜蛇科的一个亚科，是一类终生生活在海洋里的爬行动物。所有海蛇无一例外都是毒蛇，而且海蛇的口腔里都长有锋利的毒牙和与其相连的毒腺。全世界约有50种海蛇，中国有海蛇十几种。中国常见的有青环海蛇（*Hydrophis cyanocinctus*）、环纹海蛇（*Hydrophis fasciatus atriceps*）、平颏海蛇（*Lapemis hardwickii*）、小头海蛇（*Microcephalophis gracilis*）、长吻海蛇（*Pelamis platurus*）、海蝰（*Praescutata viperine*）等。

（四）有毒棘皮动物及其有毒组织的种类

棘皮动物的种类较多，其中能引起人类致伤中毒的有20多种。常见的有毒棘皮动物主要有海星类、海胆类和海参类等。

常见的有毒海星主要有长棘海星、多棘海盘车、日本滑海盘车、海燕等。

常见的有毒海胆主要有刺冠海胆（俗称海针）、环刺棘海胆、冠刺棘海胆、喇叭毒棘海胆、白棘三列海胆、马粪海胆、石笔海胆、饭岛囊海胆等。

常见的有毒海参主要有紫轮参、荡皮海参、海棒槌、刺参、辐肛参等。

海星体外有许多棘、疣、颗粒和叉棘。叉棘表皮有许多腺细胞，可产生海星毒素。海胆的生殖腺、棘或叉棘中可产生毒素。海参的体内含有海参毒素。某些海参如辐肛参等毒素大部分集中在与泄殖腔相连的细管状的居维叶器内；另一些海参如荡皮海参、刺参等毒素主要富集在体壁的表皮腺中；多数有毒海参的内脏和体液中都存在海参毒素。

（五）有毒两栖动物及其有毒组织的种类

有毒两栖动物也较多，这里主要介绍常见的有毒蟾蜍。

蟾蜍属脊椎动物门、两栖纲、无尾目、蟾蜍科动物的总称。世界上蟾蜍种类达250多种，我国现有十几种。最常见的蟾蜍是大蟾蜍，俗称癞蛤蟆。皮肤粗糙，背面长满了大大小小的疙瘩，这是皮脂腺。其中最大的一对是位于头侧鼓膜上方的耳后腺。这些皮脂腺和耳后腺腺体分泌的白色毒液的主要成分为蟾蜍毒素。

（六）有毒腔肠动物及其有毒组织的种类

腔肠动物约有1万种，其中有毒种类70多种，我国发现有50多种。有毒类腔肠动物有水螅类、水母类、海葵类、岩沙海葵类和石珊瑚类等。腔肠动物分布很广，多栖息于海洋中，淡水中较少。

水螅类有2000多种，常见的有毒水螅类主要有水螅纲多孔科的鹿角多孔螅和扁叶多孔螅；僧帽水母科的僧帽水母和小囊僧帽水母；羽螅体中的单荚羽螅体等。水螅体口的周围有一圈放射状细而长的触手，是水螅的捕食器。触手上有刺丝胞（丝囊），多孔螅丝囊中会产生丝囊毒素。

目前世界上有水母200多种，毒性高而引起螫伤的种类有10多种。常见的有毒水母类主要有仙游水母、白色霞水母、立方水母、海黄蜂、手曳水母、僧帽水母、小囊僧帽水母等。我国常见的有毒水母有海月水母、海黄蜂（细斑指水母）、白色霞水母、圆盘水母、长硬钩水母、叶腕海蜇、僧帽水母、银币水母、口冠水母、红蜇水母、黄斑水母、仙游水母等。水母的刺丝囊结构种类多达十几种，刺丝囊内含海蜇毒素，只要触及几个触须就能使几千个刺丝囊放出大量毒素。

海葵俗称海菊花，体色鲜艳，身体柔软呈圆柱状，一端为口盘，另一端为基盘，固着在海边的物体上。全世界有海葵1000多种，有毒的海葵有10多种，我国常见的有毒海葵是海葵、疣海葵、太平洋侧花海葵、红海葵、纵条矶海葵、绿海葵和细指海葵等，误食或接触可引起中毒，甚至死亡。海葵的触手和刺丝胞都有毒，毒液主要集中在刺丝胞囊中。

岩沙海葵属沙海葵目，是一种剧毒海葵。目前已发现有毒岩沙海葵50种，我国发现有20多种，已鉴定的有9种。其中毒性较大的种类有哈登岩沙海葵、盘花岩沙海葵和海燕岩沙海葵。岩沙海葵的刺丝胞分泌海葵毒素。

石珊瑚类中的角孔珊瑚有显著的毒性，毒素由其刺丝囊分泌。

（七）有毒昆虫及其有毒组织的种类

有毒昆虫的种类较多，这里主要介绍几种常见的有毒昆虫，如毒蜂、蚂蚁、蝎子等。

1. 毒蜂

蜂的种类很多，有蜜蜂、黄蜂、胡蜂、大黄蜂、土蜂、狮蜂、竹蜂等。蜂类中的蜂王和雄蜂尾部无螫针，不会造成蜇伤。工蜂是生殖系统发育不全的雌蜂，其尾部有毒腺和螫针。螫针是产卵器的变形物，尖端有逆钩，刺入机体后不易拔出，部分残留于创伤内。当螫针刺入皮肤时，毒腺收缩放出毒液，引起局部或全身性中毒症状。

2. 蚂蚁

目前全世界已命名蚂蚁共有9000多种，我国有300多种，且其分布广泛，从沙漠到森林，从热带到寒带，从平原到高山均有踪迹。根据它们的形态特征可分为切叶蚁科、蚁科、真蚁科、刺蚁科和行军蚁科等。

高度进化的蚂蚁，其毒刺器官退化。它们没有刺，但还保留有附属于刺的毒器。这个毒器由毒腺体和一个大的聚集泡组成。真蚁科蚂蚁的肛腺即为附属的毒器。蚁科和真蚁科没有毒刺，所以它们仅以蔬菜和禾谷类为食物。有刺的蚂蚁都具有毒素，它们的毒器是为杀死猎物而用的。

目前发现能引起人畜中毒的蚂蚁主要有火蚁、南美螯蚁、金色火蚁、外引红火蚁和外引黑大蚁等。

3. 蝎子

蝎子又名全虫，屈节肢动物门、蛛形纲、蝎目，钳蝎科，其尾巴能分泌毒液。蝎子在世界各地均有分布，如中国的东亚钳蝎、埃及的五条纹蝎、美国南部的卡若莱尼蝎、欧洲及北美地区的意大利蝎、墨西哥蝎及苏夫斯蝎等均属世界著名的蝎子品种。

我国的蝎子资源较为丰富，有十几种。我国较为重要的蝎子有以下 6 种：东亚钳蝎（又名马氏钳蝎，远东蝎）、东全蝎、会全蝎（又名伏牛会全蝎）、十条腿蝎、藏蝎、沁全蝎。

二、动物毒素及危害

（一）河豚毒素的危害

1. 河豚毒素在体内的分布及性质

河豚鱼肉的味道非常鲜美，但几乎所有种类的河豚鱼都含河豚毒素（Tetrodotoxin，简称 TTX）。河豚鱼的毒力强弱随鱼体部位、品种、季节、性别等因素而异。概括地说，在鱼体部位中，以卵、卵巢和肝脏含毒最高，毒性最大；肠、皮肤、肾脏、眼睛、血液、脾脏、胃和鳃次之；一般品种的河豚鱼肌肉的毒性较低，但双斑圆鲍、虫纹圆鲍、铅点圆鲍肌肉的毒性较强。每年春季 2~5 月是河豚鱼的生殖产卵期，此时含毒素最多，因此春季易发生中毒。不同种类的河豚鱼，在不同组织中河豚毒素的含量是不同的，几种河豚鱼组织中河豚毒素的含量如表 10-1 所示。

表 10-1　　河豚鱼组织中的河豚毒素　　单位：μg/g 新鲜组织

河豚鱼种类	卵巢	肝脏	皮肤	肠	肌肉	血液
星点东方豚	400	1000	40	400	4	1
铅点东方豚	200	1000	20	40	4	—
豹纹皮东方豚	200	1000	100	40	1	1
虫纹东方豚	400	200	100	40	4	—
紫色东方豚	400	200	220	40	4	—
弓斑东方豚	1000	40	20	40	<0. 2	—
黑绿东方豚	100	40	4	40	<0. 2	—
假睛东方豚	100	10	4	2	<0. 2	—
红鳍东方豚	100	100	1	2	<0. 2	<0. 2
条纹东方豚	100	40	1	4	<0. 2	—

河豚鱼中有毒化学成分主要为毒性极强的河豚毒素，化学名叫氨基全氢间二氮杂萘，又名河豚毒素酐-4-河豚毒素鞘。河豚毒素有很多衍生物，河豚毒素衍生物的毒性依不同的 C_4 位的取代基而有所不同，如表 10-2 所示。

表 10-2　　河豚毒素衍生物的相对毒性

毒素名称	C_4 位的取代基	相对毒性	毒素名称	C_4 位的取代基	相对毒性
河豚素	—OH	1. 000	甲氧基河豚素	$—OCH_3$	0. 024
无水河豚素	—O—	0. 001	乙氧基河豚素	$—OC_2H_5$	0. 012
氨基河豚素	$—NH_2$	0. 010	脱氧河豚素	—H	0. 079

河豚毒素为无色针状结晶，分子式 $C_{11}H_{17}O_8N_3$，相对分子质量为 319.27。是一种非蛋白质，难溶于水，可溶于弱酸性水溶液中，不溶于无水乙醇和有机溶剂中。该物质化学性质稳定，炒、煮、盐腌、日晒均不能将其破坏。对高温、强碱极不稳定，河豚毒素加热至 220℃变黑但不分解，超过 220℃就会分解并炭化。河豚毒素在中性或弱性有机酸中对热稳定，强酸或强碱水溶液（如 4%NaOH 处理 20min）可完全破坏其毒素，起到解毒的作用。

2. 河豚毒素的毒性及危害

河豚毒素是一种毒性很强的神经毒，毒性的产生主要是因为这种毒素是具有高选择性的钠离子通道的阻断剂，主要作用于神经系统，阻断神经肌肉间的冲动传导，使神经末梢和中枢神经发生麻痹，同时引起外周血管扩张，使血压急剧下降。最后出现呼吸中枢和血管运动中枢麻痹，以致死亡。

河豚毒素经腹腔注射对小鼠的 LD_{50} 为 8.7μg/kg 体重。除由细菌产生的蛋白质毒素外，河豚毒素属于最强的一类天然毒素，其毒性相当于氰化钾的 1000 多倍。0.5mg 的河豚毒素就可毒死一个体重 70kg 的人。河豚毒素对人经口的致死量为 7μg/kg 体重。

2016 年 9 月，为规范养殖河鲀加工经营活动，促进河鲀鱼养殖产业持续健康发展，防控河鲀中毒事故，保障消费者食用安全，农业部和国家食品药品监督管理总局联合决定有条件放开养殖红鳍东方鲀和养殖暗纹东方鲀的加工经营。养殖的河鲀应当经具备条件的农产品加工企业加工后方可销售。同时，国家规定禁止经营养殖河鲀活鱼和未经加工的河鲀整鱼，禁止加工经营所有品种的野生河鲀。对销售野生河鲀鱼的企业和个人，将严格依照《中华人民共和国食品安全法》规定予以处罚。

3. 河豚鱼中毒案例

据报道，2019 年宁波一位何姓女士就因贪吃了一小块河豚鱼，险些出了大事。何女士的河豚鱼是从邻居处拿的，她在清理时去掉了有毒的鱼肝和鱼眼，并在烧菜时放了整整一斤黄酒“杀毒”，结果吃了一口，不到 10min，就全身发麻、胸闷气短。家人见状不对，赶紧送她到医院，何女士经过一晚上的洗胃、导泻、补液，第二天早上又做了两小时血液净化，才有所好转。

执法人员说，“拚死吃河豚”这件事，除了食客有性命之忧外，销售河豚者也要承担法律责任。2019 年 5 月中旬，上海浦东法院判决了一起案子：一名鱼贩出售河豚给一男子，男子食用河豚后不幸中毒去世，鱼贩虽赔偿给死者家属 15 万元获得了谅解，但刑责难免，最终被法院以销售不符合安全标准的食品罪，判处有期徒刑 3 年。

由此看来，河豚虽味美，但并不“好”吃。为此专家声明：对食用河豚切不可存有侥幸心理，否则为解一时之馋，很可能会付出惨重的代价。

（二）动物肝脏中的毒素及其危害

1. 肝脏毒素毒性及危害

虽然肝脏对促进儿童的生长发育，维持成人的身体健康都有一定的益处。此外，食用肝脏还具有防治某些疾病的作用，如角膜干燥症、夜盲症、角膜炎等因缺乏维生素 A 而导致的眼病。但是过量摄取维生素 A 也会造成中毒。由于肝脏是动物的最大解毒器官，所以动物肝脏中还可能存在着机体本身产生的毒素和病原体带来的有毒物质和寄生虫等，对动物肝类食品的安全性构成了潜在的威胁。

动物肝脏中的主要毒素物质为胆酸（Bileacids）、脱氧胆酸（Deoxycholec Acid）和牛磺胆酸（Taurocholic Acid）构成的混合物，如图 10-1 所示，毒性依次为牛磺胆酸>脱氧胆酸>胆酸，摄入量小不会中毒。

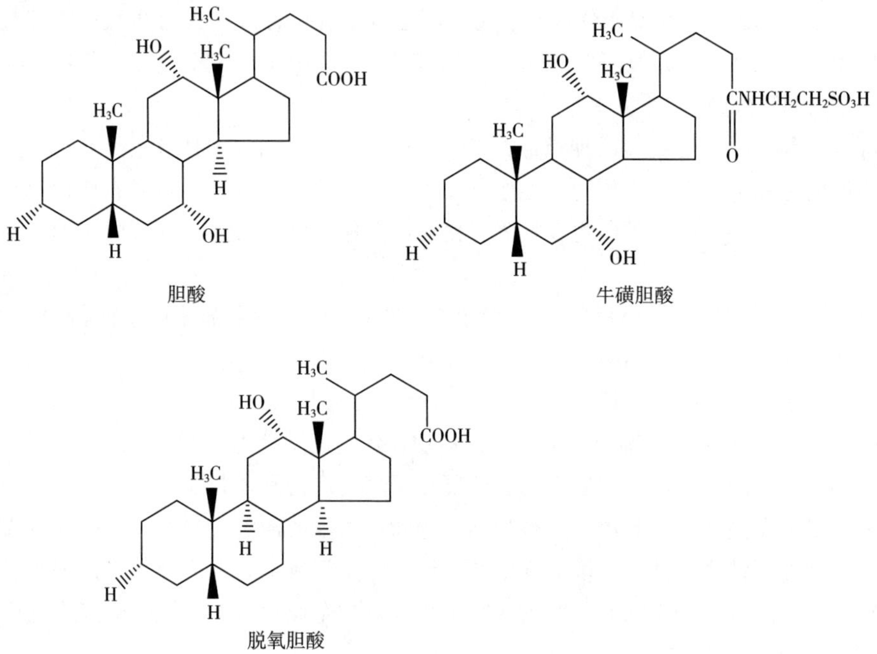

胆酸　　牛磺胆酸

脱氧胆酸

图 10-1　胆酸的结构

动物肝中的胆酸是中枢神经系统的抑制剂，我国在几个世纪之前，就知道将熊肝用作镇静剂和镇痛剂。许多试验研究表明，脱氧胆酸对结肠癌、直肠癌的发生有促进作用。猪肝脏中的胆酸含量较少，一般不会产生明显的毒性作用，但过食或食用时处理不当也会对人体健康产生一定的危害。

动物肝脏中的维生素 A 是一种脂溶性维生素，大部分的动物的肝脏中维生素 A 的含量都较高，尤其在鱼类比如鲨鱼、蓝点马鲛、鳕鱼、鳇鱼、鲅鱼、旗鱼、硬鳞鳍鱼等的肝脏中含量最多。尽管维生素 A 是机体所必需的生物活性物质，但当成人一次摄入量维生素 A 超过 5×10^5IU 时，就可引起中毒，大量摄入维生素 A 会引起视力模糊、失明和肝脏损害。如鲨鱼肝中毒，鲨鱼肝内维生素 A 的含量为 10000IU/g，一次进食鲨鱼肝 200g 左右即可引起中毒。其他如鲛鱼、鳟鱼等的肝脏也可引起中毒，中毒后的表现与维生素 A 中毒相似。

在我国东北沿海地区，因吃鱼肝引发的中毒也屡有发生，国内还曾有因吃狗、狼、狍、海豹、熊等动物肝脏引起中毒的报道。

2. 动物肝脏过量食用中毒案例

2004 年 11 月 12 日，内蒙古自治区乌兰浩特市的张某夫妇和孩子及朋友一起食用了狗肝，3~10min 后，陆续出现了头痛、头晕、恶心等症状，张某家人认为是感冒，于是就近到医院进行治疗。两日后，4 人均出现脸部脱皮现象，医生用药后不见缓解，并且逐渐蔓延到四肢躯干。张某怀疑是食物中毒，才向乌兰浩特市卫生防疫站报告。

乌兰浩特市防疫站领导对此非常重视，立即派出卫生监督人员进行流行病学调查，通过食品检验，排除了种种疑点，同时查阅了大量的相关资料，确定为是因过量食用狗肝引起的维生素 A 中毒。

（三）组胺的毒性及危害

1. 组胺的来源及性质

组胺（Histamine，HA）又名组织胺，是一种活性胺化合物，分子式为 $C_5H_9N_3$，相对分子质量为 111，化学名为 2-咪唑基乙胺，是一种生物碱，无色针状晶体，有吸湿性，溶于水和乙醇。组织胺作为身体内的一种化学传导物质，可以影响许多细胞的反应，包括过敏，发炎反应，胃酸分泌等，也可以影响脑部神经传导，会造成想睡觉等效果。

青皮红肉鱼类中含有较高量的组氨酸，当受到富含组氨酸脱羧酶的细菌如钻无色杆菌、葡萄球菌、大肠杆菌、链球菌等污染，并在适宜的环境条件下，组氨酸脱羧而产生组胺。组氨酸脱羧基产生组胺的反应如图 10-2 所示。

图 10-2　鱼组织中组胺的形成过程

青皮红肉鱼在 7℃放置 96h，可能产生的组胺为 1.6～3.2mg/g。一般情况下，温度 15～37℃、有氧、弱酸性（pH 6.0～6.2）和渗透压不高（盐分含量 3%～5%）的条件，适于组氨酸分解形成组胺。当鱼品中组胺含量达到 4mg/g 以上时，便有中毒的危险。

2. 组胺的毒性及危害

组胺可使鸡和豚鼠等动物中毒。豚鼠腹腔注射 4.0～4.5mg/kg 体重即可引起死亡；经口给予的致死量为 150～200mg/kg 体重。人类组胺中毒与鱼肉中组胺含量、鱼肉的食用量及个体对组胺的敏感程度有关。敏感的人在 50～100mg/kg 体重时产生轻度中毒，100～1000mg/kg 体重引起中度中毒。一般认为，成人摄入组胺超过 100mg 以上就有中毒的可能性。关于鱼类食品中组胺的最大允许含量，目前，我国和日本都规定鱼类食品中组胺的最大允许含量为 100mg/100g。

3. 不新鲜海产青皮红肉鱼中毒案例

2004 年 12 月 29 日，南京浦口某企业有近百名工人吃了食堂的午饭后，身体出现了过敏反应，患者脸上泛红、头晕、恶心、胸闷，随后被送往浦口中心医院进行抢救。经调查，此次发生集体身体不适症状是不新鲜的青皮红肉鱼引起的。

（四）贝类毒素及其危害

早在几百年前，人们就已经知道食用某些贝类后可引起急性中毒。这些主要的贝类毒素包括麻痹性贝类毒素（Paralylic shellfish poisoning，PSP）、腹泻性贝类毒素（Diarrhea shellfish poisoning，DSP）、神经性贝类毒素（Neurotoxic shellfish poisoning，NSP）、记忆丧失性贝类毒素（Amnesic shellfish poisoning，ASP）4 种。

1. 麻痹性贝类毒素（PSP）

近年来，由于环境污染日渐加剧和其他一些因素的影响，在我国及其他一些国家的沿海地区频繁发生“红潮”现象。“红潮”导致的鱼类和贝类中毒主要是麻痹性贝类中毒，它目前已成为影响公众健康的最严重的食物中毒现象之一。

麻痹性贝类毒素（Paralytic shellfish poison，PSP）专指摄食有毒的涡鞭毛藻、莲状原膝沟藻、塔马尔原膝沟藻被毒化的双壳贝类所产生的生物毒素。目前从甲藻和软体动物中已分离出 20 种麻痹性贝类毒素，主要有石房蛤毒素（Saxitoxin，STX）、膝沟藻毒素（Gonyautoxin，GTX）和新石房蛤毒素（Neosaxitoxin，neo-STX）等。

石房蛤毒素被首先确定的 PSP 成分，其有 20 种衍生物，按其结构及毒性可分为四种类型：第一是毒性最高的含有氨基甲酸酯的毒素；第二是毒性处于中等的含有氨基甲酰的毒素；第三是毒性较低的含有氨基甲酰-*N*-磺基膝沟藻毒素；第四是毒性尚未完全清楚的含有脱氧脱氨基甲酰族毒素。

PSP 是一类神经和肌肉麻痹剂，其主要是通过对细胞内钠通道的阻断，造成神经系统传输障碍而产生麻痹作用。PSP 易溶于水且对酸热稳定，在碱性条件下易分解失活。一般的食品加工方法很难破坏染毒体的毒性，石房蛤毒素对小鼠的 LD_{50} 静脉为 7μg/kg 体重，对人经口致死量为 0.54~0.90mg。石房蛤毒素的毒性是眼镜蛇毒素毒性的 80 倍。美国、加拿大和澳大利亚及大多数欧洲国家将食用标准的安全浓度定为 0.8mg/kg，日本、韩国和中国香港定为 0.3mg/kg。

2. 腹泻性贝类毒素（DSP）

1976 年，在日本宫城县发生了食用紫贻贝（*Mytilusedulis*）引起的以腹泻为主要症状的集体食物中毒事件。当时，从该贝中肠腺内检出了能杀死小白鼠的脂溶性毒素，为了将这种毒素与其他毒素相区别，称为腹泻性毒素（Diarrhetic shellfish poison，DSP）。

腹泻性贝类毒素是由另外一种海洋藻类产生，大量存在于软体贝类中一种毒素。倒卵形鳍藻（*Dinophysis fortii*）和渐尖鳍藻（*D. acuminata*）是 DSP 的产生者。DSP 不是一种可致命的毒素，通常只会引起轻微的胃肠疾病，而症状也会很快消失。

DSP 是一种脂溶性物质，其化学结构是聚醚或大环内酯化合物。根据这些毒素的碳骨架结构，可以将它们分为 3 类：①酸性成分的有大田软海绵酸（Okadaic acid，OA）及其天然衍生物——轮状鳍藻毒素（Dinophysistoxin，DTX1~3）等；②中性成分的聚醚内酯——蛤毒素（Pectenotoxin，PTX），包括 PIX1~7，PTX-2SA，7-epi-PTX-2SA 等；③其他成分的融合聚醚毒素——扇贝毒素（Yessotoxin，YTX）及 4，5-羟基扇贝毒素。三种毒素的毒理作用各不相同。OA 对小鼠腹腔注射的半致死量为 160μg/kg，会使小鼠或其他动物发生腹泻，并且有强烈的致癌作用。PTX 对小鼠的半致死量为 16~77μg/kg，主要作用是肝损伤。YTX 对小鼠的半致死量为 100μg/kg，主要破坏动物的心肌。

3. 神经性贝类毒素（NSP）

有毒贝类引起的人类食物中毒中有一种与摄入由短裸甲藻细胞或毒素污染的贝类有关。它可以出现感觉异常、冷热感交替、恶心、呕吐、腹泻和运动失调，或上呼吸道综合征，但未观察到麻痹，为与引起麻痹作用的有毒贝类毒素相区别，称其为神经性贝类毒素（Neurotoxic Shellfish Poisoning，NSP）。

神经性贝类毒素的发生与海洋赤潮有关，短裸甲藻（*Gymnodinium breye*），以前叫短翼盘藻（*Ptychodis cusbreve*），是产生神经性贝类毒素的原因。NSP 主要由短裸甲藻所分泌的短裸甲藻毒素（Brevetoxin，BTX 或 PbTx）引起的。

目前从短裸甲藻细胞中分离 13 种 NSP 毒素成分，已确定其中 11 种成分的化学结构，按各成分的碳骨架结构划分为 3 种类型：①由 11 个稠合醚环组成的梯形结构，包括短裸甲藻毒素-2（PbTx-2）、短裸甲藻毒素-3（PbTx-3）、短裸甲藻毒素-5（PbTx-5）、短裸甲藻毒素-6（PbTx-6）、短裸甲藻毒素-8（PbTx-8）、短裸甲藻毒素-9（PbTx-9）；②10 个稠合醚环组成，包括短裸甲藻毒素-1（PbTx-1）、短裸甲藻毒素-7（PbTx-7）、短裸甲藻毒素-10（PbTx-10）；③其他成分，包括含磷化合物 GB-4 和含磷化合物 PB-1。

短裸甲藻毒素的小鼠致死量为 95~500μg/kg 体重。短裸甲藻通过两种途径危害人类：一是通过食用受短裸甲藻污染的贝类引起神经性中毒和消化道症状；二是由于人类呼吸或接触了含有短裸甲藻细胞或其代谢产物的海洋气溶胶颗粒所引发的呼吸道中毒和皮肤受刺激现象。

4. 记忆丧失性贝类毒素（ASP）

记忆丧失性贝类毒素（Amnesic Shellfish Poisoning，ASP）是一种存在于硅藻属如尖刺拟菱形藻多列型（*Nitzxch pungens f. multiseries*）中的毒素。误食或食用过多就会引起中毒，永久性丧失部分记忆是此类中毒后的典型症状，因此被称为记忆丧失性贝类毒素。

ASP 的主要成分是软骨藻酸（Domoic acid，DA）是一种具有生理活性的氨基酸类物质。软骨藻酸是比麻痹性贝类毒素毒性弱的神经性毒素，其对小鼠的 LD_{50} 约 10mg/kg 体重。美国规定贝肉中软骨藻酸的安全剂量为 20μg/g。

5. 贝类中毒案例

2017 年 6 月 8 日下午，漳浦县佛昙镇多名群众疑似食用贝类海产品后，出现头晕、四肢麻痹等食物中毒症状。截至 8 日晚 12 时许，先后有 36 名群众被送往市县两级医院就诊，其中有 1 人病情较重，其余患者病情相对稳定。经当地市疾控中心流行病学专家初步判断，这些患者系误食了疑似为海水赤潮污染导致的麻痹性贝类毒素引发，该染毒贝类不能通过外观与味道的新鲜程度加以分辨，冷冻和加热不能使其完全失活。

（五）雪卡毒素及其危害

1. 雪卡毒素的毒性及危害

雪卡鱼（*Ciguatera*）一词来自名词 Cigua，原是指生长在加勒比海的一种卷贝品种，现在是指栖息于热带和亚热带海域珊瑚礁附近因食用毒藻类而被毒化的鱼类的总称。雪卡毒素属于获得性毒素，鱼体内含有雪卡毒素不具有明显规律性。每年 3~4 月份为繁殖季节，珊瑚鱼需要食物多，体态肥美，味道也最鲜美，而体内聚集的雪卡毒素也越多。

雪卡毒素（Ciguatoxin，CTX）是雪卡鱼毒（Ciguatera fish poisoning，CFP）的一种，雪卡鱼毒有多种毒素组成，有共同的理化性质和中毒特征，在雪卡鱼毒中毒事件中，最常见的是雪卡鱼中毒。所以，目前以雪卡毒素为这类毒素的代表。已从雪卡鱼中分离出三种毒性物质，其中包括雪卡毒素、刺尾鱼毒素（Maitotoxin，MTX）和鹦嘴鱼毒素（Sacaritoxin，STX）。

雪卡毒素属于神经毒素，是一种外因性和累积性的神经毒素，无色，脂溶性，不溶于水，耐热，易氧化，不易被胃酸破坏，它具有胆碱酯酶阻碍作用，类同于有机磷农药中毒的性质。雪卡毒素并非鱼类与生俱来的，属于获得性毒素。含有雪卡毒素的藻类黏附在珊瑚表面，小鱼吃下有毒海藻后，大鱼再吃下小鱼，毒素随之积聚在大鱼体内，毒素就是这样通过食物链富集浓缩。因此，雪卡毒素在人体中也有富集效应，并导致累积性中毒。

由于雪卡毒素不溶于水，也不能高温分解，因此不能以煮熟方式去除。而且目前检测技术还不能从鱼的味道、肉质、气味等来辨别哪些鱼含雪卡毒素，雪卡毒素中毒目前在治疗上也没有特殊方法，现只能针对症状采取输液方式进行排毒。更可怕的是，即使痊愈，发病者也可能在数年内都处于“过敏状态”，一旦再进食无毒海鱼甚至饮酒都有可能引起病症复发。

雪卡毒素对小鼠的 LD_{50} 为 0. 45μg/kg 体重，具有抑制钙离子作用，毒性非常强，比河豚毒素强 100 倍，是已知的对哺乳动物毒性最强的毒素之一。毒性较高时食用有毒鱼肉 200g 即能致死。

2. 雪卡毒素中毒案例

2017 年 9 月 24 日晚，广东珠海的黄先生一家吃了从水产市场买回来的海鳗鱼后，相继出现了上吐下泻的症状，原以为只是普通的急性肠胃炎，后被送到珠海市人民医院。妻子因为吃了大块鱼腩，情况最为严重，进入重症监护室观察。经医生检查，黄先生一家并不是患了急性肠胃炎，而是误食一种罕见的毒素——雪卡毒素。雪卡毒素主要分布于鱼的头、内脏、生殖器官，尤以内脏中含量为高，不易被胃酸破坏，高温加热或冷冻均不能破坏雪卡毒素的毒性。针对此事，珠海市食品药品监督管理局表示，“这是个偶发的事件，并不是所有的海鳗都有雪卡毒素，大家要吃这种野生的深海鱼，吃的个体不要太大，尽量不要超过 2kg，因为深海大鱼会有风险。”

（六）其他动物毒素及其危害

1. 蟾蜍毒素及其危害

蟾蜍的耳后腺及皮肤腺能分泌一种具有毒性的白色浆液。蟾蜍分泌的毒液成分复杂，有 30 多种，主要是蟾蜍毒素。蟾蜍毒素水解可生成蟾蜍配质、辛二酸及精氨酸。蟾蜍配质的作用与治疗心力的洋地黄相似。蟾蜍毒素对心脏的毒理作用是通过迷走神经中枢或末梢，或直接作用于心肌。蟾蜍毒排泄迅速，无蓄积作用。多因为将其当作青蛙食用而中毒。蟾蜍的毒性成分不单存在于耳下腺及皮肤腺中，因食用肌肉、残存肢爪、肝脏、卵巢、卵子等而中毒的报道也不少。此外，我国的传统中药，如六神丸、金蟾丸、蟾蜍丸等的制作也以蟾蜍为原料。有人为了治病而服用鲜蟾蜍或蟾蜍焙干粉末，但因服用量过大而引起中毒。此外，蟾蜍还有催吐、升压、刺激胃肠道及对皮肤黏膜的麻醉作用。

2. 甲状腺素

甲状腺是一种内分泌腺体，位于牲畜喉头后部和气管前端附近。甲状腺分泌的激素称为甲状腺素，它的生理作用是维持正常的新陈代谢。如果误食甲状腺，会使人体内甲状腺激素剧增，这些外来的甲状腺激素随血液流到人体各部位，干扰人体正常的内分泌功能，使系统、器官间的平衡失调。人体食用 2~3g 甲状腺素就会中毒。

甲状腺素的理化性质非常稳定，在 600℃ 以上的高温时才能被破坏，一般的烹调方法不可能做到去毒无害。所以，防止甲状腺素中毒的最有效的措施，就是要做好屠宰检疫检验工作，摘除牲畜的甲状腺。如果通过动物性食品而误食，应及时采取措施，进行催吐、洗胃和导泻，以清除摄入的有毒食物。

3. 肾上腺素

肾上腺是一种内分泌腺，大部分包在腹腔油脂内。肾上腺的皮质能分泌多种重要的脂溶性激素，现已知的有 20 余种，它们能促进体内非糖化合物（如蛋白质）或葡萄糖代谢、维持体内钠钾离子间的平衡，对肾脏、肌肉等功能都有影响。一般都因屠宰牲畜时未加摘除或髓质软化在摘除时流失，被人误食，使机体内的肾上腺素浓度增高，引起中毒。

4. 病变淋巴腺

人和动物体内的淋巴腺是保卫组织，分布于全身各部，为灰白色或淡黄色如豆粒至枣大小的“疙瘩”，俗称“花子肉”。当病原微生物侵入机体后，淋巴腺产生相应的反抗作用，甚至出现不同的病理变化，这种病变淋巴腺含有大量的病原微生物，可引起各种疾病，对人体健康有害。特别是鸡、鸭、鹅等的臀尖是淋巴腺集中的地方，储存大量的病菌、病毒及3，4-苯并芘等致癌物，因此不可食。无病变的淋巴腺，虽然因食入病原微生物引起相应疾病的可能性较小，但致癌物仍无法从外部形态判断。所以，为了食用安全，无论淋巴腺有无病变，应将其废弃为宜。

5. 胆囊毒素

民间有食用鱼胆、蛇胆、鸡胆、鸭胆、熊胆、虎胆等来治疗疾病的习惯。因胆囊中富含胆汁酸、脱氧胆酸和鹅胆酸等毒素，所以发生中毒的事件屡见不鲜。如食用方法不当，胆囊毒素可严重损伤人体的肝、肾等组织，在短期内导致肝、肾功能衰竭。也能损伤脑细胞和心肌，造成神经系统和心血管系统的病变。

对于胆囊，为了安全，在食用前应充分用清水洗涤、浸泡，以去除残留毒素。对中毒者应及时进行催吐、洗胃和导泻等，以尽快将摄入的毒素排出。

6. 鱼血毒素

鳗鱼、海鳗、黄鳝的肉质鲜美，是我国人民喜爱食用的鱼，但其血液有毒。其血液中有一种叫鱼血毒素的物质。鱼血毒素是一种含蛋白质毒素的肠道外毒素，能被胃液的胰蛋白酶和木瓜蛋白酶分解而失去毒性，加热也可被破坏。鱼血毒素主要作用于中枢神经系统，可抑制呼吸和循环，并可直接作用于心脏，引起心跳过缓。口腔或眼黏膜接触到毒鱼血时，会出现黏膜潮红、唾液过多及烧灼感；眼部则会在5～20min后出现结膜变红、重度烧灼感、流泪和眼睑肿胀等。

7. 鱼卵毒素

卵毒鱼类鱼卵中毒素的产生与生殖活动有明显的关系。鱼卵在发育成熟过程中逐渐变得有毒，在成熟期毒性最大，受精离体后毒性逐渐消失。鱼卵毒素为一类毒性球蛋白，能抑制组织细胞生长，使动物肝、脾坏死。具有较强的耐热性，100℃约30min的条件使毒性部分被破坏，120℃约30min的条件能使毒性全部消失。成人一次摄食有毒鱼卵100～200g，会很快出现胃肠道症状及神经系统症状。严重者可导致死亡。据报道，裂腹鱼属和线鲥属的鱼卵毒性较强，能引起中毒死亡。

三、动物毒素的检测

（一）河豚毒素的检测

根据GB 5009.206—2016《食品安全国家标准　水产品中河豚毒素的测定》。

河豚毒素可以采用小鼠生物法、液相色谱-串联质谱法、液相色谱-荧光检测法等进行测定。其中，液相色谱-串联质谱法的原理是试样经1%乙酸-甲醇溶液提取，免疫亲和柱净化，液相色谱-串联质谱法测定，外标法定量。

1. 试剂

甲醇（CH_3OH）：色谱纯；乙腈（CH_3CN）：色谱纯；甲酸（HCOOH）：色谱纯；乙酸（CH_3COOH）：优级纯；乙酸铵（CH_3COONH_4）：色谱纯；十二水合磷酸氢二钠

（$Na_2HPO_4 \cdot 12H_2O$）；二水合磷酸二氢钠（$NaH_2PO_4 \cdot 2H_2O$）；氯化钠（NaCl）；氢氧化钠（NaOH）。

2. 试剂配制

（1）乙酸-甲醇溶液（1∶99） 将乙酸和甲醇按1∶99的体积比混合均匀。

（2）乙酸-甲醇溶液（2∶98） 将乙酸和甲醇按2∶98的体积比混合均匀。

（3）甲酸溶液（1∶999） 将1mL甲酸加入到999mL水中，混匀。

（4）含5mmol/L乙酸铵的0.1%甲酸溶液 称取0.19 g乙酸铵，加入0.1%甲酸溶液定容至500mL。

（5）甲酸溶液（0.1%）-乙腈溶液（1∶1） 甲酸溶液（0.1%）与乙腈等体积混合均匀。

（6）磷酸盐缓冲溶液（PBS溶液） 称取十二水合磷酸氢二钠6.45g、二水合磷酸二氢钠1.09 g、氯化钠4.25g，用水溶解并定容至500mL。

（7）氢氧化钠溶液（1mol/L） 准确称取20.0g氢氧化钠，用水溶解并定容至500mL。

3. 标准品

河豚毒素（$C_{11}H_{17}N_3O_8$，CAS号：4368-28-9），纯度≥98%，或经国家认证并授予标准物质证书的标准物质。

4. 标准溶液配制

（1）河豚毒素标准储备液（100μg/mL） 准确称取河豚毒素标准品10mg（精确至0.1mg），用少量甲酸溶液（0.1%）溶解，以甲醇定容至100mL，-18℃以下避光保存。

（2）河豚毒素标准中间液（1μg/mL） 准确量取河豚毒素标准储备液（100μg/mL）适量，以甲酸溶液（0.1%）-乙腈溶液（1∶1）稀释并定容，配制成1μg/mL的标准中间液，-18℃以下避光保存。

（3）河豚毒素标准系列工作液 准确吸取河豚毒素标准中间液（1μg/mL）适量，以甲酸溶液（0.1%）-乙腈溶液（1∶1）稀释并定容，得到1~1000μg/L的标准系列工作液，现用现配。

5. 材料

河豚毒素免疫亲和柱：柱规格3mL，最大柱容量1000ng，或等效柱；0.22μm有机相微孔滤膜。

6. 仪器和设备

液相色谱-串联质谱仪：配电喷雾离子源；分析天平：感量为0.1mg和0.01g；均质机：≥12000r/min；涡旋振荡器；高速冷冻离心机：转速≥8000r/min；固相萃取装置；氮吹仪。

7. 分析步骤

①试样制备：用水清洗鱼体表面的污物，滤纸吸干鱼体表面的水分后用剪刀将鱼体分解成肌肉、肝脏、皮肤和性腺（精巢或卵巢）等部分，各部分组织分别用水洗去血污，滤纸吸干表面的水分后将各组织剪碎，充分均质，装入清洁容器内，并做好标记。

②试样提取：称取5g（精确到0.01g）匀浆试样于50mL具塞离心管中，加入11mL乙酸-甲醇溶液（1∶99），涡旋振荡2min，50℃水浴超声提取15min，以8000r/min离心5min，转移上清液于25mL容量瓶中。

向残渣中加入 11mL 乙酸-甲醇溶液（1∶99），重复提取一次，合并上清液，用乙酸-甲醇溶液（1∶99）定容至 25mL。移取约 10mL 提取液至另一 50mL 具塞离心管中，-20℃冷冻 30min，再以 8000r/min 离心 5min，准确移取 5mL 上清液，加入 20mL PBS 溶液进行稀释，用氢氧化钠溶液（1mol/L）调 pH 在 7~8，待净化。

③试样净化：将免疫亲和柱中封存的 PBS 溶液以自然流速放出，移入待净化液，以 1 滴/s 的流速过柱，再用 10mL 水淋洗，抽干，用 5mL 乙酸-甲醇溶液（2∶98）洗脱，洗脱液于 45℃氮气吹干，加入 1.0mL 甲酸溶液（0.1%）-乙腈溶液（1∶1）溶解残渣，超声 1min，过 0.22μm 的有机相微孔滤膜后，供液相色谱-串联质谱分析。

为避免毒素的危害，应戴手套进行操作。移液器吸头等用过的器材、废弃的提取液等应在氢氧化钠溶液（1mol/L）中浸泡 1h 以上，以使毒素分解。

8. 仪器参考条件

（1）液相色谱参考条件

色谱柱：GelAmide-80 柱，柱长 150mm，内径 2mm，粒径 5μm，或等效柱；流速：0.3mL/min；柱温：40℃；进样量：10μL。

流动相及梯度洗脱条件如表 10-3 所示。流动相 A 液：含 5mmol/L 乙酸铵的 0.1%甲酸溶液；流动相 B 液：乙腈。

表 10-3 流动相及梯度洗脱条件

时间/min	A/%	B/%
0.0	10	90
2.0	10	90
2.1	90	10
6.0	90	10
6.1	10	90
8.0	10	90

（2）质谱参考条件

离子源：电喷雾源（ESI）；扫描模式：正离子扫描；喷雾电压：4800V；鞘气流量：12L/min；辅助气流量：2L/min；离子传输管温度：350℃；源内碰撞诱导解离电压：10V；扫描模式：选择反应监测模式，选择反应监测母离子、子离子和碰撞能量如表 10-4 所示；碰撞气压力：氩气，1.5mTorr。

表 10-4 选择反应监测母离子、子离子和碰撞能量

目标化合物	母离子/（m/z）	子离子/（m/z）	碰撞能量/（CE/eV）
河豚毒素	320	162*	39
		302	25

注：*定量离子。

9. 标准曲线的制作

将河豚毒素标准系列工作液分别注入液相色谱-串联质谱仪中，测定相应的峰面积，以标准系列工作液中河豚毒素的浓度为横坐标，以河豚毒素色谱峰的峰面积为纵坐标，绘制标准曲线。

10. 试样溶液的测定

将试样溶液注入液相色谱-串联质谱仪中，得到响应的峰面积，根据标准曲线得到待测液中河豚毒素的浓度。河豚毒素标准溶液的提取离子色谱图参见 GB 5009.206—2016《食品安全国家标准　水产品中河豚毒素的测定》附录 C 中图 C.1。

11. 定性

在同样测试条件下，试样溶液中与标准溶液中河豚毒素的保留时间相比，偏差在±2.5%以内，且检测到的离子相对丰度，应当与浓度相近的标准工作液中离子相对丰度一致，其丰度比偏差应符合表 10-5 要求。

表 10-5　　相对离子丰度的最大允许偏差

相对离子丰度	>50%	20%<~≤50%	10%<~≤20%	≤10%
允许的相对偏差	±20%	±25%	±30%	±50%

12. 空白试验

除不加试样外，均按上述测定步骤进行。

13. 试样中河豚毒素的含量

按式（10-1）计算：

$$X = \frac{c \times V \times f}{m} \tag{10-1}$$

式中　X——试样中河豚毒素含量，μg/kg；

c——试样待测液中河豚毒素的浓度，μg/L；

V——定容体积，mL；

f——试液稀释倍数，按照 11.②进行试样前处理时为 5；

m——试样的称样量，g。

计算结果保留三位有效数字。

14. 精密度

在重复性条件下获得的两次独立测定结果的绝对差值不得超过算术平均值的 15%。

15. 其他

本方法的检出限为 1μg/kg，定量限为 3μg/kg。

（二）组胺的检测

采用 GB 5009.208—2016《食品安全国家标准　食品中生物胺的测定》中的分光光度法对组胺进行测定。

适用于蓝圆鲹（池鱼）、鲐鱼。

1. 原理

以三氯乙酸为提取溶液，振摇提取，经正戊醇萃取净化，组胺与偶氮试剂发生显色反应后，分光光度计检测，外标法定量。

2. 试剂

正戊醇；三氯乙酸溶液（100g/L）；碳酸钠溶液（50g/L）；氢氧化钠溶液（250g/L）；盐酸（1∶11）。

3. 标准溶液配制

（1）组胺标准溶液 准确称取0.2767g于（100±5）℃干燥2h的磷酸组胺，溶于水，移入100mL容量瓶中，再加水稀释至刻度。此溶液每毫升相当于1.0mg组胺。置-20℃冰箱储存。保存期为6个月。

（2）磷酸组胺标准使用液 吸取1.0mL组胺标准溶液，置于50mL容量瓶中，加水稀释至刻度。此溶液每毫升相当于20.0μg组胺。

（3）偶氮试剂 甲液：称取0.5g对硝基苯胺，加5mL盐酸溶液溶解后，再加水至200mL，置冰箱中。乙液：亚硝酸钠溶液（5g/L），临用现配。甲液5mL、乙液40mL混合后立即使用。

4. 分析步骤

（1）样品处理 准确称取已经绞碎均匀的试样10g（精确至0.01g），置于100mL具塞锥形瓶中，加入20mL 10%三氯乙酸溶液浸泡2~3h，振荡2min混匀，滤纸过滤，准确吸取2.0mL滤液于分液漏斗中，逐滴加入氢氧化钠溶液调节pH为10~12，加入3mL正戊醇振摇提取5min，静置分层，将正戊醇提取液（上层）转移至10mL刻度试管中。正戊醇提取三次，合并提取液，并用正戊醇稀释至刻度。吸取2.0mL正戊醇提取液于分液漏斗中，加入3mL盐酸溶液振摇提取，静置分层，将盐酸提取液（下层）转移至10mL刻度试管中。提取三次，合并提取液，并用盐酸溶液稀释至刻度。

（2）测定 分别吸取0mL、0.20mL、0.40mL、0.60mL、0.80mL、1.0mL组胺标准使用液（相当于0μg、4.0μg、8.0μg、12μg、16μg、20μg组胺）及2.0mL试样提取液于10mL比色管中，加水至1mL，再加入1mL盐酸溶液，混匀。加入3mL碳酸钠溶液，3mL偶氮试剂。加水至刻度，混匀，放置10min。将“0”管溶液转移至1cm比色皿，分光光度计波长调至480nm，调节吸光度为“0”后，依次测试系列标准溶液及试样溶液吸光度，以吸光度为纵轴，组胺的质量为横轴绘制标准曲线。

5. 计算

计算公式如式（10-2）所示。

$$X_1 = \frac{m_1}{m_2 \times \frac{2}{V_1} \times \frac{2}{10} \times \frac{2}{10} \times 1000} \times 100 \tag{10-2}$$

式中 X_1——样品中组胺的含量，mg/100g；

V_1——加入三氯乙酸溶液（100g/L）的体积，mL；

m_1——测定时样品中组胺的质量，μg；

m_2——样品质量，g。

计算结果报告算术平均值，精确至小数点后一位。

6. 允许差

相对误差≤10%。

第二节　有毒植物

自然界中的植物有30多万种，但是用作食品的不过数百种，用作饲料的也不过数千种，这主要是由于大多数植物体内含有毒素，而称为有毒植物，从而限制了其作为人类食用和畜用资源的价值。植物性毒素是人类食源性中毒的重要因素之一，对人类健康和生命有较大危害。需要特别说明的是，植物毒素是指植物体本身产生的对食用者有毒害作用的成分，不包括那些污染和吸收人体的外源性化合物，如农药残留和重金属污染物等。

一、有毒植物及植物有毒组织的种类

（一）四季豆

四季豆（*Phaseolus vulgaris L.*），又名菜豆、芸豆或芸扁豆，是豆科属一年生缠绕草本植物。四季豆富含蛋白质和多种氨基酸，经常食用能健脾胃，增进食欲。夏天多吃一些四季豆有消暑、清脾的作用。中医认为四季豆有调和脏腑、安养精神、益气健脾、消暑化湿和利水消肿的功效。但食用炒、煮不透的四季豆会导致中毒，且秋冬季产量较大，所以中毒多发生在秋冬季。

四季豆本身含有两种毒素，分别为红细胞凝集素和皂苷。其豆荚外皮含有皂苷，种子含有植物红细胞凝集素。不过这两种毒素并不可怕，只要加热至100℃以上，使四季豆彻底煮熟，其毒素就会被破坏。但由于加工方法不当，毒素没有被破坏，四季豆进入人体后就容易导致中毒。因此烧煮四季豆一定要烧熟煮透，千万不能贪图生嫩，否则就会引起中毒。

（二）金针菜

金针菜（*Hemero callis citina Baroni*），因花朵呈橘黄色，俗称黄花菜，又名萱草、忘忧草、川草花，是植物界里“以花为菜”的少数品种之一，为百合科（*Liliaceae*），萱草属（*Hemero callis L.*），萱草种（*Hemero callis fulva L.*）的多年生宿根草本植物。金针菜是名贵的蔬菜，口感香甜滑润，有很高的营养价值。金针菜被日本誉为“健脑菜”，对神经过度疲劳者和智力衰退的老年人特别有益。金针菜有清热、利尿等药效。食用金针菜能安神、益智、明目等。

新鲜的金针菜中含有秋水仙碱（Colchicine），它本身毒性小，但是秋水仙碱进入人体后易蓄积，被氧化为剧毒的二秋水仙碱，所以鲜黄花菜不能直接食用。

（三）木薯

木薯（*Manihot utilissima*），属于大戟科（*Euphorbiaceae*）木本植物，木薯属（*Manihot Mill*），木薯种（*Manihot esculenta Crantz*），是多年生的木本植物，其地下部结薯，薯的结构类似甘薯，故在我国又有树薯、树番薯、臭薯、葛薯之称。木薯的可食部为根块，内含淀粉和少量蛋白质，为我国南方个别地区的主杂粮之一。木薯除供食用外，还可提取精细淀粉、葡萄糖，也可制酒精，具有很高的营养价值和经济价值。

木薯的根、茎、叶中都含有有毒的亚麻仁苦苷（Linamarin），经水解后可析出游离态的对人畜有毒的氢氰酸，致组织细胞窒息中毒。木薯的氢氰酸含量常因栽种季节、土壤、品种、肥料、气候等因素而有差异。

（四）蓖麻

蓖麻，又名草麻、红麻。种子称大麻子或蓖麻子，含油 50%～70%。油可作为工业用油或医用缓泻剂。蓖麻子为大戟科（*Euphorbiaceae*）植物蓖麻（*Ricinus communis L.*）的干燥成熟种子，全国各地均有栽培。生食种子或服过量蓖麻油可引起中毒。

蓖麻的叶、枝、种均有毒。主要毒性成分为蓖麻毒素（Ricin）和蓖麻碱（Ricinine）。前者为毒蛋白，是目前已知最毒的植物蛋白，对肝、肾有较强毒性，并可抑制呼吸和血管中枢，对红细胞有溶解作用，人的致死量为 1～2mg；后者含氰基，对肝、肾有损害，160mg 可致人死亡；另外尚有蓖麻凝血素，对红细胞有强烈凝集作用。儿童生食蓖麻子 1～2 粒可致死，成人生食 3～12 粒，可导致严重中毒或死亡。

（五）发芽马铃薯

马铃薯（*Solanum tuberosum L.*）又称土豆，山药蛋、洋山芋、洋芋等，属茄科（*Solanaceace*）。马铃薯味道鲜美，是我国家庭常用的蔬菜。马铃薯含有丰富的碳水化合物、蛋白质、磷、铁、无机盐类、维生素 B_1、维生素 B_2 等。其蛋白质质量高，最接近动物蛋白质，易消化吸收。

发芽马铃薯中含有称为龙葵素（Solanine）的毒素，又称茄碱，是一种对人体有害的生物碱。平时马铃薯中含量极微，发芽、青绿色或未成熟的马铃薯着色部分（青、绿、紫色和胚芽、芽孔周围），龙葵素的含量急剧增高。因此，食用发芽或部分变黑绿色的马铃薯之前，如果未能去除或破坏其中的龙葵素，就极易引起中毒事故的发生。

（六）苦杏仁

苦杏仁（*Semen Armeniacae Amarum*），别名杏核仁、杏仁、杏子、苦梅仁、山杏等，本品为蔷薇科植物（*Rosaceae*）杏（*Prunus armeniaca L.*）、山杏（*P. armeniaca var. ansu Maxim.*）及西伯利亚杏（*Prunus. sibirica L.*）的味苦的干燥成熟种子。夏季采收成熟果实，除去果肉及核壳，取出种子，晒干。可做中药材使用，也可以将其制成各类食品食用。

苦杏仁为杏种子，含大量脂肪油，可达 50%以上；另含多种氨基酸和蛋白质；另一大类成分为苦杏仁苷（Amygdalin）；还有相应的苦杏仁苷酶（Amygdalase）、苦杏仁酶（Emulsin）、樱叶酶（Prunase）等。其中苦杏仁苷既是苦杏仁作中药使用的有效成分，也是造成中毒的有毒成分。

（七）银杏（白果）

银杏（*Gimkgo biloba L.*），又名白果、灵眼、佛指甲、银杏仁、鸭脚子，系银杏科（*Ginkgoaceae*）植物银杏的干燥、成熟种子。白果味美可食，为餐桌上的佳肴和滋补品。其果肉中含大量的钙、磷，还有维生素 B_1、维生素 B_2、维生素 C、烟酸等多种维生素。在白果的肉质外种皮、种仁及绿色的胚种含有白果二酚，白果酚、白果酸等有毒成分，种仁尚含微量氢氰酸，白果二酚，白果酚、白果酸等对中枢神经系统有先兴奋后抑制的作用，并损害末梢神经，对皮肤黏膜和胃肠道有强烈刺激作用。因此若食用过量或生食可引起中毒。中毒多见于儿童。三岁以下婴幼儿中毒量为 10 粒左右；儿童中毒量为 10～50 粒。

（八）芦荟

芦荟（*Aloe*）又名象胆、罗苇、油葱等，属百合科植物多年生草本，夏、秋开淡橘红色花。芦荟有好望角芦荟（产于非洲）、库拉索芦荟（产于南美洲）和斑纹芦荟（产于我国南方诸省区），为我国南方有毒植物。芦荟品种有500多种，可直接入药的只有十几个品种，可食用的只有几个品种。

芦荟全株均含有毒成分芦荟碱和芦荟泻苷（芦荟大黄素苷）。对胃肠黏膜有强烈刺激作用，食用其液汁或干燥品0.25~0.5g即可引起强烈腹泻、盆腔器官充血，甚至造成流产，也可以引起肾脏损害，严重者则可能引起肾炎。对此有关食品卫生监督部门明确表示：芦荟有一定毒性，未经卫生部门批准，一律不准用芦荟作食品原料。因此，只有在医生指导下才能饮用芦荟汁。

（九）油桐

油桐（*Aleurites fordii*）又名三年桐、五年桐、桐树、罂子桐、虎子桐、百年桐、光面桐、荏桐、光桐或桐油树，为落叶性乔木。原产于我国中南、西南、华东、陕西及甘肃南部，台湾也有栽培。其果实榨出的油称桐油（Aleurites fordii）。桐油的外观、味道与一般食用植物油相似，大量误食桐油、桐子（似糖炒栗子）或多日连续少量进食，均可导致中毒。另外，用装过桐油的容器未经清洗干净即盛装食用油，食后也可引起中毒。油桐树的叶、树皮、种子、根均含有毒成分，种子的毒性最大。主要有毒成分为桐酸及异桐酸，对胃肠道有强烈刺激作用，并可损害肝、肾、神经等。榨油后的桐油饼所含毒苷其毒性大于桐油。

（十）棉籽油

我国棉花种植面积较广，棉籽产量较高。棉花副产品的加工目前主要是对棉籽的综合利用，而棉籽加工的主要产品是棉籽油。棉籽油是用棉籽榨制而成的一种植物油，根据加工方法和精制程度的不同，可分为精制油和粗制油两种。精制油颜色橙黄、透明，是人们常见的食用油之一；粗制油色黑、黏稠，是未经精炼或精炼不彻底制成的。棉酚是棉籽中的一种芳香酚，存在于棉花的叶、茎、根和种子中。未经精炼的粗制棉籽油中棉酚类物质清除不彻底，人们若长期食用或大量食用，则会引起中毒。

（十一）曼陀罗

曼陀罗（*Datura stramonium L.*），别名洋金花、大喇叭花、天麻子花、闹洋花等，为一年生草本植物，是茄科（*Solanaceae*）植物白曼陀罗的干燥花。曼陀罗全株有毒，以种子毒性最大。曼陀罗籽呈三角形或肾形，扁平，表面有网点，呈棕色或棕褐色，有的边缘有皱褶，淡棕色，宽2~3mm，有的较大，宽5~6mm。其有毒成分主要有莨菪碱（Hyoscyamine）及少量的东莨菪碱（Scopolamine或Hyoscine）和阿托品（Atropine）等生物碱。曼陀罗作用于中枢神经可兴奋大脑和延髓；作用于末梢神经可以对抗或麻痹副交感神经。在日常生活中，常因曼陀罗种子混入豆类中，制成豆制品，人们食用后引起中毒。也有叶子混入蔬菜中或儿童误食其果实而引起中毒的。儿童的一般中毒量约为3枚，有服5枚致死者，但也有服12枚而得救者。

（十二）苦瓠瓜

瓠瓜（*Lagenaria siceraia*），又名瓠子、扁蒲、夜开花。瓠瓜属于葫芦科，葫芦属。一年生攀缘性草本植物。以嫩果供食，形如丝瓜，浅绿色，表面光滑，果肉细嫩，炒菜或做汤皆可。瓠瓜营养丰富，且具有利尿、增加免疫力等功效。

正常的瓠瓜不苦，但是在瓠瓜结瓜过程中瓜藤被踩或由于其他原因，结出的瓜就会变苦，苦瓠瓜中含有的配基是四环三萜的葫芦苷，而葫芦苷是一种有毒物质，食用后会引起头晕、恶心、呕吐的症状，因此苦瓠瓜不能吃。因为苦瓠瓜和不苦瓠瓜从外形上无从区别，所以发现有苦味的瓠瓜均应弃去不食，以免中毒。

二、有毒植物及植物有毒组织毒素的危害

（一）含氰苷类有毒植物及危害

1. 氰苷的来源与分布

氰苷类化合物主要有两种，即苦杏仁苷（Amygdalin）和亚麻仁苦苷（Iinamarin）。苦杏仁苷主要存在于果仁中，如苦杏仁、苦桃仁、苦扁桃仁、樱桃仁、枇杷仁、杨梅仁和亚麻仁等。而亚麻仁苦苷则主要存在于木薯、豆类和亚麻仁中。其中以苦杏仁、苦桃仁以及木薯中含有氰苷毒性较大。

2. 氰苷的毒性及危害

氰苷的毒性很强是因为氰苷是一种糖苷，其结构中有氰基，水解产生剧毒的氢氰酸（HCN），从而对人体造成危害。

苦杏仁含1%~3%的苦杏仁苷。苦杏仁苷被摄入人体后，经食物本身酶的作用，可分解放出氢氰酸。氢氰酸被吸收后，其氰离子与细胞色素氧化酶的铁离子结合，使其不能传递电子，组织呼吸不能正常运行，机体陷入窒息状态。

氢氰酸（Hydrocyanic acid/Prussic acid）为无色、有轻微的苦杏气味的液体，分子式为HCN，相对分子质量为27.03，易溶于水、乙醇、微溶于乙醚，水溶液呈弱酸性。氢氰酸毒性大，人经口服最小致死量为0.5~3.5mg/kg体重，小儿吃6粒，成人吃10粒苦杏仁就可能引起中毒；小儿吃10~20粒，成人吃40~60粒就可致死。致死量约60g。苦杏仁的毒性比甜杏仁的毒性高20~30倍。各种核仁中，苦杏仁苷的含量及致死量是不同的，如表10-6所示。

表10-6　各种核仁中苦杏仁苷的含量和致死量

核仁种类	苦杏仁苷的含量/%	相当于氢氰酸的含量/%	致死量/（g/kg体重）
枇杷仁	0.4~0.7	0.023~0.041	2.5（2~3粒）
苦桃仁	3.0	0.17	0.6（1~2粒）
苦杏仁	3.0	0.17	0.4~1.0（1~3粒）
甜杏仁	0.11	0.0067	10~25（20~50粒）

木薯中的亚麻仁苦苷在小肠道遇水时，经其本身所含的亚麻仁苦苷酶（Iinase）水解，析出游离的氢氰酸，食用未经合理加工处理的木薯，即可使人发生中毒。有人认为成人生食木薯400g左右即可中毒，食至1000g左右即可致命。据文献报道，引起中毒的食量有300~1000g不等，一般中毒较重者，其食量均在500g以上。

3. 木薯中毒案例

2019年，南宁横州发生一起吃木薯导致的食物中毒事件。据了解，横州某村民采集木薯煮给家人吃，因加工不当，最后导致3人中毒，其中1名儿童不幸中毒身亡。当地疾控中心食品安全风险监测与评价所的专家介绍，每年到木薯丰收的季节，吃木薯的人很多，中毒事件也常见。木薯中毒通常有以下症状：中毒潜伏期短者2h，长者12h，一般多为6~9h。主要表现为头晕、头痛、恶心、呕吐、心悸和四肢无力等。严重者意识不清、呼吸微弱、昏迷，最后因呼吸麻痹或心跳停止而死亡。

野生木薯含有氰化物和其他有毒成分，部分氰化物能与细胞色素氧化酶中的三价铁离子结合，使组织细胞不能从血液中摄取氧，进而使细胞窒息，因此俗称“三步倒”，毒性极强，小量就可致命。

（二）棉酚的毒性及危害

1. 棉酚的性质

粗制棉籽油中的有毒物质主要有游离的棉酚（Gossypol）和棉酚紫（Gossypurpurine）、棉酚绿（Gossyverdurine）等，其中以游离棉酚含量最高。棉籽油的毒性主要取决于游离棉酚的含量，除了粗制棉籽油中的游离棉酚含量较高外，棉籽饼中含量也较高。生棉籽中游离棉酚为0.15%~2.8%，生棉籽在榨油时，棉酚大部分转移到油中，油中含量可达1.0%~1.3%。特别是粗制的棉籽油，色黑、黏稠，未经精炼或精炼不彻底，使用时可能发生中毒。

棉酚是一种天然化合物，$C_{30}H_{30}O_8$，相对分子质量518，结构如图10-3所示。棉酚为黄色晶体物质，是一种有毒的酚类色素。棉籽油中的棉酚多呈游离状态，所以称为游离棉酚。游离棉酚易溶于油脂、乙醚、氯仿、丙酮等溶剂，不溶于水和已烷等，具有毒性。

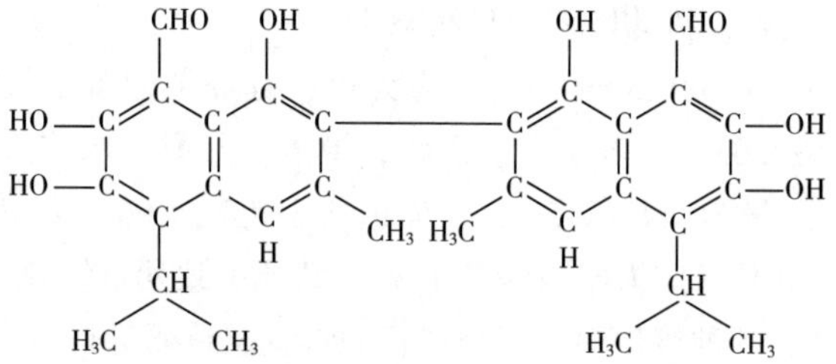

图10-3 棉酚的结构

2. 棉酚的毒性与危害

游离棉酚的毒性很强，是一种血液毒和细胞原浆毒，它能损害人体的心脏、肝、肾等脏器及血管和中枢神经等，并影响生殖系统，导致不孕、不育。

通常情况下，狗、豚鼠、小鼠、大鼠、兔、鸡对棉酚很敏感。狗每天摄入10~200mg/kg体重，在1个月内致死。含0.02%以下棉酚的饲料，对猪无毒；含棉酚0.04%以下的饲料，对鸡无毒，但一般建议安全量为0.01%。

我国学者发现，食用粗制棉籽油可造成生精细胞损害，睾丸萎缩而无精子产生造成不育。经过分析多例无精子症，棉籽油病因占17.24%。其治疗效果均不理想，应在产棉区提倡不食或少食粗制棉籽油，可防止不育症发生。

（三）含生物碱有毒植物及危害

生物碱（Alkaloids）指来源于生物界的一类含氮有机化合物，多数具有碱性且能和酸结合生成盐。它们大部分为杂环化合物且氮原子在杂环内，多数有较强的生理活性。生物碱主要分布于植物界，至少有120个属的植物含有生物碱，生物碱种类很多，已知的生物碱有5000种以上，分布于100多个科的植物中，如毛茛科、罂粟科、茄科、豆科、夹竹桃科等。常见的含有生物碱的有毒植物有发芽马铃薯、鲜黄花菜、曼陀罗、苦参等，存在于食用植物中的生物碱主要有龙葵碱、秋水仙碱和咖啡碱等。现在就常见生物碱的毒性及危害简单介绍。

1. 龙葵碱

龙葵碱（Solanine）是一种比较常见的生物碱，广泛存在于马铃薯、番茄及茄子等茄科植物中。龙葵碱又名茄碱、龙葵毒素、马铃薯毒素，是由葡萄糖残基和茄啶（Solanidine）组成的一种弱碱性的生物碱。分子式为 $C_{45}H_{73}NO_{15}$，结构如图 10-4 所示。龙葵碱不溶于水、乙醚、氯仿，能溶于乙醇，与稀酸共热生成茄啶（$C_{27}H_{43}NO$）及一些糖类。茄啶能溶于苯和氯仿。

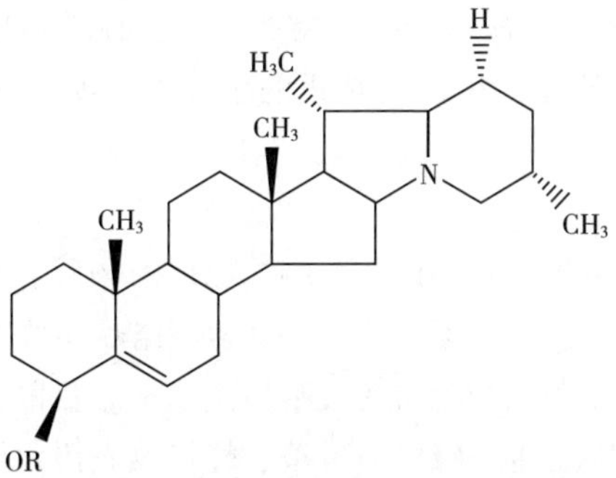

图 10-4　龙葵碱的结构

（茄啶：R=H　龙葵碱：R=半乳糖-葡萄糖-鼠李糖苷）

通常情况下马铃薯含龙葵碱量很少，一般为 2~10mg/100g，如发芽、皮变绿后则高达 35~40mg/100g，能引起中毒。当人食入 0.2~0.4g 龙葵素时，就能发生严重中毒。

龙葵碱口服毒性较低，对兔的经口致死量为 450mg/kg 体重，对绵羊的经口致死量为 500mg/kg 体重，对小鼠 1000mg/kg 体重，龙葵碱并不是影响发芽马铃薯安全性的唯一因素，引起中毒可能是与其他成分共同作用的结果，其毒理学作用机理还需要进一步研究。

龙葵碱对胃肠道黏膜有较强的刺激性和腐蚀性，对中枢神经有麻痹作用，对红细胞还有溶血作用。

2. 秋水仙碱

秋水仙碱（Solanine）是鲜黄花菜中的一种化学物质，为黄色针状结晶体，易溶于水；对热稳定，煮沸 10~15min 可充分破坏。它本身并无毒性，但是，当它进入人体并在组织中被氧化后，会迅速生成二秋水仙碱，是一种剧毒物质。二秋水仙碱主要刺激胃肠道、泌尿系统、呼吸中枢和肾，对其经过之处均产生刺激状态。

成年人如果一次食入 0.1~0.2mg 秋水仙碱（相当于 50~100g 鲜黄花菜）即可引起中毒；一次摄入 3~20mg 即可导致死亡。

3. 咖啡碱

咖啡碱（Caffeine）也称咖啡因、茶素和茶碱（Theine）等，是一类嘌呤类生物碱，广泛存在于咖啡豆、茶叶和可可豆等食源性植物中。纯咖啡碱是无臭，白色，呈绒毛状、针状或粉状，其分子式为 $C_8H_{10}N_4O_2$，它的化学名是 1，3，7-三甲基黄嘌呤或 3，7-二氢-1，3，7 三甲基-1H-嘌呤-2，6-二酮。

一杯咖啡中含有 75~155mg 的咖啡因，一杯茶中的咖啡因有 40~100mg。咖啡碱对人的神经中枢、心脏和血管运动中枢均有兴奋作用，并可扩张冠状和末梢血管，咖啡碱还有利尿、松弛平滑肌、增加胃肠分泌等功效。咖啡碱虽然可快速消除疲劳，但过度摄入可导致神经紧张和心律不齐。成人摄入的咖啡碱一般可在几小时内从血中代谢和排出，但孕妇和婴儿的清除速率显著降低。咖啡碱的 LD_{50} 为 200mg/kg 体重，属中等毒性范围。动物实验表明咖啡碱有致突变和致癌作用，但在人体中并未发现有以上任何结果。曾有人研究过乳房肿块、膀胱癌和咖啡碱的关系，但没有确凿的证据证明两者有关。唯一明确的是咖啡碱对胎儿有致畸作用，因此孕妇最好不要食用含咖啡碱的食品。

服用过多咖啡碱可以导致咖啡碱中毒。有些人在每日服用 250mg 以下时就会有中毒症状。每天多于 1g 可以导致痉挛、思想和语言突然转换、心跳不稳、心跳过速和精神运动性激越。对于成年人来说每天服用 192mg/kg 体重的咖啡或对普通成年人来说 70 多杯咖啡，可以导致半数人死亡。

4. 吡咯烷生物碱

吡咯烷生物碱是存在于多种植物中的一类结构相似的物质。这些植物包括许多可食用的植物，如千里光属，猪屎豆属，天芥菜属等。许多含吡咯烷生物碱的植物也被用作草药和药用茶，例如日本居民常饮的雏菊茶中就富含吡咯烷生物碱。目前，从各种植物中分离出的吡咯烷生物碱有 200 多种，吡咯烷生物碱可通过茶、蜂蜜及农田污染物进入人体。它们的基本环状结构如图 10-5 所示。

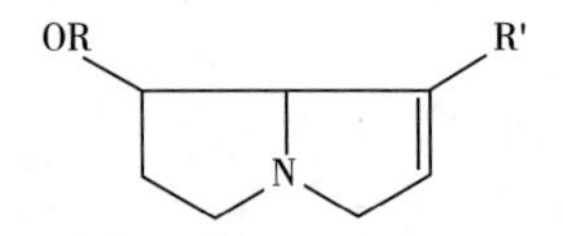

图 10-5　吡咯烷生物碱的结构

吡咯烷生物碱可引起肝脏静脉闭塞及肺部中毒。1972 年，美国曾发生马和牛因食用含吡咯烷生物碱的植物造成大量中毒死亡的事件；在非洲和阿富汗也发生过大规模的吡咯烷生物碱中毒事件。

研究发现，许多种吡咯烷生物碱是致癌物。以含 0.5%长荚千里光（Senecio longilobus）提取物的食物喂饲小鼠，结果存活下来的 47 只小鼠中 17 只患上肿瘤。在另一实验中，将吡咯烷生物碱以 25mg/kg 胃内给予小鼠，处理组的小鼠癌诱导发生率为 25%。给小鼠每周皮下注射 7.8mg/kg 的毛足菊素（Lasiocarpine）1 年，也可诱导出皮肤、骨、肝和其他组织的恶性肿瘤。目前吡咯烷生物碱对人类的致癌性仍不清楚。

吡咯烷生物碱的致癌性和诱变性取决于其形成最终致癌物的形式。吡咯烷核中的双键是其致癌活性所必需的，该位置是形成致癌的环氧化物的关键。除环氧化物可发生亲核反应外，在双键位置上产生脱氢反应生成的吡咯环同样也可发生亲核反应，从而造成遗传物质 DNA 的损伤和癌的发生。

5. 中毒案例

（1）发芽马铃薯引起的中毒案例　2017 年 5 月 3 日，庐江县一家人在食用了“土豆丝”之后，相继出现了乏力、发烧等症状，家中 15 岁的儿子严重到入院治疗 3d。经过医生诊断，孩子的病因是食源性发芽马铃薯中毒。

（2）鲜黄花菜引起的中毒案例　2004 年 7 月 16 日晚，西安市某建设公司驻某市项目部职工食堂发生一起18人集体食物中毒事件。当晚在食堂就餐者有73人，餐后约半小时出现首例发病。经卫生监督部门对当晚食谱及就餐者进行调查，发现该起事故与食用鲜黄花菜有关。当晚食用黄花菜的有22人，其中有18人发病，表现为恶心、腹痛、腹泻、呕吐、头晕，有4人只吃少量而未发病，其他未食黄花菜者均未发病。通过对厨师调查后得知，他们在加工鲜黄花菜时，没有经过加热及清水浸泡等程序，只是用水洗了洗。水洗后的鲜黄花菜未完全除去秋水仙碱，职工吃后自然就引起中毒。

（四）含芥子苷的有毒植物及危害

1. 芥子苷的分布与性质

芥子苷（Sinalbin），又称硫代葡萄糖苷，广泛分布于双子叶被子植物的16个属中，其中包括很多可食品种。在这些植物中，已分离出120种不同的芥子苷。芥子苷主要存在于十字花科植物，如油菜、芥菜、甘蓝、卷心菜、黑芥、白芥、萝卜、辣根等种子中，是引起菜籽饼中毒的主要有毒成分。如果家畜食用处理不当的油菜和甘蓝的菜籽饼，则经常发生中毒。

芥子苷的基本结构如图10-6所示。根据取代基团R不同，可以将其分为脂肪族硫苷、芳香族硫苷和杂环芳香族硫苷。芥子苷本身无毒，但配糖体在芥子酶的作用下可被分解成异硫氰酸酯（Isothiocyanate，ITC）、5-乙烯基噁唑烷硫酮（Oxazolidine thione，OZT）、腈类（Nitrile）、硫氰酸盐（Thiocyanate）等有毒物质。

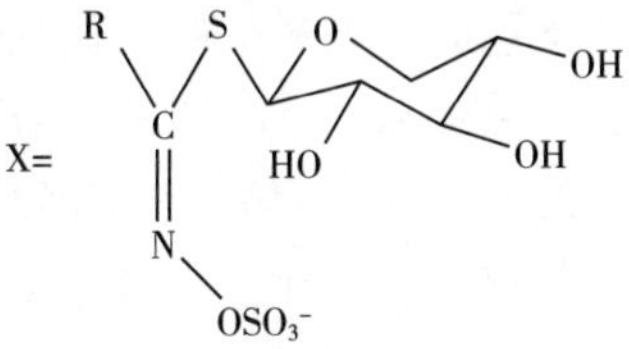

图10-6　芥子苷的基本结构

（R为侧链，其余部分为X，为芥子苷的母核）

食品中最重要的芥子苷代表是芥属的黑介子硫苷，含量为2~5mg/g。通常黑介子硫苷与一种酶或多种酶共存。当植物组织被破坏时，如压碎、烧熟等，黑介子硫苷在这些酶的作用下可发生分子重排，产生吲哚-3-甲醇、异硫氰酸酯、二甲基二硫醚和5-乙烯基恶唑硫酮（OZT）等。据估计，一般人每天通过食用蔬菜可摄入约200mg的这类化合物。

2. 芥子苷的有害性及抗癌作用

（1）芥子苷的有害性　芥子苷的降解产物可抑制甲状腺素的合成和对碘的吸收。5-乙烯基恶唑硫酮（OZT）是一种致甲状腺肿素，可使实验动物的甲状腺肿大和碘吸收水平下降。据报道一次口服25mg的OZT可降低人体对碘的吸收。欧洲一些山区的奶牛以甘蓝属蔬菜为饲料，牛乳中含有高达100μg/L的OZT，该地区居民甲状腺肿大症也较为普遍。致甲状腺肿素的活性随物种的不同而有所不同，对人而言，其活性约为抗甲状腺素药物——丙基硫尿嘧啶的1.33倍；但该物质对老鼠的抗甲状腺活性不高，实验表明用含0.23%致甲状腺素（OZT）的饲料长期喂养老鼠，其甲状腺只有轻微肿大。甲状腺激素的释放及浓度的变化对氧的消耗、心血管功能、胆固醇代谢、神经肌肉运动和大脑功能具有很重要的影响。甲状腺素缺乏会严重影响生长和发育。异硫氰酸酯（ITC）也是芥子苷的裂解产物。ITC 可以与机体内的氨基酸化合物形成硫脲类衍生物，与 OZT 具有相似的机制，降低了甲状腺过氧化物酶的活性；此外，ITC 在体内可以转变为硫氰酸盐。硫氰酸盐也是芥子苷的裂解产物。硫氰酸盐可抑制甲状腺对碘的吸收和摄取游离碘的过程。碘缺乏反过来又会增强硫氰酸盐对甲状腺肿大的作用，从而造成甲状腺肿大。腈类在体内可以代谢成为氢氰酸根离子，故毒性比 OZT 更大。氢氰酸根离子在组织中的硫氰酸盐酶的作用下，可以转化为硫氰酸盐而造成抗甲状腺的作用。人食用这种抑制甲状腺素合成后，甲状腺的分泌仍可进行。当组织中的碘源耗尽时，甲状腺素的分泌会因为缺乏再合成物质而减慢。这时，甲状腺释放激素的分泌水平增高，刺激垂体合成、分泌促甲状腺素，引起甲状腺增生。

榨油后的菜籽饼，其营养价值与大豆饼相近。但由于菜籽饼中含有芥子苷及其裂解产物异硫氰酸盐和噁唑烷硫酮等，可使牲畜甲状腺肿大，导致代谢作用紊乱，出现各种中毒症状，甚至死亡。

（2）芥子苷的抗癌作用　尽管芥子苷的降解产物可抑制甲状腺素的合成和对碘的吸收，含有一定的毒性，但是最近报道膳食中的十字花科蔬菜能减少许多癌变的发病风险。特别是芳香族及吲哚硫代葡萄糖苷对癌肿瘤形成有很大的抑制作用。相关的流行病学研究发现，如每次食用半杯十字花科蔬菜，如菜花、花茎甘蓝或卷心菜，每周食用三次或更多次，与对照每周食用一次或更少相比，会降低前列腺癌发生概率近 40%。许多实验表明，大量食用含芥子苷的十字花科蔬菜，可保护肺和消化道，抑制肠癌。经常食用十字花科甘蓝属蔬菜的居民，其胃癌、食管癌及肺癌的发病率较低。十字花科中含有的芥子苷是具有抗癌作用的异硫氰酸酯的前体。芥子苷无生物活性，但是其水解产物被认为有较强的抗癌作用，可以抑制多种癌的发生，特别是对激素依赖性的癌（如乳腺癌）及子宫癌有显著的抑制作用。油菜、甘蓝、萝卜等植物与人类关系密切，其根、茎、叶是我国人民日常生活的重要蔬菜，其种子是重要的食用油原料。对这类食品的食用已有相当长的历史，且到目前为止引起的人类食物中毒的报道很少，因此作为食品来说仍然是安全的。

（五）含红细胞凝集素的有毒植物及危害

1. 来源与分布

植物红细胞凝集素（Hemagglutinin）又称外源凝集素（Iectins），是多种植物合成的一类对红细胞有凝聚作用的蛋白质。大部分红细胞凝集素是糖蛋白，含碳水化合物 4%～10%，可专一性结合碳水化合物，从而影响动物的生长。1889 年，Stillmark 首次发现蓖麻子中的一种蛋白质能够使红细胞发生凝集作用，随后人们把这种蓖麻蛋白称为“植物红细胞凝集素”。自那以后，科学家发现，豆类种子中也普遍存在这种蛋白质，但其凝集红细胞的活性有很大差别。

红细胞凝集素广泛存在于 800 多种植物（主要是豆类植物）的种子和荚果中。其中有许多种是人类重要的食物原料，如大豆、菜豆（四季豆）、刀豆、豌豆、小扁豆、蚕豆和花生等。红细胞凝集素是由结合多个糖分子的蛋白质亚基组成，多数凝集素的相对分子质量为 100～150，为天然的红细胞抗原。其中多数是含有 4 个亚基的蛋白质分子，少数仅含 2 个亚基。每个亚基都有一个与糖结合的部位。这种多价性使其能凝集细胞或使糖蛋白沉淀的原因。当蛋白质分子分解成亚基，凝集细胞作用消失。植物红细胞凝集素比较耐热，80℃数小时不能使之失活，但 100℃经过 1h 可破坏其活性。

2. 毒性与危害

植物红细胞凝集素是天然的红细胞抗原。研究表明，红细胞凝集素的毒性主要表现在它可以和小肠细胞表面的特定部位发生结合作用，而这种结合可对肠细胞的生理功能产生明显的不良影响，最为严重的是损害胃肠细胞从肠道中吸收蛋白质、糖类等营养成分的功能，从而导致营养缺乏，生长抑制，严重时可引起死亡。植物红细胞凝集素被认为是引起四季豆中毒的有毒成分之一。

红细胞凝集素对实验动物有较高的毒性。用纯化的红细胞凝集素给动物饲喂或注射时，可导致死亡。毒性较大的是从蓖麻籽中分离出来的蓖麻凝集素，小鼠经腹腔注射的 LD_{50} 为 0.05mg/kg 体重。大豆和菜豆凝集素的毒性相对较小。据试验报道，在小鼠的食物中加入 0.5%的黑豆凝集素可引起小鼠生长迟缓；连续两周用 0.5%的菜豆凝集素喂饲小鼠可导致其死亡；以 1%的含量大豆凝集素喂饲小鼠可引起生长迟缓。大豆凝集素的 LD_{50} 约为 50mg/kg 体重。

3. 四季豆中毒案例

2015 年 4 月 14 日至 15 日，玉溪市红塔区发生数起食用四季豆食物中毒事件。玉溪市人民医院等多家医院门诊共接诊疑似食物中毒人员 169 名，多数症状较轻，无危重病人。截至 16 日，中毒人员康复离院 158 名，门诊留院观察 11 名。同月，国内多个省份相继发生因烹调加工四季豆方法不当而引起食物中毒事件。为了防止食用四季豆中毒，一定要将四季豆煮熟、煮透。同时，特别提醒学校、托幼机构、集体食堂和集体用餐配送单位等避免购买四季豆食用，因其加工量大，加工时四季豆不易彻底煮熟煮透，容易引发食物中毒。广大消费者在外就餐时若发现未煮熟煮透的四季豆，如四季豆外观仍呈鲜绿色、吃起来有豆腥味等，请避免食用。

生的四季豆类含皂苷和红细胞凝集素，由于皂苷对人体消化道具有强烈的刺激性，可引起出血性炎症，对红细胞有溶解作用。而红细胞凝集素具有红细胞凝集作用。如果烹调时加热不透，豆类的毒素成分未被破坏，食用后会引起中毒。

三、植物毒素的检测

（一）氰化物的测定

按 GB 5009.36—2016《食品安全国家标准　食品中氰化物的测定》的方法对食品中的氰化物进行检验。

1. 定性

（1）原理　氰化物遇酸产生氢氰酸，氢氰酸与苦味酸钠作用，生成红色异氰紫酸钠。

（2）试剂　酒石酸；碳酸钠溶液（100g/L）；苦味酸试纸：取定性滤纸剪成长 7cm、宽 0.3~0.5cm 的纸条，浸入饱和苦味酸-乙醇溶液中，数分钟后取出，在空气避阴干，储存备用。

（3）仪器　取 200~300mL 锥形瓶，配备一适宜的单孔软木塞或橡皮塞，孔内塞一内径 0.4~0.5cm，长 5cm 的玻璃管，管内悬一条苦味酸试纸，临用时，试纸条以碳酸钠溶液（100g/L）湿润。

（4）分析步骤　迅速称取 5g 样品，置于 100mL 锥形瓶中，加 20mL 水及 0.5g 酒石酸，立即塞上悬有苦味酸并以碳酸钠湿润的试纸条的木塞，置 40~50℃水浴中，加热 30min，观察试纸颜色变化。如试纸不变色，表示氰化物为负反应或未超过规定。如试纸变色，需再做定量试验。

2. 定量检验

（1）原理　木薯粉、包装饮用水和矿泉水中的氰化物在酸性条件下蒸馏出的氰氢酸用氢氧化钠溶液吸收，在 pH 7.0 溶液中，用氯胺 T 将氰化物转变为氯化氰，再与异烟酸-吡唑酮作用，生成蓝色染料，与标准系列比较定量，本方法检出限为 0.15μg，取样量为 10g 时，最低检出浓度为 0.015mg/kg。

（2）试剂　甲基橙指示液（0.5g/L）；乙酸锌溶液（100g/L）；酒石酸；氢氧化钠溶液（10g/L）；氢氧化钠溶液（1g/L）；乙酸（1：24）；酚酞-乙醇指示液（10g/L）；磷酸盐缓冲溶液（0.5mol/L，pH 7.0）：称取 34.0g 无水磷酸二氢钾和 35.5g 无水磷酸氢二钠，溶于水并稀释至 1000mL；异烟酸-吡唑酮溶液：称取 1.5g 异烟酸溶于 24mL 氢氧化钠溶液（20g/L）中，加水至 100mL，另称取 0.25g 吡唑酮，溶于 20mL *N*-二甲基甲酰胺中，合并上述两种溶液，混匀；氯胺 T 溶液：称取 1g 氯胺 T（有效氯含量应在 11%以上），溶于 100mL 水中，临用时现配；水中氰成分分析标准物质（50μg/mL）：标准物质编号为 GBW（E）080115；氰离子标准中间液（1μg/mL）：取 2mL 水中氰成分分析标准物质，用氢氧化钠溶液定容至 100mL。

（3）仪器　可见分光光度计；分析天平，感量为 0.001g；具塞比色管，10mL；恒温水浴锅，(37±1)℃；电加热板，(120±1)℃；500mL 水蒸气蒸馏装置。

（4）分析步骤　称取 20g（精确到 0.001g）试样于 500mL 水蒸气蒸馏装置中，加水约 200mL，塞严瓶口，在室温下磁力搅拌 2h。然后加入 20mL 乙酸锌溶液和 2.0g 酒石酸，迅速连接好蒸馏装置，将冷凝管下端插入盛有 10mL 20g/L 氢氧化钠溶液的 100mL 1 号锥形瓶的液面下。进行水蒸气蒸馏，收集蒸馏液接近 100mL 时，取下 1 号锥形瓶；同时将冷凝管下端插入盛有 10mL 20g/L 氢氧化钠溶液的 100mL 2 号锥形瓶的液面下，重复蒸馏至收集蒸馏液约 80mL 时，停止加热，继续收集蒸馏液近 100mL，取下 2 号锥形瓶，取下蒸馏瓶并将其内容物充分搅拌、混匀，再将冷凝管下端插入盛有 10mL 20g/L 氢氧化钠溶液的 100mL 3 号锥形瓶的液面下，进行水蒸气蒸馏，至 3 号锥形瓶收集蒸馏液约 50mL，取下 3 号锥形瓶。将 1 号、2 号和 3 号锥形瓶收集的蒸馏液完全转移至 250mL（V_1）容量瓶中，用水定容至刻度。量取 10mL 溶液（V_2）置于 25mL 比色管中，作为试样溶液。

用移液管分别量取 0.0mL、0.3mL、0.6mL、0.9mL、1.2mL、1.5mL 氰离子标准中间液置于 25mL 比色管中，加水至 10mL。

试样溶液及标准系列溶液中各加 1mL 10g/L 氢氧化钠溶液和 1 滴酚酞指示液，用乙酸溶液缓慢调至红色褪去，然后加 5mL 磷酸盐缓冲溶液，在 37℃恒温水浴锅中保温 10min，再分别加入 0.25mL 氯胺 T 溶液，加塞振荡混合均匀，放置 5min。然后分别加入 5mL 异烟酸-吡唑酮溶液，加水至 25mL，混匀。在 37℃恒温水浴锅中放置 40min，用 2cm 比色杯，以零管调节零点，于波长 638nm 处测吸光度。

（5）计算　木薯粉中氰化物（以 CN^- 计）的含量按式（10-3）计算：

$$X = \frac{A \times 1000}{m \times V_1 / V_2 \times 1000} \tag{10-3}$$

式中　X——试样中氰化物含量（以 CN^- 计），mg/kg；

A——测定试样溶液氰化物质量（以 CN^- 计），μg；

1000——换算系数；

m——样品质量，g；

V_1——测定用蒸馏液体积，mL；

V_2——试样蒸馏液总体积，mL。

计算结果保留三位有效数字。

（二）常见生物碱的检测

按 GB 5009.36—2016《食品安全国家标准　食品中氰化物的测定》的方法进行曼陀罗籽中生物碱的检验。

1. 比色法定性

（1）原理　样品中所含阿托品等生物碱经提取后与发烟硝酸及氢氧化钾溶液有呈色反应。

（2）试剂　氨水（1∶1）；乙醚；盐酸（1∶5）；三氯甲烷；无水硫酸钠；发烟硝酸；氢氧化钾-乙醇溶液（100g/L）。

（3）分析步骤　将约 30 粒曼陀罗籽放入乳钵中，加氨水（1∶1）浸湿，浸渍片刻，研磨成黏稠状，加乙醚研磨三次，每次 10mL，将乙醚合并于分液漏斗中，加 10mL 盐酸（1∶5），振摇提取 1min，分出盐酸层至另一分液漏斗中，加氨水（1∶1）调成碱性，用 10mL 三氯甲烷振摇提取 1min，再提一次，合并三氯甲烷层，通过无水硫酸钠脱水后浓缩至 0.5mL，备用。取 0.2mL 试液于小蒸发皿中，挥干溶剂，加 4 滴发烟硝酸使残渣溶解，水浴上蒸干，残留物黄色，冷却后加数滴氢氧化钾-乙醇溶液（100g/L），则变紫堇色，随即变红色。阿托品、莨菪碱和东莨菪碱均有此反应。

2. 薄层色谱定性

（1）原理　样品中所含阿托品等生物碱经提取后，用薄层分离，再以显色剂显色，与对照标准比较。

（2）试剂　硅胶 G 薄层板：厚度 0.3~0.5mm，105℃活化 1h，放干燥器中备用；展开剂：甲醇-氨水（200∶3）；显色剂：称取 0.85g 次硝酸铋，加 10mL 乙酸，加 40mL 水，溶解。取 5mL，加 5mL 碘化钾溶液（4g 碘化钾溶于 5mL 水中），再加 20mL 乙酸，加水稀释至 100mL；阿托品标准溶液：称取 120.0mg 硫酸阿托品，溶于 10mL 水中，加氨水（1∶1）呈碱性，用三氯甲烷提取两次，每次 8mL，三氯甲烷提取液经少许无水硫酸钠脱水，滤入 20mL 具塞比色管中，再用少许三氯甲烷洗滤器，洗液并入比色管中，加三氯甲烷至 20mL，此溶液每毫升相当于 5.0mg 阿托品；东莨菪碱标准溶液：称取 145.0mg 氢溴酸东莨菪碱，以下按阿托品标准溶液同样处理，配成每毫升相当于 5.0mg 东莨菪碱。

（3）分析步骤　在薄层板下端 2cm 处，点 10μL 阿托品及东莨菪碱标准溶液，30~100μL 样品提取浓缩液，各点间距 1.5cm，置于预先用展开剂饱和的展开槽中，待溶剂前沿上展至 10~15cm，取出，挥干展开剂，喷显色剂呈现橙红色斑点为阳性反应。

3. 定量

称取 1000g 粮食，从中检出曼陀罗籽，不得超过 5 粒。

（三）龙葵碱的测定

1. 定性检验

（1）试剂　钒酸铵溶液：称取 1g 钒酸铵，溶于 1000mL 硫酸溶液（1∶1）中。硒酸钠溶液：称取 0.3g 硒酸钠溶于 8mL 水中，然后加入 6mL 浓硫酸，混匀。

（2）方法　取适量样品捣碎后榨汁，放入烧杯中，残渣用水洗涤，将洗液与汁液合并，取上清液用氨水碱化，蒸发至干。残渣用 95%热乙醇溶液提取 2 次，过滤，滤液再用氨水碱化使马铃薯毒素沉淀，过滤得残渣。取少量残渣加入 1mL 钒酸铵溶液，呈现黄色，以后逐渐转变为橙红、紫、蓝、绿色，最后颜色消失。

取少量残渣加入 lmL 硒酸钠溶液，温热，冷却后呈紫红色，后转为橙红、黄橙、黄褐色，最后颜色消失。将马铃薯发芽部位切开，如在出芽部位分别滴加浓硝酸和浓硫酸，显玫瑰红色者则综合鉴定为马铃薯毒素。

2. 定量分析

（1）原理　龙葵碱在稀硫酸中与甲醛溶液作用生成橙红色化合物，在一定范围内，颜色的深浅与龙葵碱苷含量成正比。可用分光光度计在波长 520nm 处测定。

（2）试剂　龙葵碱标准溶液：精确称取 0.1000g 龙葵碱，以 1%硫酸溶液溶解，并定容至 100mL。此溶液每 1mL 含龙葵碱 1mg。

（3）测定　测定可分为样品提取、样品标准曲线绘制和样品测定三步。

①样品提取：取捣碎的马铃薯样品 20g，置于 250mL 烧杯中，加入 95%乙醇溶液 100mL、乙酸 3mL，混匀。将溶液经滤纸滤入索氏提取瓶中，残渣用 20mL 乙醇洗涤 2 次，将洗脱液合并到提取瓶中，再将滤纸放入提取器内，连接好索氏提取器各部分，于水浴中加热，控制温度为 80~90℃，提取 16h 以上。将乙醇溶液移入 250mL 蒸馏瓶中，连接好冷凝装置，在水浴上回收多余的乙醇溶液，蒸馏瓶中溶液剩余 10~15mL 时，停止蒸馏。将蒸馏瓶中的溶液倒入蒸发皿中，用 10~20mL 乙醇分多次洗涤蒸馏瓶，将洗液合并于蒸发皿中，在水浴上挥发近干用 5%硫酸溶液溶解残渣，过滤，然后用浓氨水调至中性，再加 1~2mL 浓氨水，使 pH 至 10~10.4，在 80℃ 水浴加热 5min，使沉淀完全。冷却后置冰箱中过夜，离心，倾去上清液，以 1%氨水洗至无色透明为止，将残渣用 1%硫酸溶溶解并稀释至 10mL。

②标准曲线制作：取每 1mL 含有 100μg 的龙葵碱标准溶液 0mL、0.1mL、0.2mL、0.3mL、0.4mL、0.5mL（相当于 0μg、10μg、20μg、30μg、40μg、50μg），分别放入 10mL 纳氏比色管中，加入 1%硫酸溶液至 2mL，在冰浴中各滴加浓硫酸至 5mL（滴加速度应慢，时间不应少于 3min），摇匀。静置 1min，然后在冰浴中滴加 1%甲醛溶液 2.5mL。静置 90min 之后，在分光光度计于波长 520nm 处测定吸光度，绘制标准曲线。

③样品测定：取样液 2mL 放入 10mL 纳氏比色管中，以下操作同②。

（4）计算　按式（10-4）计算龙葵碱含量。

$$\text{龙葵碱含量} = (\text{mg/100g})\ \frac{c \times 100}{m \times \frac{V_1}{V}} \qquad (10-4)$$

式中　c——龙葵碱的标准溶液质量浓度，mg/mL；

V_1——测定时取样品提取液的体积，mL；

V——样品提取后定容总体积，mL；

m——样品质量，g。

（四）油菜籽中芥子苷的快速测定

1. 原理

芥子苷在芥子酶作用下水解，产生葡萄糖，用3，5-二硝基水杨酸法测定所产生的葡萄糖量，计算出芥子苷的含量。本法样品不需脱脂处理，方法简便、准确、灵敏度高，试剂简单。

2. 试剂

（1）3，5-二硝基水杨酸溶液　称取酒石酸钾钠182g及3，5-二硝基水杨酸7g，加热溶解于500mL蒸馏水中，加入15g氢氧化钠，边加边搅拌，再加4g苯酚及1g无水亚硫酸钠，溶解及冷却后加蒸馏水定容至1000mL，放置一星期后使用。

（2）葡萄糖标准溶液　称取0.100g葡萄糖于100mL量瓶中，加蒸馏水溶解，稀释到刻度，混匀。宜用前配制。因系用一分子结晶水的葡萄糖，所以此溶液每毫升含葡萄糖为0.9mg。

3. 测定

（1）葡萄糖标准曲线的绘制　取6支10mL，刻度试管，依次加入葡萄糖标准液0mL、0.1mL、0.2mL、0.3mL、0.4mL、0.5mL，分别加蒸馏水至1.0mL，再加入3，5-二硝基水杨酸3mL混匀，置沸水浴中准确保温显色10min后取出。冷却后，加蒸馏水定容至10.0mL，混匀。于波长530nm处，以零管调零，分别测定各管溶液的吸光度，以葡萄糖量为横坐标，对应各管的吸光度为纵坐标绘制标准曲线。

（2）样品酶解　准确称取研磨样品0.500g两份，分别置于两支25mL刻度试管中，各加粉状氟化钠0.100g，对于经过热处理的菜籽及菜籽饼等样品，则尚需加少量新鲜菜籽粉作为酶料。在一试管中，加沸蒸馏水约20mL，然后立即加热至沸腾，并继续保持微沸10min。在另一试管中则加入35~38℃蒸馏水约20mL，置于37℃水浴中或恒温箱中，保温酶解1h（不时振荡），使芥子苷在芥子酶作用下加速水解，完成酶解后再加热至沸，并保持微沸10min。

（3）测定　在两支试管中，均滴加中性醋酸铅，以沉淀其中蛋白质及色素类物质。每次加1滴，摇匀后静置，观察上部溶液是否澄清，否则继续滴加至上层溶液由混浊变为澄清为止（一般加6滴）。过量的醋酸铅应沿管壁加入1滴饱和硫酸钠溶液消除。如不出现白色沉淀，即醋酸铅未过量，可不必再加入，否则需继续加至无白色沉淀产生为止。最后均加蒸馏水定容至25mL，混匀，经干滤纸过滤到干试管中。

取上面两支试管的滤液各0.50mL，放入10mL刻度试管中，各加蒸馏水0.50mL及3，5-二硝基水杨酸溶液3.0mL，混匀，置沸水浴中准确保温显色10min后取出。冷却后，加蒸馏水至10mL，混匀，以样品空白液吸光度为零，分别测定两管溶液吸光度。

4. 计算

$$\text{芥子苷}(\%) = (m_2 - m_1) \times 10^{-3} \times \frac{25}{0.5} \times \frac{100}{0.5} \times 0.9 \times 2.207 = 19.863(m_2 - m_1) \tag{10-5}$$

式中　m_1——第一管溶液从标准曲线上查得的相应葡萄糖质量，mg；

m_2——第二管溶液从标准曲线上查得的相应葡萄糖质量，mg；

0.9——带一分子结晶水的葡萄糖换算为葡萄糖的系数；

2.207——芥子苷葡萄糖转换为芥子苷的系数。

本章小结

有些动植物，含有某种天然有毒成分，由于其形态与无毒的品种类似，使人混淆而误食；或食用方法不当，食物储存不当，形成有毒物质，食用后引起中毒。此类食物中毒的特征主要有：季节性和地区性较明显，这与有毒动物和植物的分布，生长成熟，采摘捕捉，饮食习惯等有关；散在性发生，偶然性大；潜伏期较短，大多在数十分钟至十多小时。少数也有超过一天的；发病率和病死率较高，但与有毒动物和植物种类的不同而有所差异。本章介绍了常见的有毒动植物及其主要毒素的检测方法。

思考题

1. 常见的有毒动植物有哪些？哪些在食品工业上可能造成食品安全危害？
2. 常见的植物有毒成分有哪些？分别存在于哪些植物中？简述它们的检测方法。
3. 简述河豚毒素的检测。

第十一章

CHAPTER 11

转基因食品与新食品原料的安全性

转基因食品是指用转基因生物制造或生产的食品、食品原料及食品添加物等。新食品原料是指应当具有食品原料的特性，符合应当有的营养要求，且无毒、无害，对人体健康不造成任何急性、亚急性、慢性或者其他潜在性危害的原料。

第一节　转基因食品的安全性及检测方法

一、转基因食品的概念

转基因生物（Genetically Modified Organisms，GMOs）是指用基因工程方法将有利于人类的外源基因转入受体生物体内，改变其遗传组成，使其获得原先不具备的品质与特性的生物。转基因食品（Genetically Modified Foods，GMF）是指用转基因生物制造或生产的食品、食品原料及食品添加物等。转基因食品大体上可分为三类：一是转基因植物食品，如转基因的玉米、大豆、番茄等，是转基因食品中种类较多的一类，这类食品由转基因植物生产加工而成；二是转基因动物食品，如转基因的鱼、肉类等；三是转基因微生物食品，如转基因微生物发酵而制得的葡萄酒、啤酒、酱油等。

二、转基因食品的安全性问题

转基因食品的安全性问题在全世界范围内备受关注，现就转基因食品的安全性问题简单介绍如下。

（一）产生毒性物质

基因损伤或其不稳定性可能会带来新的毒素。另外许多食品原料本身含有大量的毒性物质和抗营养因子，如龙葵素、氰苷、组胺、棉酚、蛋白酶抑制剂等，由于基因的导入可能诱导编码毒素蛋白的基因表达，产生各种毒素。

（二）产生过敏原

由于导入基因的所编码的蛋白质的氨基酸序列可能与某些致敏原存在序列同源性，导致过敏发生或产生新的致敏原。

（三）营养代谢紊乱

如果转基因食品与原食品的营养组成和抗营养因子变化幅度大，可能会对人群膳食营养产生影响，造成体内营养素代谢紊乱。

（四）影响人体肠道微生物群

转基因食品中的标记基因有可能传递给人体肠道内正常的微生物群，引起菌群谱和数量变化，通过菌群失调影响人的正常消化功能。

三、转基因食品的安全性评价

（一）安全性评价的目的

转基因食品作为人类历史上的一类新型食品，在给人类带来巨大利益的同时，也给人类健康和环境安全带来潜在的风险。因此，转基因食品的安全管理受到了世界各国的重视。其中，转基因食品的安全性评价是其安全管理的核心和基础之一。转基因食品的安全性评价目的是从技术上分析生物技术及其产品的潜在危险，对转基因食品的研究、开发和商品化生产的各个环节的安全性进行科学、公正的评价，以期在保障人类健康和生态环境安全的同时，也有助于促进生物技术的健康、有序和可持续发展。因此，对转基因食品安全性评价的目的可以归结为：提供科学决策的依据；保障人类健康和环境安全；回答公众疑问；促进国际贸易，维护国家权益；促进生物技术的可持续发展。

（二）安全性评价的基本原则

目前国际上对转基因食品安全评价遵循以科学为基础、实施实质等同、个案分析和逐步完善的基本原则。

1. 科学原则

科学原则是安全性评价必须遵守的基本原则。评价工作要以科学的态度，用科学方法进行分析研究，才能得出正确的结论。反过来，基于科学基础的食品安全性评价会对整个技术的进步和产业的发展起到关键的推动作用。

2. 实质等同性原则

“实质等同”是指将转基因食品同现有传统食品进行比较，如果转基因食品或食品成分同已经存在的食品或食品成分实质等同，则认为这种转基因食品或食品成分是安全的。如果不能确定为实质等同，则要设计研究方案，进行统一研究。评价转基因食品安全性的目的，不是要了解该食品的绝对安全性，而是要评价它与非转基因的同类食品比较的相对安全性，是一种动态过程。它是评估转基因食品或食品成分安全性的基本工具。

3. 预先防范原则

预先防范原则是指不待相关科学知识的发展而先行采取措施的决定。即使目前科学证据无法证明转基因技术的安全性，也无法证明其危害性，但也应该必要的评价和预防措施。

4. 个案分析的原则

个案分析原则就是对每种具体的转基因食品进行安全性评价。由于转基因食品的研发是通过不同的技术路线、选择不同的供体、受体和转入不同的目的基因，在相同的供体和受体中也会采用不同来源的目的基因，因此，用个案原则分析和评价食品安全性可以最大限度地发现安全隐患，保障食品安全。

5. 逐步评估的原则

逐步评估的原则是指对转基因生物及其产品必须依次在每个环节上进行风险评估，并根据实验相关数据判定是否进入下一阶段。

6. 熟悉性原则

熟悉性原则是指对转基因生物受体种类和转入的目的基因的有关生物学性状、食用历史的背景知识，以及与其他生物种类或环境的相互作用等方面情况的熟悉和了解程度。

（三）转基因食品安全性评价的主要内容

1. 毒性物质

转基因食品中导入的外源基因并非原来亲本动植物所有，有些甚至来自不同类、种或属的其他生物，包括各种细菌、病毒和生物体。因此从理论上讲，任何外源基因的转入都可能导致遗传工程体产生不可预知的或意外的变化，其中包括多向效应。这些效应需要设计多因子试验来验证。如果转基因食品的受体生物有潜在的毒性，应检测其毒素成分有无变化；插入的基因是否导致毒素含量的变化或产生了新的毒素，也应该检测。所以对毒性物质的检测是转基因食品安全评价的主要任务之一。

2. 过敏性评价

转基因食品的过敏性评价是安全性评价的一个重要组成部分。食物过敏是人类食物食用史上一个由来已久的卫生问题。全球有近2%的成年人和4%~6%的儿童有食物过敏史。在儿童和成年人中，90%以上的过敏反应是由 8 种或 8 类食物引起的：蛋、鱼、贝壳、牛乳、花生、大豆、坚果和小麦。一般过敏性食品都具有一些共同特点，如大多数是等电点 pI<7 的蛋白质或糖蛋白，相对分子质量在 10000~80000；通常都能耐受食品加工、加热和烹调操作；可以抵抗肠道消化酶的作用等。但是，值得强调的是具有这些特性的物质并非都是过敏原。对转基因食品过敏性评价，目前主要遵循国际生物技术协会与国际生命科学学会的过敏性和免疫研究所一起制定的一套分析遗传改良食品过敏性树状的分析法。例如用该法分析了含巴西坚果高甲硫氨酸贮藏蛋白 2S 清蛋白的转基因大豆，这种大豆原拟作为改良的动物饲料。在对 3 位过敏病人的皮肤穿刺试验中，证明为阳性，进一步证明这种转基因大豆的潜在过敏性。

3. 营养成分和抗营养因子

食品的功能就在于它对人类的营养。因此，营养成分和抗营养因子是转基因食品安全性评价的重要组成部分。对转基因食品营养成分的评价主要针对蛋白质、碳水化合物、脂肪、纤维素、矿物质元素、维生素等与人类健康营养密切相关的物质。根据转基因食品的种类，以及人类营养物质的主要成分，还需要有重点地开展一些营养成分的分析，如转基因大豆的营养成分分析，应重点对大豆中的大豆异黄酮、大豆皂苷等成分进行分析。这些成分既是对人类健康具有特殊功能的营养成分，也是抗营养因子。在食用这些成分较多的情况下，这些物质会对我们吸收其他营养成分产生影响，甚至造成中毒。几乎所有的植物性食品中都含有抗营养因子，这是植物在进化过程中形成的自我防御的物质。目前，已知的抗营养因子主要有蛋白酶抑制剂、植酸、凝集素、芥酸、棉酚、单宁、硫苷等。

4. 抗生素抗性标记基因

抗生素抗性基因的标记是 DNA 重组技术中必不可少的步骤，主要应用于对已转入外源基因转化子的筛选。其原理是把选择剂（如卡那霉素、四环素等）加入到选择性培养基中，使其产生一种选择压力，致使未转化细胞不能生长发育，而转入外源基因的细胞因含有抗生素抗性基因，可以产生分解选择剂的酶来分解选择剂，因此可以在选择培养基上生长。抗生素与人类健康关系密切，因此对抗生素抗性标记基因的安全性评价，也是转基因食品安全评价的主要任务之一。

四、转基因食品的检测方法

转基因食品的检测方法目前主要有两种：一是检测 DNA 的聚合酶链反应（Polymerase Chain Reaction，PCR）法；二是检测蛋白质的酶联免疫吸附分析（Enzyme-Linked Immuno Sorbent Assay，ELISA）法。

ELISA 检测法与 PCR 法相比，具有操作简便、快速、准确、费用低等特点。但该项技术主要应用于原料和半成品分析，在终产品分析方面的灵敏度低于 PCR 法。因此 ELISA 在转基因检测应用上有一定的局限性。

PCR 法是目前转基因食品检测较为成熟的技术。通过 PCR 技术可以简便快速地从微量生物材料中以体外扩增的方式获得大量特定的特异性扩增片段，且具有较高的灵敏度和特异性。目前，在转基因食品 PCR 检测中，定性检测采用常规 PCR 法，而定量分析采用荧光定时定量 PCR 的方法（Real-time Quantative PCR）。下面简单介绍食品中转基因植物产品数字 PCR 检测方法。

本检测方法采用中华人民共和国出入境检验检疫行业标准 SN/T 1202—2010《食品中转基因植物成分定性 PCR 检测方法》。

1. 前言

本标准由国家认证认可监督管理委员会提出并归口。

本标准起草单位：中华人民共和国广州出入境检验检疫局、中国进出口商品检验技术研究所。

2. 范围

本标准规定了食品中转基因植物成分的定性 PCR 检测方法。

本标准适用于由转基因大豆、玉米、番茄、马铃薯、棉花等转基因植物及其产品的转基因成分数字 PCR 检测。

本标准所能达到的检测低限为 0.1%（质量分数）。

3. 测定方法

（1）原理　样品经过提取 DNA 后，针对转基因植物所转入的外源基因的基因序列设计引物，通过 PCR 技术，特异性扩增外源基因的 DNA 片断，根据 PCR 扩增结果，判断该食品中是否含有转基因成分。数字 PCR 级技术原理是通过原始 PCR 反应体系进行分割，进而对所有小的反应体系进行扩增并后续检测。通过对反应体系进行有限地分割，从而使整个反应体系可以更加耐受核酸抑制因子，并且更加稳定、准确、快速地对痕量的转基因成分进行精准鉴定。

现阶段数字 PCR 的实现形式包括芯片式数字 PCR 与微滴式数字 PCR 两种。其中芯片式数字 PCR 通过微流控芯片实现对原始反应体系的分割，这种分割方式具有稳定性好、均一性好的优点，但是这种分割方式的实验成本相对较高；微滴式数字 PCR 平台通过产生微小油包水体系实现反应体系的分割。这种分割方式具有反应速度快，分割成本低的优点，但是相对来说，这种分割方法的稳定性较差，而且对于数据分析的要求也相对较高。由于数字 PCR 的平台差异，对不同数字 PCR 平台进行的数据协同分析也成为了目前数字 PCR 检查方法发展的关键。

本标准针对通过筛选元件 CaMV35s 启动子和 NOS 终止子的外源筛选元件成分。另外，通过芯片式数字 PCR 和微滴式数字 PCR 的协同比对，本标准可以在两种平台中达到同样的检测目的。

（2）主要仪器　分析天平；生物安全柜；数字 PCR 扩增仪；纯水仪；核算定量仪；涡旋震荡仪；离心管。

（3）主要试剂　除另有规定外，所有试剂均为分析纯试剂和符合 GB/T 6682—2016《分析实验室用水规格和试验方法》规定的一级水。数字 PCR 反映试剂盒；DNA 提取试剂盒；18srRNA 基因引物和探针；CaMV35s 启动子；NOS 终止子。

（4）操作步骤

①抽样。

A. 散装货物抽样。

a. 货物流动过程中抽样：只要可能，应在货物流动过程中抽样，例如在货物装卸过程中抽样。

应按批量和货物的流动速度确定抽样间隔，从第 1 个间隔内随机选取一点抽取第 1 个份样，并从这一点开始按照固定的抽样间隔抽取份样。

抽取固体样品时，采用的机械取样设备应能在较宽的范围内调整份样量和抽样频率，并利于检查和清晰。应使所有货物都有相同的机会进入机械取样器的取样装置。手工抽样时，应按照预先确定的抽样间隔，从装卸货物时露出的新断面或停止的传送带上抽取份样。当从停止的传送带上抽样时，应抽取全带宽样品。当抽取货物新断面上的样品时，应交替抽取其上部、中部和下部的货物。

当从液体输送管道中抽样时，应按照预先确定的抽样间隔抽取份样，抽样前应先使用待抽样货物清洗样品容器。

b. 从火车、船舱、筒仓和货柜等载货容器中抽样：应对每个载货容器抽取样品。按照载货容器中所载货物量级批量计算每个载货容器中应抽取的份样数。

抽取固体样品时，应在载货容器内均匀布点抽样。如果可能，在每个抽样点抽取整个深度的样品。当无法抽取整个深度的样品时，应采用分层抽样法或在装卸过程中采用上一个方法抽样。当采用分层抽样时，将载货容器至少分为 3 层，当载货容器中所载货物量大于 3 倍批量时，应按批量分层。先在货物的初始表面均匀布点抽取份样，待货物装卸到中层和下层时，再分别在露出的表面均匀布点抽取份样。

抽取液体样品时，按表 11-1 所示的比例在载货容器的上中下三层抽取样品。

表 11-1　不同形状液舱的取样部位和比例

容器形状	上层（液层选 20cm 处）	中层（液层中部）	下层（距舱底或油水界面 20cm 处）
直立式舱池	1	3	1

续表

容器形状	上层（液层选 20cm 处）	中层（液层中部）	下层（距舱底或油水界面 20cm 处）
倒梯形舱池	2	2	1
圆底舱池	3	6	1
卧式油槽车	1	8	1

c. 从货堆中抽样：按照货堆的货物、批量确定份样数，按上一步要求采用斜线法或正弦法在货堆上布点或分层布点抽取份样。

B. 包装货物抽样。应从包装的不同部位如顶部、中部、和下部抽取样品，按表 11-2 确定抽样件数。

表 11-2　　包装货物抽样件数的确定

一批货物的总包装件数/袋	应抽取包装件数
10 以下	逐袋抽样
10~100	随机抽取 10 袋
100 以上	按总带上的平方根抽取（取整数，小数部分向上修约）

货物经常具有外包装，并在其中装有一定数量的小包装。这时，表 11-2 中的包装指外包装，应交替地从每个抽取的外包装的不同位置（例如顶部、中部和下部或左、中、右）抽取数量一致的小包装样品。

当所抽取的外包装或小包装中装有超过最小份样量时，从这些包装中抽取不小于最小份样量的整数个包装货物作为份样；否则，应从相邻位置抽取多个包装中的货物作为份样。

抽取包装液体货物的样品时，可按上述方法选取抽样件数。如果可能，抽样前应交液体货物摇匀，再将所需量的倾入样品容器作为份样。否则，应根据包装的形状参照表 11-1 中的抽样部位和比例抽取份样或抽取全深度样品。

②制样。

A. 一般规定。除非另有约定，本部分设计的制样过程一般包括混合足够量的份样组成原始样品，缩分原始样品得到实验室样品，使用适当方法制备存查样品及对实验室样品进行适当地均匀和降低其粒度来获得试样。应按批分别制备实验室样品、试样级存查样品。

B. 构成原始样品。可将抽取的份样混合在一起构成原始样品。如果一次构成的原始样品量较大，可将份样分层质量一致的几组；对份样进行分组时，尽可能避免将连续抽取的份样分在一组中。分别采用先缩分同样次数后，将得到的缩分样品混合成原始样品。缩分的次数应使得到的原始样品不低于实验室样品量的 4 倍。

C. 样品的初步处理。制备样品前，如需要对抽取的样品进行必要的初步处理，例如去皮（壳）、除水、除油等，应记录初步处理前后样品质量的变化。

D. 破碎、研磨和缩分。

a. 破碎和研磨：破碎和研磨时，应采用低样品不产生污染的设备。将样品导入破碎或研磨设备前，应预先使用少量样品清晰设备。破碎和研磨过程中应调整设备的操作参数，避免过热并防止样品粘连。

b. 缩分：课采用分样器缩分法、四分法和点取法等方法缩分样品。当按要求抽取样品或对按要求抽取的样品进行缩分时，应保证得到的缩分样品的质量不低于表 11-3 中列明的相对于样品 95%通过粒度的缩分样品最低留量。当 95%通过粒度大于 22.4 时，需将全部样品破碎至 22.4mm 以下方可进一步缩分；当转基因限量水平低于 1%时，宜适当增加缩分样品的最低留量。

表 11-3　　不同粒度下缩分样品最低留量

95%通过粒度/mm	缩分样品最低留量/kg
20~22.4	15
10~20	10
5~10	1.5
2~5	0.5
1~2	0.2
0.5~1	0.1
<0.5	0.05

E. 实验室样品的制备。通过必要的混合和缩分，将原始样品制备成实验室样品。按照要求抽取实验室样品的最小数量的十六分之一；当以原始样品作为实验样品，制备液体实验室样品时，将抽取的份样混合构成原始样品，充分搅拌或摇匀后分装于适当规格的样品容器中得到实验室样品。

F. 存查样品的制备。除非另有约定，由实验室样品经一次缩分得到存查样品，该次缩分得到的另一半样品用于试样的制备。

G. 试样的制备。将实验室样品经必要的破碎、研磨后缩分成试样。试样的最低留量为 50g。

③DNA 模板制备：DNA 提取必须充分弃除抑制 PCR 反应的蛋白质、多糖、脂肪类、纤维素以及 DNA 提取时加入的试剂，包括酚类、EDTA、三氯甲烷、异丙醇、异戊醇、乙醇等。所提取的 DNA 必须是能满足下游分析要求的优质 DNA 模板。

每个实验室样品必须设置两个提取平行样。每一次从测试样品提取核酸的过程都需要设置一个提取空白对照（水代替样品），最多 10 个样品就必须设置一个提取空白对照，如果超过 10 个样品，则必须增加阴性提取对照。阳性提取对照必须有规律地应用，或者当使用一批新的提取试剂时也要应用，以揭示试剂是否有效或者提取步骤是否存在错误。在实验的整个过程还必须设立环境对照。

④数字 PCR 扩增方法。

A. 试样数字 PCR 反应。

a. 内标准基因数字 PCR 反应：每个试样内标准数字 PCR 反应设置 3 个平行。并按照表 11-4 的组分和终浓度配置数字 PCR 反应体系。反应体系配置完成后，进行反应体系的分割，其中芯片数字 PCR 通过微流控芯片实现本步骤，微滴法数字 PCR 通过形成油包水结构实现体系的分割。该步骤按照不同数字 PCR 平台的说明书进行操作。数字 PCR 反应的有效分割体系不得低于理论分割体系数的 60%。

表 11-4　　数字 PCR 反应体系

试剂	终浓度	体系
2×反应 Mix[a]	1×	2μL
20μmol/L *zSSIIb-F/p35s-F/TNOS-F*	0. 45μmol/L	0. 09μL
20μmol/L *zSSIIb-R/p35s-R/TNOS-R*	0. 45μmol/L	0. 09μL
20μmol/L *zSSIIb-P/p35s-P/TNOS-P*	0. 1μmol/L	0. 02μL
50ng/μL DNA 模板	12. 5μg/μL	1μL
水		补齐 4μL
总体系		4μL

注：推荐市面上现售的数字 PCR 平台进行实验，并针对市面上现售的不同数字 PCR 平台，依据说明说调整反应体系的组分和最终体积，并保证表中所列组分的终浓度不变。

体系分割完成后，进行数字 PCR 反应。荧光分析步骤采用 VIC 单荧光通道，反应程序如表 11-5 所示。

表 11-5　　数字 PCR 反应程序

步骤	温度	持续时间	循环数
热激活	50℃	2min	1
	95℃	5min	
变性	95℃	15s	40
退火延伸	60℃	1min	

注：不同 PCR 反应平台可以根据说明书对热启动步骤程序进行修改，但是不能对扩增程序进行修改。

b. 外源基因 *p-35s* 与 *T-NOS* 基因数字 PCR 反应：每个试样外源基因数字 PCR 反应设置 3 个平行。外源基因扩增所用反应体系域反应程序与表 11-4 相同。

B. 对照数字 PCR 反应。在试样数字 PCR 的同时，应设置阴性对照与空白对照。以与试样相同种类的非转基因植物基因组 DNA 作为阴性对照；以水作为空白对照。各对照 PCR 反应体系中，除模板外，其余组分及 PCR 反应条件与表 11-5 相同。

（5）结果分析与表述

①阈值的设定。根据数字 PCR 结果中扩增曲线的基线或者体系中阴性分割体系的终点荧

光值设定荧光的阈值限。阈值限需要对阴性和阳性扩增结果进行明显的区分。

②对照组检测结果分析。阴性对照组只有内标准基因的扩增，空白对照组没有任何扩增现象，表面数字 PCR 反应体系正常工作，否则需要进行重新检测。

③试样检测记过分析和表述。

A. 内标准基因得到了明显的扩增，并且外源 *p-35s* 或 *NOS* 基因的任何一个出现明显的扩增现象，阳性扩增体系内扩增曲线形状良好或者其重点荧光信号值超过荧光阈值，这表明试样中检测出了 *p-35s* 或 *T-NOS* 基因，表述为“试样中检测出 *p-35s* 或 *NOS* 基因成分，检测结果为阳性”。

B. 内标准基因得到了明显的扩增，且其扩增曲线形状良好并超过阈值限，而 *p-35s* 或 *T-NOS* 基因都没有得到扩增，扩增终点荧光信号值位于阈值限之下，这表明试样中未检测出 *p-35s* 或 *T-NOS* 基因成分，表述为“试样中未检测出 *p-35s* 或 *T-NOS* 基因成分，检测结果为阴性”。

C. 内标准基因没有得到扩增，扩增重点荧光信号值位于阈值限之下，这表明试样中未检测出对应植物成分，结果表述为“试样未检出对应植物成分，检测结果为阴性”。

第二节　新食品原料的安全性

一、新食品原料的概念及范围

（一）新食品原料的概念

中华人民共和国卫生部 2004 年 10 月 9 日发布，新资源食品系指在我国新发现、新研制（含新工艺和新技术）或新引进的无食用习惯或仅在个别地区有食用习惯的食品或食品原料。2013 年 7 月 16 日，国家卫生计生委将“新资源食品”修改为“新食品原料”，并公布了《新食品原料安全性审查管理办法》，修改了新食品原料定义、范围，进一步规范了新食品原料应当具有的食品原料属性和特征。

（二）新食品原料的范围

新食品原料是指在我国无传统食用习惯的以下物品：动物、植物和微生物；从动物、植物和微生物中分离的成分；原有结构发生改变的食品成分；其他新研制的食品原料。

新食品原料不包括转基因食品、保健食品、食品添加剂新品种，上述物品的管理依照国家有关法律法规执行。

二、新食品原料安全性毒理学评价试验的选择

（一）食品安全性毒理学评价的毒理试验

食品安全性毒理学评价毒理试验分四个阶段。第一阶段：急性毒性试验；第二阶段：遗传毒性试验、传统致畸试验、30d 喂养试验；第三阶段：亚慢性毒性试验 90d 喂养试验、繁殖试验、代谢试验；第四阶段：慢性毒性试验（包括致癌试验）。

（二）新食品原料安全性毒理学评价试验的选择

原则上应进行第一、二、三个阶段毒性试验，以及必要的人群流行病学调查。必要时应进行第四阶段试验。若根据有关文献资料及成分分析，未发现有或虽有但量甚少，不致构成对健康有害的物质，以及较大数量人群有长期食用历史而未发现有害作用的天然动植物（包括作为调料的天然动植物的粗提制品），可以先进行第一、二阶段毒试验，经初步评价后，决定是否需要进行进一步的毒性试验。

本章小结

随着食品生物技术的不断发展，转基因食品和新食品原料的安全性越来越受到人们的重视。本章重点介绍转基因食品和新食品原料的基本概念；阐述转基因食品安全性评价的重要性，包括其可能的危害因素、安全性评价所遵循的基本原则及常用的检测方法；同时概述新食品的种类和安全性评价中的毒理试验。

思考题

1. 名词解释：

转基因技术、转基因食品、新食品原料、实质等同原则、ELISA 技术、PCR 技术、数字定量 PCR 技术。

2. 试比较转基因食品检测中 ELISA 法和 PCR 法各自的特点。

3. 简述新食品原料的种类。

第十二章

CHAPTER 12

食品污染控制的对策

第一节　良好操作规范（GMP）

一、 GMP 概念与内涵

（一） GMP 的基本概念

GMP 是英文 Good Manufacturing Practice 的缩写，中文的意思是“良好操作规范”或“优良制造标准”，是一种特别注重在生产过程中实施对产品质量与卫生安全的自主性管理制度。GMP 的产生来自药品生产领域，现已成为适用于制药、食品等行业的一套强制性标准，要求企业从原料、人员、设施设备、生产过程、包装运输、质量控制等方面按国家有关法规达到卫生质量要求，形成一套可操作的作业规范帮助企业改善企业卫生环境，及时发现生产过程中存在的问题，加以改善。简要地说，GMP 要求食品生产企业应具备良好的生产设备，合理的生产过程，完善的质量管理和严格的检测系统，确保最终产品的质量（包括食品安全卫生）符合法规要求。

食品 GMP 作为目前国际上获得一致认可的食品安全控制体系，已成为食品加工质量控制和安全保障最有效的体系之一，其规定的内容是食品加工企业必须达到的最基本的条件。

（二）食品 GMP 的意义和目的

食品加工企业 GMP 的实施可以为食品生产提供一套必须遵循的组合标准；为卫生行政部门、食品卫生监督员提供监督检查的依据；为建立国际食品标准提供基础；便于食品的国际贸易；为食品生产经营人员认识食品生产的特殊性提供重要的教材，由此产生积极的工作态度，激发对食品质量高度负责的精神，消除生产上的不良习惯；使食品生产企业对原料、辅料、包装材料的要求更为严格；有助于食品生产企业采用新技术、新设备，从而保证食品质量。

推行食品 GMP 的主要目的在于提高食品的品质与卫生安全、保障消费者与生产者的权益和强化食品生产者的自主管理体制，使企业有法可依、有章可循。

总之，GMP 是一种 4M 管理要素的质量保证体系，即选用符合规定的原料（Materials），以合乎标准的厂房设备（Machine），由胜任的人员（Man），按照既定的方法（Methods），制造出品质既稳定又安全卫生的产品的一种质量保证制度。只有通过 GMP 认证的产品才拥有通向世界的“准入证”。

二、 GMP 在我国的发展及法规体系

（一） GMP 在我国的发展

我国根据国际食品贸易的要求，于 1984 年由原国家进出口商品检验局首先制定了类似 GMP 的卫生法规“出口食品厂、库最低卫生要求”，对出口食品生产企业提出了强制性的卫生规范。到 20 世纪 90 年代初，在“安全食品工程研究”中，对八种出口食品制定了 GMP。

由于食品贸易全球化的发展以及对食品安全卫生要求的提高，“出口食品厂、库最低卫生要求”已经不能适应形势的要求，经过修改，1994 年 11 月《出口食品厂、库卫生要求》发布。在此基础上，又陆续发布了 9 个专业卫生规范：《出口畜禽肉及其制品加工企业注册卫生规范》《出口罐头加工企业注册卫生规范》《出口水产品加工企业注册卫生规范》《出口饮料加工企业注册卫生规范》《出口茶叶加工企业注册卫生规范》《出口糖类加工企业注册卫生规范》《出口面糖制品加工企业注册卫生规范》《出口速冻方便食品加工企业注册卫生规范》《出口肠衣加工企业注册卫生规范》，凡是从事食品生产、储存的厂、库都必须达到以上要求。

我国相继颁布了以下食品加工卫生规范：GB 8950—2016《食品安全国家标准　罐头食品生产卫生规范》、GB 8951—2016《食品安全国家标准　蒸馏酒及其配制酒生产卫生规范》、GB 8952—2016《食品安全国家标准　啤酒生产卫生规范》、GB 8953—2018《食品安全国家标准　酱油生产卫生规范》、GB 8954—2016《食品安全国家标准　食醋生产卫生规范》、GB 8955—2016《食品安全国家标准　食用植物油及其制品生产卫生规范》、GB 8956—2016《食品安全国家标准　蜜饯生产卫生规范》、GB 8957—2016《食品安全国家标准　糕点、面包卫生规范》、GB 12693—2010《食品安全国家标准　乳制品良好生产规范》、GB 12694—2016《食品安全国家标准　畜禽屠宰加工卫生规范》、GB 12695—2016《食品安全国家标准　饮料生产卫生规范》、GB 12696—2016《食品安全国家标准　发酵酒及其配制酒生产卫生规范》、GB 13122—2016《食品安全国家标准　谷物加工卫生规范》、GB 19304—2018《食品安全国家标准　包装饮用水生产卫生规范》、GB 17403—2016《食品安全国家标准　糖果巧克力生产卫生规范》、GB 17404—2016《食品安全国家标准　膨化食品生产卫生规范》、GB 17405—1998《保健食品良好生产规范》、SC/T 3009—1999《水产品加工质量管理规范》。

2011 年 9 月对《出口食品厂、库卫生要求》及《出口食品生产企业卫生要求》进行了修订，发布了《出口食品生产企业安全卫生要求》，该要求规定了从事食品出口生产的企业都应根据其要求建立卫生质量保证体系。同时对从事食品生产的企业人员、环境卫生、生产车间及设备、生产用原料、辅料的卫生要求、生产过程、食品的包装、储存、运输过程的卫生控制、产品的卫生检验以及卫生质量体系的运行都分别进行了规范，称为食品企业通用卫生规范要求。

（二） GMP 在我国的法规体系

1. 我国 GMP 法规的组成

近年来我国政府为了保护人民的身体健康，维护我国及世界各国食品消费者的合法权益，适应国际贸易的发展，颁布实施了一系列与食品安全有关的法律、法规，其中包括《中华人民共和国食品安全法》《中华人民共和国进出口商品检验法》《中华人民共和国进出境动植物检疫法》《中华人民共和国国境检疫法》《中华人民共和国进出口商品检验法实施条

例》《中华人民共和国进出境动植物检疫法实施条例》《中华人民共和国国境卫生检疫法实施细则》等。

依据这些法律、法规，由国家授权的食品安全卫生主管部门，先后制定发布了GB 14881—2013《食品安全国家标准　食品生产通用卫生规范》《出口食品生产企业安全卫生要求》以及各种专项卫生规范和良好操作规范。

以上法规、卫生要求和规范构成了我国食品加工行业的GMP法规体系，这些法规、卫生要求和规范采纳了国际食品法典委员会（CAC）《食品卫生总则》的内容，并与美国、欧盟、加拿大等国家和地区的GMP法规相一致，在法律地位上也与其等效。

2. 我国GMP基本法规的内容——《出口食品生产企业安全卫生要求》

为保证食品的安全卫生质量，规范食品生产企业的安全卫生管理，根据《中华人民共和国食品安全法》《中华人民共和国进出口商品检验法》及其实施条例等有关规定，国家认证认可监督管理委员会根据1994年发布的《出口食品厂、库卫生要求》和2002年5月发布实施的《出口食品生产企业卫生要求》，于2011年10月起施行《出口食品生产企业安全卫生要求》

基本内容申请卫生注册或者卫生登记的出口食品生产、加工、储存企业（以下简称食品生产企业）应当按照该要求建立保证食品的卫生质量体系、并制定指导卫生质量体系运转的体系文件。该要求是食品生产企业在食品安全卫生方面的一般性原则和规定。

（1）食品企业的环境卫生体系　食品厂应选择在环境卫生状况比较好的区域建厂，注意远离粉尘、有害气体、放射性物质和其他扩散性污染源；要求水源充足并符合卫生要求，这是保证食品卫生正常进行的基本条件，因此建厂的地方必须有充足的水源供应。各个工厂应按照产品生产的工艺特点、场地条件等实际情况，本着既方便生产的顺利进行，又便于实施生产过程的卫生质量控制这一原则进行厂区的规划和布局。

厂区的道路应该全部作水泥和沥青铺制的硬质路面，路面要平坦，不积水、无尘土飞扬。厂区内要植树种草进行立体绿化。

生产废料和垃圾放置的位置、生产废水处理区、厂区卫生间及肉类加工厂的畜禽宰前暂养区，要远离加工区且不得处于加工区的上风向，生产的废料和垃圾应该用有盖的容器存放，并于当日清理出厂。

（2）食品生产车间的卫生体系

①车间结构：食品加工车间应以钢筋混凝土或砖砌结构为主，并根据不同产品的需要，在结构设计上适合具体食品加工的特殊要求。

②车间布局：车间的布局既要便于各生产环节的相互衔接，又要便于加工过程的卫生控制，防止生产过程交叉污染的发生。

③车间地面、墙面、顶面及门窗：车间的地面要用防滑、坚固、不渗水、易清洁、耐腐蚀的材料铺制，车间地面表面要平坦，不积水。车间门窗有防虫、防尘及防鼠设施，所用材料应耐腐蚀易清洗。窗台离地面不少于1m，并有45°斜面。

④供水与排水设施：车间内生产用水的供水管应采用不易生锈的管材，供水方向应逆加工进程方向，即由清洁区向非清洁区流。

⑤通风与采光：车间应该拥有良好的通风和采光条件。

⑥设备、设施及工器具：加工易腐易变质产品的车间应具备空调设施。加工过程使用的

设备和工器具，尤其是接触食品的机械设备、操作台、输送带、管道等设备和篮筐、托盘、刀具等工器具的制作材料应符合要求。

⑦人员卫生设施：更衣室、淋浴间、卫生间要有洗手消毒设施。

⑧仓储设施：原料、辅料的存储设施，应能保证为生产加工所准备的原料和辅助用料在储存过程中，品质不会出现影响生产使用的变化和产生新的安全卫生危害。清洁、卫生、防止鼠虫危害是对各类食品加工用原料、辅料存储设施的基本要求。食品厂成品存储设施的规模和容量要与工厂的生产相适应，并应具备能保证成品在存放过程中品质能保持稳定，不受污染。成品储存库内应安装有防止昆虫、鼠类及鸟类进入的设施。冷库的建筑材料必须符合国家的有关使用材料规定的要求。储存出口产品的冷库和保（常）温库，必须安装有自动温度记录仪。

（3）生产过程的卫生控制　生产过程的卫生控制的总要求：原料、辅料的卫生要求；食品生产必须符合安全、卫生的原则，对关键工序的监控必须进行记录（监控记录、纠正记录）；原料、半成品、成品以及生、熟品应分别存放；不合格产品及落地产品应设固定点分别收集处理；班前班后必须进行卫生清洁及消毒工作；包装食品的材料必须符合卫生标准；存放间应清洁卫生、定期消毒；有防霉、防鼠、防虫设备；设有独立的检验机构和仪器设备；制定有对原料、辅料、半成品、成品及生产过程卫生监控检验制度。

①生产用水卫生控制：生产用水（冰）必须符合 GB 5749—2006《生活饮用水卫生标准》的指标要求，制冰设备和盛装冰块的器具必须保持良好的清洁卫生状况；工厂的检验部门应每天测余氯含量和水的 pH，至少每月应该对水的微生物指标进行一次化验；工厂每年至少对 GB 5749—2006《生活饮用水卫生标准》所规定的水质指标进行两次全项目分析。

②原料、辅料的卫生控制：在加工区内划定清洁区和非清洁区，限制这些区域间人员和物品的交叉流动。通过传递窗进行工序间的半成品传递等，以防止交叉污染。

③车间、设备及工器具卫生控制：严格对生产车间、加工设备和工器具进行日常清洗、消毒工作，每天都要进行清洗、消毒。生产期间，车间的地面和墙裙应每天都要进行清洁，车间的顶面、门窗、通风排气孔道上的网罩等应定期进行清洁。车间应采用臭氧消毒法或药物熏蒸法进行空气消毒。车间要专门设置可上锁的化学药品（即洗涤剂、消毒剂）存储间或存储柜，并制定出相应的管理制度，由专人负责保管，领用必须登记。药品要用明显的标志加以标识。

④储存与运输卫生控制：定期对储存食品的仓库进行清洁，保持仓库卫生，必要时进行消毒处理。相互串味的产品、原料与成品不得同库存放。食品运输车、船必须保持良好的清洁卫生状况，冷冻产品要用制冷或保温条件符合要求的车、船运输。为运输工具的清洗、消毒应配备必要的场地、设施和设备。

（4）人员的卫生控制　食品企业的加工和检验人员每年至少要进行一次健康检查，必要时还要做临时健康检查，新进厂的人员必须经过体检合格后方可上岗。凡患有有碍食品卫生疾病者如病毒性肝炎患者、活动性肺结核患者、肠伤寒患者和肠伤寒带菌者、细菌性痢疾患者和痢疾带菌者、化脓性或渗出性脱屑性皮肤病患者、手有开放性创伤尚未愈合者，必须调离岗位，痊愈后经体检合格后方可重新上岗。

生产、检验人员必须经过必要的培训包括食品卫生知识、卫生操作程序如洗手和如厕等，个人卫生与健康的相关知识的培训并经考核合格后方可上岗。生产、检验人员必须保持个人卫生，进车间不携带任何与生产无关的物品。

加工人员进入车间前，要穿着专用的清洁的工作服，更换工作鞋靴、戴好工作帽、头发不得外露。加工供直接食用产品的人员，尤其是在成品工段的工作人员，要戴口罩，为防止杂物混入产品中，工作服应该无明扣，并且前胸无口袋，工作服帽不得由工人自行保管，要由工厂统一清洗消毒，统一发放，与工作无关的个人用品不得带入车间。并且不得化妆，不得戴首饰、手表。工作前要认真地洗手、消毒。

三、 GMP 制定原则

食品加工企业 GMP 的制定原则应遵循“认证制度，由从业者自愿参加；食品 GMP 的制定分通则与专则两种，通则适用所有食品工厂，专则依个别产品性质不同及实际需要予以制定；食品 GMP 产品的抽验方法，有中国国家标准者应从其规定，否则应参照政府检验单位或学术研究机构认同的方法”。

第二节 卫生标准操作程序（SSOP）

一、 SSOP 概念与内涵

（一） SSOP 的概念

SSOP 是卫生标准操作程序（Sanitation Standard Operation Procedure）的简称。它是食品加工企业为了保证达到 GMP 所规定的要求，确保加工过程中消除不良的人为因素，使其加工的食品符合卫生要求而制定的指导食品生产加工过程中如何实施清洗、消毒和卫生保持的作业指导文件。现代食品加工企业必须建立和实施 SSOP，以强调加工前、加工中和加工后的卫生状况和卫生行为。卫生标准操作程序描述了控制工厂各项卫生要求所使用的程序，提供一个日常卫生监测的基础，对可能出现的不合格状况提前做出计划，以保证必要时采取纠正措施，为雇员提供了一种连续培训的工具。应确保从管理层到生产工人的每个人都了解与其相关的卫生标准操作程序要求。

美国 21CFR Part 123《水产品 HACCP 法规》中强制性地要求加工者采取有效的卫生控制程序（Sanitation Control Procedure，SCP），充分保证达到 GMP 的要求，并且推荐加工者按照八个主要卫生控制方面起草一个卫生操作控制文件即 SSOP，并加以实施。因此 SSOP 是食品生产企业和加工企业建立和实施 HACCP 计划的重要前提条件。

（二） SSOP 的一般要求

SSOP 的一般要求是：①加工企业必须建立和实施 SSOP，以强调加工前、加工中和加工后的卫生状况和卫生行为；②SSOP 应该描述加工者如何保证某一个关键的卫生条件和操作得到满足；③SSOP 应该描述加工企业的操作如何受到监控来保证达到 GMP 规定的条件和要求；④SSOP 记录应该在每个加工企业得到保持，至少应记录与加工厂相关的关键卫生条件和操作受到监控和纠偏的结果；⑤官方执法部门或第三方认证机构应鼓励和督促企业建立书面 SSOP 计划。

书面 SSOP 计划的建立会受到官方执法部门或第三方认证机构的鼓励和督促。SSOP 计划从文件组成上讲，一般包括三方面，即八个（或更多）方面的要求和程序；每一个环节的作业指导书；执行、检查和纠正记录。其中 SSOP 文件第一层次要求和程序应明确：①明确每一个方面应达到的要求或目标；②达到目标和要求所需的硬件设施和物资；③实现目标的责任部门和人员以及执行情况的检查、纠正、记录和分工；④实施的时间；⑤实施指南。SSOP 文件第二层次作业指导书是针对某一件具体事情而编写的文件，例如 CIP 系统的清洗，内包装物的杀菌和消毒，消毒剂种类的选择，消毒剂的配制。在作业指导书中应写明所针对具体过程的实现目标，需要的物资、责任人、实施的具体步骤、如何检查、如何纠正、如何记录。作业指导书编写的目的是让每一位责任人看到作业指导书后，就知道自己应该干什么，执行的时机，如何执行，所应达到的要求。SSOP 文件第三层次记录必须包括预先设计好的各种表格，包括执行记录表、监控和检查记录表、纠正记录表、员工培训记录表。记录格式的设计必须符合操作实际，即具有可操作性；记录栏目的内容必须能反映出事情的客观实际，有具体数据的地方应记录具体数据。

SSOP 的正确制定和有效实施，可以减少 HACCP 计划中的关键控制点（CCP）数量，使 HACCP 体系将注意力集中在与食品或其生产过程中相关的危害控制上，而不是在生产卫生环节上。但这并不意味着生产卫生控制不重要，实际上，危害是通过 SSOP 和 HACCP 的 CCP 共同予以控制的，没有谁重谁轻之分。

例如，舟山冻虾仁被欧洲一些公司退货，是因为欧洲一些检验部门从部分舟山冻虾仁中查出了 2×10^{-10}g 的氯霉素。经调查发现，是一些员工在手工剥虾仁过程中，因为手痒，用含氯霉素的消毒水止痒，结果将氯霉素带入了冻虾仁。员工手的清洁和消毒方法、频率，应该在 SSOP 中予以明确的制定和控制。出现上述情况的原因，有可能是 SSOP 规定不明确，或者员工没有严格按照 SSOP 的规定去做，并没有被发现。因此说 SSOP 的失误，同样可以造成不可挽回的损失。因此要求 SSOP 必须形成文件，这在 GMP 是没有要求的。不过 GMP 通常与 SSOP 的程序和工作指导书密切关联，GMP 为它们明确了总的规范和要求。为了保证卫生要求的实施，企业需起草本企业的卫生标准操作程序，即 SSOP 计划。SSOP 计划应由食品生产企业根据卫生规范及企业实际情况编写，尤其应充分考虑到其实用性和可操作性，注意对执行人所执行的任务提供足够详细的内容。SSOP 计划即卫生标准操作程序一般应包含：监控对象、监控方法、监控频率、监控人员、纠偏措施及监控、纠偏结果的记录要求等内容。

（三）SSOP 计划的主要内容

一个完整的 SSOP 计划应包括以下内容：①用于接触食品或食品接触面的水或用于制冰的水的安全；②与食品接触表面的卫生状况和清洁程度，包括工器具、设备、手套和工作服；③防止发生食品与不洁物、食品与包装材料、人流和物流、高清洁区的食品与低清洁区的食品、生食与熟食之间的交叉污染；④手的清洗消毒设施及卫生间设施的维护；⑤保护食品、食品包装材料和食品接触面免受润滑剂、燃油、杀虫剂、清洗剂、冷凝水、涂料、铁锈和其他化学性、物理性和生物性外来杂质的污染；⑥有毒化学物质的正确标识、储存和使用；⑦直接或间接接触食品的职工健康状况的控制；⑧害虫的控制及去除（防虫、灭虫、防鼠、灭鼠）。

二、 SSOP 体系起源

20 世纪 90 年代美国的食源性疾病频繁暴发。每年大约 700 万人次感染，7000 人死亡。调查数据显示，其中有大半感染或死亡的原因和肉、禽产品有关。这一结果促使美国农业部（USDA）不得不重视肉、禽生产的状况，决心建立一套包括生产、加工、运输、销售所有环节在内的肉禽产品生产安全措施，从而保障公众的健康。1995 年 2 月颁布的《美国肉、禽类产品 HACCP 法规》（9CFR Part 304）中第一次提出了要求建立一种书面的常规可行的程序即卫生标准操作程序（SSOP），确保生产出安全、无掺杂的食品，但在这一法规中并未对 SSOP 的内容做出具体规定。同年 12 月，美国 FDA 颁布的《美国水产品 HACCP 法规》（21CFR Part 123，1240）中进一步明确了 SSOP 必须包括的八个方面及验证等相关程序，从而建立了 SSOP 的完整体系。

此后，SSOP 一直作为 GMP 或 HACCP 的基础程序加以实施，成为完成 HACCP 体系的重要前提条件。

三、 SSOP 制定原则

SSOP 的制定应易于使用和遵守，不能过于详细，也不能过松。过于详细的 SSOP 将达不到预期的目标，因为很难每次都严格执行程序，而且可能被非正式地修改。同样，不够详细的 SSOP 对企业也没有多大用处，因为员工可能不知道该怎样做才能完成任务。

四、食品生产企业实施 SSOP 实例

例 1. 果蔬汁生产加工企业的 SSOP 计划和卫生控制记录

美国 FAD 2001 年 1 月 18 日颁布的“果蔬汁 HACCP 法规——21 CFR Part 120”已将 SSOP 列入其中（120.6），要求果蔬汁加工者必须制定和实施 SSOP，并要求监测加工过程中的卫生条件和程序，以符合“良好操作规范（GMP）——21 CFR Part 110”的要求。同时，法规（120.6.c）还要求对卫生监控和纠正程序进行记录。

2000 年美国水产品 HACCP 培训与教育联盟编写的《水产品加工的卫生控制程序》教程的目的是帮助企业建立和实施卫生控制程序，其中的卫生控制程序包括：①加工厂必须建立和实施一个书面的 SSOP 计划；②加工厂必须监测卫生状况和操作；③加工厂必须及时地纠正不卫生的状况和操作；④加工厂必须保持卫生控制和纠正记录。教程中规定的卫生监测表格的基本要素有：①被监测的某项具体的卫生状况或操作；②以预先确定的监测频率来记录观察到的实际情况或测量值；③记录必要的纠正措施。该教程对果蔬汁加工企业建立和实施卫生控制程序有参考价值。现根据美国果蔬汁 HACCP 法规（120.6）要求的 SSOP 八个方面结合果蔬汁生产加工的实际，对果蔬汁生产加工过程中的卫生标准操作程序（SSOP）介绍如下。

（一）加工用水的安全

1. 控制和监测

（1）加工厂内用水若取自可靠的城市供水系统，城市供水费单表明水源是安全的。每年应按国家饮用水标准全项对水质分析检测一次。

监测频率：每年一次。

（2）加工厂用水若取自自备水源（如地下水、冷凝水等），地下水水源应远离居民或其他有污染可能的区域50m以上，以防止地下水受到污染，每天须进行消毒，使其符合生活饮用水标准。每年不少于二次全项目水质分析检测。

监测频率：每年两次。

（3）储水压力罐应密封、安全，保证水源不受污染。对储水压力罐每年不少于两次清洗、消毒。其程序为：清除杂物→水冲洗→200mg/L次氯酸钠喷洒→水冲洗。

监测频率：每年两次。

（4）由本厂质控部门每天进行一次余氯测定，余氯含量保持在0.03~0.5mg/L。每周进行一次菌落总数、大肠菌群检测。

监测频率：每天一次，每周一次。

（5）加工厂的水系统应由被认可的承包商设计、安装和改装，不同用途的水管用标识加以区分，备有完备的供水网络图和污水排放管道分布图以表明管道系统的安装正确性。应对加工车间水龙头进行编号。

监测频率：水管系统进行安装或改装。

（6）车间水龙头及固定进水装置（如有必要或装有软管的水龙头）应安装防虹吸装置。

监测频率：每班生产前。

2. 纠正措施

（1）（2）（3）城市供水系统、自备水系统发生故障、储水压力罐损坏或受污染时，企业应停止生产，判断何时发生故障或损坏，将本段时间内生产的产品进行安全评估，以保证食品的安全性，只有当水质符合国家饮用水质标准时，才可重新生产。

（4）水质检验结果不合格，质控部门应立即制定消毒处理方案，并进行连续监控，只有当水质符合国家饮用水质标准时，才可重新生产。

（5）如有必要，应对输水管道系统采取纠正措施，并且只有当水质符合国家饮用水质标准时，才可重新生产。

（6）不能使用未安装防虹吸装置的水龙头和固定进水装置。

3. 记录

（1）（2）城市供水费单和/或水质检测报告、定期卫生控制记录。

（3）储水压力罐检查报告和定期卫生控制记录。

（4）水中余氯/菌落总数、大肠菌群检测记录。

（5）供、排水管道系统检查报告和定期卫生控制记录。

（6）每日卫生控制记录。

（二）果蔬汁接触面的状况和清洁

1. 控制和监测

（1）车间内所有生产设备、管道及工器具均应采用不锈钢材料或食品级聚乙烯材料制造，完好无损且表面光滑无死角，车间地面、墙壁、果池内表面应平滑，易于清洗和消毒。卫生监督员应对上述设备及设施进行检查，以确定是否充分清洁。

监测频率：每月一次。

（2）果蔬汁接触面的清洗和消毒。

①换班间隙，应将设备上的黏附物冲洗处理干净。每生产加工24h，须对所有管道设备

进行一次清洗消毒。清洗的步骤是：先用85℃的热水将设备、管道清洗干净，再用浓度为1%~3%的热碱液清洗，最后用85℃热水清洗。清洗后水检测pH为7左右。卫生监督员在使用消毒剂前应对其种类、剂量、浓度等进行检查，并负责检查是否进行了清洗和消毒。

监测频率：每班开工前。

②加工用具每4h清洗消毒一次。清洗消毒步骤：水洗→100mg/L次氯酸钠溶液清洗→85℃热水清洗干净。卫生监督员负责检查消毒剂浓度以及是否清洗和消毒过。

监测频率：每班开工前，每4h一次。

③脱胶罐、批次罐等每次排完料后，需用85℃热水清洗消毒20min以上备用。卫生监督员负责检查是否清洗消毒。

监测频率：每次清洗消毒后。

④休息间隙，应用水冲洗地面、墙壁。每周对地面和墙壁进行一次清洗消毒。清洗消毒步骤是：水洗→400mg/L次氯酸钠溶液清洗→85℃热水清洗干净。卫生监督员负责检查消毒剂浓度和是否清洗和消毒。

监测频率：每班开工前。

（3）员工应穿戴干净的工作服和工作鞋。捡果工序的工作人员还应穿戴干净的手套和防水围裙。企业管理人员在加工区也应穿戴干净的工作服和工作鞋。卫生监督员应监督员工手套的使用和工作服的清洁度。

监测频率：每班开工前。

2. 纠正措施

（1）彻底清洗与果蔬汁接触的设备和管道表面。

（2）重新调整清洗消毒浓度、温度和时间，对不干净的果蔬汁接触面进行清洗消毒。

（3）对可能成为果蔬汁潜在污染源的手套、工作服应进行清洗消毒或更换。

3. 记录

（1）定期卫生控制记录。

（2）（3）每日卫生控制记录。

（三）防止交叉污染

1. 控制和监测

（1）原料果蔬不能夹杂大量泥土和异物，烂果率控制在5%以下。原料果蔬的装运工具应卫生。原料验收人员负责检查原料果蔬及其装运工具的卫生。

监测频率：每次接收原料果蔬时。

（2）车间建筑设施完好，设备布局合理并保持良好。粗加工间、精加工间和包装间应相互隔离。原料、辅料、半成品、成品在加工、储存过程中要严格分开，防止交叉污染。

监测频率：每班开工前，生产、储存过程。

（3）卫生监督员和工作人员应接受安全卫生知识培训，企业管理人员应对新招聘的卫生监督员和工作人员进行上岗前的食品安全卫生知识和操作培训。

监测频率：雇用新的卫生监督员或工作人员上岗前。

（4）工作人员的操作不得导致交叉污染（穿戴的工作服、帽和鞋，使用的手套，手的清洁，个人物品的存放，工作人员在车间的吃喝、串岗，工作鞋的消毒、工作服的清洗消毒等）。

①进入车间的工作人员须穿戴整齐洁净的工作衣、帽、鞋；不得戴首饰、项链、手表等

可能掉入果蔬汁、设备、包装容器中的物品；严禁染指甲和化妆。

②工作人员应戴经消毒处理的无害乳胶手套，如有必要应及时更换。

③开工前、每次离开工作台或污染后，工作人员都应清洗并消毒手或手套。

④与生产无关的个人物品不得带入生产车间内。

⑤工作人员不得在生产车间内吃零食、嚼口香糖、喝饮料和吸烟等。

⑥各工序的工作人员不得串岗。

⑦工作人员在进入加工车间之前，应在盛有200mg/L次氯酸钠消毒液的消毒池中对其工作鞋进行消毒。

⑧加工结束后，所有的工作衣、帽统一交卫生监督员进行清洗消毒。

⑨每天保证对更衣室及工作衣帽用紫外灯或臭氧发生器消毒30min以上。

⑩卫生监督员应及时认真监督每位工作人员的操作。

监测频率：每班开工前，每4h一次。

（5）榨汁后的残渣应及时清除出生产车间。检出的腐烂果、杂质等应放置于具有明显标志的带盖容器内，并及时运出车间。该容器应用200mg/L次氯酸钠溶液进行消毒并用水冲洗净后方可再次带入车间使用。卫生监督管理员负责监督检查残渣、腐烂果及杂质的清理情况和容器的卫生状况。

监测频率：每班开工前，每4h一次。

（6）污水的排放　厂区排污系统应畅通、无积淤，并设有污水处理系统，污水排放符合环保要求。车间内地面应有一定的坡度并设明沟以利排水，明沟的侧面和底面应平滑且有一定弧度。车间内污水应从清洁度高的区域流向清洁度低的区域，工作台面的污水应集中收集通过管道直接排入下水道，防止溢溅，并有防止污水倒流的装置。卫生监督员检查污水排放情况。

监测频率：每班开工前，每4h一次。

（7）车间内不同清洁作业区所用工器具，应有明显不同的标识，避免混用。卫生监督员应检查是否正确使用。

监测频率：每班开工前，每4h一次。

2. 纠正措施

（1）拒收带有过多泥土、异物及腐烂严重的原料果蔬。

（2）卫生监督员应对可能造成污染的情况加以纠正，并评估果蔬汁的质量。

（3）新上岗的卫生监督员及员工应接受安全卫生知识培训和操作指导。

（4）工作人员在工作衣帽穿戴、发、须防护、首饰佩戴、手套使用、手的清洗、个人物品带入车间、车间内有吃喝现象、进入车间时工作鞋的消毒等方面存在问题时，应对其及时予以纠正。

（5）清除残渣、腐烂果及杂质。重新清洗消毒容器。

（6）请维修人员对排水问题加以解决。

（7）卫生监督员及时纠正工器具混用问题。

3. 记录

（1）原料验收记录。

（2）每日卫生控制记录。

（3）定期卫生控制记录和人员培训记录。

（4）（5）（6）（7）每日卫生控制记录。

（四）手的清洗、清毒及卫生间设施的维护

1. 控制和监测

（1）卫生间应与更衣室、车间分开，其门不得正对车间门。卫生间应设有非手动门并应维护其设施的完整性。每天下班后须进行清洗和消毒。卫生监督员负责检查卫生间设施及卫生状况。

监测频率：每班开工前，生产过程每4h一次。

（2）车间入口处、卫生间内及车间内须有洗手消毒设施。洗手设施包括非手动式水龙头、皂液容器、50mg/L次氯酸钠消毒液和干手巾（最好为一次性）等，并有明显的标识。应在开工前、每次离开工作台后或被污染时清洗和消毒手。卫生监督员负责检查洗手消毒设施、消毒液的更换和浓度。

监测频率：每班开工前，生产过程每4h一次。

2. 纠正措施

（1）重新清洗消毒卫生间，必要时进行修补。

（2）卫生监督员负责更换洗手消毒设施和更换、调配消毒剂。

3. 记录

（1）（2）每日卫生控制记录。

（五）防止污染物的危害

1. 控制和监测

（1）果蔬汁生产加工企业所用清洁剂、消毒剂和润滑剂应附有供货方的使用说明及质量合格证明，其质量应符合国家卫生标准，并须经质检部门验收合格后方可入库。卫生监督员负责检查包装物料的验收情况。

监测频率：每批清洁剂、消毒剂和润滑剂。

（2）与产品直接接触的包装材料必须提供供货方的质量合格证明，其质量应符合国家卫生标准，并须经质检部门验收合格后方可入库。卫生监督员负责检查包装物料的验收情况。

监测频率：每批包装材料。

（3）包装材料和清洁剂等应分别存放于加工包装区外的卫生清洁、干燥的库房内。内包装材料应上架存放，外包装材料存放应下有垫板，上有无毒盖布，离墙堆放。卫生监督员负责检查。

监测频率：每天一次，每4h一次。

（4）应在灌装室内安装臭氧发生器，必要时安装空气净化系统。于每次灌装前进行不低于0.5h的灭菌。灌装间应通风良好，防止冷凝物污染产品及其包装材料。加工车间应使用安全性光照设备。卫生监督员负责检查。

监测频率：每班开工前。

（5）设备应维护良好，无松动、无破损、无丢失的金属件，卫生监督员负责检查设备情况。

监测频率：每班开工前。

（6）果汁灌装结束，应按不同品种、规格、批次加以标识，并尽快存放于0~5℃的冷藏

库内。冷藏库配有温度自动控制仪和记录仪，应保持清洁，定期进行消毒、除霜、除异味。卫生监督员负责检查冷藏库的温度及卫生情况。

监测频率：罐装结束，每天一次。

（7）生产用燃料（煤、柴油等）应存放在远离原料和成批果品果蔬汁的场所。卫生监督员检查。

监测频率：每天一次。

（8）车间应通风良好，不得有冷凝水。卫生监督员检查。

监测频率：生产中每 4h 一次。

2. 纠正措施

（1）（2）拒收无合格证明的清洁剂、消毒剂、润滑剂和包装材料。

（3）存放不当的包装材料和清洁剂等应正确存放。

（4）对可能造成产品污染的情况加以纠正并评估产品质量。

（5）必要时进行维修。

（6）对违反冷库管理及消毒规定的情况，应及时加以纠正。

（7）生产用燃料（煤、柴油等）接近原料和成批果品果蔬汁时应及时纠正。

（8）车间应通风不畅，集结有冷凝水时应加大排风换气。

3. 记录

（1）（2）清洁剂、消毒剂、润滑剂和包装材料验收记录。

（3）（4）（5）（6）（7）（8）每日卫生控制记录。

（六）有毒化学物的标记、储存和使用

1. 控制和监测

（1）生产加工中（清洗用的强酸强碱、生产中和实验室检测用有关试剂等）使用的所有有毒化学物必须有生产厂商提供的产品合格证明或含有其他必要的信息文件。

监测频率：每批有毒化学物。

（2）所有有毒化学物应在明显位置正确标记并注明生产厂商名、使用说明。储存于加工和包装区外的单独库房内，须由专人保管。并不得与食品级的化学物品、润滑剂和包装材料共存于同一库房内。卫生监督员应检查其标签和仓库中的存放情况。

监测频率：每天一次。

（3）须严格按照说明及建议操作使用。由专人进行分装操作，应在分装瓶的明显位置正确标明本化学物的常用名，并不得将有毒化学物存放于可能污染原料、果蔬汁或包装材料的场所。卫生监督员负责检查标识和分装、配制情况。

监测频率：每次分装、配制、使用。

2. 纠正措施

（1）无产品合格证明等资料的有毒化学物拒收，资料不全的应先单独存放，获得所需资料方可接受。

（2）标记或存放不当的应纠正。

（3）未合理使用有毒化学物的工作人员应接受纪律处分或再培训，可能受到污染的果蔬汁应销毁，分装瓶标识不明显时应予以更正。

3. 记录

（1）定期卫生控制记录。

（2）（3）每日卫生控制记录。

（七）员工的健康

1. 控制和监测

（1）发现工作人员因健康可能导致果蔬汁污染时，应及时将可疑的健康问题汇报告企业管理人员。

（2）卫生监督员应检查工作人员有无可能污染果蔬汁的受感染的伤口。

监测频率：每天开工前，生产中每 4h 一次。

（3）从事果汁加工、检验及生产管理人员，每年至少进行一次健康检查，必要时做临时健康检查，新招聘人员必须体检合格后方可上岗，企业应建立员工健康档案。

监测频率：每年一次/新招聘工作人员上岗前。

2. 纠正措施

（1）应将可能污染果蔬汁的患病工作人员调离原工作岗位或重新分配其不接触果蔬汁的工作。

（2）受伤者应调离原工作岗位或重新分给其不接触果蔬汁的工作。

（3）未及时体检的员工应进行体检，体检不合格的，调离原工作岗位或不许上岗。

3. 记录

（1）（2）每日卫生控制记录。

（3）定期卫生控制记录。

（八）鼠、虫的灭除

1. 控制和监测

（1）加工车间、储存库、物料库入口应安装塑料胶帘或风幕；车间下水管道须装水封式地漏，排水沟须备有不锈钢防护罩并在与外界相通的污水管道接口处安装铁纱网；车间的窗户、通（排）风口应安装有铁纱网；加工车间、储存库、物料库入口和通（排）风口应安装捕鼠设备。上述各设施必须完好，以防鼠、虫侵入。卫生监督员负责检查。

监测频率：每天开工前。

（2）厂区和车间地面不应存在可招引鼠、虫的垃圾、废料等污物。生产区大门应关闭。卫生监督员负责检查有无鼠、虫的存在。卫生监督员应及时向企业管理人员报告鼠害状况。

监测频率：每天开工前、生产中、生产结束。

（3）生产加工企业应定期灭除老鼠和害虫。卫生监督员负责检查。

监测频率：每月一次。

2. 纠正措施

（1）完善防鼠、虫的设施。

（2）及时清理招引鼠、虫的污物。

（3）定期捕灭鼠、虫。

3. 记录

（1）（2）每日卫生控制记录。

（3）定期卫生控制记录。

（九）环境卫生

1. 控制和监测

（1）厂区应无污染源、杂物，地面平整不积水。卫生监督员负责检查。

监测频率：每天一次。

（2）应保持车间、库房、果棚干净卫生。卫生监督员负责检查。

监测频率：每天一次。

（3）应定期清理打扫厂区环境卫生和清除厂区杂草。卫生监督员负责检查。

监测频率：每周一次。

2. 纠正措施

（1）及时清理污染源、杂物，整修地面。

（2）车间、库房、果棚发现污染物、异物及时清理。

（3）定期清理打扫。

3. 记录

（1）（2）每日卫生控制记录。

（3）定期卫生控制记录。

（十）检验检测卫生

1. 控制和监测

（1）各生产工序的检查监督人员所使用的采样器具、检测用具应干净卫生。

监测频率：每次。

（2）实验室应干净卫生，无污染源，不得存放与检验无关的物品。

监测频率：每天一次。

2. 纠正措施

（1）使用前后及时发现及时清洗消毒。

（2）及时清理。

3. 记录

（1）（2）每日卫生控制记录。

每日卫生控制记录和定期卫生控制记录格式如表 12-1 和表 12-2 所示：

表 12-1 每日卫生控制记录

公司名称： 日期：

地址： 班次：

控制内容		开工前	4 小时后	8 小时后	备注/纠正
一、加工用水的安全	水质余氯检测报告/微生物检测报告				
	水龙头及其固定进水装置有防虹吸装置				
二、食品接触面的状况和清洁	碱液质量浓度（%）/				
	设备能达到清洁消毒的目的				

续表

	控制内容	开工前	4 小时后	8 小时后	备注/纠正
二、食品接触面的状况和清洁	消毒液质量浓度（mg/kg）/工器具能达到清洁消毒的目的				
	脱胶罐、批次罐清洁				
	消毒液质量浓度（mg/kg）/地面、墙壁能达到清洁消毒的目的				
	接触食品的手套/工作服清洁卫生				
三、防止交叉污染	工厂建筑物维修良好				
	原料、辅料、半成品、成品严格分开				
	工人的操作不能导致交叉污染（穿戴工作服、帽和鞋、使用手套、手的清洁，个人物品的存放、吃喝、串岗、鞋消毒、工作服的清洗消毒等）				
	果渣、腐烂果及杂质的清除盛装容器的卫生				
	厂区排污顺畅、无积水车间地面排水充分，无溢溅、无倒流				
	各作业区工器具标识明显，无混用				
四、手的清洗、消毒及卫生间设施的维护	卫生间设施卫生，状况良好				
	洗手用消毒剂质量浓度（mg/kg）手清洗和消毒设施				
五、防止污染物的危害	包装材料、清洁剂等的存放				
	灌装间的冷凝物				
	加工车间光照设备的安全				
	设备状况良好，无松动、无破损				
	冷藏库的温度/卫生状况				
六、有毒化学物的标记、储存和使用	有毒化学物的标签、存放				
	分装容器标签和分装操作程序正确				
七、员工的健康	职工健康状况良好				
	职工无受到感染的伤口				

续表

控制内容		开工前	4小时后	8小时后	备注/纠正
八、鼠、虫的灭除	加工车间防虫设施良好				
	工厂内无害虫				
九、环境卫生	厂区应无污染源、杂物，地面平整不积水				
	应保持车间、库房、果棚干净卫生				
十、检验检测卫生	各生产工序的检查监督人员所使用的采样器具、检测用具应干净卫生				
	实验室应干净卫生，无污染源，不得存放与检验无关的物品				

卫生监督员：　　　　审核：

表 12-2　　定期卫生控制记录

公司名称：

地址：　　　　日期：

项目		满意（S）	不满意（U）	备注/纠正
一、加工用水的安全	城市水费单和/或水质检测报告（每年一次）			
	自备水源的水质检测报告（每年二次）			
	储水压力罐检查报告（每年二次）			
	供排水管道系统检查报告（安装、调整管道时）			
二、食品接触面的状况和清洁	车间生产设备、管道、工器具、地面、墙壁和果池内表面等食品接触面的状况（每周一次）			
三、防止交叉污染	卫生监督员、工人上岗前进行基本的卫生培训（雇用时）			
五、防止污染物的危害	清洁剂、消毒剂、润滑剂需有质量合格证明方可接收（接收时）			
	包装材料需有质量合格证明方可接收（接收时）			
六、有毒化学物的标记、储存和使用	有害化学物需有产品合格证明或其他必要的信息文件方可接收（接收时）			

续表

项目		满意（S）不满意（U）	备注/纠正
七、员工的健康	从事加工、检验和生产管理人员的健康检查（上岗前/每年一次）		
八、鼠、虫的灭除	害虫检查和捕杀报告（每月一次）		
九、环境卫生	清理打扫厂区环境卫生和清除厂区杂草		

卫生监督人：　　　　　审核：

例 2. 速冻蔬菜产品卫生标准操作规范（SSOP）

（一）水的安全

1. 目的

加工用水符合 GB 5749—2006《生活饮用水卫生标准》供排水系统完全分开，防止虹吸回流污染加工用水。确保加工用水、冰的安全卫生。

2. 职能部门

动力科负责实施，质检科负责日常检测。

3. 适用范围

适用于所有加工用水的处理、监测。

4. 作业要求

（1）水源　水源为自备深井水，该井深 200m，深井周围 50m 内无污染源。

（2）水处理　加工用水经二氧化氯发生器处理，发生器显示含量为 128. 8g/h，末梢水余氯为 0. 1~0. 3mg/L，水处理操作见二氧化氯发生器操作作业指导书。

（3）水的检测

①每年生产前由卫生防疫部门对加工用水进行全项目检测，水质须符合 GB 5749—2006《生活饮用水卫生标准》，以后每半年检测一次。

②厂内水的检测。

A. 由质检科负责监控水质的安全，必须专人检测，做好记录。

B. 化验室每日对水的余氯负责检测。如发现测定结果与设定值有偏差，要及时汇报，并建议相关部门采取必要的纠偏措施。

C. 具体操作见水管末梢水样的采集及检测规程。

D. 检测方法。

a. 微生物的检测：采用 GB/T 5750. 12—2006《生活饮用水标准检验方法　微生物指标》修订版标准进行。

b. 余氯的检测：采用 GB/T 5750. 11—2006《生活饮用水标准检验方法　消毒剂指标》修订版标准，或采用公司和水处理设备配套的 LOVIBOND 比较仪。

（4）水的网络分布

①将所有的出水口（水龙头）统一编号，并在供水网络图中标明。

②水工定期对供水管道进行检查和维护，质检科每月对加工用水进行检查，确认是否有

交叉污染现象并正确记录。

③车间内进水为不锈钢的龙头，排水不直接排放地面，通过管道直接排入排水沟（排水口有U型/S型的存水弯）。

④废水由高清洁作业区流向低清洁作业区。

⑤与外界相连的排水出口处有防虫、防鼠装置。

⑥污水的处理，所有排放的废水，经过适当处理，符合国家排放要求。

（5）防止水的回流　供水系统总阀以及有可能产生虹吸回流的出水口均装有防止回流的设施。

（6）冷却水

①采用氟利昂机组与洁区内冷却池相连制造冷却水。

②每次使用前、后按洁区场地、设备、设施、工器具清洗消毒作业指导书进行清洗消毒。

（7）加盖密封式水塔每季度进行一次清洗消毒，具体操作见水塔清洗消毒作业指导书。

5. 相关记录及保存

（1）相关记录

①水质的检测报告。

②微生物检测记录。

③余氯检测记录。

④水处理装置运行记录。

⑤抽样记录。

⑥水网络分布图。

⑦水塔清洗消毒记录。

⑧洁区场地、设备、设施、工器具清洗消毒记录。

（2）记录保存　所有记录必须存档两年。

（二）食品接触面卫生操作规范

1. 目的

所有与食品接触的设备、设施、工器具、地面、墙壁、天花板、门窗等采用无毒、淡色、不吸水、不易破碎、表面光滑不会造成产品污染的材料制成，这些接触面不生锈、不脱落、耐腐蚀，设计时充分考虑易清洁、便于拆装和清洗消毒。适时对接触食品的设备、设施、工器具进行有效的清洗消毒。确保食品接触面的卫生，避免污染食品。

2. 职责

由加工车间和动力科共同负责实施，质检科负责检查。

3. 适用范围

适用于该公司所有与食品能接触的设备、设施、工器具的设计购买、建造、安装的控制和清洁，消毒的卫生控制。

4. 作业要求

（1）食品接触面的材料及结构

①清洗、漂烫、冷却、设备、操作台等不锈钢制成，表面光滑。

②周转箱、漂烫筐采用无毒硬质塑料制成，表面光滑。

③传送带、输送带由不锈钢或无毒橡胶材料制成。

④门窗由铝合金制成，天花板采用淡色 PVC 材料制成，墙壁采用白色瓷砖贴制，墙角、地角、顶角都有弧度，地面为水磨石。并有适当坡度，保证不积水。车间内所有照明灯具有防爆装置。

⑤生产区所有设备、设施和工用器具在设计安装上都便于拆装、清洗消毒，无卫生死角，无锈蚀现象，无竹木器具。

⑥车间空调出风口为尼龙布套，冷风机吸风口都采用铝合金百页楹遮挡灰尘，缓冲风速和风向。

⑦生产区所有设备、设施和工器具按《设备、设施维护与操作规程》定期进行维护保养。

（2）食品接触面的消毒清洗

①清洗消毒人员根据《清洗消毒工作计划》规定，按照各有关清洗消毒作业指导书，对各类与食品接触的设备设施、工器具进行彻底的清洗消毒。

②车间质检员在每天生产前、生产中、生产后对清洗消毒情况进行检查，立即清除存在的问题，并记录于每日清洁消毒审查表中。各类设备、设施和工器具的清洁消毒情况符合卫生要求后，才能开始生产和使用。

（3）清洗消毒工作计划（速冻蔬菜）　如表 12-3 所示。

表 12-3　清洗消毒工作计划

对象	清洗消毒频率	责任单位	清洗消毒方法
收购前整理场地的墙面、地面、分级筛、跳豆机、去壳机、拣豆输送线、提升机、水槽、工作台、刀模具、刀板、剪刀、清洗池、塑料筐等	每日加工前一次 每日加工间歇一次 每日加工结束后一次	蔬菜分厂	收购前整理清洗消毒作业指导书
漂烫间墙面、地面、提升机、漂烫机、周转筐等	每日加工前一次 每日加工间歇一次	蔬菜分厂	漂烫间清洗消毒作业指导书
洁区内冷却间、速冻机间、内包装间、更衣室、换鞋间、洗手消毒间的地面、墙面、天花板、空气、工作台、冷却池、输送带、洗手龙头、电子秤、封口机、滑槽、振动筛、甩水机、金属探测仪、容器、周转筐等	每日生产加工前一次 每日生产加工中 每间隔 4h 一次 每日生产结束后一次	蔬菜分厂	洁区场地、设备、设施、工器具清洗消毒作业指导书
外包装间墙面、地面、工作台	每日生产结束后一次	蔬菜分厂	外包装间清洗消毒作业指导书
冷藏库	每年一次	冷库	冷藏库消毒作业指导书

续表

对象	清洗消毒频率	责任单位	清洗消毒方法
速冻机	每日生产前一次	蔬菜分厂	速冻机清洗消毒作业指导书
水塔	生产期间每季度一次	动力科	水塔清洗消毒作业指导书
工作服、帽、口罩等	每日一次	办公室清洗加工车间	消毒工作服、口罩清洗消毒作业指导书
运输车辆及工具	装货前、卸货后各一次	蔬菜分厂或车主	运输车辆及工具清洗消毒作业指导书
卫生间	每天一次以上	公司清洁工	厂区公共厕所管理规定
人员	每进入车间	蔬菜分厂	人员洗手消毒作业指导书

（4）相关文件

①收购前整理清洗消毒作业指导书。

②冷藏库消毒作业指导书。

③外包装间等清洗消毒作业指导书。

④运输车辆及工具清洗消毒作业指导书。

⑤速冻机清洗消毒作业指导书。

⑥漂烫间清洗消毒作业指导书。

⑦洁区场地、设备、设施、工器具清洗消毒作业指导书。

⑧人员洗手消毒作业指导书。

⑨水塔清洗消毒作业指导书。

⑩工作服、口罩清洗消毒作业指导书。

（5）相关记录　设备、设施、工器具清洗消毒执行、检查记录、每日清洁消毒审查表。

（三）防止交叉污染

1. 目的

避免产品在生产中受到污染，确保产品的卫生。

2. 职责

由生产车间负责。

3. 适用范围

适用于整个车间的布局、加工、人流和物流。

4. 作业要求

①制定合理的工艺流程，生、熟制品彻底隔离，整个加工作业区做到布局和流程科学合理。

②从原料接收到产品入库，根据产品特性和加工要求的区别对加工区域进行合理分隔，分为清洁作业区、准清洁作业区、一般作业区。三区之间有效隔离，不同区域的人员使用不

同的更衣室。

不同清洁度区域的员工穿戴不同颜色的工作服，一般作业区用蓝色工作衣，准清洁作业区用黄色工作衣，清洁作业区用白色工作衣，严禁串岗。

（3）不同清洁度区域的工器具用不同的形状、不同的颜色来区分。一般作业区用蓝色塑料周转箱，清洁作业区用白色塑料周转箱或用不同形状的塑料周转箱。

（4）生产作业区内人员与物料分流，互不交叉。

（5）生产区对外开启的门口装有防蝇虫的塑料门帘，能够开启的窗装有纱窗。

（6）加工车间内的下脚料存放于塑料筐中，其内容物不得超过存放容器4/5，由专人收集，倒入下脚料暂存间，并及时将积存的下脚料清理运输出厂。

（7）加工过程中被污染的产品由专人捡入红色容器内，加工人员的手一旦被污染，必须到指定的洗手消毒池内清洗消毒。

（8）人员每进入生产车间，工作鞋在鞋消毒池中浸泡2min以上，鞋消毒池有效氯质量浓度为200mg/L。

（9）工作服（帽）、口罩的清洗消毒按工作服、口罩洗涤、消毒作业指导书执行。

（10）加工人员在进入换鞋间换鞋后，先用水冲洗，后用皂液洗手，再用水冲洗。

（11）加工人员在更衣后，先将双手浸入含有效氯质量浓度为50mg/L的消毒液中浸泡2min以上，用水冲洗。

（12）如有容易造成手外伤的工序，操作人员应戴清洁卫生的手套。

（13）个人卫生的保持

①进出车间人员有良好的卫生意识和卫生习惯。

②勤洗澡、勤剪指甲、勤换衣服、不留长发。

③进入车间不佩戴珠宝饰品或其他饰物。

④与加工无关的物品不带入车间。

⑤进入车间人员不得吸烟，吃零食或有妨碍食品安全的行为。

⑥进入车间人员先换胶鞋、洗手、戴口罩、工作帽、穿工作服，再进行手消毒、鞋消毒。穿戴必须整齐并符合卫生要求，工作服、帽、口罩、鞋必须保持清洁完好。

（14）监督检查　由卫生监督员负责监督每个员工的清洗、消毒，对未经清洗消毒或不符合清洗、消毒程序要求的不予进入车间。每月抽8~10个员工的手进行擦拭检测微生物。

5. 相关文件

（1）人员洗手消毒作业指导书。

（2）工作服、口罩清洗消毒作业指导书。

6. 相关记录

（1）洗衣房工作记录。

（2）加工人员进入车间检查记录。

（3）加工过程中人员出入车间台账。

（4）生产车间有效氯消毒液检测记录。

（四）人员的健康要求

1. 目的

防止带菌或患疾病的人员进入生产岗位，确保产品卫生安全。

2. 职责

办公室组织员工（所有与产品有关的人员）到卫生防疫部门进行健康检查，保证持有健康证的人员上岗工作并负责对员工的培训，考核工作。

3. 适用范围

适用于所有食品生产人员的健康管理。

4. 作业要求

（1）体检　每年生产前由公司办公室负责组织所有的加工管理人员到当地的县以上卫生防疫站接受健康体检，确认无有碍食品卫生的疾病或带菌者方可录用，新进的员工，必须在生产前取得健康合格证后方可录用。

（2）卫生知识的培训与考核

①经体检合格后的员工在生产前须参加由地方卫生主管机构主办的食品行业从业人员健康知识培训，经考核合格后，方可录用。

②厂方组织体检合格并取得健康证的员工，进行卫生知识培训，首先根据《中华人民共和国食品卫生法》以及出口食品生产企业的卫生要求，对工人进行培训。同时根据公司制定的 SSOP 文本进行培训。

（3）手或裸露皮肤处有外伤及渗出性皮炎、湿疹等不能进入车间参与生产和管理。

（4）在生产过程中，员工发生身体不适，疑似患有碍食品卫生的疾病或症状、手破伤等情况，应立即向上报告并调离其岗位，并通知生产管理人员，做好记录。

（5）患外伤或患病职工，必须到指定的医院就诊，所用药物不得对食品造成污染。

（6）生产时生产区入口处有专人监督进出人员卫生及有无患病迹象，一旦发现有或可能患有有碍食品卫生的人员，不准进入车间，直到状况改善或有医生证明方可重返工作岗位。

5. 相关记录

（1）员工的健康证。

（2）加工人员进入车间检查记录。

（3）人员培训记录。

（4）体检人员一览表。

（五）洗手、消毒及卫生间设施的清洁与维护

1. 目的

确保洗手消毒及卫生间设施的清洁并处于完好的状态。

2. 职责

由管道工、消毒员、卫生监督员负责。

3. 适用范围

适用于洗手、消毒、卫生间设施的清洁与维护。

4. 操作要求

（1）洗手消毒设施

①生产区及厂区内适当位置都配置了与生产能力相适应的洗手、手消毒及卫生设施。

②洗手龙头使用感应式龙头或非手动关闭的龙头，管道工每日检查洗手龙头，确保洗手龙头能正常使用。

③车间入口处设有手消毒槽（有效氯质量浓度 50mg/L 左右）、脚底消毒池（有效氯质

量浓度200mg/L左右）。

④每日对洗手、消毒设施进行两次或两次以上的打扫、清理，保证其处于清洁状态。

（2）卫生间设施

①卫生间设施清洁、齐全、方便，满足卫生要求。

②卫生间采用水冲式便池，设冲水装置，污水排放畅通。管道工负责冲水装置的检查和维护。

③卫生间有防虫、蝇、鼠设施，并有洗手、干手设施。

④每日生产结束后，消毒员用杀菌洁厕液洗便池，然后用水冲洗干净；用200mg/L有效氯消毒水刷洗地面，再用水冲洗墙面和地面。

5. 相关记录

每日清洁消毒审查表。

（六）防止掺杂物污染

1. 目的

防止掺杂物污染产品、食品接触面及包装材料。

2. 职责

由卫生监督员负责。

3. 适用范围

适用于润滑剂、燃料、清洁剂、杀虫剂、消毒剂、冷凝水、涂料、铁锈等其他化学、物理或生物的掺杂物污染。

4. 作业要求

（1）对允许入厂的润滑剂、清洁剂、杀虫剂、消毒剂、化学试剂等化学物品进行标识，存放在专门的库内，在专用房间配制杀虫剂、消毒剂。防止掺杂物污染厂区、车间、储存库、加工设施、设备、原料、辅料等。

（2）生产区内所有生产设备的传动部位都设有防护装置，维修工维修保养设备设施时，需将维护的设备运离生产流水线或采取有效的隔离措施，防止润滑油等油渍污染产品，维修完毕后，必须将该区域和设备彻底清洗消毒达到卫生要求后才能使用。

（3）凡是跌落地面的产品单独存放，作饲料处理，被消毒剂、清洁剂或其他有害物品污染的产品作销毁处理。

（4）漂烫车间设置足够的通风排气设施，防止产生冷凝水污染产品。冷却间、包装间的天花板吊顶采用弧形或有斜度，预防冷凝水滑落到产品和内包装材料上。

（5）生产区所有的电子灭菌灯、日光灯等照明灯具都带有防护罩，防止爆裂后的玻璃碎片污染产品。

（6）所有设备设施、工器具清洗消毒时，以清水冲洗干净后使用，严防清洁剂、消毒剂溶液污染或飞溅到产品中。

（7）生产作业区地坪保持无积水，加工中排放的废水通过管道直接排入下水道中，下水道排水畅通，确保无废（污）水飞溅入产品的隐患。

（8）每天生产前车间质检员对加工车间的环境进行仔细的检查，包括天花板上的涂料有无脱落，有无冷凝水，加工设备有无生锈和油污，清洁剂和消毒剂存放是否安全，工器具清洗消毒后有无残留污染等，及时消除存在的问题。

5. 记录

所有掺杂物的控制记录于每日消毒审查表中。

（七）有毒化学物的标记、存储、使用

1. 目的

防止有毒化合物污染产品。

2. 职责

由卫生监督员药品保管员负责。

3. 适用范围

所有的有毒化学物。

4. 作业要求

（1）制定并公布化学药品管理制度，对操作人员进行培训。

（2）购置、使用的有毒化学物应当有供货商担保或证明书。

（3）对清洁剂、消毒剂和杀虫剂进行标识、登记，列明名称、毒性、生产厂名、生产日期、有效期、数量、注意事项等。有毒化学物存放在远离生产区的专用库内，领用应有记录。

（4）使用杀虫剂、消毒剂必须由专人使用，不能污染食品，食品接触面和包装材料。

（5）次氯酸钠消毒液的配制

①本公司使用的次氯酸钠含10%左右的有效氯。

②进厂的次氯酸钠先检查其合格证，后由化验室采样检测其有效氯的含量。

③消毒剂存放于配药间。

④配药间由专人负责，按SSOP中的规定配制不同质量浓度的消毒液。

⑤消毒液的检测，见消毒液检测作业指导书。

5. 相关记录

（1）有毒化学物领用记录。

（2）次氯酸钠消毒液配制记录。

（3）次氯酸钠检测记录。

（八）包装材料及辅料的控制

1. 目的

确保所有的包装材料无毒无害、无污染、清洁卫生，避免污染产品，保证产品质量。

2. 职责

经营部负责到合格供方采购，质检科负责包装材料和辅料验证，仓库保管员负责包装材料和辅料接收、储存和发放。

3. 适用范围

所有产品的内外包装材料及辅料的卫生控制。

4. 作业要求

（1）外包装应来自由检验检疫机构注册的加工厂，每批外包装须有CIQ签发的纸箱性能合格单，所有的包装材料必须保证清洁。

（2）质检员凭纸箱性能合格单，验收质量。合格后通知仓库保管员接收，并办理入库手续。

（3）内包装应来自卫生防疫部门认可的加工厂，生产内包装的企业必须提供：①卫生许

可证复印件；②产品合格证。质检员凭两证验收质量，化验室同时抽样，进行微生物检测，合格后方可使用，并填写内、外包装进厂验收记录，保管员凭包装物料验收记录等手续，办理入库手续。

（4）内、外包装实行专库存放，存放时应离地离墙，上部用防尘布遮盖，以防灰尘污染。

（5）生产用的各种辅料，凭供货商的合格证或官方的合格证书，经质检科验收合格后入库，并填写辅料验收记录，存放于专用库房，并予以标识，以免领用混淆。超过保质期的辅料不得用于生产。

5. 相关记录

（1）供货商或官方的合格证书。

（2）内、外包装验收记录。

（3）辅料验收记录。

（4）化验室的微生物检测记录。

（九）有害动物的防治

1. 目的

保证加工区域内无有害动物，确保产品安全。

2. 职责

由有害动物防治员和卫生监督员负责。

3. 适用范围

整个厂区、车间。

4. 作业要求

（1）加工车间、仓库、卫生间设有严密的防蝇、防虫设施，车间入口处设有塑料门帘、电子灭蝇灯和防鼠板，能开启的窗设有固定的纱窗，车间内下水道设有防鼠网和防虫的U形积水装置；仓库设有纱窗和防鼠板；厂区卫生间设有纱窗和塑料门帘。每日开工前由专人检查车间防蝇、防虫、防鼠设施是否完好，确认车间内无有害动物后方可生产，结果记录于每日清洁消毒审查表。

（2）厂区加工区域内设有固定的灭鼠点（见灭鼠网络图），每日生产结束后，有害动物防治员在灭鼠点放置鼠夹，每日生产开始前，有害动物防治员收集各灭鼠点的灭鼠夹。

加工车间、仓库、卫生间设有防鼠设施，每天开工前，卫生监督员检查车间、仓库、确认车间无老鼠后方可生产，结果记录于有害动物的防治记录中。

（3）如发现鼠夹上有老鼠，有害动物防治员将老鼠送入锅炉房火化，鼠夹用200mg/L有效氯消毒液浸泡3min晾干备用，结果记录于厂区防（灭）鼠执行记录中。

（4）每年生产期间，由市防疫部门消杀人员专门负责厂区虫害的防治。

（5）每天由专人打扫公司厂区环境、厕所、车间，检查厂区下水道盖板是否完好，保证环境整洁，无有害动物滋生源。

5. 相关记录

（1）厂区防（灭）鼠执行记录。

（2）厂区防（灭）蝇虫执行记录。

第三节　危害分析与关键控制点（HACCP）

一、HACCP 概念和由来

（一）HACCP 的概念

HACCP 是英文“Hazard Analysic Critical Control Point”（即危害分析与关键控制点）的首字母缩写，它是一种科学、高效、简便、合理而又专业性很强的食品安全体系。

这是一个以预防食品安全问题为基础的有效的食品安全保证系统，通过食品的危害分析（Hazard Analysis，HA）和关键控制点（Critical Control Points，CCP）控制，将食品安全预防、消除、降低到可接受水平。它是一项国际认可的技术，希望生产商能通过此体系来降低甚至防止各类食品污染（包括生物性、化学性和物理性三方面），它包括了原材料到消费者制作食品全过程的危害控制。

HACCP 体系这种管理手段提供了比传统的检验和质量控制程序更为良好的方法，它具有鉴别出还未发生过问题的潜在领域。通过使用 HACCP 体系，控制方法从仅仅是最终产品检验（即检验不合格）转变为对食品设计和生产的控制（即预防不合格）。人们在设计食品生产工艺时必须保证食品中没有病原体和毒素。由于单靠成品检验不能做到这一点，于是才产生了 HACCP 体系的概念。

HACCP 代替传统的管理方法的食品卫生安全预防系统，与一般传统的监督方法相比较，它具有较高的经济效益和社会效益。

HACCP 在国际上被认可为控制由食品引起疾病的最有经济效益的方法，并就此获得 FAO/WHO 联合国际食品法典委员会（CAC）的认同。

总之，HACCP 体系是涉及从农田到餐桌全过程食品安全卫生的预防体系。

（二）HACCP 体系起源的背景

由于食品安全卫生直接关系到国计民生和人类社会的发展，所以很早就引起人们的重视，但随着人们生产、生活方式的变化，以往的食品生产安全、卫生的管理方法越来越不能满足现代生活的需要。传统的食品安全管理方法大多采取对成品抽样检验的管理方法，这样的检验结果是对抽取样本的检验结果，不能完全反映其总体即全部产品的安全性，也就是说这样的结果反映的食品安全性是不全面的，准确度低，存在一定风险。另外对成品进行检测时，食品安全的缺陷已经形成，对该批产品而言已经很难进行安全缺陷的弥补和改进。对将来将要生产的产品而言，由于影响食品安全、卫生的因素复杂，只对成品进行检验很难准确分析出食品安全缺陷产生的原因，不利于未来产品安全性的改进和提高。再者对成品进行抽样的检测方法对众多的食品生产厂商来说，需要大量的检验技术人员及经费，这会给企业带来很大负担。传统的食品安全、卫生管理方法缺乏预见性和可追溯性，不符合现代工业管理发展的趋势，必将被更先进的管理方法取代。随着工业的发展，消费者对食品的质量及安全卫生更加关注，社会的进步、工业的发展、新工艺的使用给食品带来了许多不安全因素，为了保护自身的健康，消费者提出了更严格的要求，也迫使现代食品生产企业采取更积极、更有效的控制方法。

（三）实施 HACCP 体系的意义

HACCP 体系是涉及食品安全所有方面（从原材料、种植、收获和购买到最终产品使用）的一种体系化方法，使用 HACCP 体系可将一个公司食品安全控制方法从滞后型的最终产品检验方法转变为预防性的质量保证方法；HACCP 体系提供了对食品引起的危害的控制方法，正确应用 HACCP 体系研究，能鉴别出所有现今能想到的危害，包括那些实际预见到可发生的危害；使用 HACCP 体系这样的预防性方法可降低产品损耗，HACCP 体系是对其他质量管理体系的补充。

总之，实施 HACCP 体系可以防患于未然，对于可能发生的问题便于采取预防措施；可以根据实际情况采取简单、直观、可操作性强的检验方法如外观、温度和时间等进行控制，与传统的理化、微生物检验相比，具有实用性强，成本低等特点；减少不合格品的产出，最大限度地减少了产品损耗；HACCP 体系的实施有利于提高生产厂家食品安全卫生保障意识。

（四） HACCP 体系的特点

（1）HACCP 体系是预防性的食品安全控制体系，要对所有潜在的生物的、物理的、化学的危害进行分析，确定预防措施，防止危害发生。

（2）HACCP 体系强调关键控制点的控制，在对所有潜在的生物的、物理的、化学的危害进行分析的基础上来确定哪些是显著危害，找出关键控制点，在食品生产中将精力集中在解决关键问题上，而不是面面俱到。

（3）HACCP 体系是根据不同食品加工过程来确定的，要反映出某一种食品从原材料到成品、从加工场所到加工设施、从加工人员到消费者方式等各方面的特性，其原则是具体问题具体分析，实事求是。

（4）HACCP 体系不是一个孤立的体系，而是建立在企业良好的食品卫生管理传统的基础上的管理体系。如 GMP、SSOP、职工培训、设备维护保养、产品标识、批次管理等都是 HACCP 体系实施的基础。如果企业的卫生条件很差，那么便不适于实施 HACCP 管理体系，而首先需要建立良好的卫生管理规范。

（5）HACCP 体系是一个基于科学分析建立的体系，需要强有力的技术支持，当然也可以寻找外援，吸收和利用他人的科学研究成果，但最重要的还是企业根据自身情况所做的实验和数据分析。

（6）HACCP 体系不是一种僵硬的、一成不变的、理论教条的、一劳永逸的模式，而是与实际工作密切相关的发展变化的体系。

（7）HACCP 体系是一个应该认真进行实践——认识——再实践——再认识的过程。企业在制订 HACCP 体系计划后，要积极推行，认真实施，不断对其有效性进行验证，在实践中加以完善和提高。

（8）HACCP 体系并不是没有风险，只是能够减少或者降低食品安全中的风险。作为企业，只有 HACCP 体系是不够的，还要具备相关的检验、卫生管理等手段来配合共同控制食品生产安全。

（五） HACCP 体系的起源

最早提出 HACCP 体系的是 1959 年美国皮尔斯伯利（Pillsbury）公司与美国国家航空航天局（NASA）纳蒂克（Natick）实验室，他们在联合开发航天食品时形成了 HACCP 食品安全管理体系。皮尔斯伯利公司检查了 NASA 的“无缺陷计划”（Zero-defect Program），发现这种非破坏性检测系统对食品安全性采取的是一种全新的监测控制体系，这种非破坏性检验并没有直接针对食品与食品成分，而是将其延伸到整个生产过程（从原材料和工厂环境开始至生产过程和产品消费）的控制。皮尔斯伯利公司因此提出新的概念 HACCP 体系，专门用于控制生产过程中可能出现危害的位置或加工点，而这个控制过程应包括原材料生产、储运过程直至食品消费。HACCP 体系被纳蒂克实验室采用及修改后，用于太空食品生产。

1971 年，皮尔斯伯利公司在美国第一次国家食品安全保护会议上提出了 HACCP 管理概念。美国食品与药物管理局（FDA）对此十分感兴趣，并决定首先在低酸罐头食品生产过程中使用。此后，HACCP 体系的使用范围越来越广，被许多发达国家采用。1972 年，国际食品法典委员会（CAC）决定在食品生产管理的法规中规定推广运用 HACCP 体系，以保证各类食品生产过程中的安全卫生。

（六）HACCP 体系的发展

1960 年，美国太空食品的生产与研究导致危害分析与关键控制点的提出。

1971 年，美国食品与药物管理局（FDA）开始研究 HACCP 体系在食品企业中的应用。

1973 年，美国食品与药物管理局（FDA）将 HACCP 体系应用于罐头食品生产的控制。

1985 年，美国国家科学院（NAS）向社会推荐 HACCP 体系。

以上 HACCP 体系仅限于危害分析与关键控制点。

1992 年，美国国家食品微生物咨询委员会（NACMCF）提出以致病菌为控制目标的 HACCP 体系的七个基本原理。

1994 年，欧盟食品委员会发布指令 94/356/EEC，HACCP 体系又被称自检体系。

此后开始官方强制性 HACCP 体系立法。

1995 年，美国（FDA）颁布 21 CFR Part 123 水产品 HACCP 体系联邦法规。

1996 年，美国农业部颁布 21 CFR Part 416，417 禽肉 HACCP 体系联邦法规。

此后危害、关键控制点、关键限值、纠偏、验证有了统一的定义。

1997 年，国际食品法典委员会（CAC）修改《食品卫生总则》，将 HACCP 体系应用于所有食品安全控制，并提出 HACCP 体系与质量管理体系 ISO 可兼容。根据 SPS 协议的要求，WTO 成员有责任遵循 CAC 法规，为我国推动 HACCP 体系提供了法律法规依据。

1998—2000 年，中国、加拿大、澳大利亚、丹麦、荷兰、日本、新西兰等政府和相关协会积极推动 HACCP 体系在本国食品工业中的应用。

加拿大和日本放弃了原有的安全质量 QMP 体系，将 HACCP 体系应用于食品安全卫生控制。

丹麦（HACCP 体系）和澳大利亚（SQF2000）用 ISO 9000：1994 标准条款将 HACCP 体系标准化，其局限在于仅将 HACCP 体系应用于过程控制，而不是对食品链全过程的控制。

2001 年美国 FDA 颁布 21 CFR Part 120 果蔬汁 HACCP 体系联邦法规。同时，美国餐饮零售业 HACCP 体系的立法进入倒计时。

全球食品零售协会 GFSI 也发布了以 HACCP 体系为基础，包括 GMP/GDP/GAP 和 ISO 部分要素的食品安全卫生零售业准入标准。

2002 年，中国国家认证认可监督管理委员会发布了 HACCP 体系认证管理规定，对规范 HACCP 体系认证行为，促进 HACCP 体系在中国应用，具有重要的意义。

为保证全球食品安全供应，国际标准化组织于2005年9月正式发布了ISO 22000：2005《食品安全管理体系——对食品链中各类组织的要求》，同年11月又发布了ISO/TS 22004：2005《食品安全管理体系 ISO 22000应用指南》。

综上所述可以将HACCP体系的发展概括为以下八个阶段：①HACCP体系仅限于危害分析关键控制点；②HACCP体系的七个基本原理形成；③HACCP体系应用实践；④与HACCP体系实施相关的官方立法；⑤HACCP体系应用；⑥HACCP体系标准化完成；⑦HACCP体系认证认可制度的规范；⑧HACCP体系自身的持续改进。

二、我国HACCP体系发展及应用情况

HACCP体系由于能有效控制食品中的危害，保证食品的安全，已成为全世界公认的食品安全生产方法。随着世界各国对食品安全性的关注日益高涨，HACCP体系管理系统被世界各国认可为一个预防性的食品安全监控系统。近三十多年来HACCP体系已经成为国际社会普遍认可和接受的用于确保食品安全的体系。

1. HACCP体系在我国推广的过程

从20世纪80年代开始，原商检系统就开始对HACCP体系进行学习和研究，并在出口食品厂家中进行HACCP体系的试运行工作。从1990年至今，可分为三个阶段。

第一阶段：1990—1996年的探索阶段。1990年3月原国家进出口商品检验局组织了名为“出口食品安全工程的研究和应用计划”的研究项目，其中包括水产品、肉类、禽类和低酸性罐头食品等在内的十种食品被列入计划内，十余个直属商检局，近250家食品生产企业参加了这一计划，撰写了数十篇研究和应用HACCP体系原理的论文。

1990年4月，原国家进出口商品检验局派员参加了美国农业部（USDA）举办的HACCP体系培训班，1993年3月国家水产品质检中心与FAO，中华人民共和国农业部在青岛举办了全国首次水产品质检系统HACCP体系培训班。

与此同时，原国家进出口商品检验局分别于1990年、1992年、1994年、1996年、1998年派员参加了国际食品法典委员会（CAC）水产品法典专业委员会（CCFP）的第19、20、21、22、23次会议；随后组织翻译了《FDA水产品HACCP法规》、美国水产品HACCP联盟编写的水产品法规和HACCP教程、FDA编写的《水产品危害与控制指南》和《水产品HACCP管理官员培训教材》。1995年10月，在浙江省杭州举办了国际食品质量和安全控制研讨会，对HACCP体系的概念进行了广泛的讨论。

1996年10月，五位FDA官员对山东省的三个实行试点的水产品工厂进行考察，对工厂建立的HACCP体系做出了高度评价。

第二阶段：1997—2000年美国水产品法规实施阶段。1997年3月，原国家进出口商品检验局派员参加了FDA在华盛顿由美国农业部举办的水产品HACCP体系法规FDA管理官员培训班，为出口食品生产企业全面实施HACCP体系打下了良好的基础。

1997年5~8月，原国家进出口商品检验局在华东、华北、华南举办了四期HACCP体系法规和商检管理官员培训班，共计220多名商检人员接受了培训并通过了考试。黑龙江进出口商品检验局于1997年和1998年先后举办了两期HACCP体系法规培训班。1997—1998年世界银行对华水产贷款项目要求接收贷款的水产加工企业实施HACCP体系，国家水产质检中心受农业部委托在青岛举办了第二期培训班。1999年4月和2000年5月FAO与农业部在

大连与烟台分别举办了HACCP体系培训班。1997年12月18日，美国水产品HACCP体系法规（21 CFR中123和124部分）正式实施。我国生产出口美国水产品加工企业HACCP体系，当年就有139个企业的HACCP体系和SSOP计划及其实施获得了国家商检局的批准，并于1997年12月16日提交FDA。通过国家检验检疫部门与FDA的交流以及FDA的多次实地考察，FDA对我国水产品企业HACCP体系的实施表示了乐观，为我国水产品出口美国奠定了基础。不久，FDA解除了对我国出口美国对虾的“自动扣留”。此后，我国水产品加工企业对欧盟的注册工作也获得了突破，在一般水产品加工企业名单中，我国从二类升为一类。

第三阶段：2001年起进入统一管理和强制性实施阶段。2001年，国务院决定国家质量技术监督局与国家出入境检验检疫局合并成中华人民共和国国家质量监督检验检疫总局，按照国务院授权，认证认可管理职能交给中国国家认证认可监督管理委员会承担。包括HACCP体系认证在内的认证认可工作实现了统一归口管理，为全面实施HACCP体系提供了组织保障。

2002年3月20日国家认监委发布了第3号公告《食品生产企业危害分析与关键控制点（HACCP）管理体系认证管理规定》，自2002年5月1日起执行。这一规定的实行进一步规范了食品生产企业实施HACCP体系的认证监督管理工作，HACCP体系认证管理做到了有法可依。

2002年4月19日，国家质量监督检验检疫总局公布20号令《出口食品生产企业卫生注册登记管理规定》，自2002年5月20起施行。规定要求对列入《卫生注册需评审HACCP体系的产品目录》的出口食品生产企业需依据《出口食品生产企业卫生要求》（现被《出口食品企业安全卫生要求》替代）和国际食品法典委员会《危害分析和关键控制点（HACCP体系）及其应用准则》建立HACCP体系。按照上述管理规定，目前必须建立HACCP体系的有六类产品的生产出口企业，分别是生产水产品、肉及肉制品、速冻蔬菜、果蔬汁、含肉及水产品的速冻食品、罐头产品的企业，这是我国首次强制性要求食品生产企业实施HACCP体系。

目前我国等同采用ISO 22000标准的GB/T 22000—2006《食品安全管理体系 食品链中各类组织的要求》已于2006年7月1日实施。标志着我国应用HACCP体系进入新的发展阶段。

2. 我国推行HACCP体系的迫切性

近年来，随着全世界人们对食品安全卫生的日益关注，加强安全卫生已经成为企业申请HACCP体系认证的主要推动力。

世界范围内食品中毒事件的显著增加激发了经济秩序改变和食品卫生提高，在美国、欧盟、英国、澳大利亚和加拿大等国家和地区，越来越多的消费者要求将HACCP体系的规定变为市场准入的必要条件，例如，自1997年12月18日起，FDA强制要求美国国内水产品加工者，以及运输水产品到美国的外国加工者实行HACCP管理体系。于2002年1月22日生效的美国FDA果蔬汁产品HACCP法规规定美国本土和进口到美国的所有果汁生产厂商必须建立和实施HACCP管理体系。

国内食品行业特点决定了推行HACCP体系在我国具有特殊意义。我国食品业整体发展较晚，食品生产企业多数规模小，加工设备落后，从业人员整体素质需要提高。实施HACCP体系可以弥补我们的不足，是我国食品企业大发展难得的契机。

HACCP体系与中国传统的食品安全控制方法相比有更大优势。传统的食品安全控制流程一般建立在“集中”视察、最终产品的测试等方面。通过“望、闻、切”的方法去寻找潜在的危害，而不是采取预防的方式，因此存在一定的局限性。而HACCP体系强调危害识别，使可能的潜在危害得以发现，通过对关键限值的控制来消除潜在显著危害或将潜在危害控制在可接受的水平内。此外由于保存了公司符合食品安全法的长时间记录，而不是在某一天的符合程度，HACCP 体系的实施不仅有利于企业对食品安全的控制，更方便执法人员对企业的监管。

中国政府高度重视 HACCP 体系在食品行业的推行和实施工作。目前，我国针对 HACCP 的实施制定了 GB/T 27341—2009《危害分析与关键控制点（HACCP）体系　食品生产企业通用要求》。该标准规定了食品生产企业 HACCP 体系的通用要求，使其有能力提供符合法律法规和顾客要求的安全食品。同时，该标准适用于食品生产（包括配餐）企业 HACCP 体系的建立、实施和评价，包括原辅料和食品包装材料采购、加工、包装、储存、装运等。

三、实施 HACCP 的前提条件

HACCP 体系必须建立在一系列前提条件的基础之上，否则将失去作用。

食品生产加工企业在建立和实施 HACCP 计划的前提条件至少包括以下几点。

（1）满足 GMP 的要求。

（2）建立并有效实施卫生标准操作程序（SSOP）。

（3）建立并有效实施产品的标识、追溯和回收计划。

（4）建立并有效实施加工设备与设施的预防性维修保养程序。

（5）建立并有效实施教育与培训计划。

（6）其他的前提条件，还可以包括如实验室的管理、文件资料控制、加工工艺控制、产品品质控制等。

四、 HACCP 原理与主要内容

1999 年，国际食品法典委员会（CAC）在《食品卫生总则》附录《危害分析与关键控制点（HACCP）体系及其应用准则》中将 HACCP 体系的七个原理确定为：①进行危害分析；②确定关键控制点；③建立关键限值；④建立关键控制点监控程序；⑤建立当监控表明某个关键控制点失控时应采取的纠偏行动；⑥建立验证程序，证明 HACCP 体系运行的有效性；⑦建立关于所有适用程序和这些原理及其应用的记录系统。

（一）进行危害分析与提出预防控制措施

1. 相关概念

（1）显著危害（Significant Hazard）　极有可能发生，如不加控制有可能导致消费者不可接受的健康或安全风险的危害。

（2）危害分析（Hazard Analysis，HA）　根据加工过程的每个工序分析是否产生显著危害，并叙述相应的控制措施。也就是指信息和评估危害及导致其存在的条件的过程，目的是决定上述各项哪些对食品有显著意义，从而应被列入 HACCP 计划中。

（3）显著危害与危害的区别　主要表现在风险和严重性两个方面。

①风险（Risk）：显著危害是极有可能发生，如生吃双壳贝类则极有可能会引起麻痹性贝毒毒素（PSP）的中毒，这与专家的知识背景、历史经验、流行病学资料有关并由其他科学技术资料来支持。

②严重性（Severity）：危害的严重程度达到消费者不可接受的水平，如食品添加剂在规定的限量之内，相对的危害程度要小，而致病菌则危害程度就高。

2. 危害分析的基础工作

(1) 建立食品安全小组　建立食品安全小组在建立和实施以及验证 HACCP 计划时是必要的，应包括多个方面的人员，如质量管理人员、控制人员、生产部门人员、实验室人员、销售人员、维修保养人员等，有时可以请外来的专家，负责人应熟知 HACCP 体系原理，经过相关的 HACCP 体系培训。

(2) 描述产品及其分发方式　描述产品及其分发方式，确定产品将来可能的消费群体以及消费方式。描述产品以及发放的方式等应简明、准确。示例如下。

公司名称：ABC 虾业公司。

地　　址：××省××市××大街 16 号。

产　　品：冷冻熟的即食虾。

储存方式：塑料袋。

分发方式：冷冻。

消费人数：一般公众。

消费方式：需要进一步加热或烹调。

(3) 画出工艺流程图以及验证其是否完整　准确的流程图是进行危害分析的关键，必要时应对整个工艺进行描述。流程图应从产品的成分，原料以及包装材料开始，随着它们进入到加工过程中，并进入到加工与存货之后的那些步骤中去。HACCP 小组根据现场的考察与会谈，观察加工操作以及其他的信息资源来建立工艺流程图。此时插入所有工序的过程参数，这是很重要的，因为这些参数中的一个或多个对于控制危害可能是必要的。工艺流程图将是验证该产品加工的重要工艺步骤。工艺流程图必须详尽，以便进行危害分析，但不能太多太细以至于偏重一些不重要的环节。但应记住，工序中使用的工器具、人员以及加工的场所发生改变时，该工序必须在流程图上体现出来。

3. 危害分析工作单

对于组织记录确定食品安全危害是很有用途的，应针对确定的工艺流程的每一步骤进行。由表头、表格组成的危害分析工作单有六栏，第一栏为加工步骤或原料，第二栏就是可能存在的危害，第三栏分析危害是否为显著危害，第四栏是对前栏的进一步验证，第五栏确定是否在该步骤或工序或以后的工序可以控制这些显著危害，第六栏判断是否是关键控制点。

我们已知 HACCP 体系是具有产品、工序和工厂特异性的，不同的产品有不同的危害，同一产品不同的加工方式存在不同危害，同一产品，同一加工工序在不同的工厂仍然存在着不同的危害。我们可根据经验、流行病学调查、客户投诉等一切信息，作出准确判断。所提供的范例不一定全部适合我们的情况，FDA 的指导也不一定全部符合我们的要求，甚至某些工序加工经过分析后可能没有显著危害，在说明理由后即可。

危害分析要有记录，可按工作表的顺序进行。美国水产品 HACCP 法规（CFR Part-123）中并没有强制要求有书面的危害分析，但在果蔬汁 HACCP 法规（CFR Part-120）中明确规定了这条内容。书面的 HACCP 危害分析可以为企业关键控制点的确立提供有力而又简明的证据，同时也为官方验证和第三方认证提供便利。

（二）确定关键控制点（Identifying Critical Control Points）

1. 相关概念

(1) 关键控制点（Critical Control Points，CCP）　关键控制点是指食品加工过程中的某一点、步骤或工序进行控制后，就可以防止、消除食品安全危害或将其减少到可接受水平。这里所指的食品安全危害是显著危害，需要 HACCP 体系来控制，也就是每个显著危害都必须通过一个或多个 CCP 来控制。

CCP 的有效控制的途径分为由危害性质决定所采取的控制措施和由对危害控制的深度决定所采取的控制措施两个方面。

①由危害性质决定所采取的控制措施。分物理危害、化学危害和生物危害三个方面。

A. 物理危害的控制途径。来源控制。供应商证明和原料检测；生产控制：利用磁铁、金属探测仪、筛网、分选机、空气干燥机、X 射线设备和感官来控制。

B. 化学危害的控制途径。来源控制。选择原料产地的土壤、水域；要求供应商提供原料来自安全区域的证明以及原料监测结果；加工控制：严格按国际上的通行标准和国家标准合理使用食品添加剂和包装材料；标识控制：在产品包装上标明配料和已知过敏物质。

C. 生物危害的控制途径。细菌危害。常采用加热、蒸煮、冷却、冷冻、发酵、pH 控制、添加防腐剂、干燥、减少原料中初始带菌量等方法进行控制；病毒危害：通过控制原料和蒸煮的方法进行控制；寄生虫危害：通过加热、干燥、冷冻或人工剔除的方法进行控制。

②由对危害控制的深度决定所采取的控制措施。第一方面是防止发生，如改变食品中的 pH 到 4.6 以下，可以使致病性细菌不能生长；添加防腐剂、冷藏或冷冻能防止细菌生长；改进食品的原料配方，以防止化学危害如食品添加剂的危害发生。第二方面是消除，如采用高温加热的方法杀死所有的致病性细菌；采用-38℃冷冻可以杀死寄生虫；利用金属检测器消除物理性的危害。第三方面是减少到一定水平，有时候有些危害不能完全防止其发生，只能减少或降低到一定水平。如对于生吃或半生吃的贝类，其化学、生物学的危害只能从开放的水域及捕捞者、贝类管理机构的保证来控制，但这不能保证防止发生，也不能消除。

（2）控制点（Control Points，CP）　控制点（CP）是指食品加工过程中，能够控制生物学、物理学、化学的因素的任意一个步骤或工序。

（3）关键控制点和控制点的关系　控制点包括所有的问题，而 CCP 只是控制安全危害。在加工过程中许多点可以定为 CP，而不定为 CCP，控制点中还包括对于质量（风味、色泽）等非安全危害的控制点。企业可根据自己的情况，对有关质量方面的 CP 通过全面质量保证（TQA）、全面质量控制（TQC）或 ISO 9000 来进行控制。

但应注意的是，控制太多的点，就失去了重点，反而会削弱影响食品安全的 CCP 的控制。这个问题在以前的 HACCP 体系发展过程前期很常见，人们趋向控制许多点，涉及方方面面，而现在美国 FDA 进一步发展，只控制几个点，一般是 3~5 个 CCP。对于其他有关危害则通过 SSOP 来控制，不列入 HACCP 计划中，对于其他质量方面的影响则可以通过 TQA 来实现。关键控制点肯定是控制点，但并不是所有的控制点都是关键控制点。

（4）关键控制点和危害的关系　一个关键控制点可以用于控制一种以上的危害。例如加热既能控制细菌又能控制某些病毒和寄生虫所引起的危害；几个关键控制点可以用于控制同一种危害；生产和加工的特性决定了关键点的特殊性。在不同的企业由于其采用的生产线、产品配方、加工工艺、设备、原辅料、卫生和支持性程序的不同，所需控制的关键控制点也不同。因此每个企业必须针对自身的特定加工条件，制订自己的 HACCP 计划。

2. 确定关键控制点的方法——CCP 判断树

判断树是由四个连续问题组成，如图 12-1 所示。

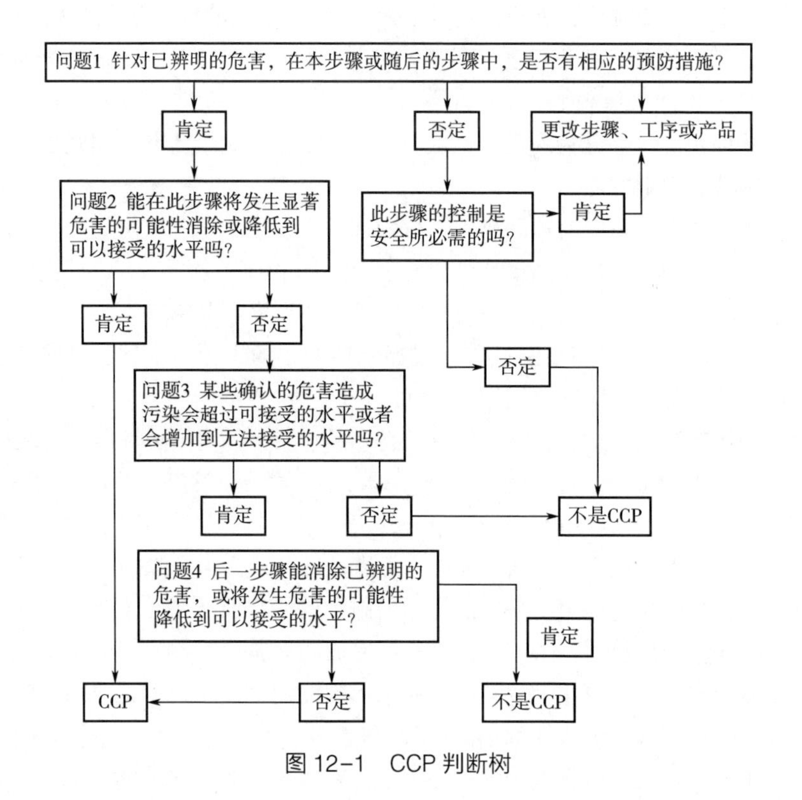

图 12-1 CCP 判断树

问题 1：针对已辨明的危害，在本步骤或随后的步骤中，是否有相应的预防措施？

如果回答“有”，回答问题 2；如果回答“无”，则回答是否有必要在这步控制食品安全危害。如果回答“否”，则不是 CCP；如果回答“是”，则说明加工工艺、原料或其他原因不能控制保证必要的食品安全，应重新改进产品等设计，包括预防措施。另外只有显著危害，而又没有预防措施，则不是，CCP 则需改进。

在有些情况的确没有合适的预防措施。这种情况的出现进一步说明 HACCP 不能保证 100%的食品安全。

问题 2：能在此步骤将发生显著危害的可能性消除或降低到可以接受的水平吗？

如果回答“是”。还应考虑一下，这步是否最佳，如果是最佳时，则是 CCP；如果回答“否”，则回答问题 3。

问题 3：某些确认的危害造成污染会超过可接受的水平或者会增加到无法接受的水平吗？

如果回答“否”，则不是 CCP，主要考虑危害的污染或介入，即是否存在或是要发生或是要增加？如果回答“是”，回答问题 4。

问题 4：后一步骤能否消除已辨明的危害，或将发生危害的可能性降低到可接受的水平？

如果回答“否”，这一步是 CCP；如果回答“是”，这一步不是 CCP。

判断树是非常实用的工具，但它并不是 HACCP 法规的必要因素，它不能代替专业知识，更不能忽略相关法规的要求，否则会导致错误。

3. 关键控制点的变化

CCP 或 HACCP 体系具有产品、加工过程特异性。对于已确定的关键控制点，如果出现工厂位置、配方、加工过程、仪器设备、原料供方、加工人员、卫生控制和其他支持性计划改变以及用户要求、法律法规的改变，CCP都可能改变。

另外，一个CCP可能可以控制多个危害，如加热可以消灭致病性细菌，以及寄生虫；冷冻，冷藏可以防止致病性微生物生长和组胺的生成；而反过来，有些危害则需多个CCP来控制，如鲭鱼罐头，在原料收购、缓化、切台三个CCP来控制组胺的形成。应引起注意的是危害的引入点不一定是危害的控制点。

（三）关键限值的建立（Establishing Critical Limits）

1. 相关概念

（1）关键限值（Critical Limit，CL）　是指在某一关键控制点上将物理的、生物的、化学的参数控制到最大或最小水平，从而可防止或消除所确定的食品安全危害发生，或将其降低到可接受水平。

（2）操作限值（Operational Limit，OL）　由操作者作业过程中形成的偏离关键限值的风险，是比关键限值更严格的判定标准或最大、最小水平参数。它是操作人员为降低偏离关键限值风险而在作业过程中控制的操作标准。一旦发现可能趋向偏离关键限值，但尚未发生时，应采取调整加工，使CCP处于受控状态，而不需要采取纠正措施。

2. 关键限值的建立

（1）关键限值建立的原则及依据　关键限值建立的原则是合理、适宜、可操作性强、实际、实用。如果关键限值过严，即使没有发生影响到食品安全的危害也必须采取纠正措施；如果过松，又会造成不安全的产品到用户手中，总之关键限值一般不会是现成的或明显的，制定时应有一定的依据。好的关键界限应该满足以下条件：直观；易切实监测；仅基于食品安全角度来考虑，允许在规定时间内完成；能在只销毁或处理较少的产品时就采取纠正措施；不打破常规方式；不是GMP或SSOP措施；不能违背法规和标准。关键限值建立的依据需要的参考资料有危害分析和控制指南、公认的惯例、科学刊物、法规条例以及客户咨询专家、操作人员、管理人员、消费者协会、客户、实验工作或委托其他实验室得出的结论。

上述来源的资料都可以作为制定关键限值的科学依据，同时这些资料及证明也必须作为HACCP计划的支持性文件。

（2）设置操作限值的作用　设置操作限值可以避免关键限值的偏离，最大限度地避免损失，确保产品安全。从而避免超过关键限值不得不采取纠偏行动而造成停产、产品返工甚至销毁。

（3）加工调整　当偏离操作界限时，应采取措施将其加工调整回到操作界限之内。不同于纠正措施，进行加工调整时需要：①分离、隔离偏离期间的产品，也应经过有资格的人员评估后得到处理，销毁返工或降级；②分析产生的原因，并采取纠正措施；③验证、分析采取纠正措施是否有效，是否还需改变HACCP计划；④需要正确记录。

（四）关键控制点的监控（Monitoring CCP）

1. 相关概念及目的

（1）监控（Monitor）　按照制订的计划进行观察或测量来判定一个CCP是否处于受控之下，并且准确真实进行记录，用于以后的验证。首先应制订监控计划或程序即确定监控对象、监控内容、监控方法、监控频率、监控的实施主体。

（2）进行监控的目的或意义　记录追踪加工操作过程，使其在关键限值范围之内；确定CCP是否失控或是偏离关键限值，进而确定采取纠正措施；通过监控得到的监控记录说明产品是在符合HACCP计划要求下生产的，它是加工控制系统的支持性文件，而且在验证特别是官方、第三方审核验证时是非常有用的资料。

2. 关键控制，监控计划的制订

（1）监控对象及监控的内容　监控对象应为识别出的 CCP 所要控制的显著危害。就是确定产品的性质或加工过程是否符合关键界限（测量、观察），也可以包括检查一个 CCP 的控制措施是否实施。

（2）监控的实施　监控实施就是如何进行关键限值的监控和在发现偏离限值时如何采取纠偏措施。

①原则：首先是保证快速出结果，微生物学实验不仅费时、费样品而且代表性意义不大，一般不作为监控方法，但在验证或产品检验时则采用微生物学方法检验。用物理、化学方法则速度快。而且可以通过物理的、化学的监控相应地控制微生物。采用的监控方法需要有科学依据及实验结果、专家评审等支持性文件。

②监控的仪器：一般常用的仪器有温度计（自动或人工）、钟表、pH 计、水活度计（A_W）、传感器及分析仪器。测量仪器的精度，相应的环境及校验都必须符合相应的要求或被监控的要求。监测仪器的误差，在制定关键限值时应加以充分考虑。

（3）监控频率　监控可以是连续的，也可以是非连续的，当然连续监控最好，如自动温度，时间记录仪，金属探测仪等。这样，一旦出现偏离或异常，如偏离操作限值就可以及时采取加工调整，偏离关键限值就可以尽快采取纠正措施。

如果不能进行连续监控，那么有必要确定监控的周期，以便发现可能出现的偏离关键限值或操作限值的情况。确定监控周期时应充分考虑到产品生产加工的稳定性或变异性；产品的正常值与关键界限的差异；出现危害后受影响的产品数量。

（4）实施监控的人员保障　人员构成一般是生产线上的操作工、设备操作者、监督人员、质量控制保证人员、维修人员。不论是谁进行监控，当然最好是方便、有责任心，以及有能力的人员来完成。这些人员应该具有以下水平或能力：经过 CCP 监控技术的培训；完全理解 CCP 监控的重要性；有能力进行监控活动等。发现偏离关键限值时立即报告，以便能及时采取纠正措施；发现偏离操作限值时，能够实施加工调整。

（五）纠正措施（Corrective Action）

1. 相关概念

纠正措施是当监控表明偏离关键限值时而采取的程序或行动。纠正措施一般包括两步，即纠正或消除发生偏离关键限值的原因，重新进行加工控制和确定在偏离期间生产的产品如何处理。采取纠正措施包括产品的处理情况时应加以记录。必要时采取纠正措施后还应验证是否有效，如果连续出现偏离时，要重新验证 HACCP 计划。

2. 纠正措施的实施

（1）纠正、消除产生偏离的原因　一旦发生偏离关键限值情况，应实施产品的评审，有必要时应实施产品召回，并立即采取纠正措施，发现得越快则加工偏离关键限值的时间就越短，就能尽快恢复正常生产，重新将 CCP 处于受控之下。同时，受到影响的不合格产品就越少，经济损失就越小。

纠正措施可以包括在 HACCP 计划中，而且应通过培训使工厂的员工能正确地进行操作。采取纠正措施时应分析产生偏离的原因并予以改正或消除，以防止再次发生。如偏离关键限值的原因不在事先考虑的范围之内（也就是没有已制定好的纠正措施），而且有可能再次发生偏离关键限值时，应重新制订评审 HACCP 计划或考虑调整加工过程或产品。

（2）隔离、评估和处理在偏离期间生产的产品　实施步骤如下：专家或授权人员通过实验（生物、物理、化学）确定这些产品是否有食品安全危害；如果没有危害，可以放行；如有危害，但通过返工或重新加工后可将危害降低到可接受水平或可改作他用；如果潜在的危害不能按上述办法处理，则产品必须销毁。这种处理方式是最后的选择，经济损失较大。

应注意的是返回和返工的产品仍然必须接受监控或控制，也就是确保返工不能造成或产生新的危害。

3. 纠正措施的记录

如果采取纠正措施，应该加以记录。记录应包括：产品的鉴定、描述偏离的记录、整个纠正措施（包括受影响产品的处理）、负责采取纠正措施的人员姓名、必要时的验证结果等。

（六）记录（Record Keeping）

1. 记录的保存原则

保存记录的内容：加工者的名称和地址；记录所反映的工作日期和时间；操作者的签字或署名；产品加工过程的监控状况及其他信息资料。

记录的保存期限：对于冷藏产品，一般至少保存一年；对于冷冻或保质期稳定的商品应至少保存两年；对于其他说明加工设备、加工工艺等方面的研究报告、科学评估的结果应至少保存两年。

2. 应保存记录的种类

应保存记录有：CCP 监控控制记录；采取纠正措施记录；验证记录（包括监控设备的检验记录，最终产品和中间产品的检验记录等）；HACCP 计划；HACCP 计划支持性材料（包括 HACCP 小组成员及其责任；建立 HACCP 的基础工作，如有关科学研究；实验报告及必要的先决程序如 GMP、SSOP）等。

3. 记录的复核

记录的复核是验证程序的一部分。在建立和实施 HACCP 体系时，加工企业应根据要求，由经过培训合格的人员对所有 CCP 监控记录、采取纠正措施记录、加工控制检验设备的校准记录和中间产品最终产品的检验记录，进行定期复核。

（1）监控记录及审核　HACCP 体系监控记录是证明 CCP 处于受控状态的最原始的材料，作为管理工具，使 CCP 符合 HACCP 计划要求。监控记录应记录实际发生的事实，包括完整、准确、真实的实际数值，而且应至少每周审核一次，并签字，注明日期。

（2）纠正措施记录及审核　一旦出现偏离关键限值，应立即采取纠正措施。采取纠正措施就是消除、纠正产生偏差的原因，并将 CCP 返回到受控状态，隔离分析、处理在偏离期间生产的受影响的产品，必要时应验证纠正措施的有效性。以上这些活动均应予以记录，对记录复核时需判定是否按照 HACCP 计划去执行，一般应在活动实施一周内完成记录的复核。

（3）验证记录及审核　修改 HACCP 计划（原料、配方、加工、设备、包装、运输）后的确认记录；加工者对供方的验证（供方评审资料的验证，以及接收货物时，对供方保证函、证书的查验和审核的结果记录）；验证监控设备的准确度以及校验记录；微生物学试验结果（包括中间产品、最终产品的微生物分析结果）；现场检查结果等。

对验证记录的评审没有明显的时间限定，可在合理的时间内进行。

（七）验证程序

验证程序（Verification）是指除了监控方法以外，用来确定 HACCP 体系是否按照 HACCP 计划运行或者计划是否需要修改及再被确认生效使用的方法、程序、检测及审核手段。CCP 的验证包括监控设备的校准、有针对性的取样检测、CCP 记录的复查；系统的验证包括审核、最终产品的微生物试验等。

（1）确认

①目的。确认所建立体系的充分性和适宜性。搜集信息进行评估，决定建立的 HACCP 体系是否完整，内容是否恰当，正常实施时，是否能有效控制食品中的安全危害。

②方法。HACCP 体系的验证一般采用以下方法：结合基本的科学原则；运用科学的数据；依靠专家的意见；生产中进行观察或检测。

③对象。HACCP 计划的每一环节从危害分析到验证、纠偏所作出的科学技术上的复查。

④频率。最初的确认：即体系建立时的确认；下列情况下应采取确认：改变产品或加工；验证数据出现相反的结果重复出现偏差；有关危害的控制手段的新信息；生产中的观察需要进行确认时。

⑤人员。食品安全小组和受过适当培训或经验丰富的人员。

（2）CCP 的验证　CCP 的记录复查，校准记录的复查，针对性的样品检测。

（3）HACCP 体系的验证　目的是确定企业 HACCP 体系的符合性和有效性。即运行的 HACCP 体系与所编制的文件要求之间的符合性以及体系最终运行的效果是否将食品安全危害预防、消除、降低到可接受水平，包括审核检查产品说明生产流程的准确性和达标最终产品的微生物试验是否保证食品安全指标达到相关法律法规及顾客要求两个方面。其中审核检查产品说明和生产流程的准确性包括检查工艺过程是否按照 HACCP 计划被监控；检查工艺参数是否在关键限值内；检查记录是否准确，是否按要求进行记录；审核记录的复查活动、监控活动是否按 HACCP 计划规定的频率执行；监控表明发生关键界限的偏差时，是否采取了纠正措施；设备是否按 HACCP 计划进行了校准等。

（4）执法机构执法验证　执法机构执法验证内容包括：①对 HACCP 计划及其修改的复查；②对 CCP 监控记录的复查；③对纠正记录的复查；④对验证记录的复查；⑤检查操作现场，HACCP 计划执行情况及记录保存情况；⑥抽样分析。

五、食品生产企业实行 HACCP 计划实例

（一）果汁和果汁饮料生产企业建立的 HACCP

1. 适用范围

（1）本指南为预包装食品安全保障体系提供指导，同时作为卫生监督机构对果汁和果汁饮料生产企业进行 HACCP 系统评价的主要考核标准。

（2）本 HACCP 指南适用于以果汁或浓缩果汁为基料，加工、还原或调配成具有该种原料水果特征的果汁或果汁饮料。本实施指南提供的模式可以应用于工艺过程类似、危害及控制点等其他方面基本相同的其他产品。具体实施时，有必要在本模式的基础上根据生产实际情况添加或更改部分内容，以确保 HACCP 模式适用于目的产品。

（3）HACCP 指南中果汁、浓缩果汁和果汁饮料的定义参考 GB/T 10789—2015《饮料通则》。

①果汁。

A. 原料水果用机械方法加工所得的、没有发酵过的、具有该种原料水果原有特征的制品。

B. 原料水果采用渗滤或浸提工艺所得的汁液，用物理分离方法除去加入的水量所得的、具有该种原料水果原有特征的制品。

C. 在浓缩果汁中加入该种原果汁在浓缩过程中所失去的天然水分等量的水所得的、具有与 A. 、B. 所述相同特征的制品。

②浓缩果汁。

A. 用物理分离方法，从原果汁中除去一定比例的天然水分后所得的、具有该种水果应有特征的制品。

B. 原料水果采用渗滤或浸提工艺所得的汁液、用物理分离方法除去加入的水量和果实中一定比例的天然水分所得到的、具有该种水果原汁应有特征的制品。

③果汁饮料。

A. 用成熟适度的新鲜或冷藏果实为原料，经机械加工所得的果汁或混合果汁类制品。

B. 在 A. 条所述的制品中，加入糖液、酸味剂等配料所得的制品、其成品可直接饮用或稀释后饮用。

2. 前提条件

（1）符合良好操作规范（GMP）　果汁和果汁饮料生产企业必须符合国家有关规定，达到 GMP 法规要求。

（2）建立卫生标准操作程序（SSOP）

①果汁和果汁饮料生产企业必须根据国家相关 GMP 法规、果汁和果汁饮料生产工艺和生产实际情况，建立完善的卫生标准操作程序，按 GMP 要求实施文件化，并严格执行。

②具体应包括但不仅限于以下方面。

A. 水的安全。

B. 食品接触表面的清洁和卫生。

C. 防止交叉污染。

D. 洗手、手消毒和卫生间设施的维护。

E. 防止食品、食品包装材料、食品接触表面掺入其他有害物。

F. 有毒化合物的标识、储存和使用。

G. 员工健康状况的控制。

H. 害虫和鼠类控制。

I. 结构和布局。

H. 废物处理。

③加工者必须有足够的频率在加工过程中对上述操作情况进行监控。卫生监控记录须予以保持并进行评估。卫生失控时必须及时地采取纠正措施。如果卫生标准操作能控制危害，则不一定将控制包含在 HACCP 计划中。

（3）HACCP 知识的培训

①全面的 HACCP 知识普及培训：生产企业必须对所有员工进行 HACCP 基础知识的培训，以确保所有员工能够理解和正确执行 HACCP 中设计的程序。

②内部审核培训：生产企业必须对 HACCP 小组成员进行 HACCP 相关知识和相关法律法规、卫生规范及卫生标准的培训，以确保 HACCP 小组成员具备建立 HACCP 食品安全保障体

系的能力。

③培训和考核规范：培训内容应至少等同于卫生监督部门认可的标准教材，对于 HACCP 小组成员的考核应满足卫生监督部门的要求。

（4）产品回收制度　产品回收制度必须达到的要求：①所有产品都能够被识别和追溯；②被确定的特定批次的产品能够在合理期限内回收。

（5）消费者投诉处理制度　消费者投诉处理制度包括：①建立接受消费者投诉的信息渠道；②投诉评估及受理的标准、方法和程序；③适当的处理方法；④反馈信息内审机制。

3. 实施步骤

（1）组建 HACCP 小组　HACCP 小组是食品企业 HACCP 系统的具体实施人员，HACCP 小组的构成应该科学合理，应该包括企业具体管理 HACCP 系统实施的领导、生产技术人员、经过培训的 HACCP 系统实施人员、企业质量管理人员以及其他需要参加的人员。HACCP 小组责任到人，应该能够确保 HACCP 体系的有效实施。

（2）产品的描述、预期用途和消费者　HACCP 工作的首要任务是对实施 HACCP 体系的产品进行描述。描述的内容主要包括：产品名称、产品的原料和主要成分、产品的理化性质（包括 A_w，pH 等）及杀菌处理（如热加工、冷冻、盐渍、熏制等）、包装方式、产品标签、储存条件、保质期、产品的预期用途和消费者类型等。

（3）绘制和确认生产工艺流程图　HACCP 工作组应该深入生产线，详细了解产品的生产加工过程，在此基础上绘制产品的生产工艺流程图，并征求一线生产工人对该流程图的意见和建议以修改、完善所绘制的流程图。制作完成后需要现场验证流程图。

（4）危害分析　对每类产品的每一加工步骤进行详细的危害分析，以明确产品加工过程中存在的生物、化学和物理性危害，确定可以控制危害的措施。危害分析应包括产品加工前、加工过程及出厂后的所有步骤。危害的种类包括已经建立控制措施的、缺乏控制措施的和即将建立控制措施的危害。

（5）确定关键控制点（CCP）　对于已经识别的显著危害，必须在一个或多个关键控制点上将其控制在可接受水平。

（6）确定关键限值　关键限值必须具有可操作性，并确保该 CCP 的有效性。关键限值应直观，易于监测和可连续监测，常用物理参数和可快速测定的化学参数。基于主观决定的数据（如观察）必须明确说明供判断的状态。

（7）建立对每个关键控制点进行监测的系统　一个监控系统的设计必须确定：监控内容、监控方法、监控设备、监控频率、监控人员、关键限值异常的报告及确认程序。

（8）建立纠正偏差的程序　当关键限值异常并被监控系统确认时，纠偏程序必须在规定时限内启动并使生产恢复到受控制的状态。

（9）建立验证程序　验证程序至少包括以下三个方面：①确定关键控制点与关键限值的验证程序，该程序必须证明关键控制点与关键限值的设置能确保食品卫生安全；②确定纠偏措施的验证程序，该程序必须证明一旦关键限值异常，纠偏程序能够使生产恢复受控制状态，并确保受异常影响的环节不妨碍终产品卫生安全；③确定 HACCP 体系按计划正常运行的验证程序，该程序必须证明 HACCP 体系在生产，管理中已经落实实施，并能正常、有效运作。

（10）建立文件系统　HACCP 体系中涉及的所有制度、计划、程序、方法、记录等都必须文件化，按 GMP 或 ISO 文件体系方法建立相应文件及档案制度。与产品直接相关的文件必须保存超过相应保质期1年；其他文件至少保存1年。所有文件必须标明日期和参与文件的相关人员，属于记录等执行文件的，必须由参与执行的人员、审核或监督人员及主管或负责人签名。

（二）HACCP在水产品生产企业中的应用

1. 产品描述

产品名称：冷冻海鱼片。

组成成分：新鲜鱼肉。

加工方式：手工与机械。

包装方式：塑料袋内包装，纸箱外包装。

储存方式：-18℃以下储存及运输。

产品用途及消费对象：经煮熟后食用，大众消费。

2. 产品工艺流程

原料收购→验收→清洗→放血→清洗→开片→剥皮→修整→摸刺→固色→漂洗→摆盘→速冻→内包装→金属探测→分级→外包装→入库冷藏→装运

3. 危害分析工作单

危害分析工作单如表12-4所示。

表12-4　危害分析工作单

加工步骤	确定潜在危害	是显著危害吗？（是/否）	对第3列判断提出依据	应采取什么预防措施预防显著危害？	这一步骤是关键控制点吗？（是/否）
漂洗	生物危害：微生物	是		通过SSOP控制	
	化学危害：农药残留、药品残留、重金属	是		通过SSOP控制	是
	物理危害：无			通过SSOP控制	
摆盘	生物危害：微生物	是		通过SSOP控制	
	化学危害：无			通过SSOP控制	否
	物理危害：无			通过SSOP控制	
速冻	生物危害；微生物	是		通过SSOP控制	
	化学危害：无			通过SSOP控制	否
	物理危害：无			通过SSOP控制	
内包装	生物危害：微生物	是		通过SSOP控制	
	化学危害：农药残留、药品残留、重金属	是		通过SSOP控制	是
	物理危害：无			通过SSOP控制	
金属探测	生物危害：微生物	是		通过SSOP控制	
	化学危害：无			通过SSOP控制	是
	物理危害：无			通过SSOP控制	

续表

加工步骤	确定潜在危害	是显著危害吗?（是/否）	对第3列判断提出依据	应采取什么预防措施预防显著危害?	这一步骤是关键控制点吗?（是/否）
外包装	生物危害：微生物 化学危害：无 物理危害：无	是		通过SSOP控制 通过SSOP控制 通过SSOP控制	否
入库冷藏	生物危害：微生物 化学危害：农药残留、药品残留、重金属 物理危害：无	是 是		通过SSOP控制 通过SSOP控制 通过SSOP控制	是
装运	生物危害：微生物 化学危害：无 物理危害：无	否		通过SSOP控制 通过SSOP控制 通过SSOP控制	否

4. HACCP计划表

HACCP计划表如表12-5所示。

表12-5 HACCP计划表

关键控制点CCP	显著危害	对于每个预防措施的关键限值	监控				纠偏行动	记录	验证
			监控什么	怎么监控	监控频率	监控人员			
原料鱼收购及验收	农药残留；养殖用药残留；重金属残留	按进出口国或我国对养殖海鱼中农药残留、兽药残留及重金属的有关限量规定	农药残留如DDT、DDE、TDE；兽药残留如氯化物、四环素、磺胺嘧啶；重金属如汞、砷、铅、锡	官方产地证明及养殖用药记录；对养殖基地的水质、土质抽样进行检测；对养殖基地的周围环境进行调研是否有污染源；对原料鱼进行抽样检测	每批原料捕捞前；每年至少一次对养殖基地的水质、土质进行抽样检测	原料采购员；原料验收员；质量检测员	原料经验收或检测不合格的，应拒收或作不合格品处理	原料验收验证记录；原料检测报告	核查原料验收记录和原料检测报告；另抽取样品进行检测来验证结果

（三）HACCP在猪肉香肠生产企业中的应用

1. 工艺流程

原辅料选择→原料肉处理→腌制→斩拌→灌肠→熏制→蒸煮→冷却→分离→肠衣→挑选→封罐→封口→杀菌→保温→检验→包装

2. 猪肉香肠罐头危害分析

猪肉香肠罐头危害分析如表12-6所示。

表12-6　　猪肉香肠罐头危害分析

加工步骤	该步骤中引入或潜在的危害	危害的严重度（是/否）	危害严重度证明的判断	防止严重危害的预防措施	是否是CCP（是/否）
原辅料选择（CCP）	生物危害：病原菌 化学危害：药物残留 物理危害：金属异物	是 是 是	原料肉可能带病原菌，猪饲养及宰杀、运输途中可能受到药物污染，可引起人体健康；金属异物引起食用不安全	要求供方提供商检卫生登记证明。杀菌步骤消除病原菌，金属探测可消除金属异物	是
原料肉处理	生物危害：病原菌生长，污染 化学危害：无 物理危害：无	是	原料肉带有病原菌即被污染，如温度适当，可继续大量繁殖，引起食用不安全	通过严格执行操作程序，后序杀菌步骤可消除病原菌	否
腌制	生物危害：病原菌生长 化学危害：配料加入 物理危害：无	是 是	如腌制间温度升高适于病原菌生长，病原菌可大量繁殖，引起食用不安全，配料加错料	通过严格控制腌制间温度，后序杀菌步骤可消除病原体	是
斩拌	生物危害：病原体生长、污染 化学危害：清洁剂残留 物理危害：无	是 是	如斩拌停留时间过长，病原菌在适当温度下可大量繁殖，清洁剂残留也可引起食用不安全	通过控制斩拌时间，避免停留及注意清洁剂使用，后序杀菌步骤可消除病原菌	否
灌肠	生物危害：病原菌生长、污染 化学危害：清洁剂残留 物理危害：无	是 是	如灌肠后停放时间过长，病原菌在适当温度下可大量繁殖，清洁剂残留也可引起食用不安全	通过严格控制灌肠停放时间，及注意清洁剂使用，后序杀菌步骤可消除病原菌	否

续表

加工步骤	该步骤中引入或潜在的危害	危害的严重度（是/否）	危害严重度证明的判断	防止严重危害的预防措施	是否是CCP（是/否）
熏制	生物危害：病原菌残留 化学危害：无 物理危害：无	是	烟熏时间短，温度低，病原菌可大量繁殖，引起食用不安全	严格执行熏制操作，后序杀菌步骤可消除病原菌	否
蒸煮、冷却	生物危害：病原菌残留 化学危害：无 物理危害：无	是	蒸煮温度低、时间短，病原菌残留可引起食用不安全，冷却间温度高，病原菌大量繁殖	严格执行蒸煮、冷却操作，后序杀菌步骤可消除病原菌	否
分离、肠衣、挑选、装罐、封口	生物危害：病原菌生长、污染 化学危害：无 物理危害：金属异物、油污污染	是 是	分离肠衣，挑选时易造成病原菌大量繁殖，罐盒清洗不净易混入金属异物，封口处易流入油污	严格执行分离肠衣，挑选封口操作，清洗罐盒，后序杀菌步骤可消除病原菌	否
杀菌（CCP）	生物危害：病原菌残留 化学危害：无 物理危害：无	是	灭菌温度和时间不足，病原菌残留	严格执行杀菌温度和时间	是
保温、检验、包装	生物危害：病原菌残留 化学危害：无 物理危害：无	是	杀菌不彻底，病原菌残留后大量繁殖	保温处理，挑出杀菌不彻底的罐盒	否

3. 出口猪肉香肠罐头HACCP计划

出口猪肉香肠罐头HACCP计划如表12-7所示。

表12-7　　出口猪肉香肠罐头HACCP计划

关键控制点（CCP）	显著危害	关键限制	对象	监控		人员	纠偏措施	记录	验证
				手段	频率				
CCP-1 原辅料选择	病原菌、农药残留等	必须有原辅料产品合格证	产品标签检验	眼看、复货	每批	原辅料验收员	拒收	原辅料验收记录	每周审核一次临近与纠偏

续表

关键控制点（CCP）	显著危害	关键限制	对象	监控		人员	纠偏措施	记录	验证
				手段	频率				
CCP-2 腌制	化学危害	法规规定使用限量	天平	眼看	每批	配料员	重称	腌制记录	每天审核天平，每周校核一次
CCP-3 杀菌	病原菌残留	121℃ 75min	杀菌锅	眼看	每批	杀菌锅监控人员	再次灭菌	杀菌锅操作记录	每天审核压力容器，每年进行一次官方校准

（四）HACCP 在乳制品生产企业中的应用

1. 工艺流程

原料收集与储存 → 原料运输 → 巴氏杀菌 → 冷却储存 → 均质 → UHT 灭菌 → 无菌包装 → 喷码 → 入库

2. 危害分析工作单

危害分析工作单如表 12-8 所示。

表 12-8 危害分析工作单

名称：××加工厂 用途和消费者：×× 包装形式： 250mL 砖形纸盒包装

地址：×××× 品名：超高温灭菌奶 销售和储存方法：常温

加工工序	潜在危害	危害是否显著	危害显著性判断依据	能用于显著危害的预防措施	是否关键控制点
原料收集与储存	生物危害：细菌 化学危害：农药、抗生素残留 物理危害：无	是 是	细菌导致原料乳变质，农药、抗生素会造成污染	挤乳时丢弃第一、二把乳，严格消毒挤乳用具；挤乳后迅速将乳温控制在1～40℃定期检验，饲养控制	是
原料运输	生物危害：细菌 化学危害：无 物理危害：无	是	细菌导致原料乳变质	清洁乳车，采用保温设施防止乳温升高，尽量缩短运输时间	是
巴氏杀菌	生物危害：细菌 化学危害：无 物理危害：无	是	温度、时间组合不当使杀菌不彻底	准确控制温度、时间	是
冷却储存	生物危害：细菌 化学危害：无 物理危害：无	是	储存温度较高，会造成细菌大量繁殖	冷却到8℃以下储存	否

续表

加工工序	潜在危害	危害是否显著	危害显著性判断依据	能用于显著危害的预防措施	是否关键控制点
均质	生物危害：细菌 化学危害：无 物理危害：无	否	时间短	增加均质时间	否
超高温灭菌	生物危害：细菌 化学危害：无 物理危害：无	是	温度、时间组合不当使杀菌不彻底	准确控制温度、时间	是
无菌包装	生物危害：细菌 化学危害：双氧水残留 物理危害：无	是 是	双氧水浓度过高导致残留，浓度过低则对包装纸盒消毒不完全；火炉、无菌空气、鼓轮温度过高过低都无法有效灭菌	准确控制双氧水的浓度、喷洒量，以及火炉、无菌空气、鼓轮的温度	是
喷码	生物危害：无 化学危害：墨水、油污 物理危害：无	是	沾在包装纸盒上的墨水盒油污被人误食，会危害人体健康	正确的喷码方式及运输带的清洁	否
入库	生物危害：细菌 化学危害：无 物理危害：无	是	仓库环境温度、湿度过高造成细菌繁殖	由 SSOP 控制	否

3. 乳制品 HACCP 计划

乳制品 HACCP 计划如表 12-9 所示。

表 12-9 乳制品 HACCP 计划

CCP	显著危害点	关键限值	监控				纠偏记录	记录	验证
			内容	方法	频率	执行者			
原料收集与储存	细菌、农药、抗生素残留	细菌总数≤10cfu/mL，农药含量≤0.1mg/kg，抗生素不得检出	细菌、农药及抗生素残留量	平板记数法、气相色谱法、Delvotest-SP 法	每批一次	质检员	改作其他用途	牛场质检记录	每日检查记录

续表

CCP	显著危害点	关键限值	监控				纠偏记录	记录	验证
			内容	方法	频率	执行者			
原料运输	细菌	乳温控制在1~4℃、挤乳后24h内运往加工厂	乳温、运输时间	温度计、时钟	连续控制	司机	不符合要求的原料乳不再使用	牛乳运输记录、加工厂质检记录	每日检查记录，每季度校正一次温度计
巴氏杀菌	细菌	杀菌温度80℃、时间16s	杀菌温度及时间	温度计、电脑时钟	记录仪连续进行，操作员每20min一次	炼乳工	重新杀菌	炼乳间杀菌生产记录	每日检查记录，每季度校正一次温度计
超高温灭菌	细菌	灭菌温度138℃、时间4s	灭菌温度及时间	热电阻温度计、电脑时钟	记录仪连续进行，操作员每10min一次	灭菌机操作员	重新杀菌	牛乳间灭菌机生产记录	每日检查记录，每季度校正一次温度计
无菌包装	细菌，双氧水残留	双氧水浓度37%，耗用量390mL/h，火炉温度300~310℃，无菌，空气温度100~110℃，鼓轮温度80~90℃	双氧水浓度及耗用量，火炉、无菌空气、鼓轮的温度	折射仪、带刻度的储存罐，热电阻温度计	双氧水浓度：每批一次，耗用量：每0.5h一次；火炉、无菌空气、鼓轮温度：记录仪连续进行，操作员每10min一次	无菌包装机手	将产品隔离存放做安全性评估	牛乳间无菌包装记录	每日检查记录，每季度校正一次温度计

（五）HACCP体系在传统酿造酒生产企业中的应用

1. 产品描述

该米酒是以大米为原料，经清洗、蒸煮、拌以曲饼进行发酵、蒸馏、静置储存、酝肉、精心勾兑后灌装、包装而成。

2. 工艺流程

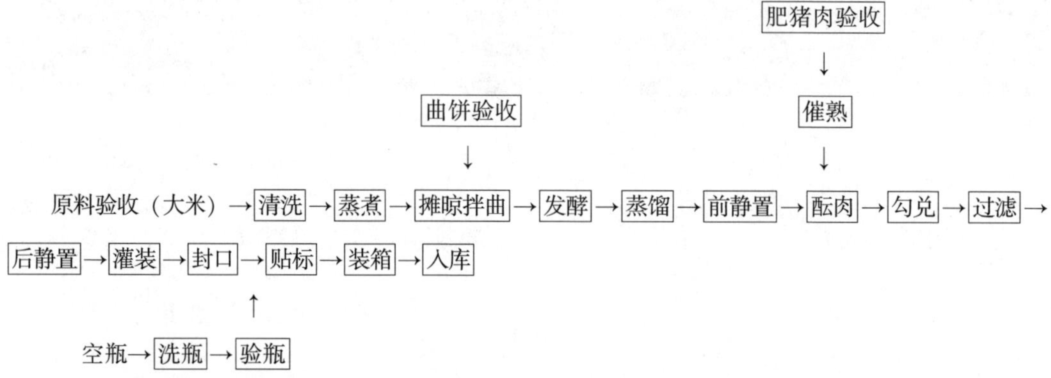

3. 危害分析单

传统酿造酒的危害分析单如表12-10所示。

表12-10　传统酿造酒的危害分析单

加工步骤	确定在这步中引入的、控制的或增加的潜在危害	潜在的食品安全危害是显著的吗？（是/否）	对第3列的判断提出依据	应用什么预防措施来防止危害	这步是关键控制点吗？（是/否）
大米验收	生物危害：无 物理危害：砂粒 化学危害：重金属、黄曲霉毒素、农药残留	是	大米夹杂砂粒，由于种植不当或环境污染造成超标	供应商的保证书，砂粒由清洗工序去除	是
曲饼验收	生物危害：无 物理危害：无 化学危害：无	否	曲饼主要用于一群纯种菌种培养发酵，属于纯培养物		否
肥猪肉验收	生物危害：致病菌、寄生虫 物理危害：无 化学危害：无	是	猪可能是患有疾病的	检疫证书	是
清洗	生物危害：无 物理危害：无 化学危害：无	否			否
蒸煮	生物危害：微生物 物理危害：无 化学危害：无	否	通过SSOP控制		否
摊晾	生物危害：微生物 物理危害：无 化学危害：无	否	通过SSOP控制		否

续表

加工步骤	确定在这步中引入的、控制的或增加的潜在危害	潜在的食品安全危害是显著的吗?（是/否）	对第3列的判断提出依据	应用什么预防措施来防止危害	这步是关键控制点吗?（是/否）
拌曲	生物危害：无 物理危害：无 化学危害：无	否			否
发酵	生物危害：无 物理危害：无 化学危害：甲醇、杂醇油	是	甲醇、杂醇油是代谢产物，会出现在成品中	在蒸馏工序中控制	否
蒸馏	生物危害：无 物理危害：无 化学危害：甲醇、杂醇油	是	蒸馏温度、时间是影响馏分的主要因素	控制温度和时间	是
前静置	生物危害：无 物理危害：无 化学危害：无	否			否
酝肉	生物危害：无 物理危害：无 化学危害：无	否			否
勾兑	生物危害：无 物理危害：无 化学危害：无	否			否
后静置	生物危害：无 物理危害：无 化学危害：无	否			否
洗瓶	生物危害：无 物理危害：玻璃 化学危害：无	是	洗瓶时瓶口破裂，产生碎片	在验瓶时控制	否
验瓶	生物危害：无 物理危害：玻璃 化学危害：无	是	洗瓶时瓶口破裂，造成玻璃危害	洗瓶后的验瓶工序，逐瓶检验	是
灌装	生物危害：无 物理危害：无 化学危害：无	否			否

续表

加工步骤	确定在这步中引入的、控制的或增加的潜在危害	潜在的食品安全危害是显著的吗?（是／否）	对第3列的判断提出依据	应用什么预防措施来防止危害	这步是关键控制点吗?（是／否）
封口	生物危害：无 物理危害：无 化学危害：无	否			否
贴标	生物危害：无 物理危害：无 化学危害：无	否			否
装箱	生物危害：无 物理危害：无 化学危害：无	否			否
入库	生物危害：无 物理危害：无 化学危害：无	否			否

4. HACCP 计划

HACCP 计划如表 12-11 所示。

表 12-11　传统酿造酒 HACCP 计划

关键控制点 CCP	显著危害	每个预防措施的关键限值	监控				纠偏行动	记录	验证
			对象	方法	频率	人员			
原料验收（大米、猪肉）	化学危害：农药残留、黄曲霉毒素	国际标准	大米	审阅供应商保证书、感官检验	每一批	采购人员	退货	保证书及验收记录	不定期由官方出具检测报告
	生物危害：疫病	国家标准	肥猪肉	检疫证书	每一批				对检疫证书进行检查
蒸馏	化学危害：甲醇、杂醇油	甲醇 ≥ 0.4g/L，杂醇油 ≤ 2.0 g/L	蒸气压和时间	蒸气压 0.6 ~ 0.22 MPa，时间 6h	连续监控	工序操作工人	重蒸	蒸馏、蒸气压、时间记录	半成品检验甲醇、杂醇油

续表

关键控制点 CCP	显著危害	每个预防措施的关键限值	监控				纠偏行动	记录	验证
			对象	方法	频率	人员			
验瓶	物理危害：玻璃	不得存在	空瓶瓶口	目测	连续监控每一批	验瓶员	挑出有缺口的瓶	验瓶记录	在成品中抽查瓶中是否有玻璃

本章小结

本章重要介绍了良好操作规范（GMP）、卫生标准操作程序（SSOP）及危害分析与关键控制点（HACCP）体系的概念、原理、应用及其相互关系，是食品安全的重要保障体系。

GMP 要求食品生产企业应具备良好的生产设备、合理的生产过程、完善的质量管理和严格的检测系统，确保最终产品的质量（包括食品安全卫生）符合法规要求。GMP 所规定的内容，一般由国家或行业主管部门制定，是食品加工企业必须达到的最基本的条件。SSOP 是基于 GMP 卫生标准操作程序，一般由企业自行制定，有必须包括的八个方面及验证等相关程序，作为 GMP 或 HACCP 的基础程序加以实施，成为完成 HACCP 体系的重要前提条件。HACCP 是一个以预防食品安全问题为基础的有效的食品安全保证系统，其核心内容是 HACCP 的七大基本原理，是一种科学、高效、简便、合理而又专业性很强的食品安全体系。

思考题

1. 简述 GMP、SSOP 和 HACCP 之间的关系。
2. 参观一个食品生产企业，编制其 HACCP 计划。

第十三章

CHAPTER 13

国际组织和发达国家食品安全保障制度

食品安全事关人类健康和生命安全，也事关国家和民族的生存与发展，每当一些重大食品安全事件发生，比如疯牛病、禽流感、口蹄疫等致使上亿人面临健康威胁，甚至造成许多人死亡时，其影响常常超越国界，遍及全球，不仅引起消费者极大恐慌，甚至引发经济和政治危机。

对此，联合国各组织及各国政府纷纷研究食品安全计划，采取包括立法、行政、司法等各种措施，保障食品安全，提供安全食品，保护消费者的健康，消除经济和政治危机的诱发因素，促进经济贸易和社会发展。

第一节　国际食品法典委员会（CAC）与食品安全

一、国际食品法典委员会的建立

全球经济一体化发展，以及人们对食品安全问题的日益重视，使得全世界食品生产者、安全管理者和消费者越来越认识到建立全球统一的食品标准是公平的食品贸易、各国制定和执行有关法规的基础，也是维护和增加消费者信任的重要保证。正是在这样的一个大的背景下，1962 年，联合国的两个组织——联合国粮食及农业组织（FAO）和世界卫生组织（WHO）共同创建了国际食品法典委员会（CAC），其主要工作是制定一套能推荐给各国政府采纳的食品标准，称为食品法典。世界贸易组织（WTO）也规定在食品贸易中，以食品法典的标准为准则，它的标准和法规对协调各国的食品立法并指导其建立食品安全体系，减少非关税贸易壁垒，解决贸易争端具有重大意义。

二、国际食品法典委员会的组成及运行机制

CAC 是 WTO 认可的唯一向世界各国政府推荐国际食品法典标准的组织，其标准也是 WTO 在国际食品贸易领域的仲裁标准。它集中了来自官方和咨询机构中的政府管理者、科学家、技术专家、消费者及工业的代表，帮助制定食品加工和贸易中原材料、半成品和成品的标准。它制定的标准是绝无仅有的，因为它是在全球一致的基础上，采纳了现有最好的科

学和技术建议。

CAC 的组织机构包括执行委员会、FAO/WHO 秘书处、一般专题委员会、商品委员会、地区合作委员会和政府间特别工作组，如图 13-1 所示。

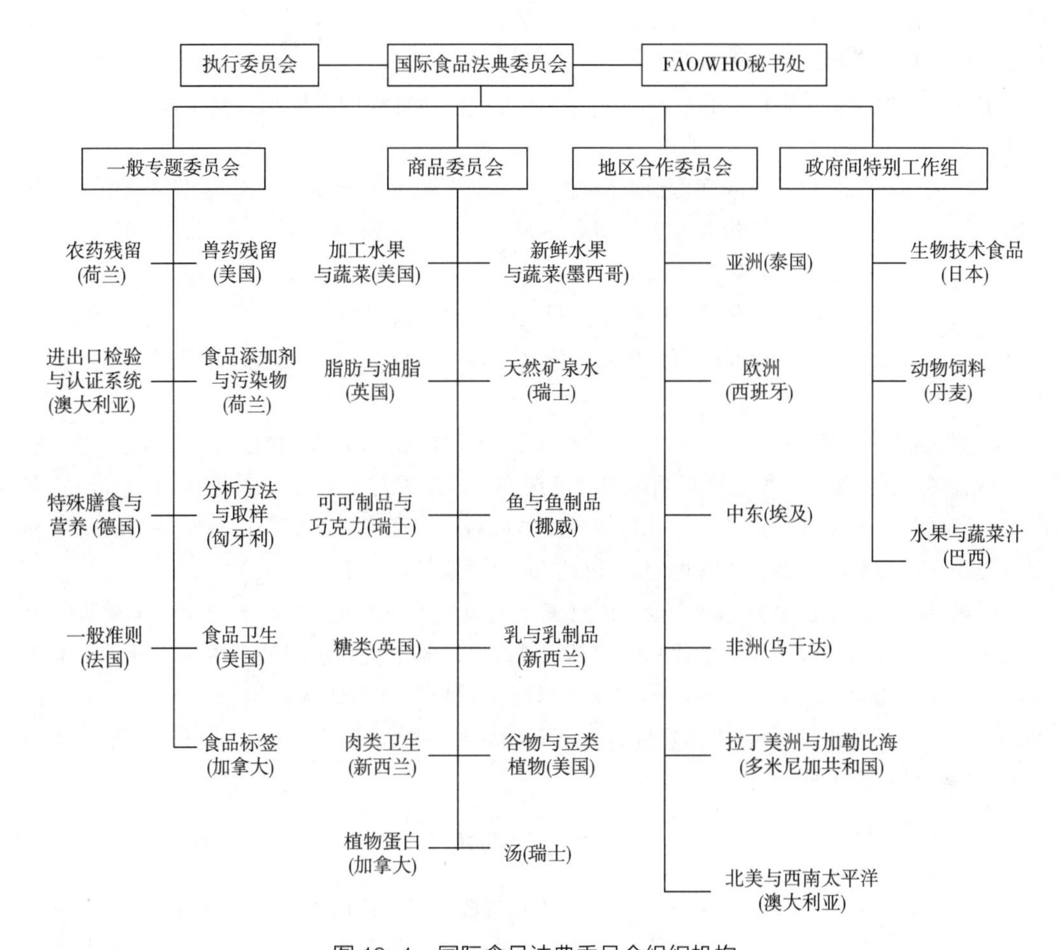

图 13-1　国际食品法典委员会组织机构

CAC 大会每两年在罗马（FAO）或日内瓦（WHO）举行一次会议，由 FAO 及 WHO 总干事直接领导下设在罗马的 CAC 秘书处总体协调，秘书处设在 FAO 食品和营养部食品质量标准处。法典秘书处是 CAC 的从属机关，由各种服务委员会和普通委员会组成，这些从属委员会详细说明需要 CAC 讨论的标准草案、指导方针和其他建议。每个委员会都由该委员会发起国的国家秘书处提供服务，CAC 所有成员都被邀请或鼓励参加其下属的每一个委员会会议。

执行委员会负责 CAC 工作的全面协调，它是 CAC 的执行机构，主要提出基本工作方针。执委会成员在地区分布上是均等的，同一国家不得有两名成员，主席和三个副主席任期不得超过四年。

CAC 的具体工作是通过成员国组成的三类委员会来完成的：一般专题委员会、商品委员会和地区合作委员会。一般专题委员会影响最大，它们与科研机构紧密配合，共同制定各类通用标准和推荐值，它们是食品卫生（美国）、食品标签（加拿大）、食品添加剂与污染物

(荷兰)、兽药残留（美国)、分析方法与取样（匈牙利）以及进出口检验与认证系统（澳大利亚）委员会，括号中的国家为相应委员会的主持国；商品委员会主要涉及食品标准如鱼与鱼制品、新鲜水果与蔬菜、乳与乳制品等；地区合作委员会负责与本地区利益相关的事宜，解决本地区存在的特殊问题。目前已有欧洲、亚洲、非洲、北美及西南太平洋、拉丁美洲和加勒比地区共五个地区性法典委员会。

主持国资助该委员会的工作，FAO 和 WHO 负责法典规划的总支出，其中 80%的资金由 FAO 提供。

所有法典标准，包括农药残留最大限量、食品加工规范和导则等都需按照八步程序起草标准，采用前，由委员会评价两次，政府评估两次。一旦被采用，送往政府以获正式认可，送给 FAO 和 WTO 成员、国家法典接触处，FAO 和 WTO 地区办公室和代表采取行动。然后由在罗马的 FAO/WTO 联合食品标准程序出版。成员的政府可以有三种方法接受商品标准法和总标准法：全部接受；接受但有所保留；或者下达所有商品均可在他们管辖权范围内自由流通的通告。

CAC 制定了内容丰富的规则和程序以确保它的工作能在国际环境中正常开展。CAC 的《程序指南》中包含了各种程序规则，如官员选举、投票程序、建立从属机构的细节等。它还有详细说明各种标准、指导方针和其他必读书目的具体程序，以确保所有感兴趣的团体都有机会评论所起草的方案，倾听他们的评论，因此保证了协调工作。

截至目前，CAC 已拥有 180 个成员国（其中欧盟作为一个成员组织）以及众多政府间组织和来自国际科学团体、食品工业和贸易界、科技界以及消费者组织的观察员，其成员国覆盖了世界人口的 98%，并且发展中国家的数目已迅速增长并占绝大多数，我国是 CAC 成员国。自 2001 年起，国际食品法典委员会大会开始采用阿拉伯语、汉语、英语、法语和西班牙语五种语言作为工作语言。

三、食品法典内容

国际食品法典委员会 CAC 制定了食品法典和法典程序，这项工作将全球的食品安全意识提升到前所未有的高度。因而，食品法典是一套食品安全和质量的国际标准、食品加工规范和准则，它是食品标准发展过程中唯一的和最重要的国际参考基准。

食品法典包括标准和残留限量、法典和指南两部分，包含了食品标准、卫生和技术规范、农药、兽药、食品添加剂评估及其残留限量制定和污染物指南在内的广泛内容。法典程序则确保了食品法典的制定是建立在科学的基础之上，并保证了各种意见的反馈。

截至 2000 年底，食品法典共有 13 卷，制定的标准、规定包含：237 个食品标准、41 个卫生规定或技术规程、185 种评价的农药、2374 个农药残留量、25 个污染物准则、1005 种食品添加剂、54 种兽药。其中 CAC 制定的食品标准体系由两大类构成，一类是由一般专题分委员会制定的各种通用的技术标准、法规和良好规范；另一类是由各商品分委员会制定的某特定食品或某类别食品的商品标准。其中一般专题分委员会制定的通用标准共 100 项，涉及一般原则和要求、食品标签及包装、食品添加剂、农药和兽药残留标准、污染物、取样和分析方法、食品进出口检验、认证和食品卫生等方面的标准；商品分委员会制定的商品标准 250 项，包括谷物、豆类及其制品以及植物蛋白、油与油脂、新鲜果蔬、新鲜果汁、乳与乳制品、加工和速冻水果蔬菜、糖、可可制品以及巧克力、肉与肉制品、鱼与鱼制品、营养与特殊膳食用食品等方面的标准。

食品法典成为国际公认的食品安全基准标准，对世界食品供给的质量和安全产生了巨大的影响。

四、食品法典的构成

（1）第一卷 第一部分　法典标准的一般要求

（2）第一卷 第二部分　法典标准的一般要求（食品卫生）

（3）第二卷 第一部分　食品中农药残留（一般描述）

（4）第二卷 第二部分　食品中农药残留（最大限量值）

（5）第三卷　食品中兽药残留

（6）第四卷　特殊膳食食品（包括婴幼儿食品）

（7）第五卷 第一部分　加工与速冻水果、蔬菜

（8）第五卷 第二部分　新鲜水果与蔬菜

（9）第六卷　果汁与相关产品

（10）第七卷　谷物、豆类及其制品与植物蛋白

（11）第八卷　脂肪与油脂及相关制品

（12）第九卷　鱼与鱼制品

（13）第十卷　肉与肉制品，包括浓肉汤和清肉汤

（14）第十一卷　糖、可可制品、巧克力及其他制品

（15）第十二卷　乳与乳制品

（16）取样和分析方法

各卷包括了一般原则、一般标准、定义、法典、货物标准、分析方法和推荐性技术标准等内容，每卷所列内容都按一定顺序排列以便于参考。各卷标准分别用英语、法语和西班牙语出版，各个标准均可在网上阅读。

五、国际食品法典委员会在食品安全中的作用

自从1961年开始制定食品法典以来，负责这一工作的国际食品法典委员会在食品质量和安全领域的工作已为世人所瞩目。作为一个单一的国际参考组织，国际食品法典委员会一贯致力于在全球范围内推广食品安全的观念和知识，关注并促进消费者保护。

1. CAC为各国提供一个参与制定食品国际标准的机会

CAC为所有国家提供一个独特的机会来参与国际组织制定和协调食品标准，即所有国家尤其是成员国都可以提出参与国际组织或修订国际标准，并确保其在国际上得以执行。同时，食品法典在涉及卫生法规的制定和管理中，对使该法规能符合法典标准，也有一定的作用。

2. CAC的标准成为唯一的国际参考标准

早在1961年，在建立食品法典的初始阶段，国际食品法典委员会作为主管和发展食品法典的机构，在食品质量和安全方面已引起世界的重视。在过去的三十多年中，所有与消费者健康保护和公平食品贸易相关的重要的食品情况，均受委员会的监督。联合国粮农组织和世界卫生组织更是坚持不懈地致力于发展国际食品法典委员会所鼓励的食品相关科学技术的

研究和讨论。正因为做了这些工作，国际社会对食品安全和相关事宜的认知已提升到了一个空前的高度，同时在相关食品标准方面，食品法典也因此成为最重要的国际参考标准。

3. 得到了国际和各国政府的认知

在全球范围内，广大消费者和大多数政府对食品质量和安全问题的认识在不断提高，同时也充分认识到选择高质量和安全的食品是必要的。消费者普遍要求他们的政府通过立法来确保食品的质量和安全，只有这样的食品才能销售，消费者也同时要求政府制定食品中卫生危害因素的最低限量。总之，通过对法典标准的详述和所有相关决定的考虑，国际食品法典委员会实质上已经使各国政府将食品的安全和质量问题纳入了政治议程。事实上，各国政府已经意识到，如果政府忽视消费者对食品的关心，势必将导致严重的政治后果。

4. 增强了对消费者的保护

食品法典对保护消费者健康的重要作用已在1985年联合国第39/248号决议中加以强调，为此食品法典指南采纳并加强了消费者保护政策的应用。该指南提醒各国政府应充分考虑所有消费者对食品安全的需要，并尽可能地支持和采纳世界卫生组织和联合国粮农组织食品法典的标准。

5. 食品法典与国际食品贸易关系密切

在WTO有关协议中，与食品有关的主要有：实施动植物卫生检疫措施协议（SPS）、技术性贸易壁垒协议（TBT），这两个协议均鼓励协调一致的国际食品标准。CAC作为WTO/SPS协定中指定的SPS领域的协调组织之一，负责协调各成员国在食品安全领域中的技术法规、标准的制定工作，因此，CAC是SPS领域起着重要协调作用的三大国际组织之一。TBT协议涉及的是间接对消费者及健康产生影响的标准及规定（比如食品标签规定等），TBT协议同样建议成员国使用法典标准，以作为方便国际食品贸易的措施。

CAC还通过主办一些国际会议和专业会议在食品安全领域做了大量工作，而这些会议本身也影响着委员会的工作。1985年，联合国大会通过消费者保护指导纲要；1991年，与关贸总协定（GATT）合作召开了FAO/WHO食品安全、食物中化学物和食品贸易大会；1992年，举办FAO/WHO国际营养大会；1995年，参与签署SPS协议和TBT协议；1996年，举办FAO世界食物大会。近几年，凡参加过这些国际性会议的各国代表们都鼓励或承诺他们的国家采纳确保食品安全和质量的措施。

第二节　欧盟食品安全局与食品安全

欧盟的食品安全包括农产品、食品和饮料在内的三大部分，欧盟关注食品安全问题主要从两方面入手，其一是制定食品安全运作的管理机制，其二是完善农产品生产与销售安全管理体制。农产品及其加工品构成食品的主体，欧盟农产品质量安全体系贯穿于食品安全之中，并构成食品安全体系的主要组成部分。

一、欧盟食品安全局的建立

鉴于疯牛病、口蹄疫等动物性疾病在欧盟各成员国的蔓延，为统一监控食品安全，恢复消费者对欧洲食品的信心，2000年欧盟食品安全白皮书中，提出建立一个独立的食品管理机构负责食品安全问题。该议案于2001年通过立法，2002年欧盟食品安全局（European Food Safety Authority，EFSA）正式开始行使职能。

欧盟执行法律（EC 178/2002）规定了欧盟食品安全局的使命：提供基于风险评估的科学依据，支撑食品/饲料安全相关的风险管理；提供与食品/饲料安全相关领域的科学与技术建议及与欧盟委员会/成员国公开交流所有研究结果的使命。

二、欧盟食品安全局的监管体系

（一）完善的管理体制

欧盟建立了政府或组织间的纵向和横向管理监控体系，以协调管理食品安全问题。其中纵向的是指由欧盟委员会成立食品安全的最高管理机构及其下属分布在各个成员国内部的各个专业管理委员会；横向的管理体系是指由若干专业委员会构成的覆盖全面的网络体系，如植物健康常务委员会、兽医常务委员会等。这两个体系各部门互相监督、互相影响，构成一个保护欧盟居民免受污染食品（农产品）侵害的网络体系。

欧盟食品安全局由管理委员会、咨询论坛、八个专门科学小组和科学委员会等部门组成，该局对欧盟内部所有与食品安全相关的事务进行统一管理，负责与消费者就食品安全问题进行直接对话，建立成员国食品卫生和科研机构的合作网络，向欧盟委员会提出决策性意见等。

欧盟食品安全局的基本职责与美国的食品与药物管理局不同，不具备制定规章制度的权限，只负责监督整个食物链，根据科学家的研究成果做出风险评估，为制定法规、标准以及其他的管理政策提供信息依据。其具体的工作职责主要有三项：一是负责区域内食品安全领域的立法和政策；二是提供科学建议和科学技术支持，负责公布可能对食品安全产生广泛影响的科学和技术方面的因素；三是与成员国和欧盟委员会合作，负责交换风险信息、风险管理、危险评估。欧盟食品安全局具有广泛的权限，其管辖范围包括对任何可能直接或间接影响食品安全，涉及动物健康、动物保健和植物健康的各种事项和从食品生产直至供给的各个过程。

欧盟食品安全局在食品安全监管工作中主要采取三种措施：

1. 紧急风险的识别

通过建立一套监控程序来系统地搜索、收集和处理数据信息，在其任务的范围内识别紧急风险。如果有信息表明将可能产生严重的紧急风险，食品安全局可以要求成员国和其他区域机构和委员会为它提供附加信息。成员国、有关的区域机构和委员会需要将其所有的相关信息回复给食品安全局并寄出他们所拥有的所有信息。

2. 建立快速预警系统

为了快速识别直接或间接影响人类健康的有关食品领域内的风险，由成员国、委员会和食品安全局形成一个快速识别网络系统。如果网络成员中出现了任何来自食品和饲料所带来的直接或间接地对人类健康安全严重影响的信息，该信息将被快速预警系统识别并使委员会得知。委员会迅速将信息传递给网络中的各成员国。食品安全局将对该信息补充有关的科学和技术信息，以便于各成员国采取适当的风险管理行动。为了保护公众健康所采用的任何措施，成员国在快速预警系统下可以采取禁止市场产品流通、收回或召回食品或饲料以及必要的快速行动，并迅速通知委员会。当在快速预警系统监管下的食品运抵第三国，委员会将为第三国提供适当的信息。

3. 对紧急事件制定应对措施

当有明显的证据证明食品极有可能包含对人类健康、动物健康和环境带来风险的因素，并且该风险未能被成员国充分识别，委员会可以根据情况采取如下措施：终止该产品的使用和流通，停止从第三国的任何地方进口该食品。

欧盟食品安全局是确保欧盟消费者获得世界上最安全食物供给的“基石”，使公民健康和消费者保护提高到更高的水平。

（二）全面的食品标准体系与法律法规

健全的法律体系是食品安全监管的关键，欧盟的食品政策是围绕着高标准的食品安全制定的。欧盟具有一个较完善的食品安全法规体系，涵盖了“从农田到餐桌”的整个食物链（包括农业生产和工业加工的各个环节）。由于在立法和执法方面欧盟和欧盟诸国政府之间的特殊关系，欧盟的食品安全法规标准体系错综复杂。

早在 1980 年欧盟就已经颁布实施了《欧盟食品安全卫生制度》。现有的欧盟食品安全法律体系是以欧盟 1997 年发布的《食品法律绿皮书》为基本框架，绿皮书在制定时考虑了食品安全问题，但未能满足未来几年的社会、政治、经济发展的需要，没能发展成一个有效的指导方针。

基于这个原因，2000 年欧盟发表了《食物安全白皮书》，将食品安全作为欧盟食品法的主要目标，提出了 80 多项保证食品安全的基本措施，以应对未来数年可能遇到的问题，它包括食品安全政策、食品法规框架、食品管理体制、食品安全国际合作等内容，成为欧盟成员国完善食品安全法规体系和管理机构的基本指导。

1. 食品安全白皮书

欧盟食品安全白皮书长达 52 页，包括执行摘要和 9 章的内容，用 116 项条款对食品安全问题进行了详细阐述，制定了一套连贯和透明的法规，提高了欧盟食品安全科学咨询体系的能力。白皮书提出了一项根本改革，就是食品法以控制“从农田到餐桌”全过程为基础，包括普通动物饲养、动物健康与保健、污染物和农药残留、新型食品、添加剂、香精、包装、辐射、饲料生产、农场主和食品生产者的责任，以及各种农田控制措施等。在此体系框架中，法规制度清晰明了，易于理解，便于所有执行者实施。同时，它要求各成员国权威机构加强工作，以保证措施能可靠、合适地执行。

白皮书中的一个重要内容是建立欧盟食品安全局（EFSA），主要负责食品风险评估和食品安全议题交流；设立食品安全程序，规定了一个综合的涵盖整个食品链的安全保护措施；并建立一个对所有饲料和食品在紧急情况下的综合快速预警机制。另外，白皮书还介绍了食品安全法规、食品安全控制、消费者信息、国际范围等几个方面。白皮书中各项建议所提的标准较高，在各个层次上具有较高透明性，便于所有执行者实施，并向消费者提供对欧盟食品安全政策的最基本保证，是欧盟食品安全法律的核心。

2.《通用食品法》

2002 年 1 月 28 日颁布的欧洲议会和理事会第 178/2002 号法令通常称为《通用食品法》，2002 年 2 月 21 日生效启用，这是欧盟历史上首次采用这样的通用食品法。《通用食品法》包含三个部分（5 章 65 项条款）：第一部分确定了食品立法的一般原则和要求，第二部分规定了建立欧盟食品安全局，第三部分规定了食品安全方面的程序。

主要内容如下：范围和定义部分主要阐述法令的目标和范围，界定食品、食品法律、食品商业、饲料、风险、风险分析等20多个概念；一般食品法律部分主要规定食品法律的一般原则、透明原则、食品贸易的一般原则、食品法律的一般要求等；EFSA部分详述EFSA的任务和使命、组织机构、操作规程，EFSA的独立性、透明性、保密性和交流性，EFSA财政条款，EFSA其他条款等方面；快速预警系统、危机管理和紧急事件部分主要阐述了快速预警系统的建立和实施、紧急事件处理方式和危机管理程序；程序和最终条款主要规定委员会的职责、调节程序及一些补充条款。

《通用食品法》规定，消费者有权享用安全食品，并有真实准确食品信息的知情权。未来食品法将基于从农场到最终用户的一体化方案，包括适用于农场的措施。通用食品法不仅提供健康保护，而且通过预防欺骗行为来保护消费者其他权利，包括食品掺假，并保证消费者获知准确信息。

《通用食品法》确定了有关食品法规危险分析原则，及有关专业评估的构架和机制。专业评估主要由欧盟食品安全局实施。

食品和原料在商业中流通，《通用食品法》保有它们的溯源，在需要情况下，还可为有资格的机构提供溯源相关信息。当产品发现质量问题时，原料、食品成分及食品源的原产地对于保护消费者健康是最重要的。可溯性有利于禁止劣质食品，并使消费者获知目标产品的准确信息。进口商同样也会受到影响，因为他们被要求标明出口到第三世界国家产品的产地。

《通用食品法》确定，确保食品安全符合食品法规的首要责任在于食品业。此原则同样适用原料业。

《通用食品法》确定了食品安全要求的两个要素：食品不应危害健康或不适宜人类消费，这些观念来源于食品法典。

《通用食品法》确定了欧盟所承担的国际职责，尤其有关卫生和植物卫生及世贸组织贸易协定的技术壁垒。《通用食品法》强调欧盟的职责是确保国际技术标准的发展不与这些协定冲突，并且符合欧盟条约高度健康保护要求。食品法规高度健康保护与其他目标相悖时，启用国际标准。欧盟一直致力于国际贸易规则、标准的发展，并致力于安全健康食品的自由贸易。新法确定了食品国际贸易将遵循的通用原则。新法的目标是，食品规则不会任意地或不公平地歧视任何国际贸易合作伙伴，也不设定潜在贸易壁垒。

3. 欧盟最新实施的食品准入新法规

为了给欧盟成员国提供更加安全的食品，欧盟从2006年1月1日起实施了三部有关食品卫生的新法规，即有关食品卫生的法规（EC）852/2004；规定动物源性食品特殊卫生规则的法规（EC）853/2004；规定人类消费用动物源性食品官方控制组织的特殊规则的法规（EC）854/2004。欧盟上述新法规的实施将有可能对发展中国家食品出口企业造成较大影响。其主要内容如下。

（1）有关食品卫生的法规（EC，852/2004）　该法规规定了食品企业经营者确保食品卫生的通用规则，主要包括：

①企业经营者承担食品安全的主要责任；

②从食品的初级生产开始确保食品生产、加工和分销的整体安全；

③全面推行危害分析和关键控制点（HACCP）；

④建立微生物准则和温度控制要求；

⑤确保进口食品符合欧洲标准或与其等效的标准。

（2）规定动物源性食品特殊卫生规则的法规（EC，853/2004） 该法规规定了动物源性食品的卫生准则，其主要内容包括：

①只能用饮用水对动物源性食品进行清洗；

②食品生产加工设施必须在欧盟获得批准和注册；

③动物源性食品必须加贴识别标志；

④只允许从欧盟许可清单所列国家进口动物源性食品。

（3）规定人类消费用动物源性食品官方控制组织的特殊规则的法规（EC，854/2004） 该法规规定了对动物源性食品实施官方控制的规则，其主要内容包括：

①欧盟成员国官方机构实施食品控制的一般原则；

②食品企业注册的批准；对违法行为的惩罚，如限制或禁止投放市场、限制或禁止进口等；

③在附录中分别规定对肉、双壳软体动物、水产品、原乳和乳制品的专用控制措施；

④进口程序，如允许进口的第三国或企业清单。

与欧盟现行的有关食品安全法规相比，这些新出台的食品安全法规有几个值得关注的地方，一是强化了食品安全的检查手段；二是大大提高了食品市场准入的要求；三是增加了对食品经营者的食品安全问责制；四是欧盟将更加注意食品生产过程的安全，不仅要求进入欧盟市场的食品本身符合新的食品安全标准，而且从食品生产的初始阶段就必须符合食品生产安全标准，特别是动物性食品，不仅要求最终产品要符合标准，在整个生产过程中的每一个环节也要符合标准。

欧盟之所以出台这样严格的食品法，有三项考虑：首先是为了给欧盟的消费者提供更加安全的食品；其次是为了简化和加强现行的食品监管机制；最后就是依法赋予欧盟委员会以全新的管理手段，以便保证欧盟实行更高的食品安全标准。

4. 欧盟其他食品安全法律法规

欧盟其他主要的农产品（食品）质量安全方面的法律有《食品卫生法》《添加剂、调料、包装和放射性食物的法规》等。另外按照178号指令的基本要求，还有一些由欧洲议会、欧盟理事会、欧委会单独或共同批准，在《官方公报》公告的一系列EC、EEC指令，主要包括以下几类。

（1）植物疾病控制规定 欧盟规定各成员国与欲出口食品到欧盟的第三国必须按欧盟指令要求建立严格的动植物疫病监控体系。动物疫病主要指禽流感与传染性海绵状脑病等。

（2）兽药物残留进行控制的规定 欧盟96/22/EEC、96/23/EEC指令规定，欧盟成员国及欲出口动物源食品到欧盟的第三国必须建立并实施有效的动物源食品残留物监控计划。该计划实施前应首先提交欧盟兽医委员会，获得通过方可实施。监控计划实施后应于次年的3月30日前提交其上年度的动物源食品监控报告。

（3）食品生产、投放市场的卫生规定 92/46/EEC理事会指令（1992.6.16）——对原料乳、热处理乳和乳制品生产和上市的卫生规定；80/778/80/778/EEC理事会指令（1980.6.15）——人类消费用水的质量；91/492/ EEC理事会指令（1991.6.15）——活双壳贝类和产品投放市场的卫生条件；91/493/ EEC 理事会指令（1991. 6. 22）——水产品和投放市场的卫生条件等。

（4）对检验实施控制的规定　95/51/EEC 委员会决议（1992. 12. 11）——关于煮甲壳类和贝类产品生产的微生物指标；93/140/EEC 委员会决议（1993. 1. 19）——水产品中寄生虫感官检查详细规定；93/351/ EEC 委员会决议（1993. 5. 19）——水产品中汞的分析方法、取样方案和最高限量的确定；88/320/EEC 委员会决议（1988. 6. 9）——良好实验室规范（GLP）的检验和验证等。

（5）对第三国食品准入的控制规定　95/340/EEC 委员会决议（1995. 7. 27）——欧盟授权可进口乳与乳制品的第三国名单；97/296/EC 委员会决议（1997. 4. 22）——允许水产品进口的第三国名单；95/408//EC 委员会决议（1995. 6. 22）——许可欧盟成员国临时性从第三国工厂进口动物产品、水产品的条件；90/675/委员会决议（1990. 11. 10）——从对第三国进入欧共体的产品实施兽医检查的机构予以管理的原则等。

（6）对出口国官方兽医证书的规定　96/712/EC 委员会决议（1996. 11. 28）——从第三国进口新鲜禽肉公共卫生证书和卫生标准的要求；95/328/EC 委员会决议（1995. 7. 25）——从不包括在特定决议内的第三国进口水产品的卫生证书的规定等。

（7）对食品的官方监控规定　欧盟为加强其内部市场的控制，进一步采取措施加强欧盟对生产厂商的管理，要求各成员国应采取有效措施来保证其官方卫生当局的工作人员具备足够的技术和行政上的能力，官方控制食品与食品实验室都应引进一套质量标准体系。为此发布以下指令：

89/397/EEC 理事会指令——关于食品的官方监控。

93/99/理事会指令——关于官方控制食品的附加措施问题。

到目前为止，欧盟关于食品安全方面的法律有 20 多部，还有 13 类 173 个有关食品安全的法规标准，其中包括 31 个法令，128 个指令和 14 个决定，形成一个涵盖“由田间到餐桌”的较完善的法规体系。其法律法规的数量和内容也在不断增加和完善中。

在欧盟食品安全的法律框架下，各成员国如英国、德国、荷兰、丹麦等也形成了一套各自的法规框架，这些法规并不一定与欧盟的法规完全吻合，主要是针对各成员国的实际情况制定的。如德国的《食品与日用品法》则更具体，不但明确食品安全监管机构的职能，还规定了食品安全监管机构人员组成和培训。以法律为基础，建立良好的食品安全监管体系，确保监管机构的合法性、权威性和规范性。

三、欧盟食品安全局在食品安全中的作用

1. 农产品生产与加工环节的管理

（1）产地环境管理　首先从法律上规定了各种有毒重金属在食品中的最高含量，2004 年欧盟制定法律规定了 140 多种禁止使用的各种农药和添加剂，这些农药和添加剂的残留量不允许在产品中检测出来；其次，对按照标准和原则进行生产的农户给予补贴，进行激励。

（2）农业投入品管理　为了确保欧盟制定的食品中各类农药的最高残留的规定得以顺利实施，欧盟加强了农业投入品的管理。一是欧盟的监测机构对农产品（食品）进行农药残留检测，并制定了严格的处罚机制，对违规的农场处以重罚，直至禁止其行业协会等自律组织进行自查，各种专业委员会对下属的协会开展技术培训、规定自查措施等。

（3）产中的农产品质量监管　在农产品的生产环节，欧盟推出了良好生产实践指南（相当于我国的标准化生产规程），农户只要按照指南进行生产即可。

（4）产后加工环节的质量监管　在对待产后加工环节，欧盟采取的措施主要是：第一，所有的加工企业在加工环节必须按照工业产品的标准化生产方式；第二，所有的加工企业必须采取 HACCP 系统进行自我安全控制，并有非常良好的记录，以供随时检查；第三，所有的农产品加工企业必须注册取得执业资格，只有当局认可的企业才能开工对农产品进行生产加工，否则被视为非法生产；第四，对特殊的农产品，要求通过有机认证。

2. 市场管理环节

（1）农产品的包装管理　包装管理的目标是确保各种各样的食品包装符合规定，在与食品接触的过程中不会把自身的成分转移到食品中，从而确保食品的安全。第一，欧盟采取包装材料与物体的管理，规定了十种可以使用的包装材料，并同时规定凡是用于包装食品的物体和材料应在标签上注明“用于食物”或附上“杯与餐叉”的符号。第二，除了要求包装安全外，欧盟要求包装者要根据农产品的性质和特点，选择不同的包装材料，以保证农产品在包装后能够保持原有风味，便于储存、运输和较长的保质期，同时不会引入污染或对环境造成污染。

（2）农产品标识管理　农产品标识管理的主要目标是为消费者提供详细的信息，以此促进消费者的选择，并保护消费者不被误导与欺骗。当前欧盟的农产品标识管理分两部分，一是通用标识，在农产品的标识中必须规定有产品名称、组成成分、净重、有效日期、特殊存储条件或使用条件等内容；二是专项指令要求，就是对食品的价格标识、食品成分标识、营养标识、转基因食品与饲料标识、有机农产品标识、牛肉标识等进行专项管理。

（3）农产品追溯制度　采取农产品追溯制度有利于确定农产品的身份、历史和来源，增强通过生产和销售链追踪产品的能力，是产品质量安全管理体系成功的要素之一。该制度有以下主要要求：第一，要求所有的农产品生产、加工企业必须注册，以便采取严格的登记制度；第二，所有的生产和加工企业必须严格按照 HACCP 体系进行生产和加工，并有非常完整的记录；第三，所有上市的食品必须有严格的标识管理，所有生产信息记录在标识中；第四，严格的检测手段和快速检测方法；第五，严厉的处罚制度，或生产者如何从市场上撤回对消费者卫生存在着严重危害的产品的程序；第六，其他制度，如出口企业注册备案制度等。其中，前五个环节构成农产品追溯制度主体。当前欧盟主要建立了畜禽动物的可追溯系统和转基因产品的可追溯系统。

3. 市场准入制度

第一，严格执行动植物卫生检验检疫标准，提高进入门槛；第二，农产品的质量、技术标准、标签和包装的检验检疫必须合格；第三，实施新型的“绿色壁垒”，即进口的农产品必须符合生态环境和动物福利标准；第四，实施所谓的新技术标准，对诸如转基因产品实施更加严格的准入。此外，欧盟还通过制定农药残留指标、农产品生产的标准等措施保护其食品安全。

第三节　美国食品安全总统委员会与食品安全

一、美国食品安全总统委员会的建立

美国疾病控制和预防中心的研究报告估计，美国每年有7600万人食物中毒，其中约有5000人死于食物中毒。由于食物中毒事件的后果难以预测，性质极其严重，因此有关食物中毒的报道最为公众关注。

克林顿总统认识到需要投入更多的资金用于保证食品安全，因此于1997年宣布食品安全行动计划。他要求在1998财政年度预算中包含4320万美元专门用于执行实现上述目标的计划，还要求准备一份包括有关如何进一步提高食品安全性的具体建议的报告。1998年又组成了多部门参加的美国最高食品安全管理机构——“总统食品安全委员会”。它负责整个联邦的食品安全管理的统筹和协调工作。其权威性和人员组成保证了其协调的有效性，尤其是该委员会的成员由农业部、商业部、卫生部、管理与预算办公室、环保署、科学与技术政策办公室等有关职能部门的负责人组成。委员会主席由农业部部长、卫生部部长、科学与技术政策办公室主任共同担任，形成监督食品安全的三驾马车，这使总统食品安全委员会能够充分有效地利用不同的部门的资源，使全联邦的食品安全工作做到统一、全面、协调、高效。总统食品委员会下的各部级机构，根据总统食品安全委员会所制订的计划，在自己的工作范围内进行食品安全管理。它们之间分工明确，各司其职。

二、美国食品安全总统委员会的监管体系

1997年5月，作为食品安全计划的一部分，卫生部（DHHS）、农业部（USDA）、环保署（EPA）向总统提交报告要求加强生产中的控制。1997年10月2日，总统宣布“确保进口和国产水果和蔬菜的安全”计划（生产安全计划），确保果蔬符合最高的健康安全标准。作为此计划的一部分，总统责成卫生部长、农业部长与农业组织合作，发布新鲜果蔬的良好农业规范（GAP）和生产质量管理规范认证（GMP）指南。因此食品与药物管理局（FDA）和农业部联合发布了“行业指南——最大限度地降低果蔬微生物食品安全危害指南”，该指南指出了大多数以未加工或最少加工形式销售给消费者的新鲜果蔬的食品安全、微生物危害以及对于生长、收获、洗涤、整理、包装和运输共同的GAPs和GMPs。

该指南涉及微生物食品安全危险和优良农业准则，普遍适用于以原始形式卖给消费者的绝大多数水果和蔬菜的种植、收获、包装、处理和配送。该指南指出四种广泛的忧虑之处：一是水。无论何时水与新鲜农产品相接触，水的来源和质量决定着是否会发生病原体污染的可能性，水的质量应当满足其用途的需要。二是粪便和城市生物固体垃圾。种植者在处理粪便和生物固体垃圾时应当遵守优良农业准则，以尽可能减少微生物危险。三是卫生和卫生技术。食品加工链从田间到餐桌的每个环节都保持优良的卫生状态，对于减少新鲜农产品所引发的微生物危险至关重要。受到传染的工人会增加传播食品传染疾病的风险。四是追根查源。确认某一农产品来源的能力是对优良生产准则的重要补充。鉴于该行业的性质，追根查

源的体系很难执行，但是在调查食品安全事件中却特别有用。

该指南不是法规，没有法律效力，只是从农场到餐桌提高新鲜果蔬安全的第一步，重点强调生产和包装。食品安全不仅限于农场，而在于农场到餐桌食物链的各阶段，例如，FDA的食品法典为各州和地方政府提供了在各种零售场所食品处理的操作规程的建议和信息。

FDA 向食品保护会议，例如州、地方、联邦政府、学术机构、消费者和行业代表论坛等寻求帮助，并提出措施。在零售水平减少或消除新鲜产品的微生物污染，作为食品安全行动计划的一部分，“与细菌作战”的教育计划促进了消费者的食品安全处理。

食品安全行动计划关注的另一问题就是识别并支持优先研究的领域，帮助填补食品安全知识的空白。食品安全行动研究计划中的一个重要方面是长期对新鲜产品进行风险评价和研究，强调了风险评估在实现食品安全目标过程中的重要性。这项计划号召对食品安全负有风险管理责任的所有联邦政府机构成立“机构间风险评估协会”，该协会通过鼓励研究开发预测性模型和其他工具的方法，促进微生物风险评估工作的进展。管理机构还在实施各种风险管理对策方面取得了进展，如推行 HACCP（危害分析和关键控制点）作为新的风险管理工具，认清可能发生的风险，从而采取有效的办法加以防范。

此外，1997 年，美国发布的“总统食品安全计划”首次把防治生物性污染提上日程，并鼓励研究开发预测性模型和其他工具方法，促进微生物风险评估工作的开展。目前，美国政府已经完成了蛋制品中的沙门氏菌、牛肉中单核细胞增生李斯特氏菌的风险分析，并与哈佛大学就疯牛病通过食品传播的风险评价达成了合作协议。

1998 年 5 月 10 日国会的调查机构总会计局发表了一份回顾进口食品安全情况的报告。该报告提出在有关进口食品的规章制度中存在一些缺陷。比如食品与药物管理局无权要求进口的食品必须符合美国公众健康保护标准。相比之下，美国农业部则可以要求向美国出口肉类的国家实施与美国相同的食品安全体系。尽管这不是说进口食品因此就不太安全。但是总会计局建议所有的进口食品，而不只是肉类和家禽产品，都必须按照与美国相同的安全体系进行生产。克林顿总统于 1999 年 7 月 3 日宣布了几项防止食品进口商将不安全的食品引入美国的新措施：一是严禁进口商将被禁止进入某一港口的货物运往另一港口；二是对公众健康造成严重威胁的进口食品必须销毁；三是如果进口商的货物被怀疑为不安全而接受检查时，该进口商需要付出更多的保证金。由于对这些临时措施并不完全满意，克林顿总统还呼吁国会制定全面的法案。

美国比较重视食品安全的投资。克林顿总统的 1999 年度财政预算计划把增加食品安全研究资金作为食品安全行动计划的一个部分。食品安全研究主要侧重于对导致人类患病的农场病原体开展流行病学研究，但美国在农业生产层次上的相关研究资金投入比较少，研究资金投入不足。为了解决这方面的问题，美国农业部农业研究处加强了这方面的研究投入，仅在 1997 年，农业研究处开展了 18 个食品安全相关研究项目，有 51 位科学家参与。研究成果也有相当的实际意义，比如食品安全研究开发出一种减少小鸡沙门氏菌肠炎的技术，该技术有相当的应用价值。

例如，在“911”恐怖袭击事件以后，美国提高了对食品安全的重视程度，加大了投资力度。根据 2000 年“总统食品安全行动计划”，政府 2000 年增拨 1.69 亿美元给 FDA，用于扩大监测范围和频率，扩大对进口食品的检测量，评估外国食品生产体系，培训国家和企业的食品安全人员；2001 年“911”恐怖袭击之后，FDA 财政年度的食品安全预算得到了很大程度的增加，美国国会在2002年和2003年共为食品安全项目批准拨款1.95亿美元；在2004年的财政预算草案中，健康与人类服务部申请的食品安全项目经费达1.163亿美元，比2003年增加了2020万美元。

第四节　美国食品与药物管理局（FDA）与食品安全

一、概况

美国食品与药物管理局（Food and Drug Admistration，FDA）于1945年10月16日在加拿大魁北克举行的有44个国家参加的会议上成立，隶属于美国卫生和公众服务部，负责全国药品、食品、生物制品、化妆品、兽药、医疗器械以及诊断用品等的管理。FDA由1个办公室与7个专门的项目中心组成。

（一）专员办公室（Office of the commissioner）

FDA由食品和药品专员领导，专员由美国总统任命，由美国参议院批准，并为总统的决策服务。专员办公室监督FDA的所有活动。

（二）专门的项目中心（7个）

主要负责保护公众健康。

ORA——监管事务办公室（Office of regulatory affairs）：是FDA所有现场活动的领导性办公室。ORA通过高质量、以科学为基础的工作努力达到被监管产品的合法性，以最大限度地保护消费者。

CFSAN——食品安全和应用营养中心（Center for food safety and applied nutrition）：负责保证所有食品（进口的和国内的）对消费者是安全的。监管化妆品标识也是CFSAN的职责。

CDER——药品评价与研究中心（Center for drug evaluation and research）：负责监管药品的制造、标志和广告。

CBER——生物制品评价与研究中心（Center for biologics evaluation and research）：该中心通过保证预期用于治疗、预防或治愈人类疾病的生物制品的安全性和有效性来保护和增进公众健康。

CDRH——器械和辐射健康中心（Center for devices and radiological health）：其职责是保证医疗器械和有辐射的电子产品的安全性和有效性。

CVM——兽药中心（Center for veterinary medicine）：该中心负责保证动物药品和加入药品的动物饲料是安全和有效的，并且来源于所治疗动物的食品用于食用也是安全的。

NCTR——国家毒理学研究中心（National center for toxicological research）：该中心进行对FDA履行职责至关重要的、经同行专家审查的研究。这些研究的目标定位在为与FDA所监管产品有关的监管决定和风险发展提供科学的、可靠的基础，以保护、促进和增强美国的公众健康。

二、职责

FDA通过建立和强制执行高产品标准和其他由《联邦食品、药品和化妆品法》、其修正案和其他公众健康法律所授权或委托的监管要求来履行其职责。

职能范围：所有国产和进口食品（但不包括肉类和禽类），瓶装水，酒精含量小于7%的葡萄酒。

食品安全职责：执行食品安全法律，管理除肉和禽以外的国内和进口食品；通过检验食品加工厂、食品仓库、收集和分析样品，检验其物理、化学、微生物污染；产品上市销售前，负责综述和验证食品添加剂和色素添加剂的安全性；综述和验证兽药对所用动物的安全性及对食用该动物食品的人的安全性；监测作为食品生产动物的饲料的安全性；制定美国食品法典、条令、指南和说明，并与各州合作应用这些法典、条令、指南和说明，管理牛乳、贝类和零售食品工厂，如餐馆和杂货商店；现代食品法典可以作为零售商和护理院及其他机构如何准备食品和预防食源性疾病的参考；建立良好的食品加工操作规程和其他的生产标准，如工厂卫生、包装要求、危害分析和关键控制点计划；与外国政府合作确保进口食品的安全；要求加工商召回不安全的食品并监测这些召回行动采取相应的执法行动；对食品安全开展研究；对行业和消费食品安全处理规程的培训。

三、在食品安全方面的作用

FAO在成立之初就帮助完善应用于食品和农产品上的标准，包括容器和包装的标准，并且促进标准的审查和实施。首先采取的方案就是保证充足的食品供给和提高营养。早在1956年就已用科学原理评估食品的安全性、技术合理性和添加剂的化学性能。随后在1963年对农业中使用的农药进行评估并且限定了食品中农药残留量。已经执行了这项工作的两个专家委员会：FAO/WHO关于食品添加剂的联合专家委员会和FAO/WHO关于农药残留联合会议的建议给FAO/WHO所有成员都带去了极大的益处。

在20世纪60年代末期，FAO发起了向那些希望提高食品质量和安全性的成员提供技术上帮助和合作的工程。FAO在食品控制方面的帮助导致了基于法典的基本食品控制法律法规的形成和执行。该帮助还在食品质量和安全系统管理方面（包括食品监控、分析和消费者的教育和保护方面）为政府和企业培训了人员。FAO已经制定了在这些工程中使用，或供成员政府使用的总纲领和操作手册。

为了进一步探讨食品安全问题和诸如HACCP体系的有关食品质量与安全管理系统的作用，1994年12月12日—16日FAO在加拿大的温哥华发起了一个关于在食品控制中使用HACCP原理的专家技术会议，并于1998年以单行本的形式出版了HACCP培训计划（部分Ⅰ、Ⅱ、Ⅲ），书名为《食品质量和安全体系、食品卫生与危害分析和关键控制点（HACCP）体系手册》。

此外，在过去的几年里，FAO食品和营养部门就重大的食品安全问题单独发起或与WHO等其他联合国机构合作召集了专家技术会议或磋商会议。这些会议为FAO、WHO、食品法典委员会及其附属机构、成员和国际团体提供了详尽的指导和建议。会议包括：

（1）FAO/WHO专家联合磋商会议，讨论食品标准中危害分析的应用，1995年3月13日~17日在日内瓦召开。

（2）FAO关于食品过敏技术咨询会议，1995年11月13日~14日在罗马召开。

（3）FAO关于食品强化、技术和质量控制的专门会议，1995年11月20日~23日在罗马召开。

(4) FAO/WHO 关于生物技术和食品安全的咨询会议，1997 年 1 月 27 日~31 日在罗马召开。

(5) FAO/WHO 关于风险管理和食品安全的专家联合会议，1997 年 2 月 10 日~14 日在日内瓦召开。

(6) FAO 关于动物饲养和食品安全的专家会议，1997 年 3 月 10 日~14 日在罗马召开。

以上会议的所有报道均可在 FAO 网站首页上找到并且有硬件复制发行。这些报道提供了专家考虑和讨论的细节以及他们的结论和需要全球思索的建议。

四、实施的主要食品法规

FDA 作为科学法规机构，它负责国产和进口食品、化妆品、药物等产品的安全，多年来它被国际上公认为最主要的、最有影响的食品法规机构。FDA 法规对食品及食品配料（食品添加剂）、加工工艺、杀菌设备、成品质量、检验方法及进出口贸易各个环节都有详细的规定，世界上许多国家在实施食品及食品配料的国际贸易和国内管理时都借鉴此法规。

FDA 实施的主要法规有：1938 年，《联邦食品、药品和化妆品法》（Federal Food，Drug，and Cosmetic Act，FD&CA）；1966 年，《包装和标签法》（Fair Packaging and Labeling Act），涉及产品包装上所要求的对产品内容及产地说明；1990 年，《营养标签及教育法》（Nutrition Labeling and Education Act，NLEA），主要涉及三方面：营养标签的格式、内容和健康声明；1994 年，《膳食补充剂健康和教育法》（Dietary Supplement Health and Education Act，DSHEA），建立起对膳食补充剂标签的规定，授权 FDA 颁布膳食补充剂行业的生产质量管理规范；在“911”事件后颁发的《生物反恐法》，将控制食品安全作为其反恐战略的一个重要组成部分，食品安全得到战略层面的政策强化。

（一）《联邦食品、药品和化妆品法》

《联邦食品、药品和化妆品法》是美国的主要食品安全法规，它的一个基本目的是保护公众不受有毒或有害的、不洁的或腐烂的、在不卫生条件下生产的、可能遭到污染的、对健康有害的产品的伤害。

《联邦食品、药品和化妆品法》1906 年首次制定，以后经过多次修改，逐渐拓宽了掺假的概念，并且把卫生引入到法律的范围内。它共有九章，其中涉及食品安全的有第一、二、三、四、七、八、九章。第一章为缩写部分；第二章为定义部分；第三章为禁止条款和处罚部分；第四章为食品部分，其中包括食品的定义和标准、掺假掺杂食品、假冒食品、免于标记的膳食补充剂、辐射食品、紧急控制措施、免除规则、食品中有害物质限量、人造黄油、化学杀虫剂残留限量、食品添加剂、瓶装饮用水标准、维生素和矿物质、婴幼儿配方食品和新食品原料十五项内容；第七章是一般许可部分，包括：第一节管理总则、第二节色素、第三节收费、第四节信息与教育；第八章为进出口规定；第九章为其他规定。

《联邦食品、药品和化妆品法》对掺假食品、错贴标签的食品、紧急状态下食品的控制、发生争议时的司法复议等内容都做出了详细规定。掺假食品和假冒食品可以由发货人自愿销毁或从市场收回，又或者由美国联邦法院执行官根据联邦法院由 FDA 下达的命令对其进行没收。违反法规的商行及个人要被告上法庭。若被证实有罪，联邦法院将下发禁止令，若违反禁令，则将以藐视法庭罪判处。

《联邦食品、药品和化妆品法》对卫生的要求还规定禁止出售带有病毒的产品，并要求食品必须在卫生设施中生产。该法禁止销售由于不洁储存条件而引起的含有令人厌恶的或污物的食品，而不管该食品事实上是否含有污物。污物包括鼠类和其他动物的毛发和排泄物、整只昆虫、昆虫的一个部分和昆虫排泄物，寄生虫、人类和动物排泄物引起的污染，以及被不知情者食用或使用的其他异物（由于其脏污）。含有这类污物的食品，无论是否已表现出对健康有害，均被视为伪劣食品。

因此，《联邦食品、药品和化妆品法》要求在食品店的所有生产阶段都不得被污染。这类保护包括：要求食品中不可混入动物和昆虫；对原料进行检查和分类，以除其腐烂变质的成分；快速装运和储存以防止食品污染和变质；使用清洁的设备；控制可能出现的污水污染源；对食品制作人员进行监督以防止在食品处理过程中不卫生而引起的污染。

在装运前未被污染的食品有时在运输中会被弄脏，因此必须被扣留或没收，这就强调了在船上、铁路车辆内及其他工具中必须保证储存条件完好的重要性，尽管可以指责发货人，但法律要求对非法商品采取行动，无论商品是在哪里开始变成非法的，所有发货人都必须包装其产品，使产品在途中不损坏、不污染，并且必须敦促承运人员通过保持卫生条件和将食品与其他可能引起污染的食品分隔开，以此来保护商品。例如，运送食品的船只也可能装运矿石和有毒杀虫剂。货物装卸不当或发生海上灾害时会使装载的货物发生严重污染，从而需要扣留被污染的物品。

在进口货物入关和登陆后受到污染的情况下（例如卡车事故、火灾、平底船沉没），不是按法律的进口货物规定对此采取法律行动，而是按在美国国内各州间运送货物的规定由联邦政府的地区法庭予以没收。

对已被害虫污染的商品进行熏蒸消毒不能使该商品成为合法产品，因为死虫或害虫污染的证据是令人厌恶的。在必要时可用熏蒸消毒法防止蔓延，但必须注意防止因熏蒸消毒引起的化学残留物。

（二）《生物反恐法》

全称为《2002 年公共卫生安全和生物恐怖防范应对法》。此法规是 FDA 根据美国国会 2002 年通过的“反生物恐怖主义法”的要求制定的一项新法规，目的在于提高美国预防与反生物恐怖主义以及应付其他公共卫生紧急事件的能力。该法于 2002 年 6 月 12 日由布什总统签发，2003 年 12 月 12 日生效。该法规要求在美国国内和外国从事生产、加工、包装及仓储供美国人群及动物消费食品的机构（指公司、工厂等各类企业）在 2003 年 12 月 12 日前向 FDA 登记，并称其目的是使 FDA 能快速应对可能发生的或实际发生的恐怖主义在食品供应方面的袭击。目前 FDA 正就此法规征求美国国内及国外利益相关者的意见，征求意见截止日期为 2003 年 4 月 4 日。美国当局称即便目前最终规定尚未出台，也必须遵照执行。

该规定除要求美国国内和外国从事生产、加工、包装或仓储（包括库存、冷藏、地窖、仓库、液体储存罐等）供美国人群和动物消费食品的机构、设施须于今年 12 月 12 日前向 FDA 登记注册外，还要求外国机构对美国出口的食品，在到达美国之前应先向 FDA 通报。不需要进行登记的机构包括农场、餐馆和零售部门、非营利性的食品店、不从事加工的捕鱼船等。

规定中的“食品”主要包括：一是供人和动物食用或饮用的各种物品；二是口香糖；三是用于制作上述食品的原料；四是包括但不限于水果、蔬菜、鱼、乳制品、蛋类、动物饲料（包括宠物食品）、食品及饲料的配料及添加剂（可饮用食品包装及其他与食品接触的物品)、食品补给品及其配料、婴儿喂养乳、饮料（包括含酒精饮料和瓶装水)、活动物、烧烤食品、小吃、糖果、罐头食品等。

生物恐怖应对法主要内容如下。

第一章：国家对生物恐怖和其他公共健康紧急事件的应对措施；第二章：加强对危害性生物制剂和毒素的控制；第三章：确保食品和药物供应的安全保障；第四章：饮用水的安全保障；第五章：其他条款。

（三）《膳食补充剂健康与教育法》

几十年来，美国食品与药物管理局（FDA）对膳食补充剂（dietary supplements）大多是按照普通食品进行管理的，对每一种新食物成分的安全性要进行评价，包括膳食补充剂的成分，以确保产品安全、完善，标识真实，不会误导消费者。1994 年美国《膳食补充剂健康与教育法》(DSHEA）获得通过后，膳食补充剂的食物成分无须像其他新食物成分或食物成分的新功用那样进行上市前的安全性评价。但它们必须符合有关的安全性要求。

DSHEA 的条款首先确定了膳食补充剂和膳食成分的范畴；建立了确保其安全性的新框架；明确产品销售时所标识的文字要求；列举了几种有关功能和营养的声明；指出有关成分和营养标签的要求；委托 FDA 负责起草有关 GMP 条例。DSHEA 还要求在国家卫生院（National Institutes of Health）建立一个膳食补充剂标签委员会和膳食补充剂办公室。

1. 膳食补充剂定义

过去，FDA 只是将必需营养素，如维生素、矿物质和蛋白质作为膳食补充剂的成分。1990 年营养标签和教育法（NLEA）将“草本植物或类似的营养物质”也列入膳食补充剂中。而这之后的 DSHEA 将“膳食补充剂”范畴扩大到必需营养素以外的如人参、大蒜、鱼油、车前草、酶、腺体以及所有以上物质的各种混合物。

膳食补充剂也可以是萃取物或浓缩物，而且可以制成片剂、胶囊、软胶等多种形式。由此可见，在美国除了通常的食品之外，膳食补充剂也属于食品。值得说明的是，其不是食品添加剂。

2. 安全保证入市的基本条件

饮食补充剂属于 FDA 的法规管辖范围，如果 FDA 出示证据证明饮食补充剂存在“明显或过分的致病或有害的危险”或含有“可能对健康造成伤害的有毒有害物质”，则此种产品将予以扣留。

“新饮食成分”是 1994 年 10 月 15 日之后在美国首次面市的一种饮食成分。在新饮食成分上市之前，制造商必须在上市前 75d 内向 FDA 提供充足的资料，以证明“此成分不存在明显或过分的致病或有害的危险”。

3. 功能声明申报必须真实

在膳食补充剂标签上允许出现描述营养物质或其他饮食成分在支持人体健康方面所起作用的真实而非误导的声明。例如：钙帮助强化骨骼；姜有助于消化吸收。这些声明被视作“结构/功能”声明或“营养支持”声明。

虽然结构/功能声明无须 FDA 事先评估，但制造商必须为结构/功能声明提供科学而真实的依据；在膳食补充剂开始上市 30d 之内向 FDA 申报膳食补充剂产品标签上的结构/功能声明；在某些情况下，还要求在标签中包括不承诺声明，如：“食品与药物管理局尚未对此声明进行评估。此产品不用来诊断或预防任何疾病。”

另外，还有产品的健康声明。健康声明表明了物质与健康状况之间的关系。例如：钙可以减少患骨质疏松症的危险。健康声明必须在膳食补充剂上市120d之前向FDA申报，并得到FDA的许可方可以在产品标签上使用。

4. 标签清晰并要求双语

膳食补充剂标签必须符合所有现行的FDA标签法规。这意味着标签必须列出每种饮食成分的名称和含量；必须在标签上明确标示此种产品为“Dietary Supple”。

（四）《营养标签及教育法》

1990年以前，由于美国人饮食中脂肪摄入量过高，导致冠心病、乳腺癌、肠道癌和前列腺癌这四种疾病的发病率直线上升，同时，国家所担负的医疗和保健费用也成指数增加。因此，在消费者的强烈要求下，1990年美国食品营养标签制度依据同年出台的《营养标签及教育法》（NLEA）草案形成雏形，FDA参照该法案制定了食品营养成分标注法规，USDA也对照此法案制定了肉及家畜产品标注法规，1993年1月6日，发布了产品标注最终法则，该法则修订了现存的食品标注规则（主要是营养成分的标注）和食品相关要求的诸多方面。NLEA的一些规定只适用于国内食品或进口到美国的食品。出口到第三世界的食品，有关标准必须遵守第三世界国家规定。1995年9月，FDA对该法案中的“食品营养标签”一章做出修改，开始强化要求所规定的食品必须加贴营养标签。FDA设有专职的食品标签办公室，专门对营养标签进行监督。

营养标签通常分为上下两大部分。上面一部分除了注明“营养成分表”字样外，主要包括了食品单位、每个包装内的食品总数、营养成分含量以及与官方推荐的营养成分含量数值的对比数据等。这一部分内容因食品而异。其中，食品单位采用的都是最符合人们生活习惯的量度单位，如一杯、一勺等。该单位后面也标注了精确的公制单位，如“克”。目的就是为了直观，也方便人们与类似产品进行比较。

营养成分含量是整个营养标签中的重心。FDA对必须标示的各项成分进行取舍时，主要考虑这些成分是否对人体健康有显著影响。目前规定了总热量、从脂肪中获得的热量、总脂肪、饱和脂肪、胆固醇、钠、总碳水化合物、糖、膳食纤维、蛋白质、维生素A、维生素C、钙、铁等共14项必须标示的内容。

另外，自2006年1月起，营养成分标签要求增加反式脂肪含量。反式脂肪能增加人体内低密度脂蛋白（俗称“坏胆固醇”）的含量，而低密度脂蛋白（LDL）的堆积会引起人体动脉阻塞，被认为是心脏病和中风的主要诱因。所有的食品包装和膳食补充剂都必须在营养成分标签中独立地列出反式脂肪含量。另一项关于食品标签的规定也在2006年1月开始生效，即在食品中标示过敏原的规定，食品生产商或包装商必须在含主要食品过敏原食品包装上做出标签标识。

营养标签的下面一部分的内容所有食品都相同，主要包括两项内容，一项是必须加注的“每日摄入量比例建立在2000cal热量的基础上”字样。另一项则列举了日摄入总热量为2000cal和2500cal两种情况下时，脂肪、碳水化合物、钠、膳食纤维、胆固醇的每日最高摄入量（1cal=4.186J）。

通常，美国的营养标签都用黑色或其他同一颜色的字标注在白色或非彩色背景上，标签格式、标签部分字体的大小、线条的粗细等也都有详尽而明确的规定，使消费者看起来一目了然。同时，美国法律也规定了食品标签的内容必须使消费者在购买时容易读懂。

第五节　国外 HACCP 发展及应用情况

CAC 一直非常关注 HACCP 的研究与推广应用工作，进行了多次有关 HACCP 研究与应用的专家咨询会议，先后起草有关《全球 HACCP 宣传培训计划纲要》《HACCP 在发展中国家的推广应用》等多项文件。1997 年 6 月，CAC 召开的食品法典大会经讨论通过，起草了《HACCP 应用系统及其应用准则》，并再次强调：HACCP 系统应是国际食品贸易中应遵守的准则，各国应积极推广应用。在 CAC 等国际组织的大力倡导下，许多国家的食品企业和销售部门都普遍采用了 HACCP 体系。

一、美国

HACCP 系统最初是由美国承担宇航员食品开发生产的皮尔斯伯利公司在 20 世纪 60 年代发明使用的，目的是既保证宇航员在航天飞行中所食用的食品安全，又尽量减少为判断食品的安全性所做的检验，以减低生产成本。

1972 年美国皮尔斯伯利公司与 FDA 合作成功地应用 HACCP 对低酸罐头的微生物污染进行了控制。1974 年以后，HACCP 概念大量出现在科技文献中。自此，FDA、美国农业部等有关机构分别先后对 HACCP 的推广应用做出了一系列规定，并要求建立一个以 HACCP 为基础的食品安全监督体系。

20 世纪 80 年代中期，国际食品卫生法典委员会（CCFH）和美国食品微生物标准顾问委员会（NACMCF）共同颁布了指导性文件，鼓励在不同食品系统中使用 HACCP，并对 HACCP 作了一个更科学的定义，从而引起世界食品工业界的广泛重视。

1989 年 10 月，美国食品安全检验署（Food Safety and Inspection Service，FSIS）发布了《食品生产的 HACCP 原理》。

1989 年 11 月，NACMCF 起草了《用于食品生产的 HACCP 原理的基本准则》，并将其作为工业部门培训和执行 HACCP 原理的法规。该法规历经修改和完善，形成了 HACCP 七项基本原理。

1991 年 4 月，FSIS 提出了《HACCP 评价程序》。

1994 年 3 月，FSIS 公布了《冷冻食品 HACCP 一般规则》；1994 年 8 月 FDA 发表了《HACCP 在食品工业中的应用进展》，并组织有关企业进行 HACCP 体系的推广与应用实验，以促进 HACCP 体系在整个食品企业中的应用。

在此基础上，FAO 于 1994 年起草的《水产品质量保证》文件中规定应将 HACCP 作为水产品企业进行卫生管理的主要要求，并使用 HACCP 原则对企业进行评估。1995 年 12 月 FDA 颁布了《安全与卫生加工进口海产品措施》，要求所有海产品加工者必须执行 HACCP。该法规于 1997 年 12 月 18 日生效。随后，FDA 制定了一系列指南和规定，主要包括《鱼类和渔业产品 HACCP 规则：问题和答案》（1999 年 1 月）、《拒绝检查或获取关于鱼类和渔业产品安全卫生加工的 HACCP 记录指南》（2001 年 7 月）、《行业指南：海鲜 HACCP 和 FDA 食品安全现代化法案》（2017 年 8 月）和《鱼类和渔业产品危害和控制指南（第四版）》（2019

年8月）。

1996年7月美国农业部（FSIS）颁布了《减少致病菌、危害分析和关键控制点（HACCP）系统最终法规》，要求国内和进口肉类食品加工企业必须实施HACCP管理。美国农业部要求所有的畜产品和禽类产品生产企业，必须制订HACCP计划来监督和控制生产操作过程。这些企业必须首先根据各自生产和加工的具体情况，确定影响食品安全的关键环节控制点。影响食品安全的因素除生物因素外，还包括化学的和物理的危害，诸如化学物残留和金属残留等，这些因素可能导致食品对人体的危害。在关键环节控制点采取控制措施，可预防和降低危害食品安全的因素，使其达到可以接受的水平或者彻底消灭这些危害因素。

1998年FDA提出了“应用HACCP对果蔬汁饮料进行监督管理法规”草案，2001年1月18日正式发布，该法规要求所有果蔬汁生产企业（美国本土及向美国出口的企业）应建立HACCP体系，符合法规要求。截至目前，FDA发布了一系列果蔬汁饮料行业HACCP实施指南：《行业指南：果汁HACCP小型实体合规指南》（2003年4月4日）、《行业指南：浓缩果汁和某些货架上稳定的果汁的散装运输》（2003年4月24日）、《行业指南：果汁HACCP规则问答》（2003年9月4日）、《果汁进口：肯定的步骤——由其政府批准的外国加工商名单》《行业指南：果汁HACCP危害和控制指南（第一版）》（2004年3月3日）、《行业指南：对苹果汁或苹果汁加工者使用臭氧减少病原菌的建议》（2004年10月）、《行业指南：致州监管机构和生产经处理（但未经巴氏消毒）和未经处理的果汁和苹果酒的公司》（2005年9月22日）、《行业指南：冷藏胡萝卜汁和其他冷藏低酸果汁》（2007年6月）、《行业指南：果汁HACCP和FDA食品安全现代化法案》（2017年8月）。

美国还建立了食品和饲料成分的控制体系，如为防止疯牛病的传播，政府根据行政程序法令的相关规定，在充分争取行业协会、专家、相关利益团体以及消费者建议的基础上，出台了严格禁止利用某些动物蛋白质喂养反刍动物的规定，从饲养环节上控制疯牛病的发生。通过严格的审查制度，美国政府着力减弱食品添加剂、杀虫剂等对食品可能产生的危害。根据规定，任何食品添加剂上市之前，生产者必须提供其产品安全性的证明，管理当局对有关数据进行评价，必要时还要进行细致的检测，以确定添加剂的安全性。所有审查活动都有详细记录，且要向社会公开。

美国FDA现正考虑建立覆盖整个食品工业的HACCP标准，用于指导本国食品的加工和食品的进口，并已选择了奶酪、沙拉、面包、面粉等行业进行试点。在HACCP标准的扩展上，美国正在试验新的检测畜产品和禽类产品的模型，以确定是否需要将管理机构的一些生产环节包括产品的运输、储存和零售等环节，配置到整条食品链包括流通环节中，从而为消费者提供更有力的保护。

美国的管理机构在HACCP中没有规定食品行业具体的操作步骤，而是提供了一般性的要求，指导管理对象，按照管理机构的方针政策制定具体的步骤，实现有效的HACCP管理。HACCP在美国的成功应用和发展，特别是对进口食品的HACCP体系要求，对国际食品加工产生了深远的影响。

二、加拿大

HACCP管理体系作为加拿大食品安全管理的基础，已成为一种重要的管理理念用于涉及食品的各行业。加拿大食品检验署（CFIA）积极推进对食品安全问题的认识，动员社会力量，实施以 HACCP 管理体系为原则的食品安全计划，促使“农田到餐桌”供应链上的每个参与者分担食品安全的责任，提高食品安全监管的效益

1997 年实施的食品安全促进计划（food safety enhancement program，FSEP），主要针对“农田到餐桌”供应链上的加工环节，范围包括在联邦注册的鱼、乳、肉、蛋与蛋制品、加工果蔬、蜂蜜、枫糖和养鸡孵化厂等 9 类企业。CFIA 按照产品风险度的高低划分企业执行 HACCP 管理体系的先后次序，实现了由自愿到强制执行 HACCP 管理体系的过渡。从 2000 年 6 月开始，首先对肉、禽制品企业实施 HACCP 管理体系强制认证，2005 年 11 月 29 日为过渡期的最后期限，未通过认证的企业将被取消联邦注册的资格。

加拿大政府还将食品安全监管的重点转向农场，在农场实施 HACCP 管理体系，以保障食品安全，实现食品安全问题的可追溯性。2003 年 11 月，CFIA 组织实施农场食品安全计划（on-farm food safety program，OFSP）。由政府出资并制定框架，按照 18 种不同产品分类与相应行业协会合作开发 OFSP 模式，但该模式持有权最终归行业协会。目前各产品的 OFSP 模式处于研发阶段，还没有一种产品的 OFSP 计划通过 CFIA 审核而进入实施阶段。

1992 年加拿大开始实施质量管理计划（quality management program，QMP），1997 年在此计划中引入 HACCP 的管理理念，并在海产品生产中强制执行。

以上 3 项计划在加拿大联邦政府的统一组织下，各有重点和优势又相互补充，形成了食品安全监管的网络。在此网络中，HACCP 管理体系的应用为企业和政府部门形成了一个协调且有效的解决食品安全问题的机制。

三、英国

英国可以说是对 HACCP 的应用进行立法规定较为全面和系统的国家之一。英国在其《食品安全法令》（1990）中明确规定了食品生产企业必须建立和实施 HACCP，而且，还以法规形式制定了《地方官员应用 HACCP 进行管理的资格标准》。

面对近年来相继出现的疯牛病、猪瘟和口蹄疫等，英国政府还采取了一系列新措施，颁布了新的法律。如从发现第 1 例疯牛病开始，政府就开始强化食品的质量安全体系，采取了严格的管理措施，控制事态的发展。1995 年食品安全法规提出了为获取区议会许可证所必须满足的 4 个条件，其中对 HACCP 系统中员工培训、基本原则、实施与评估、保留记录做了明确的规定。

四、丹麦

丹麦兽医与食品管理局（DVFA）是负责协调食品卫生监督工作的中央主管机构，是食品、农业与渔业部（MFAF）的一部分。DVFA 下属的内部管理和进出口处负责协调 HACCP 原则在本国的应用，由区域兽医与食品管理中心负责 HACCP 系统的批注和注册，并对在该中心建立的企业进行检查。

地方检查员的培训由丹麦兽医与食品管理局管理协调处负责，必要时由外部组织机构来完成。主管单位制定了 2001 年可开课程的小册子，其中包括 HACCP 的培训。1997—1999 年一项特别资助使大约 1000 名工作人员接受了 HACCP 培训和 HACCP 检验原则的培训。

HACCP 计划由区域检查中心批准或登记。根据部署，所有企业和部门在 4~5 年内将执行“自我检查”计划。在丹麦立法中，HACCP 原则的指导方针提出了到 2006 年底所有企业

能接受的体系分类办法以及两种评价 HACCP 体系在食品企业中运用的方法。

五、荷兰

2002 年 7 月荷兰正式成立了荷兰食物与非食物权力机构（The Dutch Food and Non-food Authority），作为农渔部的派出单位，负责食物非食物动物卫生的检测工作。这个权力机构主要包括中央协调部门和两个派出单位，即负责公共卫生和兽医卫生部门和全国畜产品和肉类监测部门。

荷兰 HACCP 系统认证程序和欧盟其他成员国基本一致。第三方认证机构的 HACCP 认证，不仅可为企业食品安全控制水平提供有力佐证，而且有利于促进企业 HACCP 系统的持续改善，尤其是将有效提高顾客对企业食品安全控制的信任度。HACCP 系统认证通常分为企业申请、认证审核、证书保持、复审换证 4 个阶段。

荷兰要求农产品企业须通过以下 3 项认证，才能取得消费者的信任：即管理通过 ISO9000 认证，安全卫生通过 HACCP 认证，环保通过 ISO14000 认证。从此意义上说，食品生产者对食品安全负主要责任。食品生产者主要通过自检和应用危害分析与关键控制点技术来保证食品安全。实施统一的危害分析关键控制点分析体系将成为所有非主食经营者的义务。

荷兰不仅在国内食品生产和加工企业中积极推行 HACCP 系统，而且在国际上广泛倡导推行 HACCP 系统。为克服现行 HACCP 系统不能为小型和欠发达企业（SLDBs）提供足够的指导和灵活性，在第 32 届食品卫生法典委员会（CCFH）会议上，荷兰代表团提出制定有关在 SLDBs 实施 HACCP 系统的指导性文件。于 2000 年 10 月在美国召开的国际食品法典委员会、食品卫生法典委员会（CCFH）第 33 届会议上，经荷兰代表团提议对在 SLDBs 中实行 HACCP 系统进行了深入讨论。

六、德国

德国 1998 年把 HACCP 纳入德国食品安全法律体系中，《HACCP-方案》成为在食品安全的法律建设中的四大支柱之一。方案对食品企业自我检查体系和义务作了详细规范，对生产产品的检查和生产流程中食品安全的危害源头的检查实现岗位责任制，以保证食品安全，保护食品消费者健康。

《HACCP-方案》包含于 FAO 和 WHO 制定的食品法典中。在此需说明的是，德国对肉制品和有机食品方面采取强制性认证方式，其他食品则是企业自愿申请的方式。

七、澳大利亚与新西兰

1984 年，澳大利亚工业界迅速接纳了 HACCP 体系，并在乳制品行业中率先发展。与此同时，Qantas 航空公司为保证航空食品的安全也在发展 HACCP 计划。澳大利亚检验检疫局（AQIS）在所有的出口食品部门实施 HACCP 质量安全管理系统。到 20 世纪 90 年代中期，许多以 HACCP 为基础的管理体系在澳大利亚得到广泛的应用。新西兰农业部食品法规机构（MAFRA）于 1997 年 3 月向该国食品加工企业引入了 HACCP 体系，其认为实施 HACCP 体系，减少了畜、禽胴体污染的可检测指标，并提高了加工和检验的效率。为了使澳大利亚和新西兰食品企业安全生产标准化，澳大利亚和新西兰食品管理局（ANZFA）1994 年发布了

《食品工业的食品卫生导则开展框架》，以指导食品企业根据不同的食品行业的特点形成详尽的 HACCP 体系。

本章小结

本章通过介绍国际食品安全组织及发达国家的食品安全保障制度来描述食品安全问题在全球的解决控制措施。主要内容包括国际食品法典委员会（CAC）及其食品安全的保障制度；欧盟的食品安全计划；美国的食品安全计划；以及 HACCP 在各国的应用。国际食品安全组织的建立、发展及食品安全制度的逐步完善对建立全球统一的食品标准提供了重要的参考准则，同时对保障食品安全、提供食品安全、保护消费者的健康等起到了重要作用。

思考题

1. 简述食品法典的主要内容及构成。
2. 阐述 FDA、FAO 的职责及作用。
3. 简述 HACCP 计划在各国的应用及发展。
4. 参考发达国家的食品安全保障制度，你认为我国应怎样制定符合我国国情的食品安全保障制度？

第十四章 食品安全发展趋势与挑战

CHAPTER 14

第一节 食品安全的总趋势

食品安全问题是关系到人民健康和国计民生的重大问题。我国在基本解决食物量的安全（Food Security）的同时，食物质的安全（Food Safety）越来越引起全社会的关注。尤其是我国作为WTO的成员，与世界各国间的贸易往来会日益增加，食品安全已经成为影响农业和食品工业竞争力的关键因素，并在某种程度上约束了我国农业和农村经济产品结构和产业结构的战略性调整。

一、国际社会和中国政府高度重视

目前，全球食品安全形势不容乐观，主要表现为食源性疾病不断上升、恶性食品污染事件接二连三，以及食品加工新技术与新工艺带来新的危害和世界范围内由于食品安全卫生质量而引起的食品贸易纠纷不断。这些问题已成为影响各国经济发展、国际贸易以及国家声誉的重要因素。有鉴于此，世界卫生组织（WHO）和联合国粮食与农业组织（FAO）以及世界各国近年来均加强了食品安全工作，包括机构设置、强化或调整政策法规、监督管理和科技投入。2000年WHO第53届世界卫生大会首次通过了有关加强食品安全的决议，将食品安全列为WHO的工作重点和最优先解决的领域。近年来，各国政府纷纷采取措施，建立和完善管理机构体系和法规制度。西方发达国家不仅对食品原料、加工品有较为完善的标准与检测体系，而且对食品生产的环境，以及食物生产对环境的影响都有相应的标准、检测体系及有关法规、法律。西方发达国家还以食品安全作为贸易壁垒，在进出口贸易中维护本国经济利益。

我国政府领导人也十分重视食品安全问题，先后对国内及国际食品贸易中出现的食品安全问题多次作出重要批示。从国务院食品安全委员会在全国开展的食品安全督查情况看，各地食品安全保障水平提高，形势稳定向好，但问题不容忽视。

二、食品安全问题涉及面广泛

食品的安全性问题已制约了我国农产品的出口创汇能力以及加入WTO后的国际竞争力。WTO贸易技术壁垒（TBT）协议规定："在涉及国家安全问题、防止欺骗行为、保护人类健康和安全、保护生命和健康以及保护环境等情况下，允许各成员方实施与国际标准、导则或建议不尽一致的技术法规、标准和合格评定程序”。因此，世界各国无不加大对食品安全的研究，在保障消费者的前提下，寻求保护本国经济利益的“合法”技术措施。另一方面，“生态农业”“无公害食品”“有机食品”等计划的出台，更进一步反映了社会对食品安全、环境质量和人体健康的关注与迫切要求。地方党委、政府高度重视食品安全工作，认真落实党中央、国务院决策部署，工作力度加大，监管措施加强，食品安全保障水平提高，形势稳定向好。但食品安全仍然存在风险隐患，与人民群众的期待还存在差距。因此，加强食品安全控制的研究工作，不仅有利于保护人民健康，也有利于保证我国农业和食品工业的发展，提高其竞争力，促进我国的食品贸易。

第二节　我国的食品安全法律体系

近年来，随着我国经济的高速发展，人们生活水平不断提高，食品安全问题日趋成为人们关注的焦点，并发展成为一个世界性的问题，是目前对公共健康面临的最主要威胁之一。重视食品安全，已经成为衡量人民生活质量、社会管理水平和国家法制建设的一个重要方面。我们在看到世界性的食品安全存在问题的同时，必须清楚地意识到我国食品安全的法律体系上存在诸多弊端和问题，应引起各级有关政府部门的高度重视。因此加强和完善我国食品安全法律体系，显得尤为重要和迫切。

一、我国食品安全法规体系

食品安全法规体系是由所有食品安全法律规范构成的、分门别类而又是有机联系的统一体，构成这个体系的法律规范既应该包括现行有效的法律规范，也应该包括即将制定颁布的法律规范。

早在新中国成立之初，我国政府就制定并实施了一系列旨在保证食品安全的质量卫生管理要求。其后陆续制定并实施了《产品质量法》《食品卫生法》（《中华人民共和国食品卫生法》已被《中华人民共和国食品安全法》替代）等一系列与食品质量安全监督管理有关的法律法规，为我国食品质量安全的监管工作奠定了法律基础。

目前，据统计，我国颁布的与食品安全相关的法律法规达850余部，法律制度的设计主要包含三个方面的内容：生产经营、安全监督管理、法律责任制度。其中生经营部分是对食品原料、生产、加工、包装及销售等经营过程进行法律监督；安全监督管理包括食品安全风险评估与监督、食品标准制定、安全检验、事故追溯、问题食品召回等；法律责任制度包括民事责任、刑事责任和行政责任，是实施食品安全法律制度的重要保障。

《食品安全法》是食品安全法律法规体系的主法。该法借鉴发达国家的先进立法经验，充分考量我国基本国情，引入风险监测等制度，改变事后监督的消极管理模式为事前预防的积极管理方式。《食品安全法》对食品安全相关法律术语进行了权威的界定，针对以往实践中的具体操作难题也给出了更具操作性的指导。在食品安全标准层次制定方面，《食品安全法》规定了国家标准、地方标准、企业标准的纵向体系，鼓励地方标准和企业标准在国家标准基础上更严格的做法。这种方式与欧盟食品安全局及各成员国的食品安全标准体系相似，使食品安全得到更为系统、全面的保障。

（一）《中华人民共和国食品安全法》

为了保证食品安全，保障公众身体健康和生命安全，《中华人民共和国食品安全法》（以下简称《食品安全法》）于2009年2月28日第十一届全国人民代表大会常务委员会第七次会议通过，2015年4月24日第十二届全国人民代表大会常务委员会第十四次会议修订，根据2018年12月29日第十三届全国人民代表大会常务委员会第七次会议《关于修改〈中华人民共和国产品质量法〉等五部法律的决定》修正。根据2021年4月29日第十三届全国人民代表大会常务委员会第二十八次会议《关于修改〈中华人民共和国道路交通安全法〉等八部法律的决定》第二次修正。在中华人民共和国境内从事食品生产和加工，食品销售和餐饮服务等活动，应当遵守中华人民共和国食品安全法。

《食品安全法》适用于在中华人民共和国领域内从事食品生产经营的任何单位和个人，也适用于一切食品、食品添加剂、食品容器、包装材料和食品用工具、设备、洗涤剂、消毒剂等，还适用于任何食品的生产经营场所、设施和有关环境。《食品安全法》共10章154条，主要包括食品安全风险监测和评估、食品安全标准、食品生产经营、食品检验、食品进出口、食品安全事故处置、监督管理和法律责任等内容。修订后的《食品安全法》在2015版的基础上，对8个方面的制度构建进行了修改，主要体现在：①完善统一权威的食品安全监管机构；②建立严格的全过程监管制度，强调生产经营者的主体责任和监管部门的监管责任；③更加突出预防为主、风险防范；④实行食品安全社会共治，充分发挥媒体、广大消费者在食品安全治理中的作用；⑤突出对保健食品、特殊医学用途配方食品、婴幼儿配方食品等特殊食品的监管完善；⑥加强对高毒、剧毒农药的管理；⑦加强对食用农产品的管理；⑧建立最严格的法律责任制度，加大违法者的违法成本和对违法行为的惩处力度。

1. 《食品安全法》总则

（1）立法目的　为保证食品安全，保障公众身体健康和生命安全，制定本法。

（2）适用范围　在中华人民共和国境内从事下列活动，应当遵守本法：食品生产和加工（以下称食品生产），食品销售和餐饮服务（以下称食品经营）；食品添加剂的生产经营；用于食品的包装材料、容器、洗涤剂、消毒剂和用于食品生产经营的工具、设备（以下称食品相关产品）的生产经营；食品生产经营者使用食品添加剂、食品相关产品；食品的储存和运输；对食品、食品添加剂、食品相关产品的安全管理。另外，供食用的源于农业的初级产品（以下称食用农产品）的质量安全管理，遵守《中华人民共和国农产品质量安全法》的规定。但是，食用农产品的市场销售、有关质量安全标准的制定、有关安全信息的公布和本法对农业投入品作出规定的，应当遵守本法的规定。

（3）职责规定　国务院食品安全监督管理部门依照本法和国务院规定的职责，对食品生产经营活动实施监督管理；国务院卫生行政部门依照本法和国务院规定的职责，组织开展食品安全风险监测和风险评估，会同国务院食品安全监督管理部门制定并公布食品安全国家标准；国务院其他有关部门及其他地方政府有关部门依照本法和国务院及县级以上地方人民政府规定的职责，承担有关食品安全工作。食品生产经营者应当依照法律、法规和食品安全标准从事生产经营活动，保证食品安全，诚信自律，对社会和公众负责，接受社会监督，承担社会责任。需要注意的是，将食品生产经营纳入诚信管理体系，食品企业应努力提高安全、丰富、优质的产品，以实现对社会和公众负责。

2. 食品安全风险监测和评估

食品安全风险评估结果是制定、修订食品安全标准和实施食品安全监督管理的科学依据。经食品安全风险评估，得出食品、食品添加剂、食品相关产品不安全结论的，国务院食品药品监督管理、质量监督等部门应当依据各自职责立即向社会公告，告知消费者停止食用或者使用，并采取相应措施，确保该食品、食品添加剂、食品相关产品停止生产经营；需要制定、修订相关食品安全国家标准的，国务院卫生行政部门应当会同国务院食品药品监督管理部门立即制定、修订。

3. 食品安全标准

《食品安全法》强调食品安全国家标准的制定应当以保障公众健康为宗旨，以食品安全风险评估结果为依据，做到科学合理、公开透明、安全可靠。食品安全国家标准由国务院卫生行政部门会同国务院食品药品监督管理部门制定、公布，改变了以往食品卫生国家标准由国务院标准化行政部门和国务院卫生行政部门联合发布的方式，更有利于食品安全国家标准的及时发布和责任主体的明确，细化了具体标准的制定部门。

4. 食品生产经营

《食品安全法》明确了对禁止生产经营的食品、食品添加剂和食品相关产品的规定。也明确规定了对食品生产经营实行许可制度，主要包括食品（包括食品添加剂）生产、食品销售、餐饮服务，但是销售食用农产品无须取得许可。新增生产食品相关产品，增强对直接接触食品包装材料的监管。同时，新增建立食品安全全程追溯制度和召回制度的要求，但未明确如何实现食品安全全程追溯。另外，新增特殊食品的范围，并制定保健功能目录，明确保健食品原料目录的管理制度，对使用符合保健食品原料目录规定原料的产品实行备案管理。明确企业主体责任落实，加强对食品企业的法律意识和质量意识的培训教育，提高食品企业对落实质量主体责任重要性和必要性的认识，引导企业主动落实主体责任。

5. 食品检验

本法的目的是运用检验手段严加监管。我国实行食品出厂检验制度，食品、食品添加剂和食品相关产品的生产者，应当按照食品安全标准对所生产的食品、食品添加剂和食品相关产品进行检验，检验合格后方可出厂或销售，未经检验或经检验不合格的，不得出厂销售。规定食品检验机构的资质认定条件和检验规范由国务院食品安全监督管理部门规定，并对复检的时限要求和复检机构确定的方式进行了规定。

6. 食品安全的监督管理

本法明确建立最严格的全过程的监管制度，对食品生产、流通、餐饮服务和食用农产品销售等各个环节，食品生产经营过程中涉及的食品添加剂、食品相关产品的监管、网络食品交易等新兴的业态，还有在生产经营过程中的一些过程控制的管理制度，都进行了细化和完善，进一步强调了食品生产经营者的主体责任和监管部门的监管责任。

7. 法律责任

（1）食品安全的刑事责任　本法对违法行为的查处进行了改革，对其刑事犯罪要先进行判断。如果认为有犯罪事实需要追究刑事责任的，应当立案侦查。如果不构成刑事犯罪，不需要追究刑事责任，但依法应当追究行政责任的，将案件移送食品药品监督管理、质量监督等部门和监察机关，有关部门应当依法处理。

（2）食品安全的行政处罚　增加行政拘留和治安管理处罚。违法使用剧毒农药和高毒农药，除行政处罚外，可由公安机关给予拘留。编造散布虚假信息和违反治安管理处罚的，可以进行治安管理处罚。同时，大幅度提高了行政资格处罚力度和罚款的额度。事故单位在发生食品安全事故后未进行处置、报告的违法行为，由有关主管部门按照各自职责分工责令其承担应承担的法律责任规定。同时对重复的违法行为增设了处罚规定，食品生产经营者一年内累计三次违法受到责令停产停业、吊销许可证以外处罚的，由食品安全监督管理部门责令停产停业，直至吊销许可证。

（3）食品安全的民事责任　该法强化了民事法律责任的追究，要求食品生产和经营者实行消费者赔偿首负责任制，完善了惩罚性的赔偿制度，强化了民事连带责任。网购食品交易第三方平台，如果没有履行法定义务使消费者合法权益受到损害的，应当与食品生产经营者承担连带责任。

（二）《中华人民共和国食品安全法实施条例》

国务院公布修订后的《中华人民共和国食品安全法实施条例》（以下简称《条例》），自2019年12月1日起施行。《条例》共10章86条。2015年新修订的食品安全法的实施，有力推动了我国食品安全整体水平提升。同时，食品安全工作仍面临不少困难和挑战，监管实践中一些有效做法也需要总结、上升为法律规范。为进一步细化和落实新修订的食品安全法，解决实践中仍存在的问题，有必要对《条例》进行修订。《条例》强化了食品安全监管，要求县级以上人民政府建立统一权威的监管体制，加强监管能力建设，补充规定了随机监督检查、异地监督检查等监管手段，完善举报奖励制度，并建立严重违法生产经营者黑名单制度和失信联合惩戒机制；完善了食品安全风险监测、食品安全标准等基础性制度，强化食品安全风险监测结果的运用，规范食品安全地方标准的制定，明确企业标准的备案范围，切实提高食品安全工作的科学性；进一步落实了生产经营者的食品安全主体责任，细化企业主要负责人的责任，规范食品的储存、运输，禁止对食品进行虚假宣传，并完善了特殊食品的管理制度；完善了食品安全违法行为的法律责任，规定对存在故意实施违法行为等情形单位的法定代表人、主要负责人、直接负责的主管人员和其他直接责任人员处以罚款，并对新增的义务性规定相应设定严格的法律责任。

（三）《中华人民共和国农产品质量安全法》

2006年4月29日第十届全国人民代表大会常务委员会第二十一次会议通过并公布实施《中华人民共和国农产品质量安全法》，并于2018年10月26日第十三届全国人民代表大会常务委员会第六次会议对本法进行了修正。本法所称的农产品，是指来源于农业的初级产品，即在农业活动中获得的植物、动物、微生物及其产品。本法所称农产品质量安全，是指农产品的质量符合保障人的健康、安全的要求的法律。人们每天消费的食物，有相当大的部分直接来源于农业的初级产品，即农产品质量安全法所称的农产品，如蔬菜、水果、水产品等；也有些是以农产品为原料加工、制作的食品。本法的调整范围广泛，涵盖农业的初级产品，包括植物、动物、微生物及其产品，主要体现以下基本原则：①填补空白与现有法律衔接相结合；②全程监控与突出源头治理相结合；③统一管理与分工负责相结合；④借鉴国际惯例与尊重国情农情相结合；⑤从严要求与区别对待相结合；⑥政府部门监管和行业协会自律相结合。本法针对主体方面的规定，主要包括行政执法主体相对单一，结合分工负责；行政执法主体具有监督管理权、指导权、检查权、通报权、发布权。因此，本法填补了我国农产品质量安全监管的法律空白，确立了农业部门在农产品监管的主体地位，体现了职能转变和体制创新，突破了农业部门管生产、抓生产的传统观念，农产品质量安全监管工作从农田延续到市场，是一部以生产管理为主、市场管理为辅的法律，兼顾促进产业发展和维护公共安全。

（四）《中华人民共和国产品质量法》

1993 年 2 月 22 日第七届全国人大常委会第三十次会议审议通过并公布实施了《中华人民共和国产品质量法》（以下简称《产品质量法》），1993 年 9 月 1 日正式实施，2018 年 12 月 29 日第十三届全国人大常委会第七次会议进行了修正。《产品质量法》适用于包括食品在内的经过加工、制作用于销售的一切产品，即只适用于经过加工制作的产品，不适合于未经加工制作的农业初级产品。它是我国加强产品质量监督管理，提高产品质量，保护消费者合法权益，维护社会经济秩序的主要法律。《产品质量法》明确了我国产品质量的监督管理体制，明确由国务院市场监督管理部门主管全国产品质量监督工作，县级以上地方市场监督管理部门主管本行政区的产品质量监督工作。国务院有关部门和县级以上地方人民政府在各自的职责范围内负责产品质量监督工作。规定了产品质量国家监督抽查、产品质量认证等产品质量监管制度，规范了产品生产者、销售者、检验机构、认证机构的行为及相关法律责任。

（五）《中华人民共和国标准化法》

1988 年 12 月 29 日第七届全国人大常委会第五次会议通过《中华人民共和国标准化法》，2017 年 11 月 4 日第十二届全国人民代表大会常务委员会第三十次会议修订。本法规定了对包括食品在内的工业产品应制定标准，并明确了标准制定、实施和相关职责及法律责任。

（六）《中华人民共和国进出口商品检验法》

1989 年 2 月 21 日第七届全国人大常委会第六次会议通过，1989 年 8 月 1 日正式实施《中华人民共和国进出口商品检验法》，后续并分别于 2002 年 4 月 28 日中华人民共和国第九届全国人民代表大会常务委员会第二十七次会议和 2018 年 12 月 29 日第十三届全国人民代表大会常务委员会第七次会议对本法进行修订。其中规定了对进出口商品要进行检验，明确了对进出口的食品要进行卫生检验，并制定了进出口商品检验的监督管理和法律责任。1992 年 10 月 7 日国务院批准，10 月 23 日原国家进出口商品检验局第 5 号令发布实施《中华人民共和国进出口商品检验法实施条例》，现行版本根据 2019 年 3 月 2 日《国务院关于修改部分行政法规的决定》进行修订，对进出口商品检验工作作出了具体的规定。

（七）《中华人民共和国进出境动植物检疫法》

1991 年 10 月 30 日第七届全国人大常委会第二十二次会议通过，1991 年 10 月 30 日正式实施《中华人民共和国进出境动植物检疫法》。其中规定了对进出境的动植物、动植物产品和其他检疫物，以及装载动植物、动植物产品和其他检疫物的容器、包装物等要进行检疫。1996 年 12 月 2 日国务院令第 206 号发布，1997 年 1 月 1 日施行《中华人民共和国进出境动植物检疫法实施条例》。

（八）《中华人民共和国国境卫生检疫法》

1986 年 12 月 2 日第六届全国人大常委会第十八次会议通过，1986 年 12 月 2 日主席令第四十六号公布，1987 年 5 月 1 日正式实施《中华人民共和国国境卫生检疫法》，并于 2007 年 12 月 29 日第十届全国人民代表大会常务委员会第三十一次会议通过《关于修改〈中华人民共和国国境卫生检疫法〉的决定》。其中规定了：对进出境的人员、交通工具、运输设备以及可能传播检疫传染病的行李、货物、邮包等物品进行卫生检疫。1989 年 2 月 10 日国务院批准，1989年3月6日发布实施了《中华人民共和国国境卫生检疫法实施细则》，2010年4月24日《国务院关于修改中华人民共和国国境卫生检疫法实施细则的决定》第一次修订，现行根据2016年2月6日《国务院关于修改部分行政法规的决定》第二次修订。

（九）其他食品安全有关规章

主要包括原国家技术监督局和国家出入境检验检疫局发布实施的《查处食品标签违法行为规定》《定量包装商品计量监督规定》《进出口食品标签审核管理办法》等有关食品安全的部门规章。

食品标签是向消费者传递产品信息的载体。做好预包装食品标签管理，既是维护消费者权益，保障行业健康发展的有效手段，也是实现食品安全科学管理的需求。根据《食品安全法》及其实施条例规定，原卫生部组织修订预包装食品标签标准。经食品安全国家标准审评委员会第五次主任会议审查通过，国家卫生和计划生育委员会于2011年4月20日公布，自2012年4月20日正式施行GB 7718—2011《食品安全国家标准　预包装食品标签通则》。该通则充分考虑了GB 7718—2004《预包装食品标签通则》实施情况，细化了《食品安全法》及其实施条例对食品标签的具体要求，增强了标准的科学性和可操作性。

国家质量监督检验检疫总局于2004年4月30日局务会议审议通过《零售商品称重计量监督管理办法》，并经国家工商行政管理总局2004年7月15日局务会议审议通过，并于2004年8月10日公布，自2004年12月1日起施行。《规定》适用于食品等以质量结算的零售商品，明确了零售商品生产与销售环节的计量器具、称重规定、方法及商品净含量的具体要求，以及生产者、销售者的法律责任。

为加强进出口食品安全监管，国家出入境检验检疫局于2000年2月15日颁布了《进出口食品标签管理办法》（国家出入境检验检疫局2000年第19号局令），规定了进出食品须凭标签审核证书（或受理证明）办理报检手续，进口食品的标签均需符合中国有关标准的规定。

进一步加强对进境动植物检疫审批的管理工作，防止动物传染病、寄生虫病和植物危险性病虫杂草以及其他有害生物的传入，根据《进出境动植物检疫法》和《农业转基因生物安全管理条例》的有关规定，原国家质检总局先后于2002年颁布实施了《进境动植物检疫审批管理办法》并于2015年修订，后续再由我国海关总署于2018年4月28日第一次修订和2018年5月29日第二次修订，获得目前现行管理办法。

为加强进出口肉类产品检验检疫及监督管理，保障进出口肉类产品质量安全，防止动物疫情传入传出国境，保护农牧业生产安全和人类健康，根据《中华人民共和国进出口商品检验法》及其实施条例、《中华人民共和国进出境动植物检疫法》及其实施条例、《中华人民共和国国境卫生检疫法》及其实施细则、《中华人民共和国食品安全法》及其实施条例、《国务院关于加强食品等产品安全监督管理的特别规定》等法律法规的规定，海关总署于2011年1月4日制定本办法，并于2018年11月23日实施。

二、我国食品安全法律体系分析

（一）我国食品安全的现状

《中国食品安全发展报告（2019）》指出，2018年国家市场监督管理总局食品安全监督抽检发现的主要问题是微生物污染、超范围/超限量使用食品添加剂、质量指标不符合标准、农兽药残留不符合标准、重金属污染等，分别占不合格样品总量的 29.6%、25.0%、16.8%、15.4%、7.6%，这是现阶段最主要的五类食品安全风险，如图 14-1 所示。

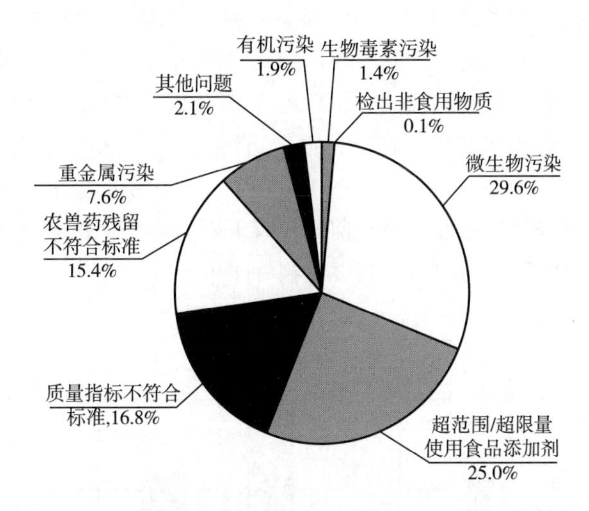

图 14-1　食品安全监督抽检发现的主要问题的分布

2018 年食品安全监督抽检的结果显示，微生物污染占不合格样品总量的 29.6%，虽然较 2017 年、2016 年分别下降了 3.1 个百分点、1.1 个百分点，但仍然占不合格样品总量的第一位。2018 年检出食品中微生物污染的主要问题涉及桶装水中检出铜绿假单胞菌，不合格率为 7.9%；藻类干制品、米粉制品菌落总数超标，不合格率分别为 23.0%、14.0%；餐饮具中大肠菌群超标，不合格率为 15.6%。

2018 年食品安全监督抽检的结果显示，超范围、超限量使用食品添加剂占不合格样品总量的 25.0%，虽然较 2016 年下降了 8.6 个百分点，但比 2017 年上升了 1.1 个百分点，如图 14-2 所示。2018 年检出食品中超范围、超限量使用食品添加剂的主要问题涉及粉丝粉条、油炸面制品（餐饮食品）中铝残留超标，不合格率分别为 4.7%、6.4%；腌渍食用菌和其他蔬菜制品超范围、超限量使用防腐剂，不合格率分别为 9.5%和 8.0%。

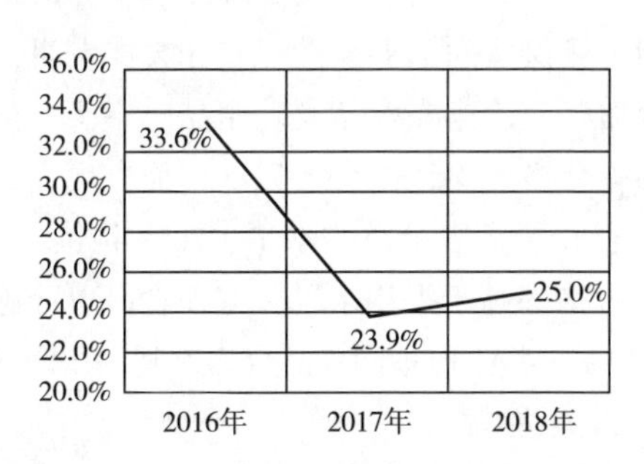

图 14-2　2016-2018 年超范围、超限量使用食品添加剂占总不合格样品的比例变化

2018 年食品安全监督抽检的结果显示，质量指标不符合标准占不合格样品总量的 16.8%，较 2017 年、2016 年分别下降了 3.1%、0.7%。2018 年检出食品中质量指标不符合标准的主要问题涉及调味品呈味核苷酸二钠、氨基酸态氮、总酸不符合食品安全国家标准，不合格率依次为 3.0%、2.9%、2.8%；饮料茶多酚不合格，不合格率为 2.1%；炒货食品及

坚果制品过氧化值超标，不合格率为 2.0%；酒类酒精度不合格，不合格率为 1.3%。

2018 年食品安全监督抽检的结果显示，农兽药残留不符合标准占不合格样品总量的 15.4%，较 2017 年、2016 年分别上升了 4.8%、9.9%。2018 年检出食品中农药兽药残留不符合标准的主要问题涉及个别禽类产品中检出禁用、限用兽药；鲜蛋、淡水虾、贝类中检出禁用兽药，不合格率分别为 3.9%、2.4%、3.9%，部分蔬菜中检出禁用农药。

2018 年食品安全监督抽检的结果显示，重金属污染占不合格样品总量的 7.6%，较 2017 年、2016 年分别下降了 0.2%、0.6%，如图 14-3 所示。2018 年检出食品中重金属污染的主要问题涉及个别食品中镉含量超标。虽较前几年有下降趋势，但由于重金属在人体内具有蓄积性，食品中重金属超标问题仍应引起高度重视并采取干预措施。

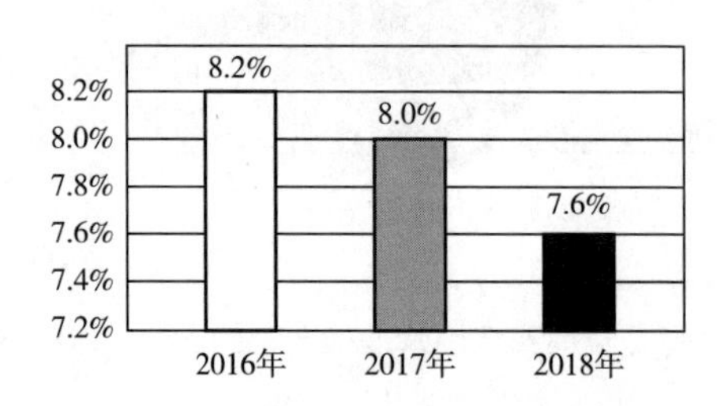

图 14-3　2016-2018 年重金属超标占总不合格样品的比例变化情况

1. 食品安全供给具有较大的不平衡性

根据《中国食品安全发展报告（2019）》，我国社会主要矛盾在食品安全领域主要表现在质量供给的不平衡性。具体而言，首先是地区间的不平衡性。发达地区的食品质量安全状况明显好于欠发达地区。2014 年食品安全监督抽检合格率最高与最低的省份相差 10 个左右的百分点。虽然近年来地区间食品安全监督抽检合格率的差距有所缩小，但 2017 年仍然有 12 个省份的样品合格率低于全国平均水平。

其次是城市与农村间的不平衡性。特别是随着城市食品安全监管力度的加大与城市消费者食品安全意识的不断提高，致使假冒伪劣、过期食品以及被城市市场拒之门外的食品中较大部分流向农村，给农村食品安全风险治理带来了难题。

再次是不同食品种类间质量保障的不平衡性。统计数据表明，2017 年，蔬菜制品、水产制品、饼干、豆制品、粮食加工品、速冻食品、乳制品、罐头、蛋制品、糖果制品、茶叶及相关制品、婴幼儿配方食品等合格率均超过 98%以上，而方便食品、特殊膳食食品、饮料等 14 类食品合格率相对偏低，低于全部食品总体水平。2018 年粮、油、蛋、乳等大宗食品和婴幼儿配方食品等 18 类食品的合格率高于平均水平，方便食品、冷冻饮品、特殊膳食食品等 13 类食品合格率低于平均水平。在一些年份不同食品合格率间的差距甚至接近 15 个百分点。

2. 网络食品安全风险值得关注

近年来，在“互联网+”新经济形态快速发展的背景下，网络食品消费作为一种新的消费方式，正在悄然改变着传统的食品生产组织形态、经营管理模式。2009 年以来，食品电商规模逐年递增，由 2009 年的 43 亿元增长到 2012 年的 324 亿元，而到 2018 年则已高达 2800 亿元，市场规模足足翻了近 70 倍。2013 年以来，生鲜电商规模同样逐年递增，由 2013 年的 126.7 亿元增长到 2018 年的 1950 亿元，预计未来网络食品市场将继续保持高速增长的状态。

《中国食品安全发展报告（2019）》指出，由于网络食品经营具有虚拟性、无地域性、开放性等特点，其业态复杂多变，网络食品消费在为消费者带来诸多便利的同时，也带来了一些风险，引起了全社会的高度关注，给政府提出了如何有效监督网络食品安全的新课题。吴林海等对江苏省无锡、南通、徐州三个城市1809个城市消费者的调查显示，43.62%的消费者具有食品网络购买的经历。占78.71%的网购者表示遇到过质量安全问题。在遭遇网购食品质量安全的网购者中，有72.62%的网购者表示或多或少遇到了食品质量安全问题，而37.77%的网购者则表示经常遇到质量安全问题，40.18%的网购者认为食品网购平台与入网的食品生产经营者信誉比较差。

研究团队在上海等城市的调查发现：近1/3的消费者表示遇到过网络食品质量安全问题，以食品不新鲜、变质等问题最为突出；外卖食品供应链各个环节都存在质量安全风险，以食品不新鲜、变质有异味最突出；外卖餐饮店无证经营问题、无实体店、超范围经营大大增加了网络外卖食品安全风险。某省（区）市场监督管理局的内部监督通报中显示，2017年，该省（区）各级监管部门在专项检查活动中，共检查入网餐饮服务经营者8395家次，发现约1156家次有不同程度的违法行为。第三方平台未及时履行法定责任是重要原因之一。主要表现在，第三方平台未严格审查入网餐饮服务提供者的食品经营许可证，存在入网经营者无证、冒用他人信息、伪造许可证入网的情况；网页信息公示不完善，存在少数入网餐饮服务提供者许可证未公示情形；第三方平台配送用的“打包餐盒”未达卫生标准要求，送餐箱清洁消毒管理缺位，存在“二次污染”风险；第三方平台没有主动与监管部门对接，未形成长效工作机制，信息沟通不畅，影响监管效能等。

与此同时，食品网络犯罪突出。2017年上半年，全国公安机关破获食品安全犯罪案件3500余起，公安部挂牌督办重大食品安全犯罪案件80余起全部告破，其中涉互联网犯罪案件约占40%以上。

3. 典型食品安全谣言的特征与应对策略

《中国食品安全网络舆情发展报告（2019）》以中国食品辟谣网、各大主流门户网站等为主要数据资料来源，通过收集、整理相关网站上从2014年到2019年有关食品安全谣言与辟谣信息的数据资料，共获得具有权威性的175条典型的食品安全谣言与辟谣信息，并通过对食品安全谣言的特征以及食品安全辟谣信息进行分析，探讨食品安全谣言的应对策略，以消除食品安全谣言所产生的负面影响。

从2014年到2019年典型的食品安全谣言，所涉及的食品大多数是日常生活中常见的食品，例如，2019年小龙虾、鱼、鸡蛋、猪肉、食盐、热柠檬水、可乐、儿童食品出现的次数比较多，2018年鸡蛋、鱼、小龙虾、番茄、黄瓜、葡萄、大蒜出现的次数比较多；所包括的问题种类繁多，且涉及专业的学科知识，而公众的食品安全知识相对匮乏，在面对这些食品安全问题时难以科学地甄别，容易被这些谣言所误导；所包含的问题可导致的后果，致癌、中毒、致死等出现的次数比较多，容易引发公众的食品安全恐慌。从2014年到2019年典型的食品安全辟谣信息的内容包括辟谣主体、相关科学原理、检测情况、相关标准等，有些食品安全辟谣信息还会传播相关食品知识，为公众食品消费提供建议。

为进一步改善食品安全谣言辟谣工作，结合相关典型的食品安全谣言与辟谣信息，团队提出如下食品安全谣言应对策略：加强对食品安全谣言的实时监测，及时发现与有效应对网络中的食品安全谣言；把握公众食品安全辟谣信息需求，丰富辟谣信息内容形式；拓宽食品安全辟谣信息发布渠道，扩大辟谣信息的受众面；科学评价食品安全辟谣的效果，不断改进食品安全辟谣工作。

（二）我国食品安全法律体系现状

我国食品安全法律体系发展至今，颁布的有关食品安全方面的法律、法规等总计超过一千余部，其中基本法律法规有一百余部，专项法律法规有八百多部，相关的法律法规有一百部左右，基本形成了以《食品安全法》为中心，辅之《农产品质量安全法》《产品质量法》以及《标准化法》，以行政法规、司法解释以及地方政府规章为补充，并与其他相关法律如《刑法》，《消费者权益保护法》等相配合的法律体系。有关食品生产和流通的安全质量标准、安全质量检测标准及相关法律、法规、规范性文件构成的有机体系，称之食品安全法律体系。

三、我国食品安全法制化工作

2015 年我国对《食品安全法》做了大幅修订，特别是在通过“最严厉的处罚”提升违法违规成本的语境下，从法律层面大幅提升了《食品安全法》的罚则。中国的食品安全法制形成了以《食品安全法》为主轴，行政法规、部门规章、司法解释、地方性法规、地方政府规章为支撑，一系列规范性文件为依托的法律规范体系。

回顾十八大以来整个食品安全法制建设的历程，可以发现中国食品安全法律法规体系日益完善和绵密。中国食品安全治理从“食品卫生”向“食品安全”仅有 10 余年的时间，除了理念的转变外，更重要的是制度和规则体系的有效供给。2008 年三聚氰胺奶粉事件以来，食品领域的违法违规行为为社会各界广泛关注。食品安全违法成本低、处罚力度不够等因素成为各方在分析食品安全问题、事件频发时的一种普遍论述。国家食品安全十三五规划明确提出实施食品安全国家战略，将食品安全上升到国家战略的高度。正是在此背景下，新修订的《食品安全法》以加大违法成本作为法律义务和责任体系安排的重要考量因素，细化了食品安全违法行为的类型，大幅提升了违法行为的处罚幅度，丰富了食品安全违法行为声誉罚、行为法、财产罚、自由罚的处罚体系和种类。十八大以来，中国食品安全法制体系建设呈现出“快马加鞭”和“日趋完善”的核心特征。通过完善法律法规体系的“供给侧改革”来实现食品安全治理的法制化、规范化、制度化，成为近年来中国食品安全法制建设的共识。

食品安全的法制化，究其根本是要构建一个合理的、有效率的食品安全法律体系。首先，食品安全法律体系应该是多层次、分门类的，囊括立法、执法、法律监管，行政处罚以及刑罚的综合性法律体系。其次，法律体系功能的发挥要通过法律体系的结构来实现，法律体系的结构本身就体现着法律体系的功能。因此，构建法律体系首先需要的是赋予该体系一种科学合理的结构。就食品安全法律体系的现状，我们必须承认：我国食品安全的法制化管理与国际水平还有不小的差距；我国食品法律体系的框架结构仍有待进一步的科学化、合理化。

（一）我国食品安全体系中的界定问题

第一，食品安全体系中“角色不清”。职能部门既制定和解释法规、标准，又行使执法功能，不可避免地出现问题，滋生腐败，食品安全难以真正落实。

第二，食品安全管理中“权限不清”。原卫生部、原农业部、原国家环境保护总局、原国家粮食局、原国家质量检验监督总局、原工商总局的职能权限界定不清，国家市场监督管理总局的成立是应势而生。

第三，不同安全等级的食品“定义不清”如保健食品、自然食品、生态食品、无公害食品、无公害农产品和绿色食品（A级，AA级）等，名词繁多，增加了消费者识别食品安全等级的难度和市场的不透明度。

（二）我国食品安全范畴的局限性。

在我国，常以食品卫生管理取代了食品安全管理，对于“食品初级生产过程中安全操作生产对食品安全性和适宜性的影响”重视不够。

（三）我国食品安全管理体系的限制。

我国企业的食品安全管理一直沿用良好操作规范（GMP）管理系统（即是政府制定强制性的食品生产、储存卫生法规，来确保食品卫生无害的体系）。但它们和FAO/WHO的《国际食品法典》推荐“HACCP体系”（即通过系统性地确定具体危害及其控制措施，以保证食品安全性的系统），相比存在着很大差距。

由于我国在食品安全管理中，没有把食品安全建立在全部食品产业链基础上，食品安全法律体系的广度不够；具体标准和法规的制定上也不够协调和系统。

四、发展和完善我国食品安全法律体系

虽然我国食品安全法律体系建设有了长足进步，但是由于中国食品安全法制建设的历程较短，中国食品业态发展又呈现出明显的行业差异、地区差异特征，食品安全法制建设还存在着可操作性有待进一步增强、法律规范体系过于庞杂、重要法律的理解与适用问题有待形成共识等需要进一步优化的地方。

一是精细化立法仍将是包括食品安全法制建设在内的中国法制建设的重要努力方向。2013年全国人大法工委在立法计划中，曾经提出要进一步增强法律的可操作性和可执行性，改变配套性法规规章和规范性文件叠床架屋、过于冗杂的立法现状。从多年的立法实践历程来看，怎样克服“有法律就必须有法规，有法规就必须有规章，有规章就必须有规范性文件”的重复立法、反复立法的问题，这是包括食品安全法制建设在内，国民经济社会各领域法制建设共同面临的课题。法律法规体系过于冗杂，不仅对行政执法、司法带来困扰，也会对行政相对人的守法、合规带来负面影响。

二是依法严格执法与贯彻落实行政处罚法教育和惩罚相结合的原则之间的关系仍应加强指导和认知。对于食品安全法与行政处罚法在具体执法实践中的关系问题，以及各地食品安全行政处罚裁量基准对从轻、减轻、不予处罚的差异化理解，都体现出食品安全法制从表达到实践的过程的复杂面相，也需要国家层面给予更多的指导。此外，对于经营者责任范围与限度的理解、对食品安全惩罚性赔偿制度的理解与适用，实践中也发生了大量的观点迥异的执法、司法案例，这都是中国食品安全法制建设未来待解的难题。

综上所述，食品安全法律体系的健全和完善在世界各国都被当作一件战略性任务、基础性工作给予高度重视。我国加入WTO后，贸易伙伴的绿色壁垒对我国出口产品的影响也日益显著。国内外形势迫使我国的食品安全法律体系必须尽快和国际接轨，努力缩短和联合国粮农组织、世界卫生组织等国际标准的差距。我国食品安全法律体系必将在我国的社会生活中发挥日益重要的作用。

第三节　我国食品安全体制

一、我国食品安全监管体制改革历程

食品安全监管体制主要是指关于食品监管机构的设置、主要职能、管理权限的划分及其纵向、横向关系的制度，是由建立在食品安全监管制度基础上的组织机构、职责划分、监管方式等共同组成的管理系统。新中国成立以来，我国的食品安全监管体制经历了从简单到复杂的发展变化过程，尤其是改革开放以来，伴随着市场经济体制的建立与不断完善，我国的食品安全监管体制经历了 1982 年、1988 年、1993 年、1998 年、2003 年、2008 年、2013 年以及 2018 年八次改革，基本上每 5 年为一个周期。与之前的历次改革相比较，2013 年启动的食品安全监管体制改革迈出了全程无缝监管的新步伐，标志着我国食品安全监管体制初步进入了相对集中监管体制的新阶段。改革形成的农业部和国家食品药品监督管理局集中统一监管体制，更好地理顺了部门职责关系，有助于强化和落实监管责任，实现全程无缝监管，形成整体合力，提高行政效能。然而，虽然 2013 年以来推进的食品安全监管体制的改革取得了显著的成效，但随着社会主义市场经济体制改革的不断深化，食品安全监管体制深层次的问题不断显现。如，食品安全监管中“多头分管、责任不清、职能交叉”等监管碎片化问题仍未彻底解决，基层监管“人少事多”“缺枪少炮”的矛盾仍然较为突出，而且由于食品监督机构设置模式的多元化，仍然存在监管体制不顺畅、机构设置和职责划分不科学、职能转变不到位等现象。

2018 年 2 月 28 日，党的十九届三中全会审议通过了《中共中央关于深化党和国家机构改革的决定》，中共中央印发了《深化党和国家机构改革方案》，要求各地区各部门结合实际认真贯彻执行。2018 年 3 月 21 日，国务院机构改革方案正式公布，组建国家市场监督管理总局，不再保留国家食品药品监督管理总局、工商总局和质检总局。原国家食品药品监督管理总局的食品安全监管职责和国务院食品安全委员会的具体工作由国家市场监督管理总局承担，原由农业部承担的食品安全监管相关职责划归农业农村部承担，由原国家卫生和计划委员会承担的食品安全风险评估、标准制定等相关职责由国家卫生健康委员会承担。最新一轮的食品安全监管体系改革，实行统一的市场监管，超脱部门搞改革，是国家治理现代化背景下的机构范式革新。将食品安全监管纳入统一的市场监管体系，有望解决多年来食品安全监管体制改革长期悬而未决的难题，有助于建立统一开放竞争有序的现代市场体系。由此食品安全监管体制改革的脉络日益清晰。

二、新一轮改革后形成的中央层面的食品安全监管体制

（一）国务院食品安全委员会的调整

2018 年 6 月 27 日，国务院办公厅发布《关于调整国务院食品安全委员会组成人员的通知》，国务院副总理韩正同志担任国务院食品安全委员会主任，国务院副总理胡春华、国务委员王勇担任委员会副主任，国务院副秘书长、中央宣传部、中央政法委员会、中共中央网

络安全和信息化委员会办公室、国家发展和改革委员会、公安部、农业农村部、国家卫生健康委员会、海关总署、市场监管总局等24位政府机构的相关负责人出任委员会委员，名单阵势庞大。国务院食品安全委员会的主要职责包括：分析食品安全形势，研究部署、统筹指导食品安全工作；提出食品安全监管的重大政策措施；督促落实食品安全监管责任。国务院食品安全委员会办公室设在市场监督管理总局，承担日常工作。这样的“顶层设计”扫平了食品安全监管中可能会出现的制度性难题，也更有利于提升监管效率，使得全国的食品安全监管再上新台阶。

（二）市场监督管理总局的组建与职责定位

改革市场监管体系，实行统一的市场监管，是建立统一开放竞争有序的现代市场体系的关键环节。2018年4月10日，国家市场监督管理总局正式挂牌成立，作为国务院的直属机构，新组建的市场监督管理局专司市场监管和行政执法，执行国家竞争政策，上下对口设置。新组建的市场监管部门的主要职责是，负责市场综合监督管理，统一登记市场主体并建立信息公示和共享机制，组织市场监管综合执法工作，承担反垄断统一执法，规范和维护市场秩序，组织实施质量强国战略，负责工业产品质量安全、食品安全、特种设备安全监管等。《深化党和国家机构改革方案》进一步要求整合工商、质检、食品、药品、物价、商标、专利等执法职责和队伍，组建市场监管综合执法队伍。

根据2018年7月30日施行的《国家市场监督管理总局职能配置、内设机构和人员编制规定》，除食品作为一般商品而需要进行的市场监管等职责外，市场监督管理总局承担的与食品安全监管直接相关的职责包括：

（1）负责食品安全监督管理综合协调　组织制定食品安全重大政策并组织实施。负责食品安全应急体系建设，组织指导重大食品安全事件应急处置和调查处理工作。建立健全食品安全重要信息直报制度。承担国务院食品安全委员会日常工作。

（2）负责食品安全监督管理　建立覆盖食品生产、流通、消费全过程的监督检查制度和隐患排查治理机制并组织实施，防范区域性、系统性食品安全风险。推动建立食品生产经营者落实主体责任的机制，健全食品安全追溯体系。组织开展食品安全监督抽检、风险监测、核查处置和风险预警、风险交流工作。组织实施特殊食品注册、备案和监督管理。

（三）市场监督管理总局与相关部门的食品安全监管职责分工

从中央层面来看，市场监督管理总局、农业农村部、国家卫生健康委员会、海关总署等为承担食品安全监管职责的主要部门，市场监管总局与相关部门的职责分工主要有：

（1）与农业农村部的有关职责分工

①农业农村部负责食用农产品从种植养殖环节到进入批发、零售市场或者生产加工企业前的质量安全监督管理。食用农产品进入批发、零售市场或者生产加工企业后，由国家市场监督管理总局监督管理。

②农业农村部负责动植物疫病防控、畜禽屠宰环节、生鲜乳收购环节质量安全的监督管理。

③农业农村部与市场监督管理总局要建立食品安全产地准出、市场准入和追溯机制，加强协调配合和工作衔接，形成监管合力。

（2）与国家卫生健康委员会的有关职责分工　国家卫生健康委员会负责食品安全风险评估工作，会同国家市场监督管理总局等部门制定、实施食品安全风险监测计划。国家卫生健康委员会对通过食品安全风险监测或者接到举报发现食品可能存在安全隐患的，应当立即组织进行检验和食品安全风险评估，并及时向国家市场监督管理总局通报食品安全风险评估结果，对于得出不安全结论的食品，国家市场监督管理总局应当立即采取措施。国家市场监督管理总局在监督管理工作中发现需要进行食品安全风险评估的，应当及时向国家卫生健康委员会提出建议。

（3）与海关总署的有关职责分工

①农业农村部与市场监督管理总局要建立机制，避免对各类进出口商品和进出口食品、化妆品进行重复检验、重复收费、重复处罚，减轻企业负担。

②海关总署负责进口食品安全监督管理。进口的食品以及食品相关产品应当符合我国食品安全国家标准。境外发生的食品安全事件可能对我国境内造成影响，或者在进口食品中发现严重食品安全问题的，海关总署应当及时采取风险预警或者控制措施，并向国家市场监督管理总局通报，国家市场监督管理总局应当及时采取相应措施。

③农业农村部与市场监督管理总局要建立进口产品缺陷信息通报和协作机制。海关总署在口岸检验监管中发现不合格或存在安全隐患的进口产品，依法实施技术处理、退运、销毁，并向国家市场监督管理总局通报。国家市场监督管理总局统一管理缺陷产品召回工作，通过消费者报告、事故调查、伤害监测等获知进口产品存在缺陷的，依法实施召回措施；对拒不履行召回义务的，国家市场监督管理总局向海关总署通报，由海关总署依法采取相应措施。

三、新一轮“大市场”综合监管体制改革给食品安全带来的机遇

五年来，“放管服”改革推动大市场监管的观念更加深入人心，市场监管综合改革的重要性成为改革的指导思想，食品安全监管职能不可避免地要被纳入市场监管的大范畴。在此背景下，食品作为一类特殊的商品，“大市场”综合监管模式改革给食品安全监管带来了一些新的机遇。

（1）有利于降低监管部门间的协调成本　虽然2013年启动的上一轮机构改革已经在很大程度上理顺了食品安全监管体制，但是在食品广告管理、食品相关产品监管、食品消费者维权方面仍然存在一些需要部门间的协调。此次大市场监管模式的调整，将原来的这些相关职能进行了大整合，国家食品药品监督管理总局虽然撤销，但仍然保留了国务院食品安全委员会办公室的职能。这些举措将有助于有效降低这些工作中的部门间协调成本，提高行政效率，进行科学分工，明确监管责任。

（2）有利于促使地方政府更加重视食品安全监管工作　改革之前，虽然食品安全监管工作非常重要，但食药监管局在很多地方政府的工作序列中并不太靠前，受重视的程度不够，分管领导排名普遍靠后，编制经费的到位情况并不乐观。改革之后，在很多地方，市场监督管理局在人数和规模上将有望成为仅次于公安局的第二大部门，政府分管领导的排名也相对会更加靠前，所掌握的行政和监管资源将会更加充分，综合监管部门将能够获取相对更加多的地方政府的重视和资源投入，若能够充分考虑食品安全在市场监管中的特殊性与重要性，食品安全治理将有望得到更大改善。

（3）有利于拓宽基层食品监管的覆盖面　在当前的食品安全监管环境下，监管全覆盖甚至要比监管专业性更加具有迫切性和优先性，因为在监管资源有限的情况下，只有先实现所

有地区监管对象都纳入有效监管网络中，才谈得上提高监管专业性的问题，即先要有人监管，才能做到专业的人监管。随着市场经济制度体系的日益完善，工商部门的管理和执法职能弱化趋势明显，但由于体制调整的滞后性，基层沉淀了大量工作力量，工商管理部门人力资源闲置问题非常突出。在此前提下，推动基层组建统一的市场监管机构，可以在编制总量控制的前提下，将基层原来分散的多个部门的执法人员集中起来，实现人员编制优化配置，既有利于提高行政效能，也有利于增加基层食品安全监管力量，实现监管队伍对监管对象的全面覆盖。

（4）有利于降低企业负担和消费者的维权成本　改革之前，许多食品生产经营企业反映监管部门的交叉执法、重复抽检等现象依然存在，导致企业应付监管检查的成本较高，效果也并不明显。同时，消费者也反映，由于搞不清楚多个部门的分工，投诉电话也五花八门，维权需要大量时间成本，容易遇到扯皮推诿的现象。此次改革之后，综合性的市场监管部门将在最大程度上有效避免交叉执法、重复抽检等问题，有效降低企业的负担，同时也将进一步整合消费者投诉的渠道和方式，从而让消费者的维权成本能够随之降低，提高消费者参与食品安全社会共治的积极性。

四、我国食品安全监管体制建设

（一）加强行业参与度

产业界是食品的提供者，建立有效的食品安全保障体系，离不开产业界包括生产者和进口商、加工者、销售商（零售和批发）、食品服务、贸易组织等有关各方的密切配合。在发达国家，行业参与是保障食品安全的基础。产业界在食品安全管理体系中的作用主要通过以下途径进行：一是与政府沟通，将行业信息传递给政府，为政府完善管理制度提供服务；二是通过行业自律加强行业内部管理；三是与消费者沟通，根据消费者的需求不断完善行业内部管理制度。但是，目前这几个方面的作用没有得到充分发挥。我国目前的食品安全管理体制仍然是一个自上而下的体制，法律法规的出台、标准的制定、检验检测体系的建立、认证认可体系的建立并不是根据行业的现实情况出发的，这样就容易造成管理“虚化”的问题，很多具体管理制度实际上执行不下去。从行业自律来看，在发达国家，行业自律是保证食品安全的重要方面。但从目前的情况来看，食品行业组织还没有得到充分的发育。即使有些行业成立了行业协会，但运行还很不规范，没有充分发挥作用。食品行业与消费者的沟通也比较少。作为企业，理所当然地应当追逐利润。作为消费者，理所当然希望食用安全、营养和卫生的食品。要将两者的目标结合起来，企业必须在提高消费者福利的前提之下获得赢利。但是，目前一些食品生产加工者和销售商为了降低成本和占领市场，利用与消费者信息不对称的机会，制假售假，给食品安全造成了极大隐患。

（二）充分发挥消费者的作用

消费者在有效的食品安全保障体系中起着关键的角色。但目前，我国大多数消费者对于食品安全问题没有引起足够的重视。即使一部分消费者对食品安全问题比较重视，由于消费者组织还不健全，也缺乏有效的参与监督的途径。

（三）进一步建立消费者组织、中介组织、企业和政府间相互沟通的机制

食品安全的实现有赖于社会上每一个人的积极参与和努力。食品产业链的生产者、加工企业和流通业者通过自己的声誉来积极维护食品安全是食品安全体系有效运转的核心。政府

和社会的监管仅仅是外在的约束，生产、加工和流通主体的良好卫生规范与自我检验监测才是内在的决定因素。这些主体内在积极性的发挥也有赖于消费者的支持，消费者只有珍视自己的食品安全投票权，把钱投给那些提供优质安全食品的企业而从不购买无证商贩的食品、自主维护良好的市场秩序，那些为提供安全食品而付出额外代价的食品生产者和企业才能够得到补偿，才能够激励继续维护食品安全。各种形式的中介组织对于食品市场的监督以及相关信息和食品安全技术的推广也具有重要的作用。行业协会可以约束行业内的企业，权威的非官方质量认证机构也为优秀的企业提供了社会声誉保障，农业生产者组织可以对组织内部成员的生产过程和产地环境进行自主监督。目前，发达国家的食品安全监管呈现出从以政府部门监管为主向重视发挥社会力量的作用并重的总体发展趋势。

为了充分发挥社会各方面维护食品安全的积极性，有必要建立一个消费者组织、中介组织、企业和政府间相互沟通的机制，通过沟通来加深理解、寻求共同解决食品安全关键问题的办法。

第四节　我国食品安全中的科技“瓶颈”与亟待解决的问题

一、我国食品安全中的科技“瓶颈”

客观地讲，食品安全问题除了作为重大公共卫生问题外，更是一个社会问题，涉及到法律法规建设、管理监督水平、食品生产经营者的素质、全社会消费观念等。然而，长期存在的科技“瓶颈”是影响我国食品安全的重要因素。近年来，国际上食品安全事件的频繁发生，推动了许多国家采取技术措施，重组科研力量，并加大对食品安全研究的投入。而我国食品安全研究工作目前缺乏系统规划和组织，研究队伍、设备和经费都十分缺乏，科技成果和技术储备严重不足。鉴于此，无法对与食品安全技术有关的法规、标准制定与修订提供科学依据，缺乏监测网络和实验室分析手段，对我国食品安全现状本底不清，无法开展有效的暴露评估，缺少指导生产、加工、储运、流通的安全技术规范。主要表现为以下几个方面。

1. 关键检测技术

对于目前一些公认的重要食源性危害，在检测技术方面，不少尚属空白或不能够完善，不能满足食品安全控制的需要。在这方面不仅缺乏市场监督急需的和适应我国生产特点（灵敏、快速）的现场检测技术。在一些利用检测手段设置的技术措施中缺乏有效应对手段。如，二噁英及其类似物的检测技术属于超痕量水平，而“瘦肉精”和激素等农兽药残留、氯丙醇的分析技术为痕量水平，需要大型精密仪器的准确定量和现代生物手段的快速筛选技术。如果没有这些技术，则无法开展污染调查和掌握人体暴露情况；对我国输日大米和输欧茶叶，国外要求检测 100 多种农药残留（要求的最高残留限量为目前先进检测方法的检测低限），在农药残留的检测中要求一次能进行上百种农药的多残留分析技术就成为技术关键；疯牛病朊蛋白、禽流感病毒等的检测方法对于我国在进出口食品的监督管理中至关重要。现代分子生物学技术与信息科学的结合产生的新技术（如基于 DNA 指纹图谱的细菌分子分型国家电子网络（pulsenet）和基因芯片技术）可显著提高食源性疾病的病原体监测和溯源能力，更是有效控制微生物性食源性疾病的关键技术。

2. 危险性评估技术

危险性评估是WHO和国际食品法典委员会（CAC）强调的用于制定食品安全技术措施（法律、法规和标准及进出口食品的监督管理措施）的必要技术手段，也是评估食品安全技术措施有效性的重要手段。我国现有的食品安全技术措施与国际水平不一致的原因之一，就是没有广泛地应用危险性评估技术，特别是对化学性和生物性危害的暴露评估和定量危险性评估。如沙门氏菌、大肠杆菌O157：H7等致病菌对不同人群和个体的致病剂量尚不清楚；疯牛病与人的克-雅氏病之间的确切关系尚待阐明；国际上所报道的男性精子减少是否确与二噁英和氯丙醇等环境内分泌干扰物的暴露增加有关；以及转基因食品安全性中存在的不确定因素。

3. 关键控制技术

国际经验表明，实现从“农田到餐桌”的全过程管理，建立从源头治理到最终消费的监控体系对于保障食品安全十分重要。在食品中应用良好农业规范（GAP）、良好兽医规范（GVP）、良好操作规范（GMP）、良好卫生规范（GHP）和危害分析与关键控制点（HACCP）等先进的食品安全控制技术，对提高食品企业素质和产品安全质量十分有效。而在实施GAP和GVP的源头治理方面，我国科学数据尚不充分，需要开展基础研究。我国部分出口食品企业已应用了HACCP技术，但缺少覆盖各行业的HACCP指导原则和评价准则，从而需要制定这一先进技术的指导原则和评价准则，以便在我国广泛应用。

4. 食品安全标准

我国“入世”后，食品安全的法制化管理需要在尽可能短的时间内与国际接轨（包括食品企业的素质）。由于我国的食品安全技术法规标准体系始建于20世纪60年代，其整体结构与内容及其体系的建立，在方法上与CAC标准和外国标准有较大差异，已不能够满足“入世”后食品安全控制的需要。具体表现为现行标准存在着标准体系与国际不接轨、内容不完善、技术内容落后、实用性不强、缺少科学依据等问题，特别是在有毒有害物质限量标准方面缺乏基础性研究，在创新性方面差距更加明显。许多产品标准没有充分利用“危险性评估”原则考虑总暴露量在各食品中的分配状况，对横向标准（非产品标准）的研究和建设不够，现行食品产品卫生标准的覆盖面不广。许多情况下，国外提出某项安全限量标准、设定一个技术壁垒后，我国有关部门才开始被动地着手建立相关标准。这种被动的局面已经给我国农产品在国际市场上的形象和产品竞争力带来了很大的负面影响。鉴于此，需要将危险性评估技术引进我国食品安全标准领域开展基础研究（包括食品安全的战略研究和技术措施研究），以有利于我国农业产业和食品工业结构调整并促进市场竞争力。

二、亟待解决的问题

针对上述的主要食品安全科技“瓶颈”，从以下几个相互关联的部分进行攻关，为提高我国食品安全的总体水平提供技术支撑：①食源性（化学性和生物性）危害关键检测技术的研究；②食源性疾病与危害的监测、溯源和预警技术的研究；③食源性危害人群暴露评估与危险性分析的研究；④新技术、新工艺、新材料加工食品的安全性评价技术研究；⑤食品安全控制技术的研究，特别是食品加工、贮藏及其流通过程中的安全保障体系的研究；⑥食品安全标准的基础研究（包括食品安全战略和技术措施研究）；⑦设立食品安全控制示范区，在原料生产和食品生产流通过程中全面推行良好农业规范（GAP）和 HACCP。

无论是从实践社会主义核心价值观的重要思想出发，保护消费者的健康、促进我国农业和农村经济产品结构和产业结构的战略性调整，还是在我国“入世”后加强食品出口贸易，积极参与国际竞争，都迫切需要解决我国的食物中毒（特别是微生物性的）居高不下、某些重要的食品污染问题（如农药、兽药、二噁英、氯丙醇等）家底不清以及食品出口受阻等主要的食品安全问题。

这些科学问题的解决对于制定控制措施十分重要。如农药和兽药在动、植物体内残留规律的阐明，是制定合理的残留限量等食品安全标准和安全间隔期（停、修药期）等种、养殖过程中良好操作规范的必要依据；食品安全关键检测技术的突破，可以为制定食品安全控制措施作出贡献；致病微生物定量危险性评估和以生物学标志物为手段建立的化学污染物暴露水平与健康效应间的定量危险性评估的进展，可以显著加强所制定的食品安全标准的科学性。我国农产品生产特点呼唤快速和现场检测技术，对食源性疾病和危害开展主动监测和危险性评估不仅在最后防线上保证食品安全，而且还可验证我国食品安全标准的合理性和可行性。因此，针对这些方面开展科技攻关，不仅可以解决这些技术“瓶颈”，而且为国家食品安全控制提供科学依据和提高管理水平。

第五节　食品安全面临的机遇与挑战

世界贸易的不断全球化在给社会带来许多利益与机会的同时也带来了食品安全的危险性，提出了一种超国界的挑战。近年来，世界范围内屡屡发生大规模的食品安全事件，如日本先后发生出血性大肠杆菌 O157：H7 食物中毒、上万人葡萄球菌肠毒素导致的雪印牛乳中毒、英国的疯牛病、法国的李斯特氏菌病、中国香港的禽流感、比利时的二噁英事件，以及具有多重抗药性的鼠伤寒沙门氏菌病在多国的流行等。这一系列突发事件涉及的国家范围，危及健康的人群，以及给相关食品国际贸易带来的危机使食品安全问题受到了历史上空前的关注。某些重大的国际食品安全问题甚至影响了国家的稳定，如 2000 年比利时发生的二噁英污染事件使比利时社会党政府倒台，2001 年德国疯牛病事件使德国卫生部长和农业部长被迫辞职等。

加入 WTO 后，我国面临着食品安全性的严峻挑战。要准备接受符合食品法典要求的进口食品，同时也要强化我们的食品安全控制体系，保证国内消费者的健康。首要任务是要用国际一流的模式完善我国的食品安全体系，用现代的理论和技术装备我国的食品安全科技与管理队伍。

食品安全完整的概念和范围应包括两个方面：

（1）食品的充足供应，即解决人类的贫穷、饥饿，保证人人有饭吃（需要政府、农牧渔业生产加工、社会服务部门的保证）。

（2）食品的安全与营养，即人类摄入的食品不含有可能引起食源性疾病的污染物，无毒、无害，并能提供人体所需要的基本营养元素（需要政府、农牧渔业、卫生法制与监督、食品加工企业以及食品消费者的共同保证）。

一、食源性疾病与食品污染

食源性疾病是一个巨大并不断扩大的公共卫生问题。2015年，世界卫生组织进行了全球范围内的食源性疾病统计。结果显示，每年大约有十分之一的人由于食用了不洁食物而感染疾病。其中，食源性疾病是导致5岁以下儿童死亡的重要因素。每年全世界有6亿人口正在遭受食源性疾病的困扰，每年全世界有约42万人死于进食不洁食物所引起的疾病；5岁以下儿童是食源性疾病导致死亡的高危人群，平均每年有125000名儿童死于此类疾病；非洲和东南亚的食源性疾病发病率最高。值得引起关注的是，食源性疾病大多发生在低收入和中等收入国家。该类疾病的发生与很多因素有关，比如用受污染的水做饭，居住和饮食的环境卫生很差以及食品贮藏环境不佳等，在非洲，大多数死亡病例是由沙门氏菌，猪肉绦虫，木薯中的氰化物和黄曲霉毒素，由储存不当的谷物或玉米生长的由霉菌产生的化学物质。即使在发达的工业化国家，每年也有多达30%的人口感染食源性疾病，如美国每年约发生7600万例食源性疾病病例，造成3.25万人住院和5000人死亡。然而据估计，被报告的食源性疾病病例只代表10%，甚至低于1%的真实病例。

全球食源性疾病不断增长的原因，一方面是通过自然选择造成微生物的变异，产生了新的病原体，如在人和动物的治疗中使用抗生素药物以后，选择性存活的病原菌株产生了抗药性，对人类造成新的威胁；另一方面是由于新的知识和分析鉴定技术的建立，对已广泛分布多年的疾病及其病原获得了新的认识。由于社会经济与技术的发展，新的生产系统或环境变化使得食物链变得更长和更复杂，增加了污染的机会，如饮食的社会化消费，个体或群体饮食习惯的改变，预包装方便食品、街头食品和食品餐饮连锁服务的增加等。数亿人口的跨国界行为也是食源性疾病的高危因素。大量植物性和动物性食品的贸易全球化给食源性疾病的控制和预防带来新的挑战。

二、食品安全标准

作为WTO乌拉圭回合的多边贸易协定的一部分，卫生与检疫措施的应用协议对发展中国家尤其是最落后发展中国家作了特殊的区别对待和技术支持。在国际组织（主要是FAO/WHO）及其成员的共同努力下，需要详细制定全球食品安全控制计划，鼓励和帮助各国发展有效的食品安全控制体系。

目前，国际食品安全评价与控制领域中最重要的技术系统就是危险性分析（risk analysis），主要包括三个方面：危险性评估（risk assessment）、危险性管理（risk management）和危险性信息交流（risk communication）。1995年FAO/WHO召开了联合专家委员会，提出在国际食品安全评价工作中要应用危险性评估这一新的科学理论。WHO第105届执委会于2000年1月28日正式提交给第53届世界卫生大会的报告中重申，要最大可能利用发展中国家在食源性因素危险性评估方面的信息以制定国际标准。与食品安全密切相关的实施动植物卫生检疫措施的协议（Agreement on the application of sanitary and phytosanitary measures，SPS协议）强调，所有的食品卫生标准都应以危险性评估为基础。

另外，在过去的10年里，危害分析与关键控制点（hazard analysis critical control point）系统在控制整个食物链中占主导地位。HACCP的应用已经被扩展为“从农场到餐桌”的整个食品加工过程，对可能出现的危害进行监控并采取预防措施，而不必等待出现问题时才采取补救措施。HACCP 系统应用得成功与否，可以反映出食品企业生产与管理的现代化程度。而对食品安全控制和食品工业系统来讲，发展检测病原微生物的快速检验方法和程序将是一个持续性的挑战。食品中有害微生物的快速检测能有助于避免食品安全的潜在问题，逐步提高产品的安全质量。

三、特定食品的安全性评价

特定食品主要包括生物技术食品（转基因食品，食品工业用菌，益生菌等）；保健功能食品（功能因子食品，传统药食两用，营养素补充剂等）；辐照食品；航空航天食品；绿色食品；新食品原料。除了进行外源性污染的安全性评价外，还必须对这些食品本身属性可能造成的危害进行安全性评价。

四、食品安全保障技术及管理者责任

1. 食品安全法规的健全与实施

国际食品法典委员会制定了一系列各成员都认可的食品卫生应用导则，随着危险性分析技术在令人信服的科学基础上的广泛应用，其国际科学委员会的权威性必将进一步加强。我国于 1985 年加入 CAC，并与 1995 年正式成立了中国食品法典协调小组，分别在农业部和卫生部设立了国际和国内协调秘书处。每年派越来越多的专家出席 CAC 各专业委员会的会议，及时掌握国际 CAC 动态，并与我国相关标准法规紧密结合。在 1999 年 6 月的协调小组会议上，通过了尽快成立中国食品法典委员会的动议，2000 年 3 月在北京协办了第 32 届食品添加剂和污染物法典大会。中国已经加入了食品安全国际化的领域，加入 WTO 后将更加促进我国与 FAO、WHO 及其他成员的交流，在修订食品卫生法、完善食品卫生标准与法规、制定食品安全保障措施和相关决策过程中适应最新的国际潮流。

2. 建立国家食品安全控制与监测网络

系统地监测并收集食品加工、销售、消费全过程，包括食源性疾病的各类信息（流行病学、临床医学、预防与控制），以便对人群健康与疾病的现况和趋势进行科学的评估和预测；早期鉴定病原，鉴别高危食品、高危人群；评估食品安全项目的有效性，为规范卫生政策提供信息和预防性策略。

3. 加强国家食品安全控制技术的投入和研究

面对新出现的世界性的食源性疾病问题，我国尚缺乏快速准确鉴定食源性危害因子的技术和能力，甚至在食品中无法检测。需要加强与发达国家的合作研究，包括：改进检测方法；研究微生物的抗性；病原的控制等预防技术；食品的现代加工、贮藏技术等。同时对食品安全技术和管理人员应强化训练，使食品检验实验室的技术达到国际标准，包括采样和分析方法。

4. 加强对食品加工企业以及消费者的培训和教育

食品安全的保障是多方面共同的责任，生产、流通等食品加工过程的每一个环节都有它的特殊性，所以必须实行“从农场到餐桌”的综合管理。如良好农业规范（GAP，玉米害虫管理、谷物中真菌毒素的控制导则等）和良好操作规范（GMP）。政府、企业、农民、消费者都应接受食品的生产或加工的知识培训（如 HACCP 系统），特别是要参与 HACCP 或类似系统的实施。消费者保证自己家庭厨房的卫生与安全同样是为社会做出的贡献。

保障食品安全的最终目的是预防与控制食源性疾病的发生和传播，避免人类的健康受到食源性病原的威胁，甚至因全球贸易而扩大为国际化的食源性疾病流行，这是全球的责任。食物可在食物链的不同环节受到污染，因此不可能靠单一的预防措施来确保所有食品的安全。人类对食物数量和质量的需求对生产、制备、管理食品者来说是一个永不休止的挑战。新的加工工艺、新的加工设备、新的包装材料、新的贮藏和运输方式等会给食品带来新的不安全因素。但我们相信科学的发展和技术的进步将同样会使新的检测程序和安全保障系统得到进一步完善，我们餐桌上的食品将更加丰富，更加营养，更加安全。

本章小结

食品安全是关系人民健康和国计民生的重大问题，随着世界经济一体化进程的加快，食品安全已经成为影响我国农业和食品工业竞争力的关键因素。面对机遇和挑战，加强食品安全的技术研究，完善食品安全的法律法规和标准，强化食品安全监管力度，强化全民参与食品安全监督的意识和机制是大势所趋。

思考题

1. 结合自己的亲身经历，谈谈我国食品安全的现状。
2. 针对我国食品安全现状，提出你的合理化建议。
3. 你所知道的食品安全法律法规有哪些?

参考文献

［1］章建浩．食品包装学［M］.4 版．北京：中国农业出版社，2017.

［2］王晓晖，廖国周，吴映梅．食品安全学［M］．天津：天津科学技术出版社，2018.

［3］赵士辉，李家祥．食品安全［M］．天津：天津古籍出版社，2012.

［4］钟耀广．食品安全学［M］.3 版．北京：化学工业出版社，2020.

［5］钱和，庞月红，于瑞莲．食品安全法律法规与标准［M］.2 版．北京：化学工业出版社，2019.

［6］张建新，陈宗道．食品标准与法规［M］．北京：中国轻工业出版社，2017.

［7］杨开，董同力嘎．食品包装学［M］．北京：中国轻工业出版社，2019.

［8］侯红漫．食品安全学［M］．北京：中国轻工业出版社，2014.

［9］周静，袁媛，孙承业，等．2004-2013 年全国有毒动植物中毒事件分析［J］．疾病监测，2015，30（5）：403-407.

［10］孙亮，陈莉莉，廖宁波，等．2006 年-2017 年浙江省食源性疾病暴发监测资料分析［J］．中国卫生检验杂志，2019，29（15）：1874-1877.

［11］钟延旭，赵鹏，蒋玉艳，等．2010-2017 年广西有毒动植物中毒事件分析［J］．现代预防医学，2019，46（13）：2351-2354.

［12］刘志涛，赵江，张强，等．2012—2017 年云南省有毒动植物中毒事件分析［J］．中国食品卫生杂志，2018，30（5）：477-480.

［13］廖先骏，李富根，朴秀英，等．2019 版食品中农药残留限量标准配套检测方法的变化分析［J］．现代农药，2019，18（6）：1-4.

［14］吕秋敏，赖仞．动物毒素及相关药物研究进展［J］．药学进展，2015，39（12）：897-904.

［15］王诺琦，张莉，杨秀颖，等．动物类有毒中药“毒”的历史认识及现代研究［J］．医药导报，2019，38（11）：1425-1430.

［16］蒋绍锋，何仟，张宏顺，等．毒蕈中毒病例中毒特征分析［J］．中国医刊，2015，50（6）：63-67.

［17］程坚．复合食品包装材料的安全性研究［J］．安徽农业科学，2011，39（28）：17551-17554.

［18］叶挺，黄秀玲，刘全校．国内外纸塑复合食品包装材料安全法规的现状［J］．包装与食品机械，2012，30（1）：48-51，58.

［19］张富斌，王燕，肖瑾，等．嘉陵江有毒鱼类的分布研究［J］．长江流域资源与环境，2019，28（12）：2901-2909.

［20］郭筱兵，丁利，李节，等．纳米包装材料及其安全性评价研究进展［J］．食品与机械，2013，29（5）：249-251.

［21］李富根，朴秀英，廖先骏，等．农药残留国家标准体系建设新进展［J］．农药科

学与管理，2019，40（4）：8-11.

［22］方强．纳米材料在食品包装中的应用探讨［J］．造纸装备及材料，2020，49（1）：51.

［23］张倩．我国食品安全法律体系的研究［D］．苏州：苏州大学，2018.

［24］郑亚杰，刘秀斌，彭晓英，等．我国有毒蜜源植物及毒性［J］．蜜蜂杂志，2019，39（2）：1-8.

［25］这些指标纳入2018食品安全抽检计划［J］．化学分析计量，2018，27（5）：33.

［26］王玄览．中欧食品安全法律体系及安全责任比较研究［J］．中国调味品，2019，44（11）：183-186，197.

［27］迟玉杰．食品添加剂［M］．北京：中国轻工业出版社，2013.

［28］孙宝国．食品添加剂［M］．2版．北京：化学工业出版社，2013.

［29］林峰，奚星林，陈捷．食品安全分析检测技术［M］．北京：化学工业出版社，2015.

［30］孙远明．食品加工过程安全控制丛书 食品安全快速检测与预警［M］．北京：化学工业出版社，2017.

［31］邹志飞，席静，奚星林，等．国外食品添加剂法规标准介绍［J］．中国食品卫生杂志，2012，24（3）：283-288.

［32］王洁，刘筠筠．欧盟与我国食品添加剂相关法规标准的比较研究［J］．食品安全质量检测学报，2015，6（9）：3752-3757.

［33］许丽丽，杨志伟．分析辐射技术在食品加工中的应用［J］．现代食品，2020（4）：119-121.

［34］王长印，王含锐，毕承路，等．溴代二噁英的分析方法研究进展［J］．化学通报，2020，83（12）：1098-1103.

［35］黄超，陈凝，杨明嘉，等．二噁英类化合物的毒性作用机制及其生物检测方法［J］．生态毒理学报，2015，10（3）：50-62.

［36］杨宝路．食品放射性污染的监测与控制技术研究［D］．北京：中国农业科学院，2016.

［37］贾婧．食品中兽药残留检测技术研究［J］．食品安全导刊，2020（9）：162.

［38］许利利．食品中农药残留检测技术研究进展［J］．食品安全导刊，2020（3）：167.

［39］李向亮．食品中非法添加物检测及分析技术进展［J］．食品安全导刊，2020（18）：151，153.

［40］何靖柳，陈莉月，杨冬雪．食品包装材料的安全性分析及展望［J］．造纸装备及材料，2020，49（4）：54-55.

［41］聂鹏宇．食品中重金属检测技术发展［J］．化工设计通讯，2020，46（2）：133-134.

［42］Weinroth Margaret D，Belk Aeriel D，Belk Keith E. History，development，and current status of food safety systems worldwide［J］. Anim Front，2018，8：9-15.

［43］章宇．现代食品安全科学［M］．北京：中国轻工业出版社，2020.

［44］马梦戈，吕佼，杨柳，等．食品中黄曲霉毒素检测方法研究进展［J］．粮食与油脂，2020，33（1）：26-28.

［45］卫昱君，王紫婷，徐瑗聪，等．致病性大肠杆菌现状分析及检测技术研究进展［J］．生物技术通报，2016，32（11）：80-92.

［46］夏丹丹，赵莹莹，马盼盼，等．食源性微生物大肠杆菌检测方法的研究进展［J］．河南大学学报（医学版），2019，38（4）：296-300.

［47］马传国，王英丹．玉米赤霉烯酮污染状况及毒性的研究进展［J］．河南工业大学学报（自然科学版），2017，38（1）：122-128.

［48］赵亚荣，刘香香，赵洁，等．食品中杂色曲霉素污染状况研究进展［J］．中国食品卫生杂志，2016，28（5）：680-682.

［49］高伟，刘晓芳．杂色曲霉素的毒理学研究进展［J］．毒理学杂志，2014，28（1）：72-76.

［50］Ashish Sachan，Suzanne Hendrich. Food Toxicology［M］. American：Apple Academic Press：2017-12-12.

［51］李宁，马良．食品毒理学［M］．北京：中国农业大学出版社，2016.

［52］Baktavachalam Gajendra B，Delaney Bryan，Fisher Tracey L，et al. Transgenic maize event TC1507：Global status of food，feed，and environmental safety［J］. GM Crops Food，2015，6：80-102.

［53］王子骞，陈彦宇，齐俊生．转基因食品的安全性探讨［J］．农业与技术，2020，40（21）：175-177.

［54］Salah E. O. Mahgoub. Genetically Modified Foods［M］. UK：Taylor and Francis，2015.

［55］石琳．转基因食品检测技术与安全性评价［J］．现代食品，2020（18）：148-150.

［56］李永．转基因食品的营养学评价研究进展［J］．食品安全导刊，2016（17）：47.

［57］毛佳汶．新食品原料批准品种及现状分析［J］．现代食品，2020（2）：75-78.

［58］时晓宾．基于 GMP 的食品质量与安全监控体系研究［D］．石家庄：河北科技大学，2013.

［59］高洁．我国药品 GMP 标准发展研究［D］．开封：河南大学，2011.

［60］沈俊炳．基于 HACCP 体系的食品快速检验机构质量控制体系研究［J］．食品安全质量检测学报，2020，11（21）：8005-8009.

［61］李冀超．浅谈糕点生产加工企业建立 HACCP 体系的应用［J］．食品安全导刊，2020（27）：101-102.

［62］刘一锐，马佳宁，施雯怡，等．面粉企业 HACCP 体系的建立与实施［J］．现代面粉工业，2020，34（3）：46-49.

［63］王欣．HACCP 在肉制品生产中的应用［J］．食品安全导刊，2020（15）：35.

［64］Fiorino Marco，Barone Caterina，Barone Michele et al. Quality Systems in the Food Industry［M］. Germany：Springer International Publishing，2019-08.

［65］杜昱林，刘文秋，戴煦，等．中欧食品标准体系和指标的比较分析［J］．中国口岸科学技术，2020（11）：59-66.

［66］杨洋，孙利，李立，等．欧盟食品安全检验检测体系评估［J］．食品安全质量检测学报，2019，10（15）：5206-5210.

［67］韩永红．美国食品安全法律治理的新发展及其对我国的启示——以美国《食品安全现代化法》为视角［J］．法学评论，2014，32（3）：92-101.

［68］朱慧娴．欧美食品安全监管体系研究［D］．武汉：华中农业大学，2014.

［69］Svrčinová Pavla，Janout Vladimír. Comparison of official food safety control systems in member states of the European Union.［J］．Cent Eur J Public Health，2018，26：321-325.

［70］杨坤明，胡峰儿，吴海辉，等．"十四五"时期食品安全监管形势与对策［J］．质量探索，2020，17（S1）：132-141.

［71］王星．关于食品安全监管体制的缺陷与完善分析［J］．食品安全导刊，2020（27）：46.

［72］牛玲玲．食品安全法律制度的健全与完善——评《食品法规与监管体系》［J］．食品工业，2020，41（8）：351.

［73］何国庆，贾英民，丁立孝．食品微生物学［M］.3 版．北京：中国农业大学出版社，2016.

［74］纵伟，郑坚强．食品卫生学［M］.2 版．北京：中国轻工业出版社，2019.

［75］胡小松，谢明勇．食品加工过程安全控制丛书 食品加工过程安全优化与控制［M］．北京：化学工业出版社，2017.

［76］张建新，于修烛．食品标准与技术法规［M］.3 版．北京：中国农业出版社，2020.

［77］江波，杨瑞金．食品化学［M］.2 版．北京：中国轻工业出版社，2018.

［78］任顺成．食品营养与卫生［M］．北京：中国轻工业出版社，2011.

［79］贺稚非，车会莲，霍乃蕊．食品免疫学［M］.2 版．北京：中国农业大学出版社，2018.

［80］庞国芳．中国食品安全现状、问题及对策战略研究 第 2 辑［M］．北京：科学出版社，2020.

［81］国家药典委员会．中华人民共和国药典．2020 年版一部［M］．北京：化学工业出版社，2020.

［82］国家药典委员会．中华人民共和国药典．2020 年版二部［M］．北京：化学工业出版社，2020.

［83］国家药典委员会．中华人民共和国药典．2020 年版三部［M］．北京：化学工业出版社，2020.

［84］谢明勇，陈绍军．食品安全导论［M］.2 版．北京：中国农业大学出版社，2016.

［85］刘少伟．国际食品法典研读［M］．上海：华东理工大学出版社，2016.

［86］吴晓红．食品接触材料安全监管与高关注有害物质检测技术［M］．杭州：浙江大学出版社，2013.